# Zum realitätsnah ermittelten Tragverhalten von Wärmedämmverbundsystemen unter Windsogbeanspruchung

von Tobias Vogel

FRAUNHOFER IRB VERLAG

**Herausgeber**
Univ.-Prof. Dr.-Ing. Nabil A. Fouad
Leibniz Universität Hannover
Institut für Bauphysik
Appelstraße 9A
30167 Hannover

**Verfasser**
Tobias Vogel


ISBN (Print): 978-3-7388-0696-0
ISBN (E-Book): 978-3-7388-0697-7

Druck: BoD – Books on Demand, Norderstedt

**Fraunhofer IRB Verlag**
Fraunhofer-Informationszentrum Raum und Bau IRB
Postfach 80 04 60, D-70504 Stuttgart
Telefon 0711 970-2500
Telefax 0711 970-2508
E-Mail irb@irb.fraunhofer.de
www.baufachinformation.de

# Berichte

des Instituts für Bauphysik der Leibniz Universität Hannover
Herausgeber:
Univ.-Prof. Dr.-Ing. Nabil A. Fouad;
Leibniz Universität Hannover – Institut für Bauphysik
Heft 10, Oktober 2021

Fraunhofer IRB Verlag

# Zum realitätsnah ermittelten Tragverhalten von Wärmedämmverbundsystemen unter Windsogbeanspruchung

Von der Fakultät für Bauingenieurwesen und Geodäsie

der Gottfried Wilhelm Leibniz Universität Hannover

zur Erlangung des Grades

DOKTOR DER INGENIEURWISSENSCHAFTEN

Dr.-Ing.

genehmigte Dissertation

von

Dipl.-Ing. Tobias Vogel

geboren am 22.06.1989, in Hannover

2021

| | |
|---|---|
| Referent: | Univ. Prof. Dr.-Ing. Nabil A. Fouad |
| Korreferent: | Univ. Prof. Dr.-Ing. Ludger Lohaus |
| Vorsitzender: | Univ. Prof. Dr.-Ing. Martin Achmus |
| | |
| Tag der Promotion: | 03. Juli 2021 |

# Kurzfassung

Die Beurteilung der Widerstandsfähigkeit von Wärmedämmverbundsystemen (WDVS) gegenüber Windsog erfolgt derzeit üblicherweise basierend auf Prüfergebnissen kleinformatiger Proben. Dort werden die Lasten entgegen der in Natura zyklisch auftretenden Beanspruchungen lediglich quasistatisch sowie über Hilfseinrichtungen (z.B. Lasteinleitungsplatten) in die Prüfkörper eingebracht. Entsprechend können auf Grundlage dieser Prüfverfahren nur begrenzt Aussagen zum tatsächlichen, sich am Gesamtsystem einstellenden Verhalten von WDVS im Lastfall Windsog getroffen werden.

Ziel dieser Arbeit ist daher der Erkenntnisgewinn über das realitätsnahe Windsogverhalten von WDVS durch die versuchstechnische Berücksichtigung realitätsnaher Windeinwirkungsweisen sowie der Prüfung großformatiger Fassadenaufbauten.

Zunächst erfolgt eine Ermittlung von Referenzwerten anhand normativ geregelter Prüfverfahren an kleinformatigen Proben. Innerhalb dieser Prüfungen werden ergänzend einzelne Prüfkörper erstmals auch zyklisch belastet. Die Auswirkungen der unterschiedlichen Lasteinwirkungen auf das Materialverhalten zeigen sich an voneinander abweichenden Bruchlasten und Bruchkörperformen. Diese werden mittels eines zu entwickelnden Verfahrens aufgezeigt.

Im Hinblick auf die Ermittlung des sich am großformatigen Gesamtsystem einstellenden Windsogverhaltens werden im vollständigen Dämmplattenverband errichtete, eine Fläche von 5 $m^2$ umfassende, verputzte WDVS-Aufbauten untersucht. Ihre Prüfung erfolgt in Anlehnung an den hier erstmals an einer Großprüfserie angewandten dynamischen Windsogversuch nach EAD 040083-00-0404 [32]. Der im Rahmen dieser Arbeit hierfür verwendete und validierte Versuchsstand ermöglicht die Prüfkörperbelastung mittels realitätsnah schlagartig einwirkenden, sich zyklisch wiederholenden Unterdruckstößen. Über die Erkenntnisse aus den Kleinformatversuchen hinausgehend werden - auch durch Anwendung eines im Rahmen dieser Arbeit entwickelten Messdübels - charakteristische Windsogwiderstandsfähigkeiten ermittelt sowie Erkenntnisse zum Trag-, Bruch und Verformungsverhalten der Systeme gewonnen.

Auf Grundlage der Bauteilversuche wird ein numerisches Modell zur Abbildung des Verhaltens von WDVS unter Windsogbeanspruchung erstellt und validiert. Durch die Modellanwendung erfolgt eine Plausibilitätsprüfung sowie eine erweiterte Analyse des versuchstechnisch beobachteten Verformungsverhaltens und des ermittelten Lastabtrags. Zudem wird nachgewiesen, dass im Windsogprüfstand ein von seiner Randandichtung ungestörtes Systemverformungsverhalten stattfinden kann.

Aufbauend auf den Erkenntnissen der durchgeführten Untersuchungen lässt sich der dynamische Windsogversuch bei der Erforschung und im Rahmen von Zulassungsverfahren von WDVS integrieren. Darauf basierend ließen sich künftig bisherige, teils beträchtlich auf der sicheren Seite liegende Bemessungsstrategien und Anwendungsgrenzen von WDVS überarbeiten.


**Schlagwörter**: dynamischer Windsogversuch, Windsogwiderstandsfähigkeit, Wärmedämmverbundsysteme (WDVS), realitätsnahes Verhalten von WDVS, zyklische Windsogbeanspruchung

# Abstract

The assessment of the resistance of External thermal insulation composite systems (ETICS) under wind suction loads is currently based on tests using small-sized specimens where quasi static loads are applied via auxiliary devices, such as load application panels. These artificially induced wind loads differ from the naturally occurring cyclic loading under real conditions. The behaviour of the entire ETICS under natural wind suction loading can therefore only be determined to a limited degree.

The aim of this thesis is to gain knowledge by further investigating the behaviour of ETICS under realistic ambient conditions through replicating natural wind suction loading using real wind effects as well as large sized ETICS specimens.

Reference values are initially determined using normatively regulated tests with small-sized specimens. For the first time specimens are also subjected to cyclic loading during these tests. The effect of cyclic loading versus quasi-static loading can be seen in different failure loads. The different loads cases and their effects on the material behaviour can also be seen using a method developed in this thesis which analysis the geometry of the fractured test specimen.

With regard to the determination of the wind suction behaviour of the entire ETICS, whole ETICS with rendering are tested on a surface of 5 m² covering the full composite arrangement of insulation panels. The test method is based on the dynamic wind uplift test according to EAD 040083-00-0404 [32] This method is used here for the first time in a large test series, where the testing rig is validated within the scope of this work. Specifically, the test rig allows the specimens to be subjected to loads that are close to the naturally occurring abrupt and cyclic suction wind loads. In addition to the results from the test on small-sized specimens, characteristic wind suction resistances are determined as well as the system properties for load transfer and deformation behaviour.

On the basis of the practical test, a numerical model for analysing the behaviour of ETICS under wind suction loading is created and validated. This model allows for a plausibility check and for extended analysis of the deformation and load transfer behaviour. In addition, numerical proof is given that a system deformation unaffected from the test rig can take place in the dynamic wind uplift test.

On the basis of findings of the above investigation, the dynamic uplift test can be integrated into research and within approval procedures of ETICS. This provides potential for revising previous design strategies and application limits for ETICS, which are partly considerably on the safe side.



**Keywords**: dynamic wind uplift test, resistance against wind suction, External Thermal Insulation Composite Systems (ETICS), realistic behaviour of ETICS, cyclic wind suction

# Vorwort

Diese Arbeit ist während meiner Tätigkeit als wissenschaftlicher Mitarbeiter am Institut für Bauphysik der Leibniz Universität Hannover in den Jahren 2014 bis 2021 entstanden und wurde von der Fakultät für Bauingenieurwesen und Geodäsie als Dissertation angenommen.

Mein besonderer Dank gilt Herrn Univ.-Prof. Dr.-Ing. Nabil A. Fouad, der diese Arbeit mit großzügiger Unterstützung ermöglicht hat. Seine wissenschaftliche Betreuung, die stete Diskussionsbereitschaft und das mir entgegengebrachte Vertrauen haben maßgeblich zum Gelingen dieser Arbeit beigetragen.

Herrn Univ.-Prof. Dr.-Ing. Ludger Lohaus danke ich für die Übernahme des Korreferats und dem dieser Arbeit entgegengebrachten Interesse, der sorgfältigen und kritischen Durchsicht sowie den interessanten Diskussionen.

Mein weiterer Dank gilt Univ.-Prof. Dr.-Ing. Martin Achmus für die Übernahme des Vorsitzes der Promotionskommission und dem damit verbundenen Aufwand.

Ein besonderer Dank geht an die Firma Knauf Gips KG für dessen großzügige Unterstützung bei einem Teil der experimentellen Untersuchungen dieser Arbeit.

Darüber hinaus bedanke ich mich bei meinen Kolleginnen und Kollegen sowie den studentischen Hilfskräften des Instituts für die zahlreichen Diskussionen und die tatkräftige, insbesondere handwerkliche Unterstützung meiner Arbeit.

An dieser Stelle möchte ich mich ganz besonders bei allen Freunden und meiner Familie für das entgegengebrachte Verständnis, ihre Geduld und die Unterstützung während der Entstehung dieser Arbeit bedanken.

Tobias Vogel

# Inhaltsverzeichnis

# Symbolverzeichnis

## Lateinische Buchstaben

| | | |
|---|---|---|
| $A$ | [mm²] | Querschnittsfläche der Probe |
| $B$ | [MPa] | minimale Bruchfestigkeit zwischen Kleber und Dämmstoff unter trockenen Bedingungen |
| $b$ | [mm] | Seitenlänge des quadratischen Prüfkörpers |
| $C_s$ | [-] | Faktor zur Berücksichtigung des Klebeflächenanteils bzw. der Befestigungsmittel- und Plattenanzahl innerhalb des Prüffensters |
| $c_{pe}$ | [-] | aerodynamischer Außendruckbeiwert |
| $D_{äq}$ | [kPa] | äquivalente Messdübelbelastung |
| $D_{E,GF}$ | [kN] | aus Bruchlast abgeleitete maximale Einzeldübelbelastung |
| $D_{E,i}$ | [kN] | Belastung eines Einzelmessdübels |
| $D_{E,KF}$ | [kN] | Durchzugwiderstand des Dübels durch den Dämmstoff |
| $D_{M,GF}$ | [kN] | aus Messdübeldaten bestimmte, maximale Einzeldübelbelastung |
| $d$ | [mm] | Durchmesser des Dübeltellers |
| $d_s$ | [mm] | Durchmesser der Aussparung |
| $d_z$ | [mm] | Durchmesser der Lasteinleitungsplatte |
| $E_{EPS,D}$ | [kPa] | E-Modul von EPS unter Druckbeanspruchung |
| $E_{EPS,Z}$ | [kPa] | E-Modul von EPS unter Zugbeanspruchung |
| $F_m$ | [kN] | maximale Zugkraft |
| $h_0$ | [cm] | Prüfkörperausgangshöhe |
| $h_b$ | [cm] | minimale Bruchkegelhöhe |
| $i$ | [-] | Anzahl der zur Berechnung herangezogenen Messdübel |
| $n$ | [-] | Anzahl der Druckstöße; Anzahl der verwendeten Dübel/m² WDVS; Anzahl der Ventile |
| $n_{Fl/Fu}$ | [-] | Anzahl der in Fuge bzw. Plattenfläche vorhandenen Dübel |
| $N_{Rk}$ | [kN] | charakteristische Zugtragfähigkeit des Dübels |
| $Q_1$ | [kPa] | $W_{100\%}$ des Zyklus vor Eintritt des Prüfkörperversagens |
| $q$ | [kN/m²] | Windgeschwindigkeitsstaudruck |

| | | |
|---|---|---|
| $q_p$ | [kN/m²] | Spitzen- bzw. Böengeschwindigkeitsdruck |
| $R$ | [-] | Maß zur Beschreibung der Rundheit |
| $R_{Fl/Fu}$ | [kPa] | Versagenslast der im Bereich der Platte bzw. Fuge gesetzten Dübel |
| $R_k$ | [kPa] | charakteristischer Windsogwiderstand |
| $r_i$ | [cm] | Bruchkegelradius an der Stelle i |
| $r_m$ | [cm] | mittlerer Bruchkegelradius |
| $r_{m\alpha}$ | [cm] | reduzierter mittlerer Bruchkegelradius |
| $r_{max}$ | [cm] | maximaler Bruchkegelradius |
| $S$ | [%] | Mindestklebeflächenanteil |
| $S_d$ | [kPa] | Bemessungswert der Windsoglast |
| $t_1$ | [mm] | Dicke der Dämmstoffprobe |
| $U_{ges}$ | [mm] | Gesamtverformung |
| $U_{X,Y,Z}$ | [mm] | Verformungskomponente in X-, Y- bzw. Z-Richtung |
| $V_{ges}$ | [-] | Summe der Einzelventilarbeiten eines Einzeldruckstoßes |
| $\bar{V}_{ges40/60}$ | [-] | aus 20 Einzeldruckstößen errechnete mittlere Ventilarbeit |
| $V_{ges40/60}$ | [-] | Ventilarbeit eines Einzeldruckstoßes der Laststufe 40 bzw. 60 % |
| $V_n$ | [-] | Ventilarbeit eines Einzelventils |
| $v$ | [m/s] | Windgeschwindigkeit |
| $W_{100\%}$ | [kPa] | Druckstoß im Windsogzyklus mit Maximalbelastung |
| $w_e$ | [kN/m²] | Winddruck |

**Griechische Buchstaben**

| | | |
|---|---|---|
| $\alpha_{hb}$ | [°] | Bruchkegelwinkel, Bezugshöhe $h_b$ |
| $\alpha_{h0}$ | [°] | Bruchkegelwinkel, Bezugshöhe $h_0$ |
| $\gamma_{M,S}$ | [-] | Teilsicherheitsbeiwert der Dübeltragfähigkeit bei Dübelung oberhalb des Gewebes |
| $\gamma_{M,U}$ | [-] | Teilsicherheitsbeiwert des Ausziehwiderstands der Dübel aus dem Untergrund |
| $\gamma_{M,zyklisch}$ | [-] | Teilsicherheitsbeiwert zur Berücksichtigung der zyklisch bedingten Materialschwächung |
| $\varepsilon_{c,el}$ | [%] | linearelastische Dehnungsgrenze |

| | | |
|---|---|---|
| $\varepsilon_{nom}$ | [-] | nominelle Dehnungen |
| $\varepsilon_{t,b}$ | [%] | Dehnung zum Bruchzeitpunkt |
| $\varepsilon_{pl}$ | [-] | Anteil der plastischen Dehnungen an der Gesamtdehnung |
| $\rho$ | [kg/m³] | Luftrohdichte |
| $\sigma_c$ | [kPa] | Druckspannung |
| $\sigma_{c,el}$ | [kPa] | linearelastische Grenzdruckspannung |
| $\sigma_{HZ}$ | [kPa] | Haftzugfestigkeit |
| $\sigma_{mt}$ | [kPa] | Zugfestigkeit senkrecht zur Plattenebene |
| $\sigma_{nom}$ | [kPa] | zu $\varepsilon_{nom}$ zugehörige nominelle Spannung |
| $\sigma_t$ | [kPa] | Zugspannung |
| $\sigma_{t,b}$ | [kPa] | Zugbruchspannung |
| $\tau$ | [kPa] | Schubspannung |

# 1 Einleitung

## 1.1 Einführung und Motivation

Wärmedämmverbundsysteme (WDVS) stellen als wirtschaftliche Lösung der Fassadendämmung eine wesentliche Komponente im Rahmen heutiger energieeffizienter Bauweisen dar. Sie lassen sich im Neubau und der Bestandssanierung einsetzen, um die aktuellen baulichen Anforderungen an die energetische Qualität von Außenwänden zu erfüllen. Dabei sind WDVS als äußerste Fassadenbekleidung unmittelbar den Witterungseinflüssen ausgesetzt. Vereinzelt aufgetretene Schadensfälle belegen, dass Starkwindereignisse Beschädigungen an WDVS auslösen können, die teils bis zum Herabstürzen der Systeme reichen können. Sie müssen daher nachweislich in der Lage sein, neben Beanspruchungen aus hygrothermischen Einwirkungen und dem Eigengewicht, die aus den Windeinwirkungen entstehenden Druck- und Sogbelastungen sicher und schadensfrei in den tragenden Untergrund einzuleiten.

Zur Regelung des Bauprodukts WDVS existiert aktuell keine europäisch harmonisierte Norm. Daher wird der Verwendbarkeitsnachweis der Systeme im Regelfall national über eine allgemeine bauaufsichtliche Zulassung (abZ) bzw. eine allgemeine Bauartgenehmigung (aBG) oder über eine Europäisch Technische Bewertung (ETA) unter Berücksichtigung der Muster-Verwaltungsvorschrift Technische Baubestimmungen (MVV TB) [13] erbracht. Grundlage für die in diesem Rahmen zu erfolgende Beurteilung der Tragfähigkeit im Lastfall Windsog bildet die 2019 erschienene EAD 040083-00-0404 [32] als Ablösedokument der ETAG 004 [33]. Aktuell werden von den dort definierten Untersuchungen lediglich Prüfungen an kleinformatigen Systemauszügen, teils nur für einzelne Lagen des Verbunds durchgeführt. Die Windsoglasten werden hierbei grundsätzlich über Hilfseinrichtungen wie Platten oder Schaumblöcke in die Prüfkörper eingebracht sowie einheitlich quasistatisch simuliert. Die in Natura auftretende zyklische Lastwirkungsweise sowie schlagartig einwirkende Beanspruchungen aus Windböen werden bis dato nicht berücksichtigt. Basierend auf diesen Prüfergebnissen erfolgt die auf Erfahrungswerten beruhende generelle Nachweisführung der Windsogwiderstandsfähigkeit von WDVS, welche von Oberhaus und Drößler in [31] beschrieben ist. Anhand der Tatsache, dass bislang keine gesicherten Kenntnisse zur tatsächlichen charakteristischen Windsogwiderstandsfähigkeit von WDVS vorliegen, lassen sich die teils beträchtlichen, auf der sicheren Seite liegenden Teilsicherheiten und Anwendungsgrenzen der Systeme erklären (z.B. geforderte Abtragfähigkeit verklebter Systeme ≥ 30 kPa bei zulässiger Maximalbeanspruchung aus Windsog von -2,2 kPa, vgl. MVV TB [13]). Dies lässt den Schluss zu, dass eine Vertrauenssteigerung im Sicherheitskonzept sowie die Analyse des realitätsnahen Verhaltens von WDVS unter Sogeinwirkung mittels derzeitiger Untersuchungen nicht möglich wäre.

Kramer und Gerhardt [41] prüften 1988 im Bauteilversuch einen nachgebildeten, real aufgetretenen Sturmschaden an einer Dachkonstruktion. Bei rein statischer Belastung konnte bis zum aufgebrachten Maximalniveau von -2 kPa kein Schaden festgestellt werden, selbiges System versagte hingegen unter zyklischer Belastung analog zur Versagenslast der Realkonstruktion bei - 0,5 kPa. Sie schlussfolgerten, dass demnach zur prüftechnischen Simulation der naturgetreuen Windsogwiderstandsfähigkeit des Systems eine rein statische Belastung unzureichend ist. Auf dem dort verwandten Belastungszyklus basiert der Prüfablauf des erstmals im Jahr 2000 im Rahmen der ETAG 004 ([34], [35]) und aktuell in der EAD 040083-00-0404 [32] definierten dynamischen Windsogversuchs für WDVS. Diese Untersuchung beschreibt die Prüfung eines im vollständigen Dämmplattenverband errichteten, verputzten Gesamtsystems auf einer mindestens 5 m² umfassenden WDVS-Fläche. Innerhalb der Sogkammer des Versuchsstands erfolgt an den Prüfkörpern eine realitätsnahe Windsogsimulation mittels sich schlagartig aufbauender und zyklisch wiederholender Unterdruckstöße. Es existiert demnach mit dem dynamischen Windsogversuch ein Prüfverfahren, mit welchem sich die Einwirkungs- und Systemwiderstandsseite naturnah simulieren lässt.

Innerhalb der letzten zwei Jahrzehnte fand das Verfahren jedoch mangels Umsetzbarkeit keine Anwendung im Rahmen der baupraktisch relevanten Beurteilung von WDVS. Es fehlte schlicht eine den Prüfanforderungen entsprechende, ausreichend validierte Prüfapparatur. Am Institut für Bauphysik der Leibniz Universität Hannover wurde daher im Vorfeld dieser Arbeit im Jahr 2012 ein Unterdruckprüfstand entwickelt, mit welchem sich die im Rahmen der EAD geforderten Prüfabläufe realisieren lassen. Seine erstmalige Anwendung an einer Einzelprüfung im Jahr 2014 ist in [37] dokumentiert. Im Prüfstand lassen sich Sogbelastungen von bis zu -20 kPa richtlinienkonform mittels Unterdruck an einem 5 m² umfassenden Prüfkörper aufbringen. An diesem Windsogprüfstand werden im Rahmen dieser Arbeit erstmals in einer Großprüfserie charakteristische Widerstandsfähigkeiten ermittelt sowie das unter naturnaher Beanspruchung stattfindende Tragverhalten von WDVS systematisch analysiert.

## 1.2 Umsetzung und Ziel der Arbeit

Das Hauptziel dieser Arbeit ist der Erkenntnisgewinn durch die grundlegende Untersuchung des realitätsnahen Verhaltens von WDVS im Lastfall Windsog. Anhand durchzuführender klein- und großformatiger prüftechnischer Untersuchungen sollen bisher nicht erforschte Einflüsse aus zyklischer Belastung, der realen Windeinwirkungsweise mittels Unterdruck sowie der Prüfung am großformatigen Gesamtsystem auf das Systemverhalten ermittelt werden. Insbesondere durch die Analyse der im realitätsnahen Großversuch beobachtbaren WDVS-Reaktionen gilt es, den Kenntnisstand über sich einstellende Verformungsreaktionen, den Lastabtrag sowie die charakteristischen Windsogwiderstandsfähigkeiten der Systeme zu erweitern. Darüber hinaus soll ein auf Grundlage der Bauteilversuche zu validierendes numerisches Modell zur Abbildung des WDVS-Verhaltens unter Windsogbeanspruchung entwickelt werden. Ziel der Modellanwendung ist eine vertiefte, teils weiterführende Betrachtung der versuchstechnisch beobachteten Systemreaktionen und die Untersuchung von im Bauteilversuch nicht festzustellenden Eigenschaften des Großprüfstands.

Die Untersuchungen werden vorwiegend an WDVS mit expandiertem Polystyrol (EPS) als das baupraktisch am häufigsten verwandte System durchgeführt.

Zur Umsetzung werden zunächst normativ geregelte kleinformatige Versuche zur Ermittlung der Zugfestigkeit senkrecht zur Plattenebene sowie des Durchzugwiderstands von Dübeln durch EPS durchgeführt. Die Auswahl der Versuche erfolgt hinblickend auf die in den Großformatversuchen untersuchten Dämmstoff- und Befestigungsmethoden. Ziel der nach aktuellem Stand der Technik anerkannten und im Rahmen von Zulassungsuntersuchungen etablierten kleinformatigen Untersuchungen ist das Erzeugen von Referenzwerten der Materialien, die auch zur Erstellung und Validierung des numerischen Modells dienen. Darüber hinaus werden exemplarisch einzelne Serien der Durchzugversuche abweichend zu den normativen Vorgaben zyklisch belastet. Ziel dabei ist, den Einfluss der zyklisch wiederkehrenden Beanspruchung erstmals versuchstechnisch am bereits etablierten Versuchsaufbau zu erfassen. Als Vergleichskriterium der Versuchsserien dient die jeweils erzielte Bruchlast. Überdies wird zur Versuchsauswertung ein geometrisches Verfahren entwickelt, welches einen Vergleich der Prüfserien auf Basis zu vermessender Bruchkegelgeometrien ermöglichen soll. Mittels der Bruchlasten sowie der Kennwerte aus dem geometrischen Verfahren sollen sich zudem Vergleiche mit den im weiteren Verlauf dieser Arbeit erfolgenden, großformatig im Windsogprüfstand untersuchten Prüfkörpern durchführen lassen.

Darüber hinaus dienen die Dübeldurchzugversuche dem Zweck des Gleichwertigkeitsnachweises von werksmäßig produzierten Systemdübeln und einem im Rahmen dieser Arbeit zu entwickelnden Messdübel. Ziel dieser, im WDVS an den großformatigen Prüfwänden zu verwendenden Dübel ist die messtechnische Erfassung der aus der Windsogbeanspruchung resultierenden Dübelbelastung im verbauten Zustand. Sie sollen zudem die Grundlage bilden, den Windlastabtrag gedübelter Systeme sowie die bisher nicht erforschte innere Kräfteverteilung verklebt und gedübelt ausgeführter WDVS genauer nachvollziehen zu können. Ferner soll der Messdübel als Indikator für die versuchsbegleitende Beurteilung der Verbindung zwischen Dämmstoff und Dübel verwandt werden, um auftretende Brüche frühzeitig zu ermitteln.

Anhand der kleinformatigen Prüfungen lassen sich nur bedingt Aussagen zum realitätsnahen Systemverhalten treffen. Dies begründet sich in der begrenzten Prüfkörpergeometrie, der nicht im vollständigen Systemverbund stattfindenden Untersuchung sowie der über lasteinleitende Hilfsmittel simulierten Windsogbeanspruchung. Zweck und Ziel der im Rahmen dieser Arbeit durchzuführenden großformatigen Windsogversuche ist daher die Analyse des WDVS-Verhaltens am im vollständigen Dämmplattenverband errichteten Gesamtsystem auf einer Prüffläche von 5 $m^2$. Die Untersuchungen werden in Anlehnung an die Anforderungen aus der ETAG 004 [33] bzw. der EAD 040083-00-0404 [32] durchgeführt. Die Belastung erfolgt den Richtlinien entsprechend realitätsnah mittels sich zyklisch wiederholender, schlagartig auftretender Unterdrücke. Exemplarisch wird vorwiegend das baupraktisch relevanteste WDVS mit expandiertem Polystyrol (EPS) untersucht. Ergänzend und zu Vergleichszwecken werden einige Prüfaufbauten auch mit Mineralwolle (MiWo) ausgeführt. Zur Ermittlung des Einflusses der Befestigungsart werden die zu untersuchenden WDVS voll- und teilflächig verklebt oder ausschließlich gedübelt sowie kombiniert teilflächig verklebt und gedübelt am tragfähigen Prüfwanduntergrund befestigt. Innerhalb der ausschließlich gedübelten Systeme werden überdies die Mengen und Anordnungsmuster der Dübel variiert. Konkret sollen die Bauteilversuche der Ermittlung von charakteristischen Windsogwiderstandsfähigkeiten sowie der Erfassung des jeweiligen Systemverformungs- und Lastabtragverhaltens dienen. Zudem soll die Ermittlung des Einflusses der Systemalterung auf die Windsogwiderstandsfähigkeit erfolgen. Hierzu werden vergleichend zu den ansonsten nicht vorbelasteten WDVS zwei hygrothermisch vorzubewitternde Prüfwände im Windsogprüfstand untersucht.

Weiteres Ziel der Windsogversuchsergebnisse ist die Validierung des neuartigen Prüfstands, welcher im Rahmen der hier durchgeführten Untersuchungen erstmals für eine 20 Prüfwände umfassende Serie verwandt wird.

Um versuchstechnisch ein möglichst reali Systemverformungsverhalten abzubilden, ist der Windsogversuchsstand im Vorfeld an die Untersuchungen bezüglich der Prüfwandabstützung an die Versuchsanlage zu optimieren. Zudem ist die bestehende Messtechnik zwecks detaillierterer Erfassung der Prüfkörperreaktionen zu erweitern.

Die Ergebnisse und Beobachtungen der Klein- und Großformatversuche werden im Anschluss an die Bauteilversuche vergleichend im Hinblick auf die übergeordnete Zielsetzung ausgewertet. Es erfolgt ferner eine Betrachtung der sich hieraus ergebenden vor- und nachteiligen Aspekte der verschiedenen Befestigungsarten und Prüfmethoden sowie eine qualitative Einordnung der Feststellungen in bestehende Nachweiskonzepte und Lastabtragmodelle.

Aufbauend auf den Bauteilversuchsergebnissen wird ein numerisches Modell entwickelt, welches die rechnergestützte Abbildung des belastungsabhängigen WDVS-Verformungsverhaltens unter Windsogbeanspruchung ermöglichen soll. Exemplarisch wird hierfür das versuchstechnisch vorwiegend untersuchte WDVS mit dem isotropen Dämmstoff EPS verwandt. Zweck und Ziel der darauf aufbauenden numerischen Analyse ist die anhand zu berechnender Spannungs- und Verformungszuständen mögliche, tiefgreifendere Untersuchung des Lastabtrag- sowie Systemverformungsverhaltens. Weiterhin soll eine Plausibilitätsprüfung der versuchstechnisch beobachteten, teils nur auf Grundlage von Einzelversuchen geschlussfolgerten Verhaltensweisen durchgeführt werden können.

Überdies gilt es, im numerischen Modell zu überprüfen, ob am Windsogprüfstand trotz einer zwangsläufig zur Unterdruckaufbringung erforderlichen Randandichtung ein ungestörtes, naturgemäßes Systemverformungsverhalten stattfindet. Am Modell sind zudem Parameterstudien durchzuführen. Hierbei gilt es, den Einfluss von über die versuchstechnisch untersuchten Anordnungen hinausgehenden Befestigungsmustern und Dämmplattendicken auf das Systemverhalten abzuwägen. Es soll weiterhin numerisch abgeschätzt werden, inwieweit sich die Beobachtungen aus den Bauteilversuchen auf das für mittels Verklebung und statisch relevanter Dübelung bisher angenommene Konsoltragmodell auswirken können.

Abschließend lässt sich festhalten, dass die Erkenntnisse dieser Untersuchungen sowie eine darauf aufbauende mögliche Etablierung des neuartigen, das Windsogverhalten von WDVS realitätsnaher erfassenden Prüfverfahrens eine Grundlage bieten, auf der sich künftig bisherige Bemessungsstrategien und Anwendungsgrenzen von WDVS überarbeiten ließen.

In struktureller Darstellung ist die Umsetzung der Arbeit in Abbildung 1-1 zusammengefasst.

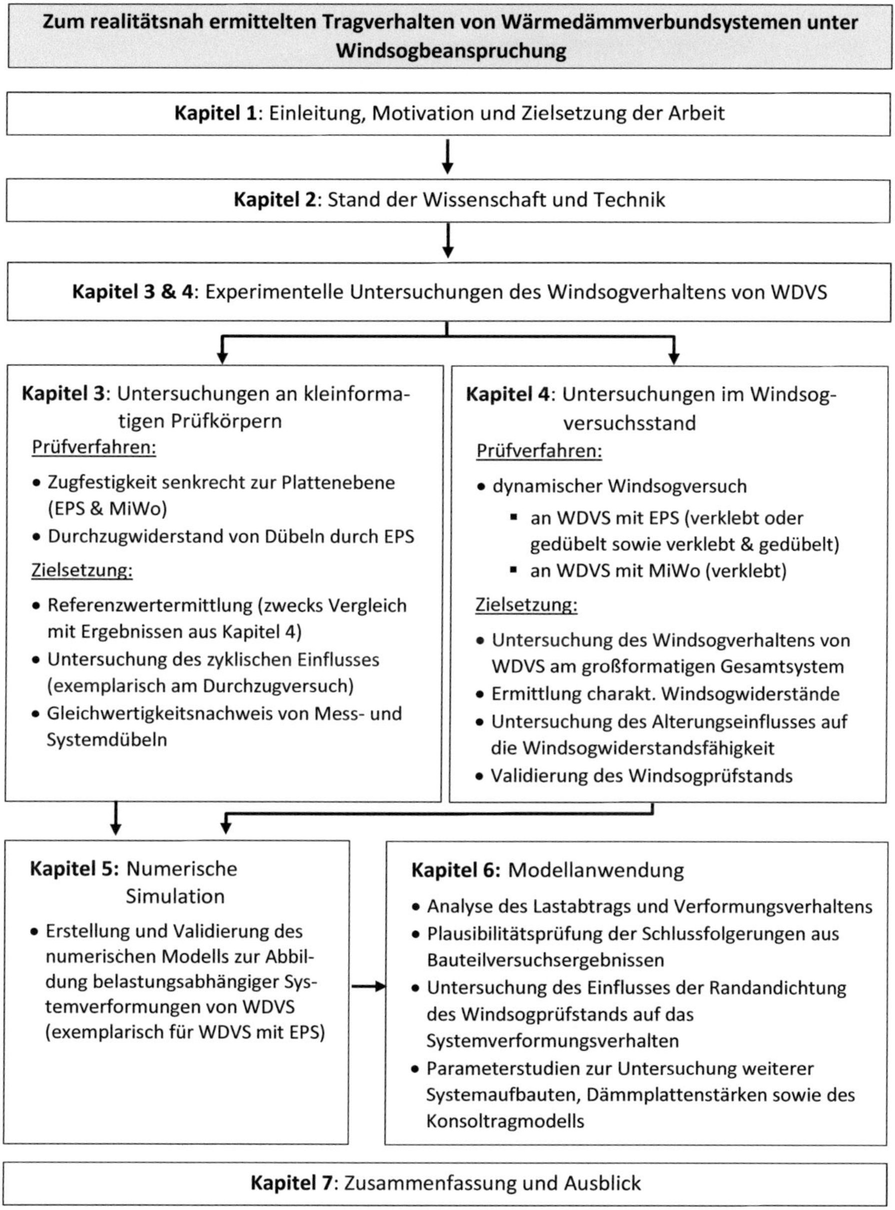


**Abbildung 1-1: Umsetzung der Arbeit - strukturelle Darstellung**

# 2 Stand der Wissenschaft und Technik

## 2.1 Wärmedämmverbundsysteme

### 2.1.1 Entwicklung von WDVS

Im Laufe der letzten Jahrzehnte haben sich WDVS als elegante Lösung der Fassadendämmung bewährt. Die heutige Produktpalette ermöglicht einen vielschichtigen Einsatz bei unterschiedlichsten Anforderungen im Neu- und Bestandsbau hinsichtlich erforderlicher Dämmwirkungen, Gestaltungsmöglichkeiten und Befestigungsmethoden.

Die erste Anwendung von WDVS erfolgte Ende der 1950er Jahre durch einen Malermeister aus der Motivation heraus, die Behaglichkeit im Gebäudeinneren zu steigern. Hierzu wurden Polystyrolplatten auf der außenseitigen Wandoberfläche verklebt und als Witterungsschutz ein zweilagiges Putzsystem mit eingebettetem Glasfaserarmierungsgewebe aufgebracht [4]. Der weitere Einsatz von WDVS beschränkte sich in den 1960er Jahren zunächst auf den Behälterbau. Zielsetzung war die Anhebung der innenseitigen Oberflächentemperaturen, um der Tauwasserentstehung vorzubeugen und dadurch gelagerte Güter vor Feuchtigkeitsschäden zu schützen. Vermehrt wurde jedoch auch die Rissüberbrückungsfähigkeit von WDVS genutzt, um schadhafte Fassaden zu sanieren [38].

Mit der Definition wärmeschutztechnischer Mindestanforderungen in der 1969 herausgegebenen Fassung der DIN 4108 [28] sowie der rasanten Ölpreissteigerung ab etwa Mitte der 1970er Jahre ging die rasche Verbreitung von WDVS im Wohnungsbau zu Zwecken der Energieeinsparung einher. Neben der Anzahl verbauter Systeme erhöhte sich auch die Dicke verbauter Dämmstoffplatten auf damals übliche 40-80 mm [38]. Heute sind Dämmstoffstärken von 20-30 cm üblich, teilweise werden auch Systeme mit bis zu 40 cm Dämmstoffdicke verbaut. In der klassischen Ausführungsweise werden WDVS mittels teil- oder vollflächiger Verklebung am tragenden Untergrund befestigt. Etwa Mitte der 1970er Jahre kam es aufgrund von sich lösenden Dämmplatten an nicht ausreichend tragfähigen Untergründen zu Reklamationen, woraufhin Dübel als zusätzliche mechanische Befestigungsmittel entwickelt und verbaut wurden [4].

Heute existiert am Markt ein breites Angebot verschiedener WDVS, welches eine Vielzahl von Möglichkeiten hinsichtlich der Systembefestigung an der Bauwerkswand, der Auswahl an Dämmstoffarten und -dicken sowie der Fassadenoberflächengestaltung bietet.

### 2.1.2 Aufbau und Definition von WDVS

WDVS sind aus mehreren Einzelkomponenten zusammengesetzte Bausätze, welche als Außenwandbekleidung von Gebäuden zum Einsatz kommen. Ihre grundsätzliche Aufgabe ist die Reduzierung von Transmissionswärmeverlusten durch die Gebäudehülle. Als sichtbarer Bestandteil der Fassade tragen sie zudem maßgeblich zur optischen Gestaltung des Gebäudes bei. Gleichzeitig erbringen WDVS den Witterungsschutz der Bauwerksfassaden.

Hinsichtlich der Wahl der Einzelkomponenten steht am Markt eine Vielzahl verschiedener Kombinationsmöglichkeiten zur Verfügung. Als Dämmstoffe eignen sich beispielsweise Platten aus expandiertem Polystyrol, Mineralwolle oder Holzfaser. Die Befestigung erfolgt je nach Untergrund durch teil- bzw. vollflächige Verklebung sowie optionaler zusätzlicher Dübelung oder mittels Schienensystem. Als Schlussbeschichtung eignen sich Putzsysteme sowie eine Vielzahl verschiedener weiterer Bekleidungsarten beispielsweise aus Keramik oder Naturstein.

Grundsätzlich lassen sich WDVS in Abhängigkeit ihrer Befestigungsart wie folgt unterscheiden:

- voll- bzw. teilflächig verklebte WDVS ohne zusätzliche mechanische Befestigung
- verklebte und zusätzlich mechanisch befestigte WDVS
- rein mechanisch befestigte WDVS

Im Rahmen der vorliegenden Arbeit werden ausschließlich verklebte sowie verklebte und mechanisch mittels Dübeln befestigte WDVS mit mineralischem Putzsystem untersucht. Weitere Systemaufbauten werden daher hier nicht weiter behandelt.

Der grundlegende Aufbau der hier betrachteten WDVS ist in Abbildung 2-1 dargestellt. Auf die Tragschale der Bauwerksaußenwand wird mittels eines Klebers der Dämmstoff aufgebracht, optional werden die Dämmplatten zusätzlich durch mechanische Befestigungsmittel in Form von Dübeln gesichert. Das Setzen erfolgt je nach System oberflächenbündig auf oder versenkt in den Dämmplatten bzw. durch das im Putzsystem eingebettete Armierungsgewebe. Auf die Dämmplatten wird das mineralische Putzsystem aufgebracht, bestehend aus einer Armierschicht und einer Schlussbeschichtung in Form eines Oberputzes. In das obere Drittel der Armierschicht wird zur Spannungsaufnahme und damit einhergehender Rissbreitenbeschränkung ein engmaschiges Glasfasergewebe eingebettet.

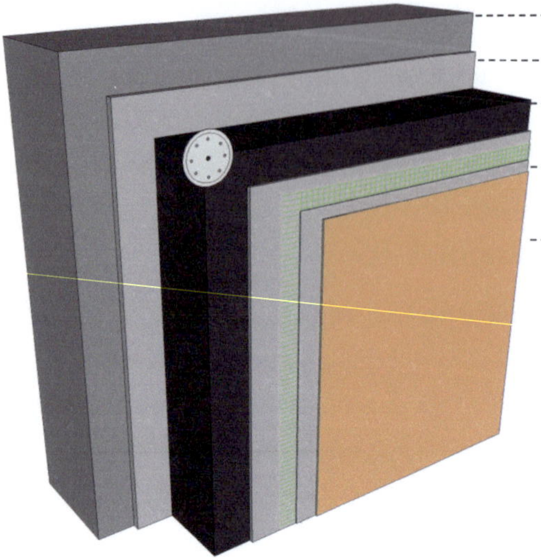


**Abbildung 2-1: Schematischer Aufbau eines geklebt und gedübelten WDVS mit Putzsystem**

### 2.1.3 Richtlinien und Regelwerke

Beim WDVS handelt es sich um ein Bauprodukt, welches bis dato nicht über allgemein anerkannte Regeln der Technik (z.B. Normen) geregelt wird. Der zur Anwendung und Vertrieb erforderliche Verwendbarkeitsnachweis erfolgt im Regelfall national über die vom Deutschen Institut für Bautechnik (DIBt) herausgegebenen allgemeinen bauaufsichtlichen Zulassungen (abZ) oder über allgemeine Bauartgenehmigungen (aBG) bzw. durch Zustimmung im Einzelfall (ZiE).

Der Verwendbarkeitsnachweis kann zudem über die auf europäischer Ebene gültige Europäisch Technische Bewertung (ETA) erbracht werden. Sie berechtigt zur CE-Kennzeichnung des Produkts. Die Angaben in ETAs sind häufig allgemeiner gehalten als beispielsweise in den allgemeinen bauaufsichtlichen Zulassungen. Erfolgt der Verwendbarkeitsnachweis im Rahmen von ETAs, ist daher die Übereinstimmung mit nationalen Anforderungen abzugleichen. In Deutschland sind diese Anforderungen an WDVS in der vom DIBt herausgegebenen Muster Verwaltungsvorschrift technischer Baubestimmungen (MVV TB) [13] definiert. Dort sind in Anhang 11 WDVS mit ETA nach ETAG 004 aufgeführt. Behandelt werden geklebt sowie geklebt und gedübelte WDVS mit Dämmstoffen aus Polystyrol bzw. Mineralwolle auf Untergründen aus Mauerwerk oder Beton.

Grundlage für die technische Bewertung von WDVS mit Putzsystem bilden die ETAG 004 [33] bzw. die EAD 040083-00-0404 [32] als ihr im Januar 2019 erschienenes Ablösedokument, herausgegeben von der European Organisation for Technical Assessment (EOTA). Auf Basis der dort aufgeführten Prüfungen zur Ermittlung der Material- bzw. Systemeigenschaften erfolgt die Produktbeurteilung im Rahmen des Verwendbarkeitsnachweises.

Eine gültige harmonisierte Produktnorm existiert aktuell nicht (Stand: 04.2021). Es wurde 2018 die DIN EN 17237 [25] als Entwurfsfassung veröffentlicht, welche jedoch aufgrund umfangreicher Kommentare zurückgezogen wurde und nun neu aufgelegt wird [30]. Sie soll künftig auf europäischer Ebene der Spezifikation von WDVS hinsichtlich der Materialeigenschaften und deren Überprüfung dienen.

### 2.1.4 Beanspruchung von WDVS

WDVS werden infolge der Witterungseinflüsse hygrothermisch beansprucht, zudem müssen entstehende Belastungen aus Wind sowie das Eigengewicht sicher in den Untergrund eingeleitet werden. Die für WDVS maßgeblichen Windbelastungen ergeben sich infolge der durch Bauwerksumströmung entstehenden Unterdrücken an Fassaden. Sie führen zu einer Sogbeanspruchung des Systems. Der Lastangriff erfolgt modelltechnisch orthogonal auf der außenseitigen, winddichten Schlussbeschichtung des WDVS, von dort wird die Belastung schichtweise durch das System hindurch in die Tragschale des Bauwerks eingeleitet. Dabei hängt der Kraftfluss maßgeblich von der Befestigungsart ab. Grundsätzlich lassen sich diese in voll- bzw. teilflächig verklebte sowie ggf. zusätzlich mit Dübeln befestigte WDVS kategorisieren. Daneben existieren hier nicht behandelte Befestigungslösungen mittels Schienensystemen.

Die drei Beanspruchungsarten für den Standsicherheitsnachweis von WDVS werden z.B. in [38] und [10] beschrieben. Es wird in drei Lastfälle unterschieden:

- Eigengewicht ($g$):
  Das Eigengewicht $g$ von WDVS setzt sich aus allen Systemkomponenten zusammen, wird jedoch maßgeblich von dem Gewicht der Bekleidung beeinflusst. Die Lasten werden über Schubbeanspruchung durch die Systemkomponenten hindurch in den Untergrund eingeleitet.

- Windsog:
  Die für WDVS maßgebenden Bemessungswindlasten $w_s$ ergeben sich nach der DIN EN 1991-1-4 [26] in Kombination mit dem Nationalen Anhang [27]. Windlasten wirken orthogonal zur Oberfläche des WDVS, ihr Lastangriffspunkt ist auf der Schlussbeschichtung. Von dort wird die Windlast abhängig von der Befestigungsart des WDVS über die einzelnen Systemkomponenten hindurch in den Untergrund eingeleitet.
- Hygrothermische Beanspruchung (s, H, $\vartheta$) :
  Hygrothermische Beanspruchungen entstehen aufgrund des Putzerstschwindens (s) sowie Einflüssen aus Witterung infolge Feuchte- (H) und Temperaturschwankungen ($\vartheta$). Sie wirken sich unmittelbar in Form von Zwangsspannungen bzw. Dehnungen innerhalb des Putzsystems aus. Wie beim Lastfall Eigengewicht entstehen auch hier Schubbeanspruchungen im WDVS, welche vom System abgetragen werden müssen. In welcher expliziten Höhe sie auf die Systemkomponenten Dämmstoff, Klebung bzw. Dübelung einwirken, ist derzeit noch unbekannt.

### 2.1.5 Tragverhalten von WDVS im Lastfall Windsog

Nachfolgend werden die Lastabtragmodelle der für diese Arbeit relevanten, infolge Windsog entstehenden Beanspruchungen von verklebten sowie gedübelten WDVS beschrieben. Ergänzend ist zudem die aktuelle Darstellung des Konsoltragmodells aufgeführt. Es beschreibt den modelltechnisch angenommenen Lastabtrag von Eigengewicht und hygrothermischen Beanspruchungen verklebt und gedübelter Systeme unter Windsogbeanspruchung bei gerissener Klebung.

Abbildung 2-2 stellt den Lastabtrag verklebter WDVS dar. Die aus Windbeanspruchungen resultierende Sogkräfte wirken als flächige Zuglast an der Fassade, ihr Abtrag erfolgt über die Haft- bzw. Querzugfestigkeit der einzelnen Systemkomponenten. Vollflächig verklebte Systeme leiten die Soglasten homogen in den Untergrund ein. Bei teilflächiger Verklebung erfolgt der Lastabtrag punktuell bzw. linienförmig. In den unverklebten Plattenbereichen entstehen Tragfelder, die dort auftretenden Belastungen sind entsprechend von den Dämmplatten in die verklebten Bereiche weiterzuleiten. Die Spannweite dieser Tragfelder wird über die Anordnung des Klebers bzw. durch die klebefreien Zwischenräume definiert, sie liegt je nach Ausführung bei ca. 15-20 cm.

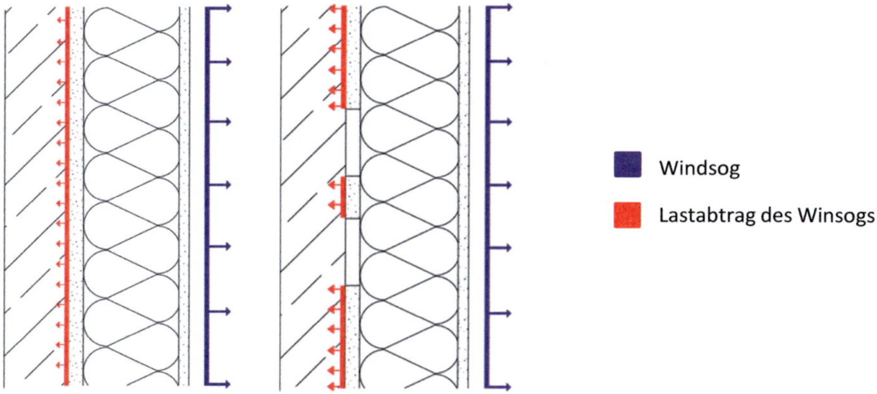


**Abbildung 2-2: Lastabtragmodelle der Windsogbelastung:**
**vollflächige Verklebung (links), teilflächige Verklebung (rechts)**

Bei geklebt und statisch relevant gedübelten Systemen wird in den Zulassungsuntersuchungen modellhaft davon ausgegangen, dass die einwirkenden Soglasten vollständig über die Dübelung in den Untergrund einzuleiten sind. Die vorhandene Verklebung wird für den Lastabtrag des Windsogs als nicht tragfähig angenommen (vgl. Abbildung 2-3). Die Soglasten ziehen die Dämmplatten gegen die Dübelteller, woraus sich im darunter liegenden Bereich eine Druckbeanspruchung im Dämmmaterial ergibt. Abgeleitet werden die Lasten über die verankerten Dübelschafte in den Untergrund.

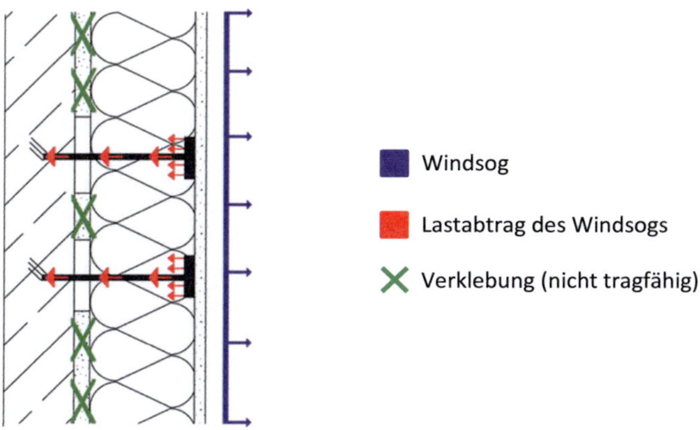


**Abbildung 2-3: Lastabtragmodell der Windsogbelastung gedübelter Systeme - Verklebung wird als nicht tragfähig angenommen**

**Konsoltragmodell geklebt und gedübelter Systeme**

Geklebt und gedübelte Systeme tragen die Lasten aus Eigengewicht und hygrothermischen Einflüssen (g, s, H und $\vartheta$) dem Modell nach bei gerissener Klebung über die Konsoltragwirkung in den Untergrund ein. Das Tragkonzept basiert auf einem Fachwerktragmodell nach [9]. Es wurde anhand durchgeführter Scherversuche an Mineralfasermatten entwickelt, welche lediglich mittels Dübeln am Untergrund befestigt waren. Die Proben wurden gemäß der Angaben aus [9] nur mittels Vertikallasten beaufschlagt, eine gleichzeitige Beanspruchungen in Windsogrichtung erfolgte nicht. Die in diesen Versuchen ermittelten und in Abbildung 2-4 qualitativ dargestellten Verformungen fielen deutlich geringer aus, als die Ergebnisse der Berechnungen, die auf Grundlage des bis dahin angenommenen Kragarmmodells aufgestellt wurden. Hieraus wurde das Ersatzsystem (vgl. Abbildung 2-4, mittig und rechts) mit deutlich steiferem Systemverhalten und zusätzlich über den Dämmstoff unter einem Winkel von 45° abzutragenden Lastanteil abgeleitet.

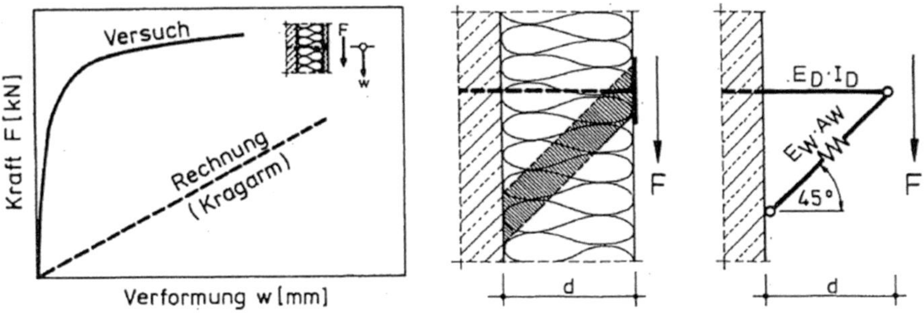


**Abbildung 2-4: Qualitative Darstellung der Scherversuchsergebnisse zur Untersuchung des Lastabtrags im Lastfall Eigengewicht im Vergleich zur damaligen, auf dem Kragarmmodell basierenden Berechnungsgrundlage (links), aus den Ergebnissen abgeleitetes Ersatzsystem als Fachwerkmodell für den Vertikallastabtrag von WDVS (mittig und rechts), beide aus [9]**

Eine Weiterentwicklung des Fachwerkmodells ist von Laternser in den Erläuterungen „zum Nachweis der Standsicherheit von Wärmedämmverbundsystemen mit Mineraldämmstoffen und mineralischem Putz“ [49] dargestellt. Dort wird die Annahme beschrieben, dass selbst bei Versagen der Verklebung ihre Verzahnung mit dem Untergrund erhalten bleibt. Demzufolge wird verklebt und gedübelten Systemen in Scheibenrichtung auch bei gerissener Klebung eine bessere Lastabtragung zugesprochen als lediglich durch Dübel befestigte WDVS. Gemäß [49] sind seither aufgrund des nach wie vor angenommenen Vertikallastabtrags durch die als schubtragfähig angenommene Klebung keine Nachweise der Dübelung hinsichtlich der Aufnahme von Vertikallasten mehr notwendig. Diese Verfahrensweise wird bis heute bei der Erteilung von Systemzulassungen angewandt (vgl. [31]).

Das Lastabtragkonzept verklebt und gedübelter WDVS bei gerissener Klebung ist in seiner aktuellen Form erstmals von Oberhaus in [54] dargestellt. Ebenfalls erwähnt und als Modell der „Konsoltragwirkung“ beschrieben wird es von Krause in [47]. In diesem, in Abbildung 2-5 dargestellten mechanischen Modell, wirkt der Dämmstoff als Druckstrebe und der Dübel als Zugband, welcher selbst bei versagter Klebeverbindung den Dämmstoff an der Wand halten soll. Modelltechnisch wird davon ausgegangen, dass so auch bei gerissener Klebung die Schubverzahnung mit dem Untergrund erhalten bleibt und hierüber der Abtrag der Vertikallasten gewährleistet ist. Lediglich der Abtrag der Horizontallasten aus Windeinwirkungen erfolgt aus modelltechnischer Sicht über die Dübel.

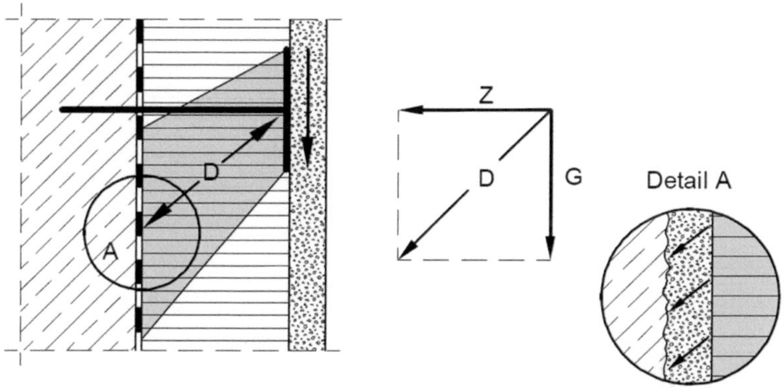


**Abbildung 2-5: Konsoltragmodell zur Beschreibung des Vertikallastabtrags verklebt und gedübelter WDVS bei gerissener Klebeverbindung: Dämmstoff (Druckstrebe), Dübel (Zugband), Lastabtrag in den Untergrund durch Schubverzahnung (Detail A), aus [47]**

### 2.1.6 Bemessung und Anwendungsgrenzen von WDVS im Lastfall Windsog

Die Anforderungen zur nationalen Verwendbarkeit von WDVS sind der MVV TB [13] sowie den Zulassungen der jeweiligen WDVS zu entnehmen. Grundsätzlich werden WDVS hinsichtlich des verwendeten Dämmstoffs sowie in rein durch Verklebung befestigte bzw. statisch relevant verdübelte Systeme unterschieden. Bei statisch relevanter Dübelung erfolgt der Lastabtrag infolge Windsog rechnerisch rein durch die Dübel selbst.

Die wesentlichen Anforderungen und Bemessungsgrundsätze aus [13] und [32] bezüglich der Systembefestigungen für den Lastfall Windsog sind für WDVS mit expandiertem Polystyrol sowie Mineralwollplatten und -lamellen nachfolgend dargestellt:

Systeme mit EPS als Dämmstoff:

- Abreißfestigkeit des Untergrunds > 80 kPa, Windsoglast < -1,1 kPa → reine Klebebefestigung mit Lastabtrag von mindestens 0,03 kPa möglich, ansonsten statisch relevante Dübelung erforderlich

Systeme mit Mineralwollplatten als Dämmstoff:

- statisch relevante Dübelung immer erforderlich

Systeme mit Mineralwolllamellen als Dämmstoff:

- Abreißfestigkeit des Untergrunds > 80 kPa, Windsoglast < -0,8 kPa → reine Klebebefestigung mit Lastabtrag von mindestens 0,03 kPa bzw. 0,05 kPa bei Dämmstoffdicken > 20 cm möglich, ansonsten statisch relevante Dübelung erforderlich

Berechnung des Klebeflächenanteils:

- Teilflächige Verklebung möglich, unter Berücksichtigung des Mindestlastabtrags von 0,03 kPa beträgt der minimale Flächenanteil 40 %; Berechnung des Mindestklebeflächenanteils $S$ nach EAD 040083-00-0404 [32], Abs. 2.2.11.3.1 & 2.2.11.4:

$$S = (30 * 100)/B \qquad \text{Gl. ( 2.1 )}$$

Dabei ist:

| | | |
|---|---|---|
| $S$ | Mindestklebeflächenanteil | [%] |
| $B$ | minimale Bruchfestigkeit zwischen Kleber und Dämmstoff unter trockenen Bedingungen | [MPa] |

<u>Bemessung der Dübelung:</u>

1.) Nachweis der Verankerung des Dübelschafts im Trägermedium:

$$S_d \leq \frac{N_{Rk}}{\gamma_{M,U}}$$ Gl. ( 2.2 )

Dabei ist:

| | | |
|---|---|---|
| $S_d$ | Windsoglast (Bemessungswert) | [kPa] |
| $N_{Rk}$ | charakteristische Zugtragfähigkeit des Dübels | [kN] |
| $\gamma_{M,U}$ | Teilsicherheitsbeiwert des Ausziehwiderstands des Dübels aus dem Untergrund (nach Dübelzulassung, i.d.R = 2,0, vgl. z.B. [14]) | [-] |

2.) Nachweis des gedübelten WDVS:

$$S_d \leq \frac{R_{Fl} * n_{Fl} + R_{Fu} * n_{Fu}}{\gamma_{M,S}}$$ Gl. ( 2.3 )

Dabei ist:

| | | |
|---|---|---|
| $R_{Fl/Fu}$ | Versagenslast der im Bereich der Platte bzw. Fuge gesetzten Dübel | [kPa] |
| $n_{Fl/Fu}$ | Anzahl der in Fuge bzw. Plattenfläche vorhandenen Dübel | [-] |
| $\gamma_{M,U}$ | Teilsicherheitsbeiwert des verwendeten Dübels (4,0) | [-] |

Die Anwendungsgrenze von marktgängigen WDVS im Hinblick auf abzutragende Windsoglasten liegt aktuell bei maximal -2,2 kPa (vgl. z.B.: [14], [15], [16], [17]).

Die generellen Anforderungen an die Mindestfestigkeiten der Einzelkomponenten Verklebung, Dämmstoff (nur rein verklebt ausführbare Gruppen), dem Putzsystem sowie der Haftung der Komponenten untereinander betragen in Wirkungsrichtung der Windsogbeanspruchung deckungsgleich mit der erforderlichen Untergrundhaftzugfestigkeit 80 kPa gemäß der MVV TB [13].

## 2.2 Windeinwirkungen auf Bauwerke

### 2.2.1 Allgemeines

Windeinwirkungen stellen neben Erdbebenlasten eine der maßgebenden Beanspruchungen für Bauwerke dar. Auf der Erdoberfläche errichtete Gebäude werden zwangsläufig im Strömungsfeld des Windes platziert, sodass sie folglich den entstehenden Belastungen aus Windkräften ausgesetzt und entsprechend zu bemessen sind. Dabei beeinflusst neben der Strömungsgeschwindigkeit der Luft die Aerodynamik des jeweiligen Bauwerks die Höhe der Belastung. Die Bauwerksform wird mittels in Windkanalversuchen zu bestimmenden aerodynamischen Beiwerten bei der Windlastberechnung berücksichtigt.

Die Windkräfte lassen sich in Druck- und Sogkräfte unterscheiden. Bei der Anströmung von Gebäuden entstehen auf der windzugewandten Seite infolge des dortigen Luftaufstaus Druckkräfte. An den windzugewandten Gebäudekanten kommt es im Regelfall zu Strömungsablösungen, sodass dort ein Unterdruck entsteht, welcher als Sogbelastung auf die Gebäudeoberfläche wirkt. Ebenso bilden sich an der windabgewandten Gebäudeseite Unterdrücke aus. Die grundlegende Entstehung von Windlasten an Gebäuden sind ergänzend dem Anhang A dieser Arbeit zu entnehmen. Weiterführende Informationen sind beispielsweise in „Wind Loading of Structures" von J. D. Holmes [46] zu finden.

Konkret lassen sich für Bauwerke in Deutschland Windlasten anhand des Verfahrens der DIN EN 1991-1-4 [26] in Kombination mit dem zugehörigen Nationalen Anhang DIN EN 1991-1-4/NA [27] bemessen.

Im Rahmen dieser Arbeit werden Bauwerke bzw. die untersuchten WDVS-Fassadenaufbauten grundsätzlich als geschlossene Körper mit winddichter Oberfläche angenommen. Entscheidend für die hier behandelten Fragestellungen sind die aus der Windbelastung entstehenden, orthogonal auf der Fassadenoberfläche wirkenden Unterdrücke. Dynamische Bauwerksreaktionen der Tragstruktur infolge böeninduzierter Bauwerksschwingungen und Strömungsfelder durchströmter Baukörper sind für den Rahmen dieser Arbeit unbedeutend und werden daher nicht weiter berücksichtigt.

### 2.2.2 Windlastermittlung

Grundlage zur Bestimmung der Bauwerksbelastung infolge der Windströmung bildet der Windgeschwindigkeitsstaudruck $q$. Er lässt sich in Abhängigkeit der Luftrohdichte $\rho$ und der Windgeschwindigkeit $v$ beschreiben:

$$q = \frac{1}{2} * \rho * v^2 \qquad \text{Gl. ( 2.4 )}$$

Dabei ist:

| | | |
|---|---|---|
| $q$ | Windgeschwindigkeitsstaudruck | [kN/m²] |
| $\rho$ | Luftrohdichte | [kg/m³] |
| $v$ | Windgeschwindigkeit | [m/s] |

Die Windgeschwindigkeit sowie das Strömungsverhalten der Luft hängt, wie im Anhang A beschrieben, von meteorologischen und geländestrukturellen Faktoren ab, die in den Windlastermittlungen lediglich mithilfe der Statistik berücksichtigt werden können. Generell lässt sich die zeitabhängige Windgeschwindigkeit als dreidimensionaler Vektor $\mathrm{v}(\mathrm{x}, \mathrm{y}, \mathrm{z}, \mathrm{t})$ beschreiben (vgl. [40]). Den Ausgangspunkt für die Errechnung von Windlasten stellen die in Normungen angegebenen Basiswindgeschwindigkeiten $v_b$ dar, aus welchen sich die entsprechenden Basiswindgeschwindigkeitsdrücke $q_b$ ableiten lassen.

Die Angabe der Basiswindgeschwindigkeit $v_b$ erfolgt gemäß der DIN EN 1991-1-4 [26] auf Grundlage eines 10-minütigen Mittelwertes, gemessen in offenem, flachem Gelände mit geringem Bewuchs in einer Referenzhöhe von 10 Metern unter Betrachtung einer statistischen Wiederkehrperiode von 50 Jahren bzw. einer Auftretenswahrscheinlichkeit von 2 % jährlich. Dem Nationalen Anhang DIN EN 1991-1-4/NA [27] sind die Basiswindgeschwindigkeit $v_b$ für Deutschland - aufgeteilt in vier Windzonen - zu entnehmen. Sie reichen von 22,5 m/s bzw. 81 km/h in Mittel- und Süddeutschland bis zu 30,0 m/s bzw. 108 km/h in küstennahen Regionen.

Abgeleitet von der Basiswindgeschwindigkeit $v_b$ lassen sich höhenabhängig und unter Berücksichtigung von Topographie und Rauigkeit die mittleren Windgeschwindigkeiten $v_m$ errechnen. Aus ihnen ergeben sich unter Einbeziehung der Turbulenzintensität die für die Berechnung der Bauwerkswindbelastung ausschlaggebenden Böen- bzw. Spitzengeschwindigkeitsdrücke $q_p$.

Die auf Gebäudeaußenflächen einwirkenden charakteristischen Windlasten $w_{e,k}$ berechnen sich, indem der Spitzenwindgeschwindigkeitsdruck $q_p$ mit dem jeweiligen, in Kapitel A.3 beschriebenen aerodynamischen Außendruckbeiwert $c_{pe}$ multipliziert wird [26].

$$w_{e,k} = q_p * c_{pe} \qquad \text{Gl. ( 2.5 )}$$

Dabei ist:

| | | |
|---|---|---|
| $w_{e,k}$ | charakteristische Windlast | [kN/m²] |
| $q_p$ | Spitzen- bzw. Böengeschwindigkeitsdruck | [kN/m²] |
| $c_{pe}$ | aerodynamischer Außendruckbeiwert | [-] |

### 2.2.3 Windlasten an Gebäudefassaden nach dem vereinfachten Verfahren

Aufgrund brandschutztechnischer Anforderungen sind die im Rahmen dieser Arbeit vorwiegend behandelten WDVS mit EPS als Dämmstoff national lediglich bis zu einer Bauwerkshöhe von 25 Metern zugelassen. Für diesen Höhenbereich dürfen Böengeschwindigkeitsdrücke von Bauwerken gemäß NA.B.3.2 der DIN EN 1991-1-4/NA [27] vereinfacht in Abhängigkeit der Gebäudehöhe ermittelt werden. Aufgeteilt nach Windzone und Geländekategorie sind die Werte der vereinfachten Geschwindigkeitsdrücke rechteckiger Gebäude höhenabhängig in Tabelle NA.B.3 in [27] erfasst. Die zur Ermittlung der charakteristischen Windlast $w_{e,k}$ zudem benötigten aerodynamischen Beiwerte lassen sich Tabelle NA.1 in [27] entnehmen. Mittels des ungünstigsten aerodynamischen Außendruckbeiwert $c_{pe,1} = -1{,}7$ sowie den Geschwindigkeitsdrücken $q_p$ aus Tabelle NA.B.3 erhält man die kritischsten charakteristischen Windsoglasten $w_{e,k}$ für rechteckige Gebäude bis zu 25 Metern Höhe.

Diese, in Tabelle 2-1 exemplarisch angegebenen, mittels vereinfachtem Verfahren ermittelten Windlasten dienen zur orientierenden Einordnung der auf die hier untersuchten WDVS-Fassaden wirkenden, charakteristischen Windsoglasten. Sie gelten gemäß [27] nicht für Bauwerke, die einzeln in offenem Gelände stehen, sich auf den Inseln der Nordsee befinden und mehr als 10 Meter Höhe aufweisen sowie für Gebäude mit einem Verhältnis von $h/d > 5$ (Gebäudehöhe/Gebäudelänge).

**Tabelle 2-1: Böengeschwindigkeitsdrücke $q_p$ nach DIN EN 1991-1-4/NA [27], Tabelle NA.B.3 und daraus nach Gleichung Gl. ( 2.5 ) errechnete, maximale charakteristische Windsoglasten $w_{e,k}$ an Fassaden; ermittelt mit dem kritischsten Außendruckbeiwert $c_{pe,1}$=-1,7 aus Tabelle NA.1 [27]**

| Gebäudehöhe | | H ≤ 10m | | 10 m < h < 18 m | | 18 m < h ≤ 25 m | |
|---|---|---|---|---|---|---|---|
| Windzone | | $q_p$ [kN/m²] | $w_{e,k}$ [kN/m²] | $q_p$ [kN/m²] | $w_{e,k}$ [kN/m²] | $q_p$ [kN/m²] | $w_{e,k}$ [kN/m²] |
| 1 | Binnenland | 0,5 | -0,85 | 0,65 | -1,2 | 0,75 | -1,28 |
| 2 | Binnenland | 0,65 | -1,11 | 0,8 | -1,36 | 0,9 | -1,53 |
| | Küste und Inseln der Ostsee | 0,85 | -1,45 | 1 | -1,7 | 1,1 | -1,87 |
| 3 | Binnenland | 0,8 | -1,36 | 0,95 | -1,62 | 1,1 | -1,87 |
| | Küste und Inseln der Ostsee | 1,05 | -1,79 | 1,2 | -2,04 | 1,3 | -2,21 |
| 4 | Binnenland | 0,95 | -1,62 | 1,15 | -1,96 | 1,3 | -2,21 |
| | Küste und Inseln der Nord- und Ostsee | 1,25 | -2,13 | 1,4 | -2,38 | 1,55 | -2,64 |
| | Inseln der Nordsee | 1,4 | -2,38 | - | - | - | - |

### 2.2.4 Windschäden an WDVS

Die Literatur liefert bezüglich windbedingter Schäden an WDVS im Vergleich zu anderen Bauschadensereignissen nur eine sehr begrenzte Anzahl an Informationen. Zurückführen lässt sich dies auch auf die teils beträchtlichen, auf der sicheren Seite liegenden Teilsicherheiten und Anwendungsgrenzen der Systeme (vgl. Abschnitt 2.1.6). Dennoch treten vereinzelt Schadensfälle bei Starkwindereignissen auf, dokumentierte Beispiele finden sich z.B. in [10] und [39], einen exemplarischen Schadensfall zeigt Abbildung 2-6.

Grundsätzlich lassen sich Windschäden an Bauwerken nach [39] wie folgt klassifizieren:

- Klasse 1: direkt durch Windeinwirkung verursacht
- Klasse 2: nicht durch Windeinwirkung verursacht jedoch ausgelöst
- Klasse 3: weder durch Windeinwirkung verursacht noch ausgelöst

Schäden an WDVS sind gemäß [39] der Windschadensklasse 2 zuzuordnen. Folglich fungieren die Windkräfte im Regelfall als Auslöser, nicht jedoch als primärer Verursacher windbedingter Schäden an WDVS. Dies bestätigen Angaben in der Literatur. Hier sind keine windbedingten Schäden an WDVS aufgeführt, welche sich auf die Mangelhaftigkeit des Systems selbst zurückführen lassen. Vielmehr sind Ausführungs- bzw. Planungsfehler als verursachend beschrieben.

Dies belegen in [10] dargestellte Schadensbeispiele, die sich auf fehlerhaft ausgeführte Verklebungen mit zu geringem Klebeflächenanteil oder unzureichendem Anpressdruck der Dämmplatten sowie einer zu geringen Verbundfestigkeit zwischen Klebung und Untergrund zurückführen lassen. Zudem wird die Verwendung von Komponenten außerhalb der Systemzulassung, beispielsweise von ungeeigneten Dübeln oder Dämmplatten mit unzureichenden mechanischen Eigenschaften als Schadensursache aufgeführt.

Ein exemplarisches Schadensbild eines während des Sturmtiefs Christian im Jahr 2013 abgelösten WDVS ist nachfolgend in Abbildung 2-6 dargestellt. Die vollständige Ablösung des Klebers von der Betonwand als Trägermedium lässt auf einen nicht ausreichenden Haftverbund in dieser Ebene als Schadensursache hindeuten.

**Abbildung 2-6: Herabgestürztes, rein mittels Verklebung befestigtes Wärmedämmverbundsystem ohne Rückstände von Klebemörtel- oder Dämmplattenresten an der Fassade, was auf einen mangelhaften Haftzugverbund schließen lässt (Foto: Stefan Rampfel)**

## 2.3 Untersuchung des Tragverhaltens von WDVS im Lastfall Windsog

### 2.3.1 Entwicklungshistorie zur Beurteilung des Tragverhaltens und der Standsicherheit von WDVS im Lastfall Windsog

Erstmalig erwähnt werden Anforderungen an die Tragfähigkeit von WDVS in den Mitteilungen des damaligen Instituts für Bautechnik (IfBt) - heute Deutsches Institut für Bautechnik (DIBt) im Jahr 1980. Im Beitrag zu „Kunstharzbeschichteten Wärmedämmverbundsystemen" [51] wird auf mineralischem Untergrund mittels Verklebung befestigtes Dämmmaterial aus Hartschaumkunststoff behandelt. Die damaligen Anforderungen definierten für **verklebte Systeme** eine durch entsprechende Bauteilversuche nachzuweisende Mindestzugfestigkeit des Dämmstoffs sowie die Haftzugfestigkeit des Systems am trockenen bzw. durchfeuchteten Untergrund von 0,1 N/mm² [51].

Regelungen der Nachweisführung zur Standsicherheit von WDVS mit Dämmstoffen aus Mineralfaser in Kombination mit **mechanischen Verbindungsmitteln** sind erstmals 1984 in [52] vom IfBt aufgeführt. Nachweisfrei blieben demnach Verankerungen beim Einsatz von WDVS bei Gebäudehöhen bis 8,0 m. Bei Gebäudehöhen zwischen 8,0 m und 20,0 m wurde zur zusätzlichen Aufnahme von Wind- und Temperaturbelastungen der Einsatz von 5 bzw. im Gebäuderandbereich 12 Dübeln pro Quadratmeter WDVS gefordert. Es durften auch bauaufsichtlich ungeregelte Dübel mit den in [52] definierten Anforderungen verwandt werden. Bei zusätzlicher Aufnahme des Eigengewichts durch die Dübelung sowie bei Gebäudehöhen oberhalb von 20,0 m waren Verwendbarkeitsnachweise (z.B. durch allgemeine bauaufsichtliche Zulassungen) erforderlich [52].

Aufgrund bauaufsichtlicher Bedenken zur Standsicherheit der auf Grundlage der dokumentierten Regelungen in [52] ausgeführten Systeme mit Dübelbefestigung führte Schäfer in [57] veröffentlichte Grundlagenversuche zur Ermittlung der Standsicherheit von WDVS durch. Darauf basierend wurden die Regelungen verklebt und gedübelter Systeme aus [52] durch die im Jahr 1990 in [53] veröffentlichten bauaufsichtlichen Regelungen „Zum Nachweis der Standsicherheit von Wärmedämmverbundsystemen mit Mineralfaser-Dämmstoffen und mineralischem Putz" ersetzt. Sie galten für verklebt und gedübelte Systeme und waren sinngemäß auch für WDVS mit Dämmstoffen auf Hartschaumbasis nach DIN 18164-1 [18] anzuwenden. Die in [52] definierte Nachweisfreiheit der Verankerungen von WDVS an Gebäuden mit Höhen bis zu 8 Metern sowie die vereinfachte Nachweisform für Verankerung von WDVS bei Gebäudehöhen von 8 bis 22 Metern blieb bestehen. Definiert sind in [53] erstmals Anforderungen an den Verankerungsgrund (fest, trocken und staubfrei) sowie an die Materialeigenschaften (Eigenschaften der Klebung, Dübelung, des Putzsystems sowie der Dämmplatten). Der wirksame Mindestklebeflächenanteil für Systeme mit Mineralfaserdämmstoffen und Dübelung wurde hier auf 40 % festgelegt.

Zum Nachweis der mechanisch befestigten Systeme bei Anwendung oberhalb von Gebäudehöhen von 20 Metern wurde ein erweiterter Standsicherheitsnachweis gefordert. Zur Ermittlung der Windsogwiderstandsfähigkeit sind unter 4.5 in [53] der Unterdruckversuch, der Schaumblockversuch und der Dübeldurchzugversuch genannt. Beschrieben sind die Verfahren im Abschnitt 2.3.3 dieser Arbeit.

Mit Dübeln mechanisch befestigte Systeme erforderten zusätzlich eine Verklebung mit einem Mindestklebeflächenanteil von 40 %. Die Versuche zur Ermittlung der Windsogwiderstandsfähigkeit waren auf der sicheren Seite liegend hingegen lediglich durch Dämmplattenbefestigung mittels Dübelung durchzuführen. Da die Dauerhaftigkeit der Verklebung nicht nachgewiesen war, ließ sie sich für den Lastabtrag nicht ansetzen und blieb bei gedübelten Systemen prüftechnisch unberücksichtigt. Die Lasteinleitung erfolgte bei Untersuchung ganzer, mittels mehrerer Dübel befestigter Dämmplatten im Unterdruckversuch über aufzubringenden Unterdruck bzw. im Schaumblockversuch über einen aufzuklebenden Schaumblock. Eine gute Vergleichbarkeit der Ergebnisse dieser beider Versuchsverfahren ist in [57] durch den Vergleich von in [5] und [8] dokumentierten Untersuchungen sowie in [9] und [10] beschrieben. Alternativ ließ sich das Systemverhalten anhand kleinformatiger, mittig gedübelter Prüfkörper im Dübeldurchzugversuch untersuchen. Die Lasteinleitung erfolgte hier über eine aufgeklebte Platte. Auf den beiden Verfahren mit Lasteinleitung durch Platten bzw. Schaumblöcke basieren die heute normativ geregelten, in der Dissertation von Krause [47] modifizierten Schaumblock- [22] und Dübeldurchzugversuche [24].

Der materialspezifische Sicherheitsbeiwert zur Auswertung der Versuchsergebnisse wurde in [53] zu $\gamma = 3{,}0$ bzw. bei Verhinderung des Herabfallens großer Putzflächen durch das Dübeln oberhalb des Armierungsgewebes zu $\gamma = 2{,}0$ festgelegt. Zudem wurde eine Mindestanzahl der Dübel von $4/m^2$ WDVS bei Dübelung oberhalb des Armiergewebes bzw. $5/m^2$ WDVS bei dämmplattenoberflächenbündiger Dübelung definiert.

Unberührt durch die Regelungen aus 1990 [53] blieb die 1980 in [51] definierte, rein in Verklebung ausgeführte Befestigung von WDVS mit Dämmstoffen aus Hartschaum und Eigenlasten unter 0,1 kN/m² bei entsprechender Mindestzugfestigkeit der Dämmplatten sowie der Haftfestigkeit des Systems am Untergrund von 0,1 N/mm².

Auf den Erkenntnissen von Schäfer [57], Cziesielski und Safarowsky [9] basierend sind im Rahmen der Dissertation von Oberhaus [54] 1994 weiterführende Untersuchungen zur Thematik der Standsicherheit und Gebrauchstauglichkeit von WDVS, auch unter Einbeziehung dauerhaftigkeitsrelevanter Gesichtspunkte über künstliche Bewitterung veröffentlicht worden. Anhand der Ergebnisse von untersuchten Systemen mit Mineralwolllamellen schloss Oberhaus auf eine als dauerhaft windsogtragfähig anzunehmende Dämmplattenverklebung, sodass sich diese Systeme bei tragfähigem Untergrund künftig rein verklebt ausführen lassen würden.

Auf europäischer Ebene sind Versuche zur Ermittlung der Dauerhaftigkeit im Lastfall Windsog erstmals in der im März 2000 erschienenen ETAG 004 ([34], [35]) aufgeführt. Die im Jahr 2013 aktualisierte Fassung der ETAG 004 [33] ist mittlerweile durch die im Januar 2019 veröffentlichte, als Zulassungs- bzw. Bewertungsgrundlage fungierende EAD 040083-00-0404 [32] ersetzt. Aufgeführt sind neben dem statischen Schaumblockversuch, dem Dübeldurchzugversuch sowie Haftzugversuchen für die einzelnen Verbundebenen der bis dato für Zulassungsuntersuchungen nicht verwandte dynamische Windsogversuch. National ergänzt ist die europäische Bewertungsgrundlage durch die MVV TB [13]. Die dort definierten und aktuell geltenden Anforderungen an WDVS im Lastfall Windsog sind zusammengefasst im Abschnitt 2.1.6, die Materialversuche zur Bestimmung der Standsicherheit im Lastfall Windsog im Abschnitt 2.3.3 dokumentiert.

Die Entstehung des im Rahmen dieser Arbeit vorwiegend verwendeten dynamischen Windsogversuchs ist in der Literatur nicht dokumentiert. Der in der ETAG 004 ([34], [35]) erstmals veröffentliche Zyklus- und Belastungsverlauf dieses Windsogversuchs lässt sich auf von Gerhardt und Kramer durchgeführte Untersuchungen zurückführen. In [42] ist von ihnen basierend auf Untersuchungen aus [11], [43] und [44] die Entwicklung von Belastungszyklen zur Durchführung von Ermüdungstests unter Windsogbeanspruchung an Verkleidungselementen beschrieben. Grundlage bildete die in Abbildung 2-7 in einer Wiederkehrperiode von 50 Jahren dargestellte Häufigkeitsverteilung der Windgeschwindigkeiten und Windstaudrücke. Für die Prüfzyklen wählten sie entsprechend der anzustrebenden zeitlichen Verkürzung von Bauteilprüfungen lediglich die Lastniveaus ausgehend von mindestens 40 % [42] bzw. 50 % [41] des maximalen Staudruckes.

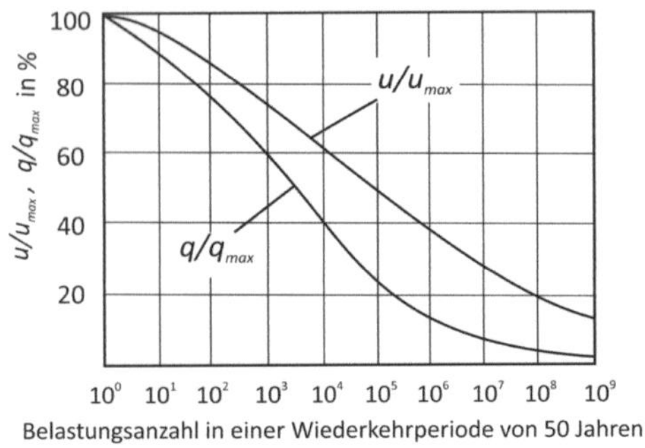


**Abbildung 2-7: Häufigkeitsverteilung von Windgeschwindigkeit u und Windstaudruck q in [%], nach [42]**

Die Wiederholungsrate der Druckstöße je Prüfzyklus wurde in reduzierter Form in Abhängigkeit zur tatsächlichen Belastungszahl gewählt. In [42] findet sich zudem die Angabe, zwecks weiterer Zeitersparnis die Belastung im Prüfstand je simulierter Einzelwindböe 3 Sekunden zu halten. In [41] ist die Belastungsdauer für hohe Lastniveaus auf 5 Sekunden erweitert.

Abbildung 2-8 zeigt den in [41] definierten Belastungszyklus, welcher in vergleichbarer Form die Belastungsgrundlage des heutigen dynamischen Windsogversuchs darstellt (vgl. Abbildung 2-15). Gerhardt und Kramer untersuchten mittels dieses Zyklus das Ermüdungsverhalten einer Dachkonstruktion auf Grundlage eines realen Schadenfalls. Infolge des Nichtversagens des lediglich statisch belasteten Prüfkörpers trotz - im Vergleich zur zyklisch belasteten Probe - vierfach höherem Lastniveau zogen Gerhardt und Kramer in [41] den Schluss, ein Prüfen unter lediglich statischer Last sei unzureichend.

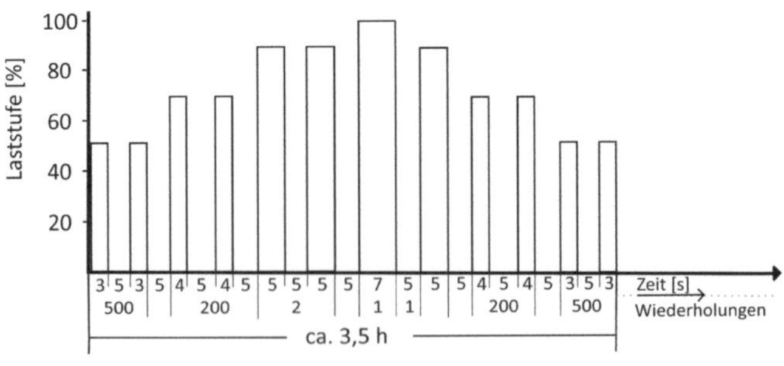


**Abbildung 2-8: Belastungszyklus für forensische Untersuchungen von Schäden an Bedachungen, nach [41]**

### 2.3.2 Derzeitige Prüfungsgrundlagen

Grundlage zur Überprüfung der Windsogwiderstandsfähigkeit von WDVS mit Putzschicht bildet aktuell die EAD 040083-00-0404 [32]. Dort sind in Abschnitt 2.2.10 (Safety in use) durchzuführende Versuche zur Bestimmung der Materialeigenschaften im Hinblick auf die Standsicherheit tabellarisch aufgeführt, die übersetzte Fassung enthält Tabelle 2-2. Grundlegend unterschieden wird bei der Auswahl der erforderlichen Prüfungen hinsichtlich der Befestigungsart zwischen voll bzw. teilweise verklebter und mechanisch befestigter Systeme. Zudem wird nach dem verwendeten Dämmmaterial klassifiziert. Die nähere Beschreibung der für diese Arbeit wesentlichen Materialversuche und ihre Einordnung in den aktuellen Stand der Wissenschaft und Technik erfolgt in den Abschnitten 2.3.3 und 2.3.4.

**Tabelle 2-2: Versuche zur Bestimmung des Tragverhaltens von WDVS nach EAD 040083-00-0404 [32], Tabelle 4**

| | | **Art der Befestigung** | | | |
|---|---|---|---|---|---|
| | | verklebt (voll- bzw. teilflächig) mit evtl. statisch nicht relevanten mechanischen Befestigungsmitteln | mechanisch befestigt mit evtl. statisch nicht relevanter Klebung | | |
| | | | Dübelung (durch das Gewebe) | Dübelung (nur durch Dämmstoff) | Profilbefestigung |
| **Art des Dämmstoffs** | EPS, XPS, PU-Hartschaum oder Mineralwolle | **Haftzugfestigkeit zwischen Schlussbeschichtung und Dämmstoff** (2.2.11.1) | | | |
| | | **Haftzugfestigkeit in allen Verbundebenen** (2.2.11.2 und 2.2.11.3 bzw. 2.2.11.4) | **Statischer Schaumblockversuch** (2.2.13.2) und **Prüfung der Querverschiebung** (2.2.12) | **Dübeldurchzugversuch** (2.2.13.1) und/oder **Statischer Schaumblockversuch** (2.2.13.2) und **Prüfung der Querverschiebung** (2.2.12) | **Statischer Schaumblockversuch** (2.2.13.2) und **Prüfung der Querverschiebung** (2.2.12) |
| | übrige Dämmstoffarten | **Haftzugfestigkeit zwischen Schlussbeschichtung und Dämmstoff** (2.2.11.1) | | | |
| | | **Haftzugfestigkeit in allen Verbundebenen** (2.2.11.2 und 2.2.11.3 bzw. 2.2.11.4) und **Dynamischer Windsogversuch** (2.2.13.3) | **Dynamischer Windsogversuch** (2.2.13.3) und **Prüfung der Querverschiebung** (2.2.12) | **Dynamischer Windsogversuch** (2.2.13.3) und **Prüfung der Querverschiebung** (2.2.12) | **Dynamischer Windsogversuch** (2.2.13.3) und **Prüfung der Querverschiebung** (2.2.12) |

Die Prüfung der Haftzugfestigkeit in allen Verbundebenen beinhaltet genauer die Prüfung zwischen:

- Unterputz und Dämmstoff (2.2.11.1 in [32])
- Kleber und Untergrund (2.2.11.2 in [32])
- Kleber und Dämmstoff (2.2.11.3 in [32])
- bei Verwendung von Klebeschaum für den Schaum selbst (2.2.11.4 in [32])

Der dynamische Windsogversuch ist entsprechend der EAD 040083-00-0404 [32] für schaumartige Dämmstoffe sowie Systeme mit Mineralfaserdämmstoffen nicht erforderlich, er ist bei mit den übrigen Dämmstoffarten ausgeführten Systemen anzuwenden. Aktuell werden jedoch generell für keinerlei Systeme im Rahmen von Zulassungsuntersuchungen dynamische Windsogversuche durchgeführt. Dem Verfasser ist mit Ausnahme des im Rahmen dieser Arbeit beschriebenen Windsogversuchsstands keine weitere Prüfeinrichtung bekannt, welche die Versuchsdurchführung ermöglicht.

Über die im Rahmen der EAD 040083-00-0404 [32] aufgeführten Versuche hinaus existieren weitere sowie weiterentwickelte Prüfmethoden zur Ermittlung der Windsogwiderstandsfähigkeit von WDVS, die teils in nationalen Zulassungsverfahren Anwendung finden. Explizit sind dies der in seinem Versuchs- bzw. zu prüfendem Dübelschema erweiterte Schaumblockversuch (vgl. [31]) sowie der modifizierte Dübeldurchzugversuch. Sowohl die modifizierten Formen des Dübeldurchzugversuchs als auch die des Schaumblockversuchs wurden bereits als DIN EN 16382 [24] und DIN EN 13495 [22] im Rahmen europäischer Normen erfasst.

Mit der DIN EN 17237 [25] ist eine Normung in Entwicklung, in welcher die Prüfung von WDVS hinsichtlich der Befestigungsarten geregelt werden soll. In Tabelle 3 der mittlerweile zurückgezogenen Entwurfsfassung der Norm wird ebenfalls in Abhängigkeit der Befestigungsart festgelegt, welche Materialuntersuchungen für die Beurteilung der Windsogwiderstandsfähigkeit erforderlich sind. Vom Grundsatz sind die dortigen Anforderungen deckungsgleich zur EAD 040083-00-0404 [32], der maßgebliche Unterschied ist die Anwendung der modifizierten Schaumblock- bzw. Durchzugversuche nach [22] und [24]. Der dynamische Windsogversuch wird in der DIN EN 17237 [25] nicht erwähnt.

### 2.3.3 Prüfungen zur Ermittlung der Widerstandsfähigkeit von WDVS im Lastfall Windsog

#### 2.3.3.1 Ermittlung des Durchzugwiderstands von Dübeln

**nach EAD 040083-00-0404**

Der Dübeldurchzugversuch nach EAD 040083-00-0404 [32] dient der Bruchlastermittlung der Dübelbefestigung von Dämmplatten in Plattenfläche bzw. -fuge. Geprüft wird ein Auszug des WDVS, bestehend aus einer mindestens 35 cm x 35 cm großen Dämmstoffprobe, in welche mittig der Dübel eingebracht wird. Auf die Dämmplatte wird eine Lasteinleitungsplatte geklebt, der Dübelkopf ist vorher durch eine nichtklebende Folie abzudecken, sodass er vom Kleber unbeeinflusst bleibt, ein Putzsystem wird nicht installiert. Mit einer Geschwindigkeit von 20 mm/min wird am Dübelschaft bis zum Versagen der Probe gezogen. Den Aufbau des Versuchs zeigt Abbildung 2-9.

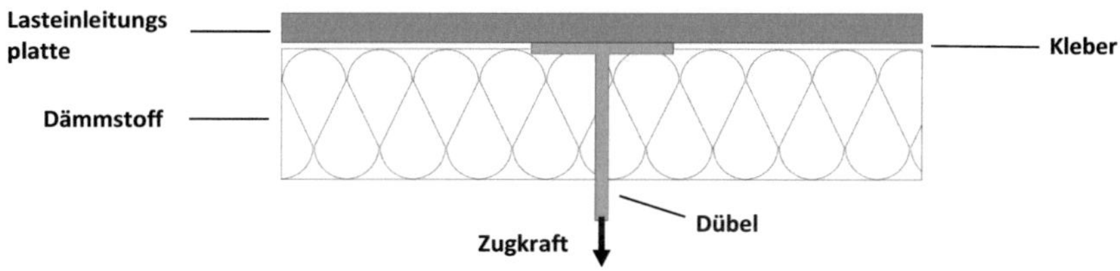


**Abbildung 2-9: Dübeldurchzugversuch nach EAD 040083-00-0404, nach [32]**

**nach DIN EN 16382**

Der Dübeldurchzugversuch nach DIN EN 16382 [24] ist eine Weiterentwicklung des Dübeldurchzugversuchs nach EAD 040083-00-0404 [32]. Er basiert auf den Untersuchungen von Krause [47]. Maßgeblich unterscheidet er sich durch die Installation des Prüfkörpers in einer vorgefertigten, den Prüfling umgebenden Schablone. Durch die Schablone wird ein seitliches Ausweichen der Dämmstoffe während der Prüfung verhindert, um möglichst realgetreu die eigentliche Einbettung von Dämmplatten im WDVS im Versuch zu simulieren.

Der Versuchsaufbau ermöglicht die Prüfung eines Systemausschnitts, bestehend aus einer quadratischen Dämmstoffprobe mit einem mittig angeordneten Dübel. Das Prüfverfahren eignet sich zur Ermittlung des Durchzugwiderstands eines Einzeldübels durch den Dämmstoff sowie zur Untersuchung des Einflusses von Fugendübelung. Bei Prüfung einer Einzelplatte mit gängigen Herstellbreiten von 50 cm ist die maximal prüfbare Dämmstoffdicke durch die nach den Gleichungen Gl. (2.6) bis Gl. (2.8) festgelegte Prüfgeometrie auf maximal 17 cm begrenzt.

Der Versuchsaufbau ist in Abbildung 2-10 dargestellt, die Lasteinleitung erfolgt über eine auf den Dämmstoffkörper geklebte Einleitungsplatte mit einer Geschwindigkeit von 20 mm/min. Der Dübel wird am Schaft gehalten, sodass sich der Prüfkörper mit der Schablone in Lastrichtung bewegt. Ein Ausbrechen des Prüfkörpers wird durch eine eingelassene Aussparung an der Schablonenunterseite ermöglicht, deren Mindestdurchmesser $d_s$ berechnet sich in Abhängigkeit des Dübeltellerdurchmessers sowie der Dämmstoffdicke:

$$d_s = d + 2 * t_1 + 50 \qquad \text{Gl. (2.6)}$$

$$d_z = d_s - 10 \qquad \text{Gl. (2.7)}$$

$$b \geq d_s + 50 \qquad \text{Gl. (2.8)}$$

Dabei ist:

| | | |
|---|---|---|
| $d_s$ | Durchmesser der Aussparung | [mm] |
| $d$ | Durchmesser des Dübeltellers | [mm] |
| $t_1$ | Dicke der Dämmstoffprobe | [mm] |
| $d_z$ | Durchmesser der Lasteinleitungsplatte | [mm] |
| $b$ | Seitenlänge des quadratischen Prüfkörpers | [mm] |

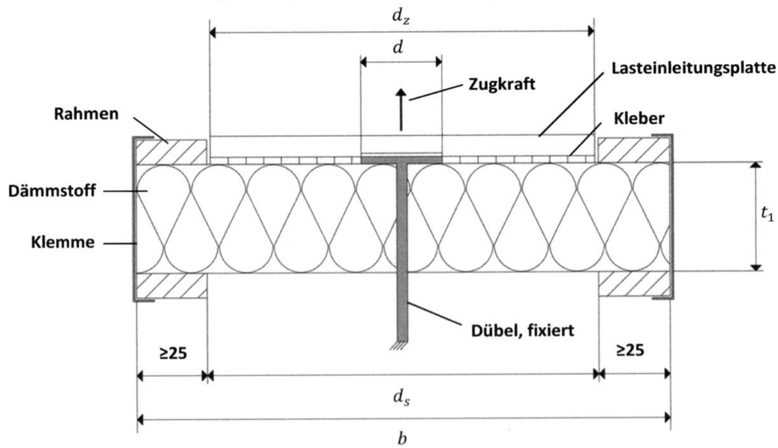


**Abbildung 2-10: Dübeldurchzugversuch nach DIN EN 16382, nach [24]**

### 2.3.3.2 Schaumblockversuch

**nach EAD 040083-00-0404**

Beim Schaumblockversuch nach EAD 040083-00-0404 [32] wird die Bruchlast von gedübeltem WDVS unter reiner Zugbelastung ermittelt. Die Dämmstoffprobe wird horizontal auf einen Betonkörper installiert und das Putzsystem aufgebracht. Die Lasteinleitung erfolgt über einen aufzuklebenden Schaumblock, welcher belastungsbegleitend eine nahezu freie Verformung des zu prüfenden WDVS ermöglichen soll. Der Prüfkörper besteht im Regelfall aus einer mit mehreren Dübeln befestigten Dämmplatte in Herstellungsabmessungen, wobei die geringste Dämmplattendicke zu untersuchen ist. Die Last wird abweichend vom Dübeldurchzugversuch mit einer Geschwindigkeit von 10 mm/min eingeleitet. Den Versuchsaufbau zeigt Abbildung 2-11.

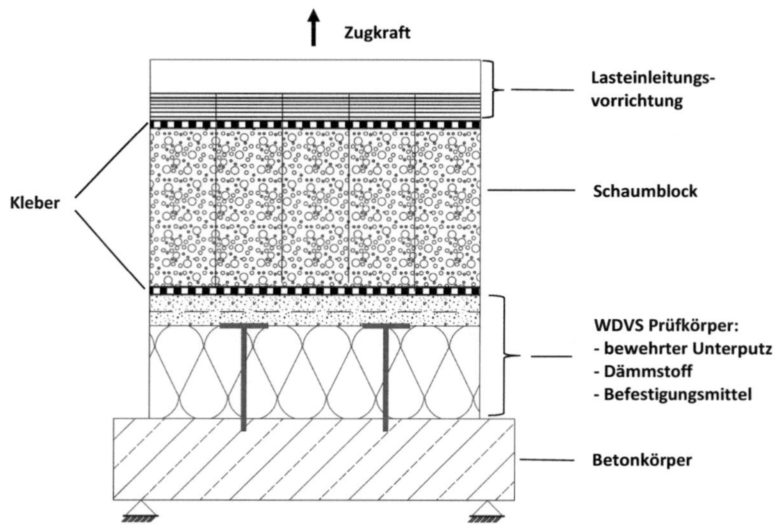


**Abbildung 2-11: Statischer Schaumblockversuch nach EAD 040083-00-0404, nach [32]**

**nach DIN EN 13495**

Das Schaumblockverfahren nach DIN EN 13495 [22] ist eine Weiterentwicklung der Prüfung nach EAD 040083-00-0404 [32]. Der Versuchsaufbau ist grundsätzlich vergleichbar mit dem Verfahren nach EAD, die maßgebliche Neuerung ist ergänzend zur klassischen Zugprüfung (Verfahren A), die zusätzliche Prüfung des WDVS unter kombinierter Zug- und Scher- (Verfahren B, C und D) sowie reiner Scherbeanspruchung (E), dargestellt in Abbildung 2-12. Die Zuglast wird analog zum Verfahren nach EAD mittels eines auf die Dämmplatte aufzuklebenden Schaumblocks eingeleitet, die Scherlast über die aus dem Putzsystem hervorstehende Armierung. Die Mindestbreite der Prüfkörper beträgt 0,4 m, die Länge liegt im Bereich von 0,4 m und 1,2 m. Bei zu prüfender Scherbeanspruchung muss die Abmessung der Dämmplatte in Richtung der Scherkraft mindestens das Vierfache der Dämmstoffdicke betragen. Mechanische Befestigungsmittel sind symmetrisch anzuordnen.

Die Geschwindigkeit der Zugkrafteinleitung beträgt analog zum Verfahren nach EAD 10 mm/min.

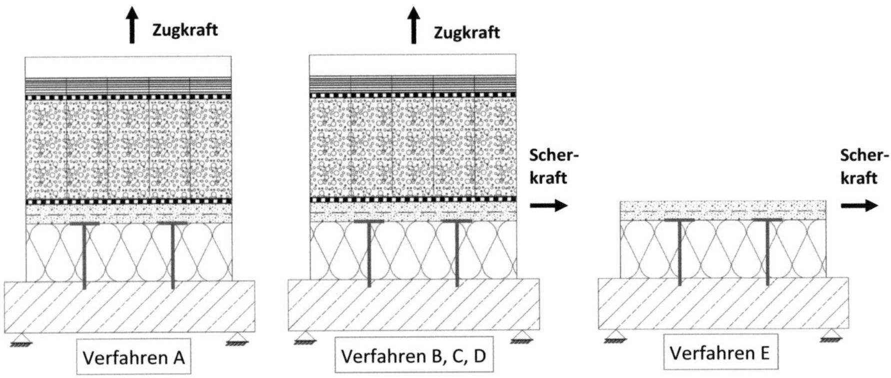


**Abbildung 2-12: Schaumblockversuch nach DIN EN 13495, von links nach rechts: Verfahren A (Zugbeanspruchung), Verfahren B, C und D (kombinierte Zug- und Scherbeanspruchung), Verfahren E (reine Scherbeanspruchung), nach [22]**

### 2.3.3.3 Unterdruckversuch

Beim Unterdruckversuch, auch Verfahren „Berlin" genannt, wird die Windsogwiderstandsfähigkeit von WDVS mittels realem Unterdruck am Gesamtsystem ermittelt. Beschrieben ist der Versuch in [9] und [10].

Vor dem zu prüfenden, auf einem Trägermedium installierten Fassadenaufbau wird eine druckdichte Sogkammer gesetzt. In dieser erzeugt eine Vakuumpumpe durch Evakuierung der Sogkammer den auf die winddichte Fassadenfläche wirkenden Unterdruck. Freie Systemverformungen sind im Rahmen des Prüfaufbaus möglich, können messtechnisch erfasst und durch die Glasscheibe der Sogkammer hindurch visuell beobachtet werden. Abgebildet ist der Versuchsaufbau exemplarisch in Abbildung 2-13.

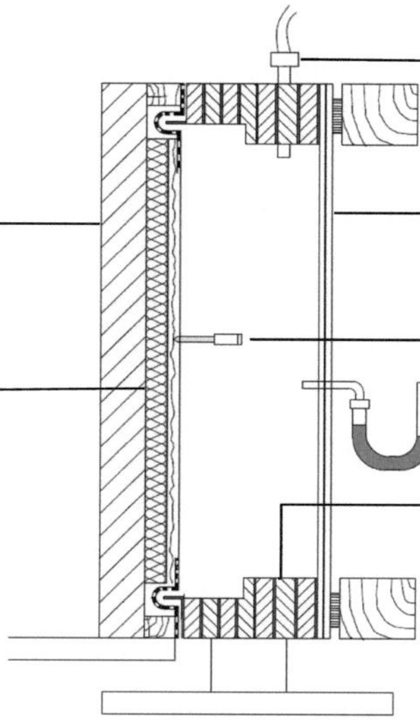


**Abbildung 2-13: Windsogprüfung durch Unterdruck, Verfahren „Berlin", nach [10]**

#### 2.3.3.4 Dynamischer Windsogversuch nach EAD 040083-00-0404

Im dynamischen Windsogversuch nach EAD 040083-00-0404 [32] wird der Fassadenaufbau in einem mindestens 2,5 m x 2,0 m großen Prüffenster mittels zyklischer Unterdruckstöße belastet. Das WDVS wird dabei praxisgerecht inklusive sämtlicher Systemkomponenten auf einer Trägerwand installiert und luftdicht an die Sogkammer angedichtet. Die Kammer muss zwecks gleichmäßiger Druckverteilung und zu ermöglichender Prüfkörperverformung von ausreichender Tiefe dimensioniert sein, sie ist an einem steifen Rahmen zu befestigen.

Die Belastung des Prüfkörpers erfolgt mittels einzelner Druckstöße, deren Profil ist in Abbildung 2-14 dargestellt. Auf jeden Belastungsstoß erfolgt eine mindestens drei Sekunden andauernde, vollständige Prüfkörperentlastung. Ein Zyklus besteht aus insgesamt 1415 Druckstößen. Orientierend an der einmalig pro Zyklus aufgebrachten Maximallast $W_{100\%}$ erfolgt die Druckbeaufschlagung nach dem in Abbildung 2-15 dargestellten Schema. Die Prüfung beginnt mit vier Zyklen mit einem Unterdruckmaximum von jeweils $W_{100\%} = 1$ kPa. Das Maximum aller darauffolgenden Zyklen wird um je 0,5 kPa gesteigert.

Die Prüfung ist bis zum Versagen der Probe durchzuführen, welches wie folgt definiert ist:

- Bruch der Dämmstoffplatte(n)
- Ablösungen innerhalb der Dämmebene oder zwischen Dämmebene und Beschichtung
- Ablösung des Putzsystems
- Durchzug von Befestigungsmittel durch den Dämmstoff
- Herausziehen des Befestigungsmittels aus dem tragenden Untergrund
- Ablösung der Dämmplatte(n) von dem tragenden Untergrund

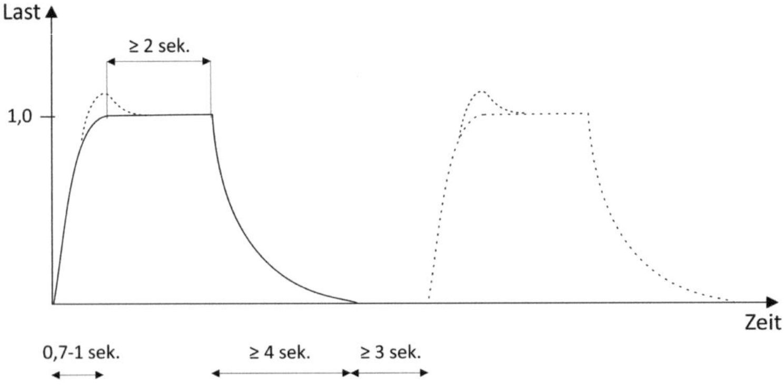


**Abbildung 2-14: Profil der Einzeldruckstöße zur zyklischen Belastung der Prüfkörper, bestehend aus Be- und Entlastungsphase im dynamischen Windsogversuch, nach EAD 040083-00-0404 [32]**

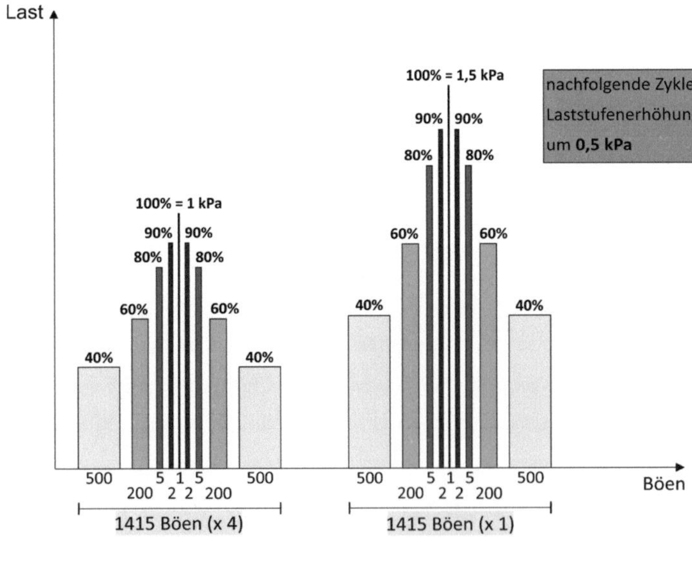


**Abbildung 2-15: Zyklus- und Belastungsabfolge der dynamischen Windsogprüfung, nach EAD 040083-00-0404 [32]**

Die Auswertung der Versuchsergebnisse erfolgt anhand der Bruchlast in Abhängigkeit der sich innerhalb des Prüffensters befindlichen Plattenmenge sowie der Anzahl der Befestigungsmittel bzw. des Klebeflächenanteils nach Gleichung Gl. (2.9).

$$R_k = Q_1 * C_s * C_a \qquad \text{Gl. (2.9)}$$

Dabei ist:

| | | |
|---|---|---|
| $R_k$ | charakteristischer Windsogwiderstand | [kPa] |
| $Q_1$ | $W_{100\%}$ des Zyklus vor Eintritt des Prüfkörperversagens | [kPa] |
| $W_{100\%}$ | Druckstoß im Windsogzyklus mit Maximalbelastung | [kPa] |
| $C_s$ | Faktor zur Berücksichtigung des Klebeflächenanteils bzw. der Befestigungsmittel- und Plattenanzahl innerhalb des Prüffensters nach Tabelle 2-3 bzw. Tabelle 2-4: Faktor Cs zur Berücksichtigung der | [-] |
| $C_a$ | für WDVS: $C_a$=1 | [-] |

**Tabelle 2-3: Faktor Cs zur Berücksichtigung des Klebeflächenanteils, nach [32]**

| Klebeflächenanteil in % (S) | $C_s$ |
|---|---|
| **50 ≤ S ≤ 100** | 1 |
| **20 < S < 50** | 0,9 |

**Tabelle 2-4: Faktor Cs zur Berücksichtigung der Verbindungsmittel- und Dämmplattenanzahl, nach [32]**

| Anzahl der Verbindungs-mittel je Dämmplatte | Dämmplatten innerhalb des Prüffensters | | | |
|---|---|---|---|---|
| | 1 | 2 | 3 | 4 |
| **2** | - | 0,9 | 0,95 | 0,97 |
| **3** | 0,85 | 0,95 | 0,97 | 0,98 |
| **4** | 0,9 | 0,97 | 0,98 | 0,99 |

Anzumerken ist, dass die Entstehung des dynamischen Windsogversuchs in der Literatur nicht dokumentiert ist und er mangels einer geeigneten Prüfapparatur in den ersten Jahrzehnten nach seiner erstmaligen Aufführung in der ETAG 004 ([34], [35]) im Jahr 2000 keine Anwendung fand.

Eine erste Veröffentlichung über eine durchgeführte dynamische Windsogprüfung erfolgte erst im Jahr 2014 durch Institut für Bauphysik der Leibniz Universität Hannover in [37].

### 2.3.4 Zusammenfassende Betrachtung der Untersuchungen zur Beurteilung der Standsicherheit von WDVS im Lastfall Windsog

Das Systemverhalten von WDVS unter Windsogbeanspruchung wird aktuell mittels Prüfungen an kleinformatigen Proben untersucht. Diese Prüfungen beinhalten Haftzugversuche für die einzelnen Systemkomponenten bzw. Verbundebenen sowie den Dübeldurchzugversuch bzw. das Schaumblockverfahren zur Beurteilung der Windsogwiderstandsfähigkeit gedübelter Systeme. Der Dübeldurchzugversuch und das Schaumblockverfahren sind in weiterentwickelter Form zu den innerhalb der EAD 040083-00-0404 [32] beschriebenen Verfahren normativ in [24] und [22] geregelt.

Der Durchzugversuch nach DIN EN 16382 [24] unterscheidet sich maßgeblich zum Verfahren nach EAD 040083-00-0404 [32] durch die Installation des Prüflings in einem Versuchsrahmen, der eine realgetreuere Einbettung bzw. Lagerung der Dämmplatte entsprechend ihrer Anordnung im WDVS bewirken soll. Eine Prüfung des Gesamtsystems erfolgt in beiden Verfahren jedoch nicht, zudem ist bedingt durch die Lasteinleitungsplatte keine freie Verformung der Dämmplattenoberseite möglich. Im normativ geregelten Verfahren nach [24] ist zudem bei Verwendung von Dämmplatten mit standardmäßigen Herstellabmessungen (100 cm Länge und 50 cm Breite) die maximal prüfbare Dämmstoffdicke auf 17 cm begrenzt.

Im Schaumblockversuch erfolgt die Prüfung prinzipiell systemgetreu durch Untersuchung großformatigerer Proben, teils an ganzen Dämmplatten in Herstellabmessungen. Im Vergleich zum Durchzugversuch können hier mehrere Verbindungsmittel zeitgleich geprüft werden, zudem sind oberflächige Prüfkörperverformungen durch die Lasteinleitung mittels Schaumblock möglich. Nachteilig ist die, ebenfalls von Krause in [47] beschriebene, seitlich freie Lagerung der Dämmplattenränder. Speziell im Fall von zu prüfender Dübelbefestigung führt sie infolge des fehlenden Widerstands durch die benachbarten Dämmplatten zu erhöhten Plattenverformungen und somit größeren, realitätsferneren Biegebeanspruchungen.

Für die Versuche an kleinformatigen Proben ist zusammenfassend festzuhalten:

- Lasteinleitung nicht realitätsgetreu

- Modifikation der Material- oder Systemoberflächeneigenschaften durch aufzuklebende Hilfsmittel zur Lasteinleitung
- keine freie bzw. realgetreue Systemverformung möglich
- Oberflächenschädigung (z.B. Rissbildung im Putzsystem) ist lasteinleitungsbedingt weder visuell noch messtechnisch nachvollziehbar
- kleinformatiger WDVS-Ausschnitt → keine Prüfung am Gesamtsystem
- Prüfung nicht im vollständigen Dämmplattenverband
- statische, nicht realgetreue Belastung → zyklische Windeinwirkung wird nicht erfasst
- Prüfung in Horizontallage

Der dynamische Windsogversuch nach EAD 040083-00-0404 [32] findet aktuell im Rahmen von Zulassungsverfahren soweit dem Verfasser bekannt wie in 2.3.2 geschildert bis dato keine Anwendung. Die Versuchsvorbereitung und -durchführung ist aufgrund der Prüfung am 2,5 m x 2,0 m großen Systemausschnitt aufwendiger als bei Kleinformatversuchen. Daneben weist der Windsogversuch folgende Eigenschaften auf:

- Lasteinleitung realitätsnah durch Unterdruck → hierdurch keine Modifikation der WDVS-Oberflächeneigenschaften
- freie Systemverformung im Rahmen der Prüffensterabmessungen in Prüffenstermitte möglich
- Oberflächenschädigung (z.B. Rissbildung) und Systemverformungsverhalten visuell und messtechnisch nachvollziehbar
- Prüfung am Gesamtsystem
- Untersuchung am realitätsnahen Wandaufbau mit im Verband angeordneten Dämmplatten in Herstellabmessungen
- zyklische, dynamische Lastaufbringung → Simulation naturgemäßer Windstöße, Erfassung von Ermüdungsprozessen
- Prüfung realitätsnah in Vertikallage

Insbesondere durch experimentelle Untersuchungen im dynamischen Windsogversuch soll im Rahmen dieser Arbeit der Kenntnisstands über das Tragverhalten von WDVS im Lastfall Windsog erweitert werden. Überdies werden Untersuchungen an kleinformatigen Proben durchgeführt, wobei exemplarisch am Dübeldurchzugversuch erforscht werden soll, welche Auswirkungen sich durch zyklische Lasteinwirkung auf die Tragfähigkeit von WDVS einstellen.

# 3 Untersuchung des Windsogverhaltens von WDVS mittels Versuchen an kleinformatigen Prüfkörpern

## 3.1 Zweck und Ziel

Materialprüfungen von Wärmedämmstoffen und Befestigungsmitteln zur Ermittlung der Windsogwiderstandsfähigkeit von WDVS erfolgen, wie bereits in Kapitel 2 beschrieben, aktuell unter lediglich quasistatischer Lastaufbringung mittels definierter, konstanter Vorschubgeschwindigkeit. Diese Prüfungen stellen im Rahmen von Normungen bzw. EADs präzisierte Methodiken dar, um die Verwendbarkeit von WDVS bzw. den Systemkomponenten nachzuweisen. Zu Zwecken der Referenzwertermittlung werden hier exemplarisch Versuche entsprechend der etablierten Prüfverfahren durchgeführt. Die Auswahl der Verfahren sowie der untersuchten Materialien erfolgt hinblickend auf die im weiteren Verlauf dieser Arbeit untersuchten Dämmstoff- und Befestigungsmethoden. Konkret wird die Zugfestigkeit senkrecht zur Plattenebene an Prüfkörpern aus Mineralwolle und EPS sowie der Durchzugwiderstand von Tellerdübeln durch EPS ermittelt.

Primäres Ziel der unter quasistatischer Lastaufbringung durchgeführten Versuche ist die Ermittlung von Referenzwerten nach aktuell angewandten, etablierten Prüfverfahren. Anhand der Versuchsergebnisse lassen sich Vergleichsbetrachtungen mit den im weiteren Verlauf dieser Arbeit durchgeführten Windsogversuchen durchführen. Die Untersuchungen bilden zudem aufgrund der präzise aufzuzeichnenden Kraft-Verformungsverläufe eine unverzichtbare Grundlage für die Erstellung und Validierung des im weiteren Verlaufs dieser Arbeit zu erstellenden numerischen Modells.

Weiteres Ziel ist die Untersuchung der bis dato nicht erfassten, natürlich auftretenden zyklischen Einwirkungsart mittels der etablierten Prüfungen an kleinformatigen Prüfkörpern. Hierzu wird exemplarisch der Dübeldurchzugversuch als im Hinblick auf zu erreichende Windsogwiderstände kritischstes Prüfverfahren verwendet. Die Untersuchungen erfolgen zwecks Reproduzierbarkeit und Vergleichbarkeit einheitlich im gleichen Versuchsstand wie die quasistatischen Prüfreihen. Zu Zwecken der Visualisierung der Auswirkungen der verschiedenen Belastungsarten wird für die Auswertung der Dübeldurchzugversuche ergänzend zu den Bruchlasten ein im Rahmen dieser Arbeit entwickeltes, auf der Vermessung der Prüfkörper bzw. Bruchkegel basierendes Verfahren angewendet. Zudem sollen die Belastungsauswirkungen durch mikroskopische Untersuchungen der Bruchkörper untermauert werden.

Des Weiteren dienen die Dübeldurchzugversuche dem Nachweis der Gleichwertigkeit von werksmäßig produzierten Systemdübeln und Referenzdübeln nach DIN EN 17237 [25]. Ein auf Grundlage dieses Referenzdübels im Rahmen dieser Arbeit entwickelter Messdübel soll im Versuchsaufbau der Großprüfungen parallel zu den Systemdübeln eingesetzt werden. Seine Entwicklung ist in Abschnitt B.4.3 dokumentiert.

*Hinweis: Das im Rahmen dieses Kapitels untersuchte Probenmaterial ist typengleich zu den für die Windsogversuche in Kapitel 4 verwendeten Materialien, es entstammt selbiger Lieferung.*

## 3.2 Ermittlung der Zugfestigkeit senkrecht zur Plattenebene

### 3.2.1 Umfang und Zielsetzung der Versuche

Die Untersuchungen zur Ermittlung der Zugfestigkeit des Dämmstoffs senkrecht zur Plattenebene, stellenweise in der Literatur auch als Querzugfestigkeit bezeichnet, werden auf Grundlage folgender Regelungen durchgeführt:

- DIN EN 1607 [23]: Bestimmung der Zugfestigkeit von Wärmedämmstoffen senkrecht zur Plattenebene
- DIN EN 13162 [19]: Werkmäßig hergestellte Produkte aus Mineralwolle (MW)
- DIN EN 13163 [20]: Werkmäßig hergestellte Produkte aus expandiertem Polystyrol (EPS)

Untersucht werden der jeweiligen Produktnorm entsprechend quadratische Prüfkörper in Herstelldicke, der Prüfumfang ist zusammenfassend in nachfolgender Tabelle 3-1 dargestellt.

Ermittelt werden die Zugfestigkeiten aller drei Dämmmaterialien, welche für die im dynamischen Windsogversuch untersuchten Fassadenaufbauten (Kapitel 4) verwandt werden. Die Versuche dienen insbesondere dem Ziel, die Ergebnisse der verklebt ausgeführten Prüfwände im dynamischen Windsogversuch einzuordnen und zu vergleichen.

**Tabelle 3-1: Untersuchung der Zugtragfähigkeit senkrecht zur Plattenebene - Versuchsumfang**

| Material | Anzahl der Prüfkörper | Prüfkörperbezeichnung | mittlere Rohdichte der Prüfreihe |
|---|---|---|---|
| | *n* | | [kg/m³] |
| Mineralwolllamellen | 5 | ZS_ML_*n* | 75 |
| Mineralwollplatten | 5 | ZS_MP_*n* | 105 |
| EPS | 5 | ZS_EPS-*n* | 15 |

### 3.2.2 Versuchsaufbau und Durchführung

Der Versuchsaufbau erfolgt gemäß DIN EN 1607 [23] wie in nachfolgender Abbildung 3-1 dargestellt. Die Prüfkörper sind zentrisch beidseitig an zwei steife Stahlplatten geklebt, die untere Platte wird im Prüfstand fixiert, an der oberen wird die Last mittels eines hydraulischen Zylinders eingeleitet. Ein mögliches Ausrichten der Probe zwecks gleichmäßiger Lasteinleitung der Zugbeanspruchung erfolgt durch die Installation eines Doppelgelenks sowie einer Kalotte.

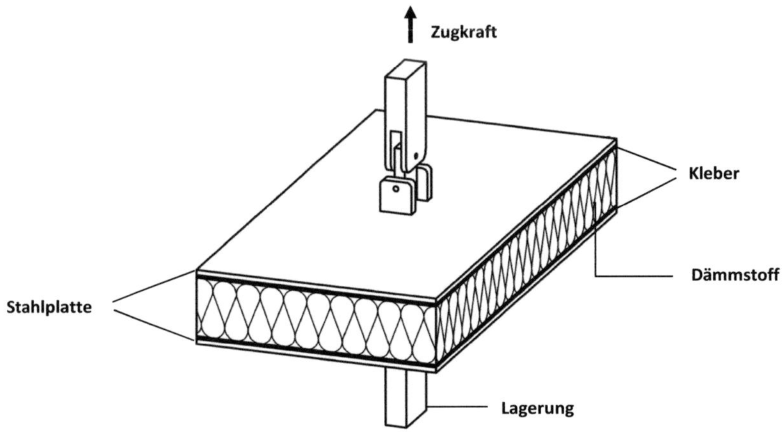


**Abbildung 3-1: Versuchsaufbau zur Ermittlung der Zugfestigkeit senkrecht zur Plattenebene, aus [23]**

Die Lasteinleitung erfolgt mit konstanter Vorschubgeschwindigkeit von 10 mm/min bis zum Versagen der Prüfkörper.

**Versuchsverläufe**

Basierend auf den versuchsbegleitend aufgezeichneten Kraft- Wegmessdaten ($F$ [kN] und $s$ [mm]) sind die zugehörigen Spannungs-Dehnungsdiagramme ($\sigma_{mt} = F/A$ [kPa], ε [%]) erstellt. Sie sind für die einzelnen Prüfreihen nachfolgend in den Abbildungen 3-2 bis 3-4 dargestellt.

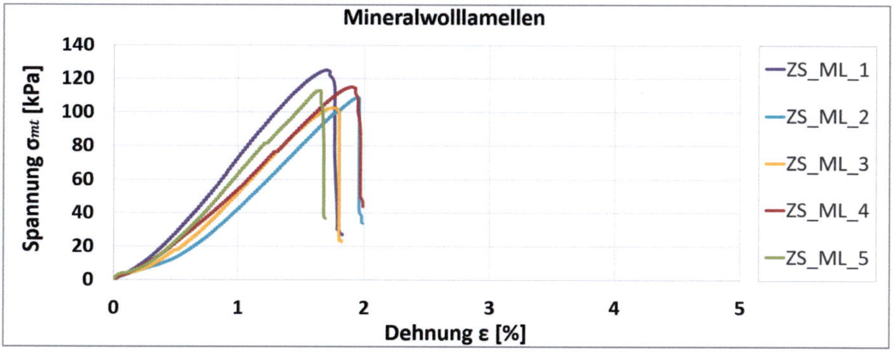


**Abbildung 3-2: Spannungs-Dehnungskurven der Zugfestigkeitsuntersuchungen senkrecht zur Plattenebene an Mineralwolllamellen**

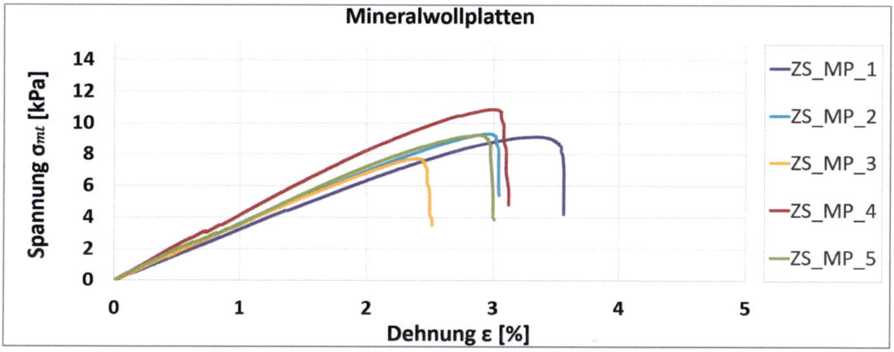


**Abbildung 3-3: Spannungs-Dehnungskurven der Zugfestigkeitsuntersuchungen senkrecht zur Plattenebene an Mineralwollplatten**

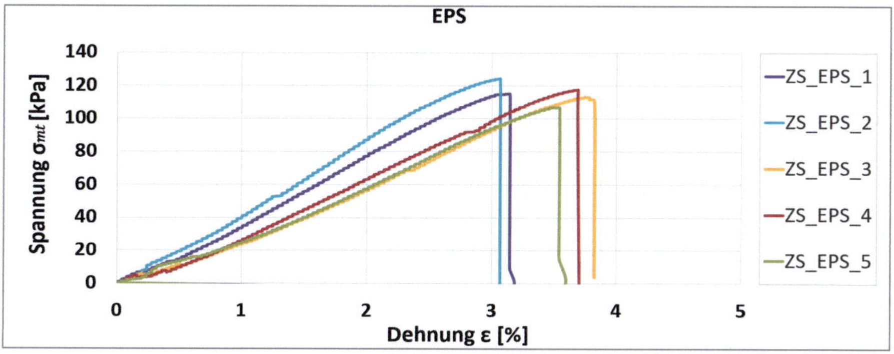


**Abbildung 3-4: Spannungs-Dehnungskurven der Zugfestigkeitsuntersuchungen senkrecht zur Plattenebene an EPS**

### 3.2.3 Versuchsbeobachtungen und Ergebnisse

Die Versuchsergebnisse in Form der erzielten Bruchlasten der drei Versuchsserien sind in Tabelle 3-2 dokumentiert, die Auswertung erfolgt entsprechend der normativen Angaben in [23]:

$$\sigma_{mt} = \frac{F_m}{A} \qquad \text{Gl. (3.1)}$$

Dabei ist:

| | | |
|---|---|---|
| $\sigma_{mt}$ | Zugfestigkeit senkrecht zur Plattenebene | [kPa] |
| $F_m$ | maximale Zugkraft | [kN] |
| $A$ | Querschnittsfläche der Probe | [mm²] |

Erwartungsgemäß liegen die erzielten Ergebnisse für $\sigma_{mt}$ der Prüfreihe mit Mineralwolllamellen infolge der in Zugkraftrichtung verlaufenden Fasern mit 111,8 kPa deutlich oberhalb der Ergebnisse der Serie mit Mineralwollplatten mit 9,3 kPa. Die Prüfreihe mit EPS weist eine mittlere Zugfestigkeit zur Plattenebene $\sigma_{mt}$ von 115,4 kPa auf.

**Tabelle 3-2: Versuchsergebnisse, Zugfestigkeit senkrecht zur Plattenebene**

| Material | Prüfkörperbezeichnung | Prüfkörperabmessungen | Maximalwert der Zugfestigkeit senkrecht zur Plattenebene $\sigma_{mt}$ | |
|---|---|---|---|---|
| | | | Einzelprüfergebnis | Mittelwert |
| | | [mm³] | [kPa] | [kPa] |
| **Mineralwoll-lamellen** | ZS_ML_1 | 200 x 200 x 200 | 124,9 | 111,8 |
| | ZS_ML_2 | | 108,6 | |
| | ZS_ML_3 | | 102,5 | |
| | ZS_ML_4 | | 110,0 | |
| | ZS_ML_5 | | 112,7 | |
| **Mineralwoll-platten** | ZS_MP_1 | 200 x 200 x 200 | 9,1 | 9,3 |
| | ZS_MP_2 | | 9,3 | |
| | ZS_MP_3 | | 7,7 | |
| | ZS_MP_4 | | 10,9 | |
| | ZS_MP_5 | | 9,3 | |
| **EPS** | ZS_EPS_1 | 100 x 100 x 100 | 115,1 | 115,4 |
| | ZS_EPS_2 | | 124,2 | |
| | ZS_EPS_3 | | 113,1 | |
| | ZS_EPS_4 | | 117,7 | |
| | ZS_EPS_5 | | 106,8 | |

Das Bruchbild der Materialien verläuft für alle Versuchsserien einheitlich kohäsiv im Dämmstoff, es ist exemplarisch für je einen Versuchskörper je Materialtyp in den Abbildungen 3-5 und 3-6 dargestellt. Bei den in Faserrichtung belasteten Mineralwolllamellen kennzeichnet es sich durch einen sprödartigen Abriss der Einzelfasern. Die senkrecht zur Faserrichtung belasteten Mineralwollplatten versagen durch lagenweise Ablösung ganzer Faserschichten.

Das Bruchbild der EPS-Prüfkörper verläuft ebenfalls kohäsiv im Material, es kennzeichnet sich durch den Abriss der miteinander verschweißten bzw. verklebten EPS-Perlen entlang ihrer Wandungen.

**Abbildung 3-5: Bruchbild der mittels Zugkraft senkrecht zur Plattenebene belasteten Prüfkörper aus Mineralwolllamellen (links) und Mineralwollplatten (rechts)**

**Abbildung 3-6: Bruchbild eines mittels Zugkraft senkrecht zur Plattenebene belasteten Prüfkörper aus EPS**

## 3.3 Ermittlung des Durchzugwiderstands von Dübeln durch EPS

### 3.3.1 Umfang und Zielsetzung der Versuche

Die Untersuchungen zur Ermittlung des Durchzugwiderstands von Dübeln durch EPS erfolgen auf Grundlage folgender Norm:

- DIN EN 16382 [24]: Bestimmung des Durchzugwiderstands von Tellerdübeln durch Wärmedämmstoffe

Untersucht werden Prüfkörper aus EPS mit den normativen Randbedingungen entsprechenden Abmessungen von 400 mm x 400 mm x 100 mm. Der genaue Prüfumfang der vier untersuchten Prüfreihen ist in Tabelle 3-3 dargestellt.

Es werden zunächst zwei Reihen mit quasistatischer Belastung von je 5 Prüfkörpern durchgeführt. In Reihe *S1-n-Ref* findet ein in DIN EN 17237 [25] definierter Referenzdübel Anwendung, auf welchem ein eigens entwickelter Messdübel basiert (vgl. Anhang B.4.3). In Serie *S2-n-Sys* werden für das WDVS zugelassene Systemdübel verwandt. Ziel der Dübeldurchzugversuche ist die Erzeugung von Referenzwerten sowie der Nachweis der Gleichwertigkeit von Referenz- bzw. Mess- und Systemdübeln bezüglich sich einstellender Bruchlasten.

Als Erweiterung zum normativen Prüfverfahren erfolgt die Untersuchung zwei weiterer Prüfreihen mit zyklischer Belastung. Ihr Ziel ist, das Verbundverhalten zwischen Dübel und EPS im Hinblick auf die realitätsnahe Windbelastung sowie den Einfluss der Lastwiederholungen im etablierten Versuchsverfahren an kleinformatigen Prüfkörpern zu untersuchen.

Zur Versuchsauswertung wird ein Verfahren entwickelt, anhand dessen sich über die geometrische Vermessung der Bruchkegel die Auswirkungen der verschiedenen untersuchten Parameter erfassen lässt. Zudem werden die Prüfkörper mikroskopisch untersucht, um den Einfluss der Belastungsweise genauer spezifizieren zu können.

**Tabelle 3-3: Versuchsumfang der Untersuchung des Durchzugwiderstands von Dübeln durch EPS**

| Material | Belastungsart | Belastungsgeschwindigkeit / Anz. der Lastwdh. je Zyklus | verwendeter Dübel | Anzahl der Prüfkörper | Prüfkörperbezeichnung | mittlere Rohdichte der Prüfreihe |
|---|---|---|---|---|---|---|
| | | [mm/min] / [-] | | *n* | | [kg/m³] |
| EPS | quasistatisch | 20 | Referenzdübel | 5 | S1-*n*-Ref | 14,5 |
| | | 20 | Systemdübel | 5 | S2-*n*-Sys | 14,5 |
| | zyklisch | 20/10 | Referenzdübel | 4 | Z1-*n*-Ref | 14,2 |
| | | 20/50 | Referenzdübel | 4 | Z2-*n*-Ref | 14,6 |

### 3.3.2 Versuchsaufbau und Durchführung

Der den normativen Vorgaben aus [24] entsprechende Versuchsaufbau ist in Abbildung 3-7 dargestellt. Auf die Prüfkörper aus EPS wird eine kreisrunde Sperrholzplatte aufgeklebt, über welche die Lasteinleitung mittels des hydraulischen Zylinders der Prüfanlage erfolgt. Vorab wird der Dübel in der vorgesehenen Aussparung in Prüfkörpermitte installiert, die Probe in die Schablone eingeklemmt und der Dübelschaft unterseitig am Prüfstand fixiert. Er ist mittels Kalotte gelenkig gelagert.

**Abbildung 3-7: Versuchsaufbau zur Ermittlung des Durchzugwiderstands nach DIN EN 16382 [24], oberseitige Ansicht mit Lasteinleitungsplatte (links), unterseitige Ansicht mit fixiertem Dübelschaft (rechts)**

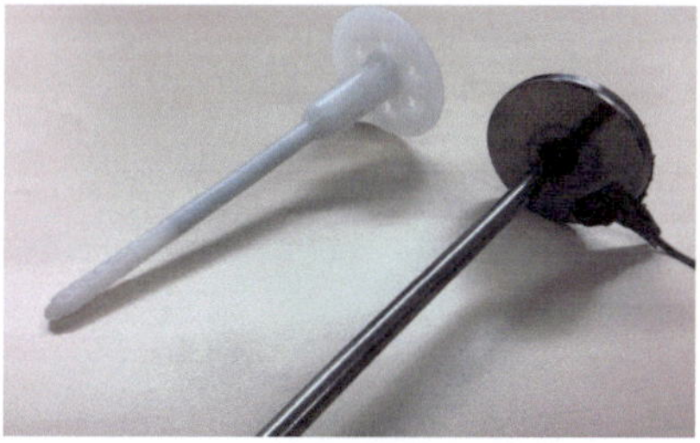

**Abbildung 3-8: Verwendeter Systemdübel (links) und Referenzdübel, auf welchem der Messdübel basiert (rechts)**

Die Abmessungen der Schablone und der Lasteinleitungsplatte werden nach den Mindestanforderungen der Norm entsprechend der Gleichungen Gl. (2.6) bis Gl. (2.8) in Abhängigkeit der Dämmstoffdicke von 100 mm und einem Dübeltellerdurchmesser von 60 mm gewählt zu:

$$d_s = 310\,mm$$

$$d_z = 300\,mm$$

$$b = 400\,mm$$

Die Lasteinleitung erfolgt bei der quasistatischen Prüfreihe mit konstanter Vorschubgeschwindigkeit von 20 mm/min bis zum Bruch der Probe.

Die Lasteinleitungsgeschwindigkeit der zyklischen Prüfreihen wird identisch zum Verfahren mit quasistatischer Belastung zu 20 mm/min gewählt. Die Lasthaltezeit beträgt 10 Sekunden, die Entlastungsphase 5 Sekunden (vgl. Abbildung 3-9). Es wurde angestrebt, die Be- bzw. Entlastungsphasen zeitlich analog zum Einzeldruckstoßprofil des dynamischen Windsogversuchs (vgl. Abbildung 2-14) auszuführen. Dies ließ sich jedoch infolge der prüfanlagenbedingt nicht möglichen Verkürzung der Einzelbelastungen unter das hier gewählte Maß nicht realisieren.

Im ersten Zyklus erfährt der Prüfling eine Belastung von 200 N. Je Zyklus werden in der Serie *Z1-n-Ref* 10, in der Serie *Z2-n-Ref* 50 Wiederholungen durchlaufen. In jedem weiteren Zyklus wird die Last um 50 N erhöht, bis sich ein Prüfkörperversagen einstellt. Die ersten drei bzw. zwei Zyklen der Serien *Z1-n-Ref* und *Z2-n-Ref* sind qualitativ in Abbildung 3-10 dargestellt.

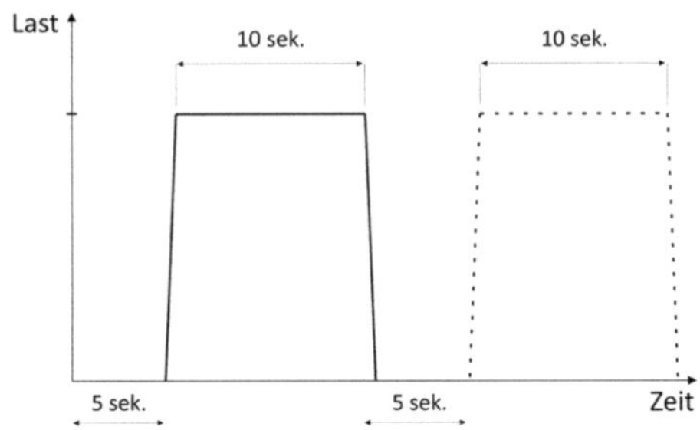


**Abbildung 3-9: Darstellung von zwei Einzelbelastungen für die zyklischen Prüfreihen**

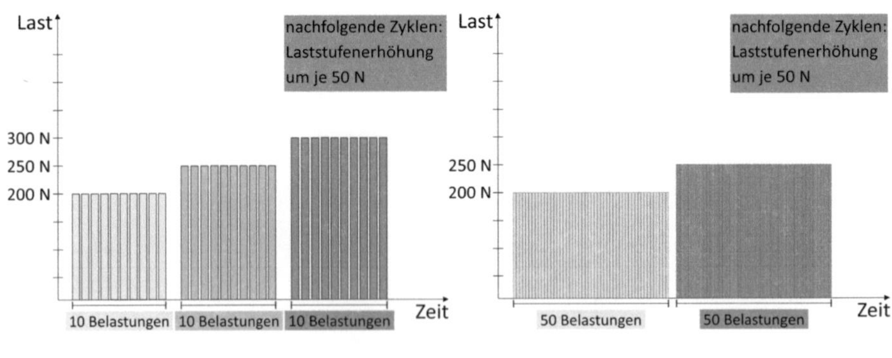


**Abbildung 3-10: Qualitative Darstellung der ersten drei Zyklen mit je 10 Belastungen der Reihe Z1-n-Ref (links) bzw. der ersten zwei Zyklen mit je 50 Belastungen der Reihe Z2-n-Ref (rechts)**

## Versuchsverläufe der quasistatischen Prüfreihen

Die während des Versuchs aufgezeichneten Kraft-Verformungsverläufe der quasistatischen Prüfreihen sind getrennt für die mittels Referenzdübel bzw. Systemdübel untersuchten Prüfkörper in den Abbildungen 3-11 und 3-12 als Kraft-Wegverläufe ($F$ [kN], $s$ [mm]) dargestellt.

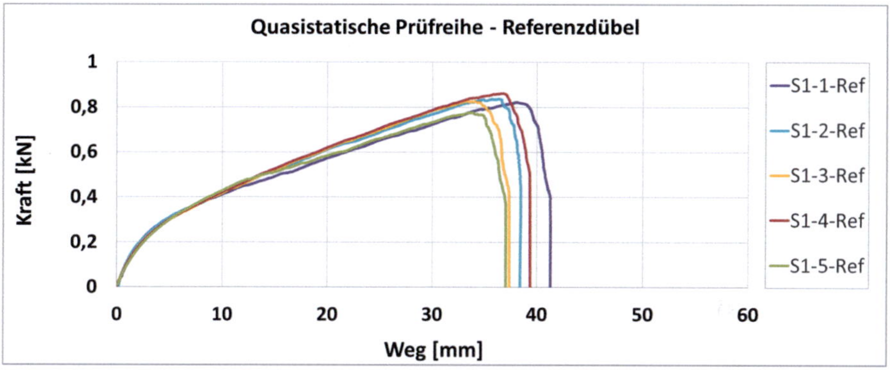


**Abbildung 3-11: Kraft-Weg-Verlauf der quasistatischen, mittels Referenzdübel untersuchten Prüfreihe**

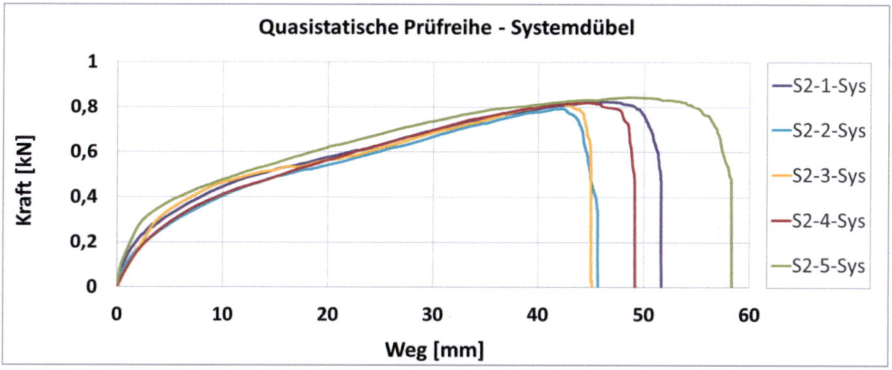


**Abbildung 3-12 Kraft-Weg-Verlauf der quasistatischen, mittels Systemdübel untersuchten Prüfreihe**

## Versuchsverläufe der zyklischen Prüfreihen

Exemplarisch ist für die beiden zyklischen Prüfreihen *Z1-n-Ref* und *Z2-n-Ref* aus Gründen der Übersicht nur jeweils ein Versuchsverlauf in den Abbildungen 3-13 bis 3-16 dokumentiert. Dargestellt sind je Prüfkörper der zeitabhängige Kraft- sowie der zugehörige Wegverlauf ($F$ [kN], $t$ [s] bzw. $s$ [mm], $t$ [s]). Da im Versuchsverlauf des Prüfkörpers *Z2-1-Ref* die einzelnen Belastungen aufgrund der gesamtversuchsumfänglichen, über 450 im Diagramm enthaltenen Belastungswiederholungen auflösungsbedingt nicht erkennbar sind, ist der zeitabhängige Kraftverlauf des letzten vollständigen sowie des zum Bruch führenden Zyklus der Serie *Z2-1-Ref* feiner aufgelöst in Abbildung 3-17 dargestellt.

Die Versuchsverläufe aller zyklisch untersuchten Versuchsreihen sind im Anhang C.1 enthalten.

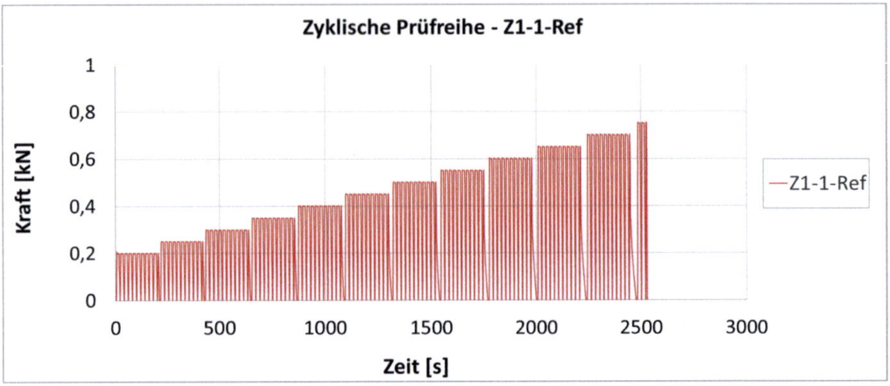


**Abbildung 3-13: Kraft-Zeit-Verlauf des Gesamtversuchs Z1-1-Ref der zyklischen Prüfreihe mit je 10 Lastwiederholungen je Zyklus**

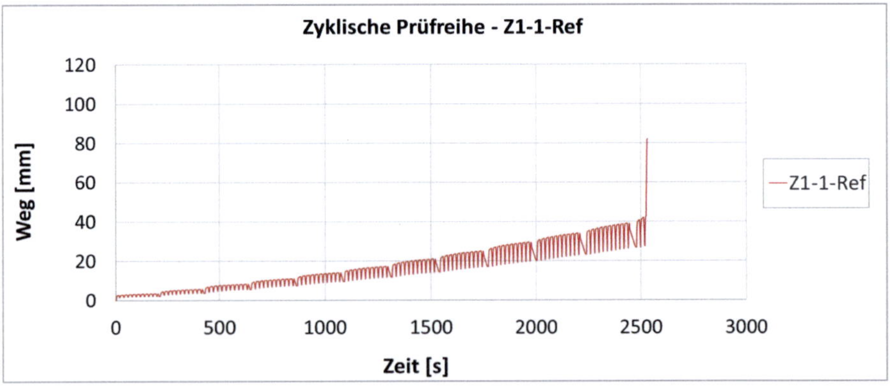


**Abbildung 3-14: Weg-Zeit-Verlauf des Gesamtversuchs Z1-1-Ref der zyklischen Prüfreihe mit je 10 Lastwiederholungen je Zyklus**

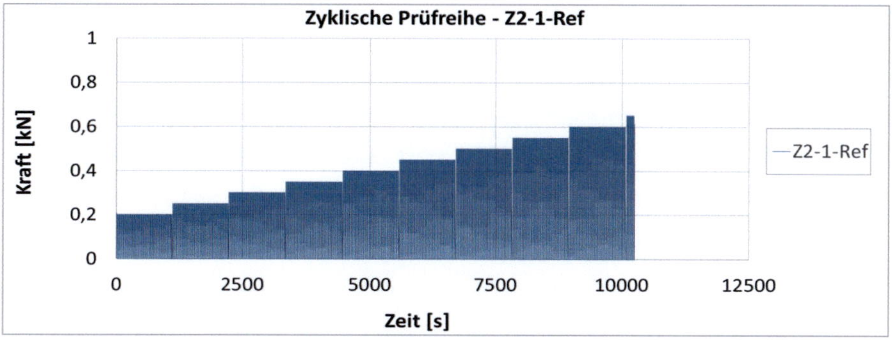


**Abbildung 3-15: Kraft-Zeit-Verlauf des Gesamtversuchs Z2-1-Ref der zyklischen Prüfreihe mit je 50 Lastwiederholungen je Zyklus**

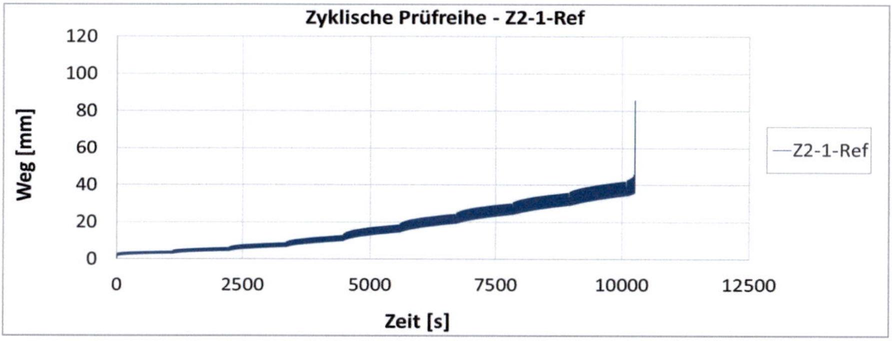


**Abbildung 3-16: Weg-Zeit-Verlauf des Gesamtversuchs Z2-1-Ref der zyklischen Prüfreihe mit je 50 Lastwiederholungen je Zyklus**

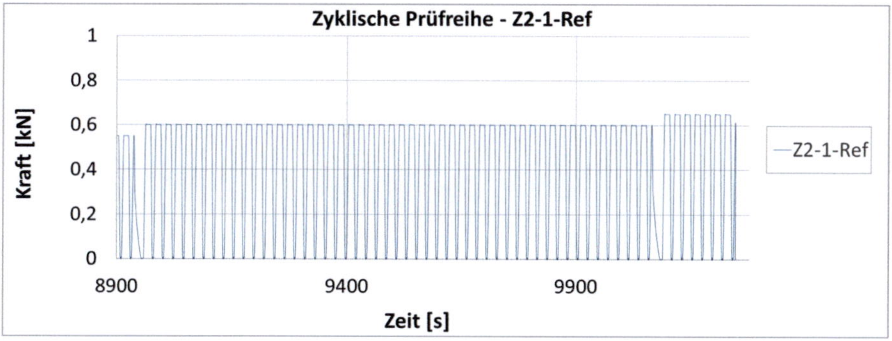


**Abbildung 3-17: Vergrößerte Darstellung des Kraft-Zeit-Verlaufs aus Prüfreihe Z2-1-Ref der letzten Zyklen**

### 3.3.3 Versuchsbeobachtungen und Ergebnisse

Bisher werden bei der Versuchsauswertung zur Bestimmung des Durchzugwiderstands neben der mittleren Versagenslast sowie dem 5%-Quantil ebenfalls als geometrische Größe der Mittelwert des maximalen Bruchkegelradius angegeben. Aus Gründen der Vergleichbarkeit mit den Ergebnissen der Windsogversuche werden hier die erzielten Durchzugwiderstände $D_{E,KF}$ bzw. die daraus resultierenden Mittelwerte ohne Berechnung des Quantils angegeben.

Im Rahmen der hier durchgeführten Untersuchungen lassen sich speziell beim Vergleich der quasistatisch sowie zyklisch untersuchten Prüfkörper wesentliche Unterschiede bei den Durchzugwiderständen feststellen. Darüber hinaus sind bei rein visueller Betrachtung der Bruchkörper die Auswirkungen der Belastungsart festzustellen (vgl. Abbildung 3-20 und Abbildung 3-21). Um diese Unterschiede auch quantitativ zu erfassen, bedarf es einer über die normativen Anforderungen hinausgehenden Auswertung der Bruchkegelgeometrie. Das hierfür im Rahmen dieser Arbeit entwickelte Verfahren ist in Abschnitt 3.3.3.2 erläutert.

#### 3.3.3.1 Versagenslasten und Bruchbilder

Die erzielten Bruchlasten als Durchzugwiderstände $D_{E,KF}$ sind in Tabelle 3-4 aufgeführt.

**Tabelle 3-4: Ergebnisse der Untersuchungen zur Ermittlung des Durchzugwiderstands von Dübeln durch EPS**

| Belastungsart | verwendeter Dübel | Prüfkörperbezeichnung | mittlere Rohdichte | Durchzugwiderstand $D_{E,KF}$ [kN] | |
|---|---|---|---|---|---|
| | | | | Einzelprüfergebnis | Mittelwert |
| | | | [kg/m³] | [kN] | [kN] |
| quasistatisch | Referenzdübel | S1-1-Ref | 14,5 | 0,82 | 0,83 |
| | | S1-2-Ref | | 0,84 | |
| | | S1-3-Ref | | 0,83 | |
| | | S1-4-Ref | | 0,86 | |
| | | S1-5-Ref | | 0,78 | |
| | Systemdübel | S2-1-Sys | 14,5 | 0,82 | 0,82 |
| | | S2-2-Sys | | 0,79 | |
| | | S2-3-Sys | | 0,82 | |
| | | S2-4-Sys | | 0,82 | |
| | | S2-5-Sys | | 0,85 | |
| zyklisch, 10 Wdh. | Referenzdübel | Z1-1-Ref | 14,2 | 0,75 | 0,75 |
| | | Z1-2-Ref | | 0,70 | |
| | | Z1-3-Ref | | 0,81 | |
| | | Z1-4-Ref | | 0,75 | |
| zyklisch, 50 Wdh. | Referenzdübel | Z2-1-Ref | 14,6 | 0,65 | 0,63 |
| | | Z2-2-Ref | | 0,65 | |
| | | Z2-3-Ref | | 0,60 | |
| | | Z2-4-Ref | | 0,60 | |

Festzustellen ist unabhängig von dem verwendeten Dübel eine vergleichbare mittlere Bruchlast der beiden quasistatischen Prüfreihen von 0,83 kN bzw. 0,82 kN. Ebenso sind die in den Abbildungen 3-11 und 3-12 dargestellten Versuchsverläufe grundsätzlich identisch, wenngleich in der mittels weicherem, aus Kunststoff hergestellten Teller der Systemdübel untersuchten Messreihe bis zum Versagenszeitpunkt im Mittel ca. 10 mm mehr Weg abgefahren werden muss.

Die zyklischen Prüfreihen liegen mit Bruchlasten von 0,75 kN und 0,63 kN deutlich unterhalb der quasistatisch belasteten Reihen, die Abminderung entspricht ca. 10 % bzw. 25 %. Ebenso ist anhand der Bruchlasten bei Vergleich der Prüfreihen *Z1-n-Ref* (0,75 kN) und *Z2-n-Ref* (0,63 kN) deutlich erkennbar, dass mit steigenden Lastwiederholungen je Zyklus die Durchzugwiderstandsfähigkeit merklich abnimmt. Dies ist auch der grafischen Darstellung der Bruchlasten in nachfolgender Abbildung 3-18 zu entnehmen.

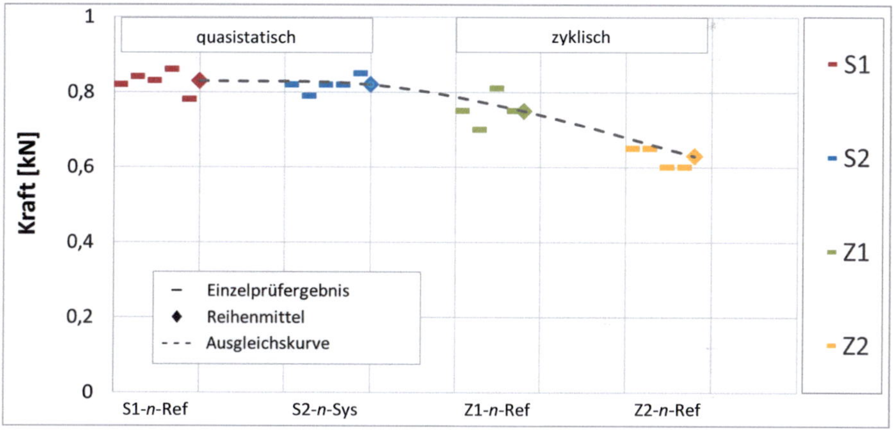


**Abbildung 3-18: Darstellung der Bruchlasten bzw. Durchzugwiderstände aller vier Prüfreihen**

Das durch die Bruchkegelausbildung gekennzeichnete Versagensbild der Prüfkörper aller vier Prüfreihen ist grundsätzlich einheitlich. Vor dem eigentlichen Bruch bilden sich vom Bereich des Dübelschafts ausgehende, sternförmig verlaufende Risse an der Dämmplattenunterseite. Innerhalb der Dämmstoffstruktur bleiben die EPS-Perlen größtenteils unbeschädigt, die Risse verlaufen nahezu gänzlich entlang der Perlwandungen.

Das generelle Bruchbild ist als Skizze in Abbildung 3-19 dargestellt. Insbesondere die Kegelform deutet auf ein Versagen infolge auftretender Schubbeanspruchungen hin, welche sich ausgehend von den Rändern des unterhalb des Dübeltellers entstehenden Druckbereichs im Winkel von ca.

45° symmetrisch ausweiten. Das generelle Versagensbild ist grundsätzlich mit den durch Krause in [47] beschriebenen, im Durchzugversuch ermittelten Bruchbildern vergleichbar. Eine genauere Betrachtung des Versagensprozesses erfolgt am numerischen Modell in Abschnitt 6.3.2.1.

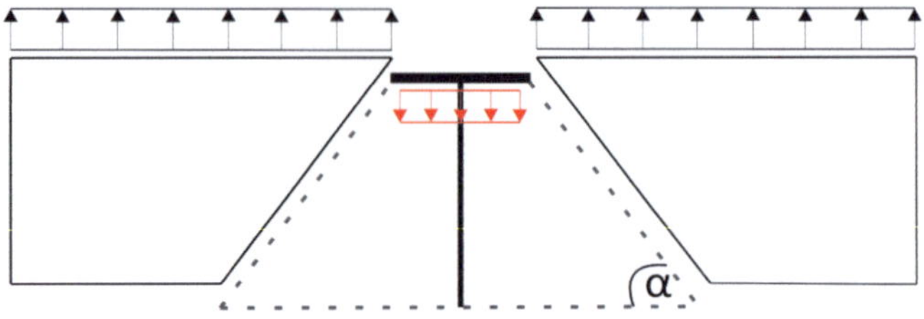


**Abbildung 3-19: Ausbildung des unter dem Bruchwinkel α entstehenden Bruchkegels beim Durchzugversuch**

Vergleichend dargestellt sind die Bruchkegel mit je einem exemplarischen Prüfkörper aus jeder der vier Serien in Abbildung 3-20 und 3-21. Im Abschnitt C.2 des Anhangs sind sämtliche Bruchkegel bildlich dokumentiert. Die detaillierte geometrische Auswertung erfolgt in Kapitel 3.3.3.2. Dort sind in Tabelle 3-5 die Messwerte der geometrischen Bruchkegeleigenschaften aufgeführt.

Rein visuell betrachtet weisen die Bruchbilder der beiden quasistatisch belasteten Prüfreihen keine nennenswerten Unterschiede auf. An den zyklisch beanspruchten Bruchkörpern sind die bereits im Versuchsverlauf feststellbaren plastischen Verformungen (vgl. Weg-Zeit-Verläufe der Prüfreihen *Z1-n-Ref* und *Z2-1-Ref* in den Abbildungen 3-14 und 3-16 ) deutlich zu erkennen. Sie zeigen sich durch abnehmende Bruchkegelhöhen (vgl. Abbildung 3-20). Ebenso sichtbar ist die sich mit steigender Lastwiederholungsrate einstellende weitere Abnahme der Bruchkegelhöhe innerhalb der zyklisch belasteten Prüfreihen.

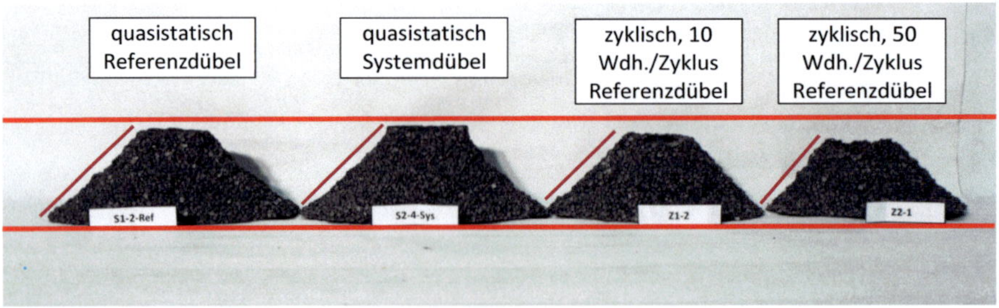


**Abbildung 3-20: Darstellung exemplarischer Bruchkegel aller vier Prüfreihen, angeordnet von links nach rechts nach absteigender Bruchkegelhöhe**

**Abbildung 3-21: Darstellung exemplarischer Bruchkegel aller vier Prüfreihen, angeordnet nach absteigenden Bruchkegelradien (absteigend von links nach rechts und von oben nach unten)**

#### 3.3.3.2 Geometrische und mikroskopische Auswertung

**Geometrische Auswertung**

Bei Betrachtung der Bruchkegel über alle durchgeführten Prüfreihen fällt eine nicht unerhebliche Abweichung von der ideal kreisförmigen Bruchfläche auf. Zudem zeigen sich deutliche Unterscheidungen der Bruchkegelhöhen zwischen den Reihe (vgl. Abbildung 3-20 und Abbildung 3-21). Die alleinige, nach normativer Auswertung in [24] geforderte Angabe der maximalen Bruchkegelradien ist daher unzureichend aussagekräftig, um die Auswirkungen der hier untersuchten Parameter auf das Materialverhalten zu erfassen. Ziel des daher hier zu entwickelnden geometrischen Auswertungsverfahrens ist die quantitative Erfassung dieser Beobachtungen.

Zur vergleichenden Geometriebeschreibung wird die Bruchkegelhöhe als Maß der plastischen Deformation, der Bruchwinkel α sowie die Kenngröße $R$ als Rundheit zur Beschreibung der Bruchgeometrie der unterseitigen Kegelfläche eingeführt. Zweck dieser Kenngröße ist, durch ihr Maß auf die Gleichmäßigkeit der Formeigenschaften des Bruchkegels zu schließen. Hierfür wird aus acht gemessenen Radien je Bruchkegel in Bezugnahme auf den mittleren Radius nach der allgemeingültigen Gleichung der Standardabweichung die Rundheit $R$ bestimmt. Für einen idealen Kreis gilt $R = 0$.

Das geometrische Auswertungsverfahren ist nachfolgend beschrieben. Die Auswertung der am Prüfkörper zu ermittelnden Maße erfolgt nach Abbildung 3-22:

- Ermittlung der Bruchkegelradien $r_i$, ausgehend vom Maximalradius $r_{max} = r_1$ an 8 Stellen
- Ermittlung der minimalen Bruchkegelhöhe $h_b$ im Bereich der Dübelschaftdurchführung
- Ermittlung des mittleren Radius $r_m$

$$r_m = \frac{\sum_{i=1}^{8} r_i}{8} \qquad \text{Gl. (3.2)}$$

- Berechnung des Maßes zur Bestimmung der Rundheit $R$ ausgehend von $r_m$, angelehnt an die Standardabweichung. Für ideal runde, kreisförmige Bruchkegel gilt: $R = 0$. Je größer der Wert für $R$ ist, desto ungleichförmiger ist der Bruchkegel.

$$R = \sqrt{\sum_{i=1}^{n} (r_i - r_m)^2} \quad \text{Gl. (3.3)}$$

- Berechnung der Bruchkegelwinkel $\alpha_{hb}$ und $\alpha_{h0}$ über den um den halben Dübeltellerdurchmesser reduzierten mittleren Radius: $r_{m\alpha} = r_m - \frac{d}{2}$ und die Bruchkegelhöhe $h_b$ bzw. Prüfkörperausgangshöhe von $h_0 = 10\ cm$

Dabei ist:

| | | |
|---|---|---|
| $r_i$ | Bruchkegelradius an der Stelle i | [cm] |
| $r_{max}$ | maximaler Bruchkegelradius | [cm] |
| $r_m$ | mittlerer Bruchkegelradius | [cm] |
| $r_{m\alpha}$ | um $0{,}5d$ reduzierter mittlerer Bruchkegelradius | [cm] |
| $d$ | Durchmesser des Dübeltellers | [cm] |
| $h_b$ | minimale Bruchkegelhöhe | [cm] |
| $h_0$ | Prüfkörperausgangshöhe | [cm] |
| $R$ | Maß zur Beschreibung der Rundheit | [-] |
| $\alpha_{hb}$ | Bruchkegelwinkel, Bezugshöhe $h_b$ | [°] |
| $\alpha_{h0}$ | Bruchkegelwinkel, Bezugshöhe $h_0$ | [°] |

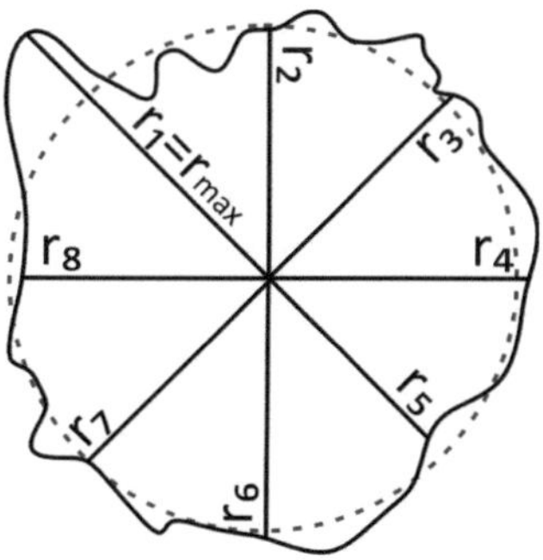


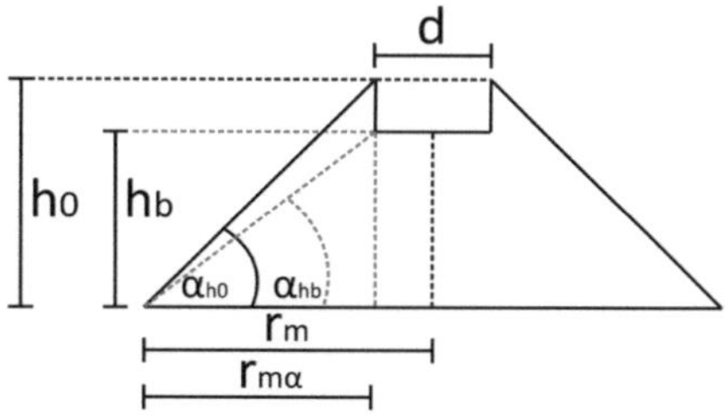


**Abbildung 3-22: Ermittlung der unterseitigen Bruchkegelradien $r_i$ zwecks Ermittlung des Maßes für die Rundheit $R$ des Kegels, ausgehend vom Maximalradius $r_{max}$ (links) sowie der Bruchwinkel $\alpha_{hb}$ und $\alpha_{h0}$ in Abhängigkeit der Bruchkegelhöhe $h_b$ bzw. der Prüfkörperausgangshöhe $h_0$ sowie des mittleren, um $\frac{d}{2}$ reduzierten Bruchkegelradius $r_{m\alpha} = r_m - \frac{d}{2}$ (rechts)**

Die in Form von Mittelwerten zusammengefassten Ergebnisse der geometrischen Auswertung aller vier Prüfreihen enthält Tabelle 3-5. Sämtliche geometrische Einzeldaten sind in Tabelle C-6 im Anhang aufgeführt.

Grafisch aufbereitet sind die Ergebnisse der geometrischen Auswertung in den Abbildungen 3-23 und 3-24 . Enthalten sind hier sowohl die Einzelversuchsdaten als auch die daraus errechneten Mittelwerte.

Zu entnehmen ist korrelierend mit der Versagenslast (vgl. Abbildung 3-18) eine Abnahme der Bruchkegelhöhen und mittleren Radien von den quasistatisch hin zu den zyklisch belasteten Prüfreihen. Innerhalb der quasistatisch belasteten Prüfreihen weist die mittels Referenzdübel untersuchte Reihe *S1-n-Ref* etwas größere Bruchkegelhöhen und somit geringere plastische Verformungen auf. Zudem lässt sich anhand des geringeren Rundheitsmaßes eine gleichförmigere Bruchkegelgeometrie ableiten als bei der mittels Systemdübel geprüften Reihe *S2-n-Sys*. Anzumerken ist, dass die Bruchkegelhöhen bei verwendeten Systemdübeln infolge beobachteter Tellerdurchbiegung im Tellerkontaktbereich variieren. Am Dübelschaft stellen sich aufgrund des sich seitlich aufbiegenden Dübeltellers größere EPS-Verformungen ein, als im Bereich des Tellerrands. Diese beobachteten Schwankungen liegen im Bereich der Differenz der maximalen Bruchkegelhöhen der Serien *S1-n-Ref* und *S2-n-Sys*.

Bei den zyklischen Prüfreihen liegen Bruchkegelhöhen, -radien sowie die Rundheit deutlich unterhalb der quasistatisch belasteten Reihen. Die Zahl der Lastwiederholungen je Zyklus spiegelt sich analog zur sinkenden Bruchlast auch in der Bruchkegelgeometrie wieder. Beim Vergleich der Mittelwerte der Prüfreihen *Z1-n-Ref* bzw. *Z2-n-Ref* ist mit steigender Lastwiederholungszahl ein einhergehendes Absinken von Bruchkegelhöhe und -radius festzustellen. Zudem ergeben sich mit höherer Wiederholungsrate gleichförmigere Bruchkegel, erkennbar am geringsten mittleren Rundheitsmaß von $R = 2{,}4$ in Serie *Z2-n-Ref*.

Bei Betrachtung der Bruchkegelhöhen ist eine Reduzierung der Materialstärke bei den zyklisch belasteten Bruchkörpern von 1,2 cm bzw. 2,2 cm im Vergleich zur quasistatischen, ebenfalls mittels Referenzdübel geprüften Reihe *S1-n-Ref* festzustellen. Dies entspricht einer, in etwa deckungsgleich zur sich reduzierenden, in Tabelle 3-4 dokumentierten Bruchlast verlaufenden Abnahme von 13 % (*Z1-n-Ref* ggü. *S1-n-Ref*) bzw. 25 % (*Z2-n-Ref* ggü. *S1-n-Ref*).

Es ergeben sich über die Prüfreihen nur leicht schwankende, auf Basis der effektiven Bruchkegelhöhe $h_b$ errechneten Bruchkegelwinkel $\alpha_{hb}$ von ca. 43° sowie deckungsgleich dazu annähernd identisch linear verlaufende Prüfkörperbruchlinien (vgl. Abbildung 3-20). $\alpha_{hb}$ erweist sich demnach im Vergleich zu den Bruchwinkeln $\alpha_{h0}$ als geeigneter zur Beschreibung des tatsächlichen Bruchwinkels. $\alpha_{h0}$ streut aufgrund der Berechnung anhand der Ausgangshöhe stark und ist nicht repräsentativ.

**Tabelle 3-5: Für jede Prüfreihe errechnete Mittelwerte der geometrischen Bruchkegeldaten**

| Belastungsart | Prüfreihe | Versagenslast | Bruchkegelhöhe | maximaler Radius | mittlerer Radius | Rundheit | Bruchwinkel, Bezugshöhe: $h_b$ | Bruchwinkel, Bezugshöhe: 10 cm |
|---|---|---|---|---|---|---|---|---|
| | | $\bar{F}$ | $\bar{h}_b$ | $\bar{r}_{max}$ | $\bar{r}_m$ | $\bar{R}$ | $\bar{\alpha}_{hb}$ | $\bar{\alpha}_{h0}$ |
| | | [kN] | [cm] | | | [-] | [°] | |
| quasistatisch | S1-*n*-Ref | 0,83 | 9,12 | 14,4 | 12,62 | 3,57 | 43,5 | 46,1 |
| | S2-*n*-Sys | 0,82 | 8,72 | 14,46 | 12,25 | 4,04 | 43,3 | 47,3 |
| zyklisch | Z1-*n*-Ref | 0,75 | 7,93 | 13,28 | 11,72 | 3,34 | 42,3 | 48,9 |
| | Z2-*n*-Ref | 0,63 | 6,9 | 11,85 | 10,34 | 2,4 | 43,2 | 53,7 |

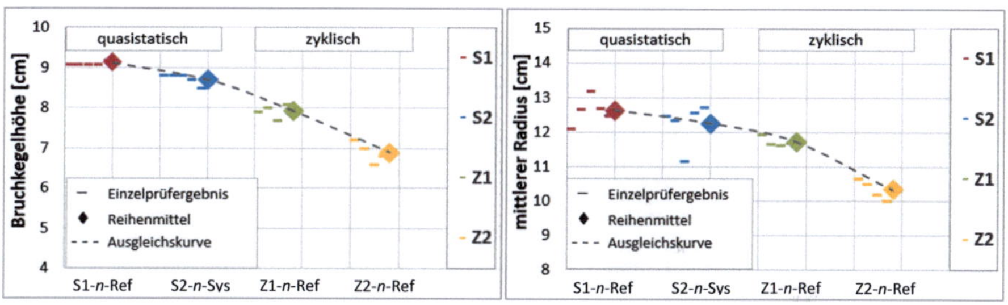


**Abbildung 3-23: Darstellung der Bruchkegelhöhen $h_b$ (links) und der mittleren Radien $r_m$ (rechts)**

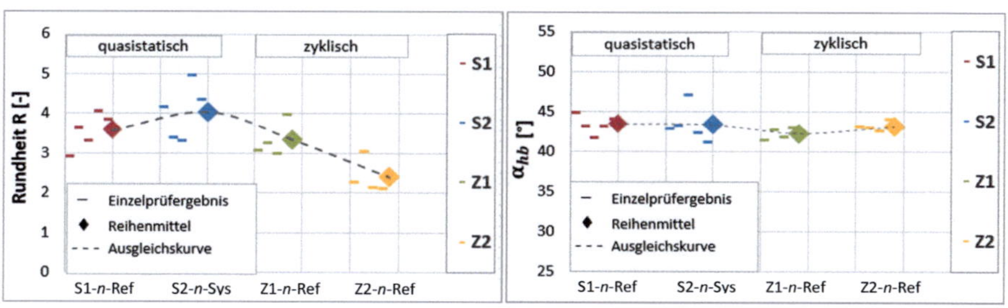


**Abbildung 3-24: Darstellung der Rundheit $R$ (links) und der auf der Bruchkegelhöhe basierenden Bruchwinkel $\alpha_{hb}$ (rechts)**

**Mikroskopische Auswertung**

Ziel der mikroskopischen Auswertung ist, über die schichtenweise Vermessung der EPS-Perlen an aufgeschnittenen Bruchkegelquerschnitten die beobachteten geometrischen Abweichungen der verschiedenen Serien genauer zu spezifizieren. Konkret soll hier die Tiefenwirksamkeit bzw. die Ausweitung der plastischen Verformung im EPS in Abhängigkeit von der jeweiligen Beanspruchungsart sichtbar gemacht werden.

Abbildung 3-25 zeigt exemplarisch die mittels Referenzdübel untersuchten, mittig aufgeschnittenen Bruchkegelquerschnitte eines quasistatischen (links) sowie mit 50 Lastwiederholungen je Zyklus untersuchten Prüfkörpers (rechts), die Lage des Dübels ist nachträglich eingezeichnet. Eine Veränderung der EPS-Kugelstruktur der quasistatisch untersuchten Probe über die Prüfkörperhöhe ist mit dem bloßen Auge lediglich direkt am oberen Prüfkörperrand im Kontaktbereich mit dem Dübelteller erkennbar. Bei detaillierter Betrachtung des zyklisch beanspruchten EPS ist im Druckbereich unterhalb der Dübelteller ein Plastifizieren der einzelnen EPS-Kugeln in deutlich tieferliegende Materialschichten zu erkennen. Die plastischen Verformungen nehmen - erkennbar an der stetig geringer ausfallenden Komprimierung der Einzelkugeln - mit steigender Distanz zum Dübelteller sichtbar ab.

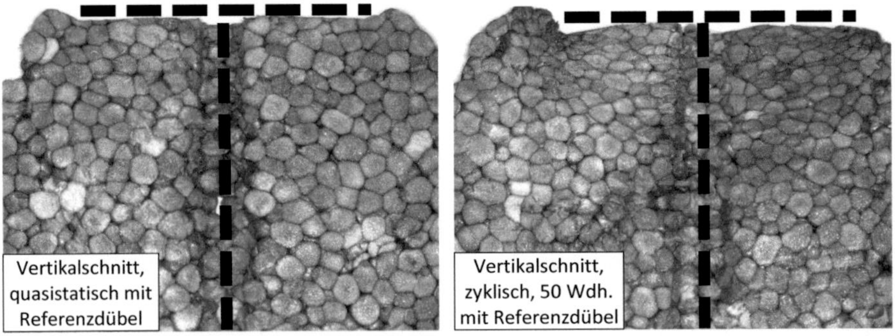


**Abbildung 3-25: Mittig aufgeschnittene, mittels Referenzdübel untersuchte Bruchkegelquerschnitte. Darstellung des Bereichs unterhalb des Dübeltellers als Vertikalschnitt mit gestrichelt eingezeichneter Dübellage. Belastungsart quasistatisch (links), zyklisch (rechts)**

Zur Quantifizierung dieser Beobachtungen wird aus jeder der mittels Referenzdübel untersuchten Prüfreihen ein exemplarischer Bruchkegelquerschnitt unter dem Mikroskop untersucht. Die mittels Systemdübel untersuchte Prüfreihe ist bedingt durch die inhomogenere Flächenpressung unterhalb des Dübeltellers für Vergleichsbetrachtungen mit den mittels Referenzdübel untersuchten Reihen ungeeignet. Sie bleibt daher hier unberücksichtigt.

Auf jeden Prüfkörper wird für die Auswertung ein Netz mit 5 mm Rasterabstand gelegt. Im Bereich unmittelbar unterhalb des Dübeltellers werden je Schicht die Durchmesser von 20 EPS-Perlen in Richtung der Prüfkörperbelastung mit einer Genauigkeit von 1/100 mm per Mikroskop ermittelt (vgl. Abbildung 3-26). Schichtenabhängig aufgetragen sind die Ergebnisse in Form des aus den 20 Perlendurchmessern bestimmten Mittelwertes im Diagramm in Abbildung 3-27.

Über alle Versuchskörper ist anhand der grafischen Auswertung eine deutliche Komprimierung des EPS in den Bereich unterhalb des Dübeltellers, speziell in den Schichten 1-3, zu erkennen. Im Vergleich sind die Komprimierungen des Materials der zyklischen Prüfreihen gegenüber der statisch untersuchten Probe deutlich ausgeprägter und setzen sich zudem in tieferliegende Schichten fort. Der direkte Vergleich der Kugeldurchmesser von Probe *Z1-2-Ref* (10 Lastwiederholungen je Zyklus) mit Probe *Z2-1-Ref* (50 Lastwiederholungen je Zyklus) weist zudem darauf hin, dass mit steigender Lastwiederholungsrate eine weitere Zunahme der EPS-Perlenkomprimierung mit stärkerer Ausbreitung in tieferliegende Materialschichten eintritt.

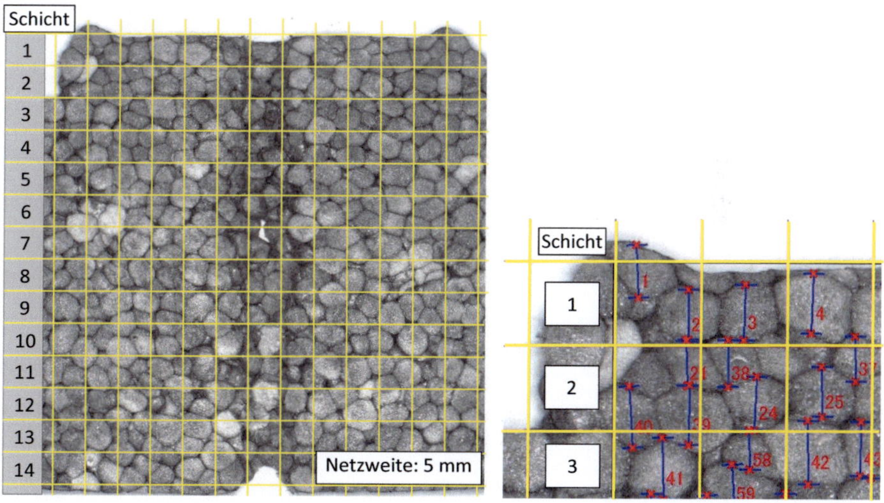


**Abbildung 3-26: Messraster für die mikroskopische Auswertung mit 5 mm Netzweite am EPS-Prüfkörper mit eingezeichneter Lage der Schichten (links), vergrößerte Ansicht mit auszugsweiser Darstellung der schichtweisen Vermessung der einzelnen EPS-Kugeln (rechts)**

Die druckbedingte, sich bei zyklischer Belastung verstärkt ergebende tiefenwirksamere Plastifizierung des EPS führt demnach zu einer lokalen Reduktion der Materialstärke im Bereich unterhalb des Dübeltellers.

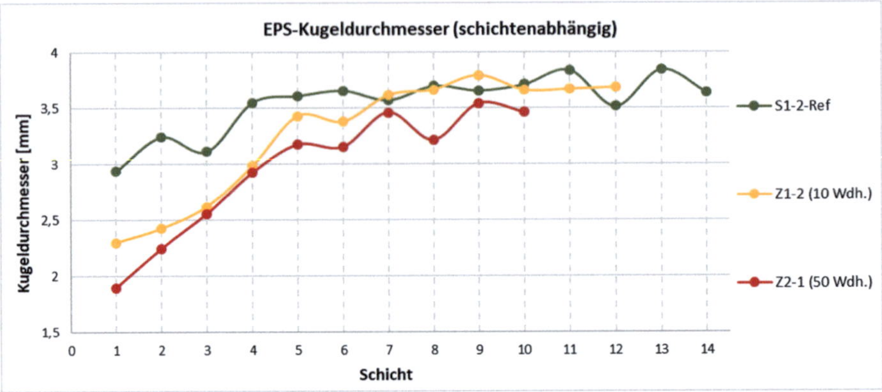


**Abbildung 3-27: Grafische Darstellung der schichtenweise über die Bruchkegelhöhe vermessenen EPS-Kugeldurchmesser nach Abbildung 3-26 als Mittelwerte in mm, Darstellung der Messwerte eines exemplarischen Bruchkegels je mittels Referenzdübel untersuchter Prüfreihe**

### 3.3.4 Schlussfolgerungen

Feststellen lässt sich bei Betrachtung der Bruchlasten ein deutlich tragfähigkeitsmindernder Einfluss durch zyklische Belastungsweisen. Die Bruchlasten der zyklisch belasteten Prüfkörper reduzieren sich im Vergleich zur quasistatischen Belastung bei zehn Lastwiederholungen je Zyklus um 13 %, bei 50 Lastwiederholungen je Zyklus um 25 % gegenüber den quasistatischen Prüfreihen. Das grundsätzliche Bruchbild der Versuchsserien ist vergleichbar, die Bruchkegelgeometrien variieren jedoch in Abhängigkeit von der Belastungsart.

Anhand der geometrischen Auswertung ist eine eindeutige Korrelation zwischen der Bruchlast und der sich einstellenden, mit Zunahme der Lastwiederholungsrate abnehmenden Bruchkegelhöhe festzustellen. Die über alle Versuchsserien nahezu identischen, auf die Bruchkegelhöhe bezogenen Bruchwinkel zeigen, dass die Bruchausbildung von der sich einstellenden, effektiv wirksamen Materialstärke abhängt sowie von ihr ausgeht. Mikroskopisch nachgewiesen wurde, dass sich die mit zyklischer Belastung zunehmenden plastischen Verformungen infolge einer tiefenwirksameren Komprimierung der EPS-Kugeln unterhalb der Dübelteller einstellen. Das geringere

Rundheitsmaß belegt zudem die gleichförmigeren Bruchformen der sich unter zyklischer Belastung einstellenden Ausbruchkegel, was auf eine hier gleichmäßiger erfolgende Materialbeanspruchung hindeutet. In Summe kann geschlussfolgert werden, dass die mit steigender Lastwiederholungsrate abnehmenden Durchzugwiderstände aus den, sich durch zyklische Einwirkungen ergebenden plastischen Verformungszunahmen resultieren.

Folglich ist im Hinblick auf die Erfassung des realitätsnahen Windsogverhaltens ein unter quasistatischer Beanspruchung ermittelter Durchzugwiderstand unzureichend. Die Bauteilversuche unter zyklischer Beanspruchung liefern zwar deutlich geringere Bruchlasten, sie steigern jedoch das Vertrauensniveau der Prüfergebnisse, da sie die natürliche Belastungsweise genauer abbilden.

Offen bleiben die Fragen, wie sich der Effekt bei geringeren bzw. größeren Dämmstoffdicken auswirkt und ob eine weitere Erhöhung der Lastwiederholungsraten im Dübeldurchzugversuch weitere Tragfähigkeitsminderungen zur Folge hat bzw. ob mit der festgestellten Abminderung von 25 % bereits der Grenzwert erreicht ist. Zweites wird im Rahmen der dynamischen Windsogversuche untersucht.

Weiterhin lassen die beobachteten plastischen Verformungen der zyklischen Serien fraglich erscheinen, ob sich das Modell der Konsoltragwirkung (vgl. Abbildung 2-5) hier noch anwenden lässt. Im kritischsten Fall würde sich infolge der Plastifizierung eine Aufhebung der Schubverzahnung zwischen WDVS und Untergrund einstellen, sodass die Vertikallasten über die Dübelung abgetragen werden müssten.

Inwieweit sich die hier beobachteten Effekte der Belastungsweise auf das Tragverhalten des Gesamtsystems auswirken, lässt sich auf Grundlage des Durchzugversuchs nicht beurteilen. Dies liegt darin begründet, dass lediglich ein aus den Komponenten Dübel und EPS bestehender, kleinformatiger Systemausschnitt ohne Schlussbeschichtung geprüft wird. Zudem behindern der Prüfrahmen und die Lasteinleitungsplatte ein realitätsnahes Systemverhalten. Die Feststellungen sind daher am großformatigen Windsogversuch zu validieren.

Bezüglich der Vergleichbarkeit von Referenz- und Systemdübeln lässt sich eine marginal voneinander abweichende Bruchkegelgeometrie feststellen, ohne dabei die sich einstellenden Bruchlasten zu beeinflussen. Da aufgrund identischer Bruchlasten keine Beeinflussung der Systemtragfähigkeit zu erwarten ist, lassen sich beide Dübelsorten für die Fassadenaufbauten der Windsogversuche verwenden.

## 3.4 Zusammenfassung

In Kapitel 3 wurde das Materialverhalten der im Rahmen dieser Arbeit verwendeten Dämmstoffe in Prüfverfahren mit kleinformatigen Prüfkörpern untersucht. Explizit wurden Zugfestigkeiten senkrecht zur Plattenebene nach DIN EN 1607 [23] sowie Durchzugwiderstände von Dübeln durch EPS nach DIN EN 16382 [24] ermittelt.

Die Ermittlung der Zugfestigkeit senkrecht zur Plattenebene an Mineralwolldämmstoffen und EPS erfolgte zu Vergleichszwecken mit den in Kapitel 4 enthaltenen Ergebnissen der im Windsogversuchsstand untersuchten Prüfwände sowie zu Zwecken der Materialgesetzimplementierung im Rahmen der numerischen Untersuchungen in den Kapiteln 5 und 6.

Die durchgeführten Dübeldurchzugversuche dienen ebenfalls der Vergleichbarkeit mit den Prüfergebnissen des dynamischen Windsogversuchs. Ergänzend zu den quasistatisch nach DIN EN 16382 [24] untersuchten Prüfkörpern wurden im Hinblick auf die Untersuchung des Windsogtragverhaltens unter naturnaher Lastaufbringung zudem erstmals auch zyklisch belastete Prüfreihen mit unterschiedlichen Lastwiederholungszahlen durchgeführt. Hierbei sind resultierende Bruchlastabnahmen um bis zu 25 % gegenüber den quasistatisch untersuchten Prüfkörpern festgestellt worden.

Im Rahmen der Dübeldurchzugversuche wurde zudem bezüglich sich einstellender Bruchlasten die Gleichwertigkeit von System- und Referenzdübeln nachgewiesen. Folglich lassen sich im weiteren Verlauf dieser Arbeit auf dem Referenzdübel basierende Messdübel in Versuchsaufbauten anwenden.

Des Weiteren lassen sich mittels des im Rahmen dieser Arbeit entwickelten geometrischen Auswertungsverfahrens die in Abhängigkeit der Belastungsweise deutlich unterschiedlich ausfallenden Bruchkegelgeometrien quantifizieren. Hierbei zeigte sich eine Korrelation zwischen Bruchlastabnahme und plastischer Verformungszunahme infolge zyklischer Belastung. Anhand mikroskopischer Analysen der Bruchkegel konnte zudem festgestellt werden, dass die Verformungen durch eine Komprimierung der EPS-Perlen entstehen. Es wurde aufgezeigt, dass die Komprimierung mit steigender Anzahl der zyklischen Belastungen zunimmt und sich in tieferliegende Materialbereiche ausdehnt.

# 4 Untersuchung des Windsogverhaltens von WDVS im großformatigen Windsogversuchsstand

## 4.1 Grundlage, Zweck und Ziel der Versuche

Wie bereits in Kapitel 2 und 3 erwähnt, erfolgt die Ermittlung der Windsogwiderstandsfähigkeit von WDVS aktuell mittels Untersuchungen an kleinformatigen Prüfkörpern, die lediglich quasistatisch belastet werden. Realitätsnah einwirkende, zyklische Windsogbeanspruchungen werden bis dato nicht erfasst. An im Rahmen dieser Arbeit durchgeführten Dübeldurchzugversuchen (vgl. Kapitel 3.3) wurde jedoch nachgewiesen, dass sich durch die zyklische Belastungsweise eine deutliche Tragfähigkeitsabnahme ergibt. Ein rein quasistatisches Belasten ist folglich unzureichend hinsichtlich der Prüfung des Materialverhaltens unter naturnaher Windsogbeanspruchung. Zudem kann aufgrund der in Kleinformatversuchen über verformungsbehindernde Hilfsvorkehrungen erfolgende Lasteinleitung, der vertikalen Versuchsanordnung, nicht prüfbarem vollständigen Dämmplattenverband sowie lediglich aus Systemausschnitten bestehenden Prüfkörpern aus ihren Ergebnissen nur bedingt auf das Gesamtsystemverhalten von WDVS im Lastfall Windsog geschlossen werden.

Am in Abbildung 4-1 dargestellten Windsogversuchsstand des Instituts für Bauphysik lassen sich auf Grundlage des dynamischen Windsogversuchs nach ETAG 004 ([34], [35]) bzw. EAD 040083-00-0404 [32] Prüfungen an großflächigen Fassadenaufbauten unter schlagartig einwirkender, realitätsnaher Unterdruckbelastung an maximal 5 m² großen Systemausschnitten durchführen. Die erstmalige Anwendung des Versuchs an einer exemplarischen Prüfwand ist in [37] dokumentiert. Im Rahmen dieser Arbeit wird mittels dieses Versuchsverfahrens an einer Großprüfserie das Tragverhalten von WDVS mit mehreren, im Verband angeordneten Dämmplatten am Gesamtsystem realitätsnah untersucht. Die Spezifikationen der Prüfung mitsamt der geforderten Druckstoß- und Belastungsverläufe. Angaben zu Erfordernissen des Prüfstands sowie die im Rahmen der europäischen Bewertungsdokumente definierten Versagens- und Auswertungskriterien sind in Abschnitt 2.3.3.4 dargestellt.

Zweck und Ziel der nachfolgend dokumentierten Untersuchungen ist, das Windsogverhalten von WDVS unter zyklischer, dynamischer Unterdruckbelastung an großformatigen Prüfkörpern im Windsogversuchsstand zu erfassen. Dabei geht es spezifisch um die Ermittlung charakteristischer

Windsogwiderstandsfähigkeiten sowie der Systemreaktionen und des Lastabtrags von verklebten bzw. gedübelten WDVS. Überdies soll anhand hygrothermisch vorbewitterten Prüfwänden der am Gesamtsystem simulierte Alterungseinfluss auf das Windsogwiderstandsverhalten untersucht werden. Es gilt außerdem, mittels der durchgeführten Großversuchsreihe den Prüfstandzuverlässigkeitsnachweis hinsichtlich Funktionalität sowie Reproduzierbarkeit der Ergebnisse zu erbringen. Die großformatigen Windsogversuche dienen außerdem zu Vergleichszwecken, um Gemeinsamkeiten, Unterschiede sowie Vor- und Nachteile zu den im Kleinformat durchgeführten Untersuchungen herauszuarbeiten. Anhand zweier alternativ mit wenigen Einzelunterdruckstößen belasteten Prüfwände soll zudem großformatig untersucht werden, ob und inwieweit der im Kleinformat festgestellte Unterschied zwischen zyklischer und quasistatischer Belastung auch im Windsogprüfstand auftritt.

Die Untersuchungen werden vorwiegend mit dem baupraktisch am häufigsten verwendeten WDVS mit dem Dämmstoff EPS durchgeführt, in Ergänzung sowie zu Vergleichszwecken werden zudem einige Systeme mit Mineralwolldämmstoffen untersucht.

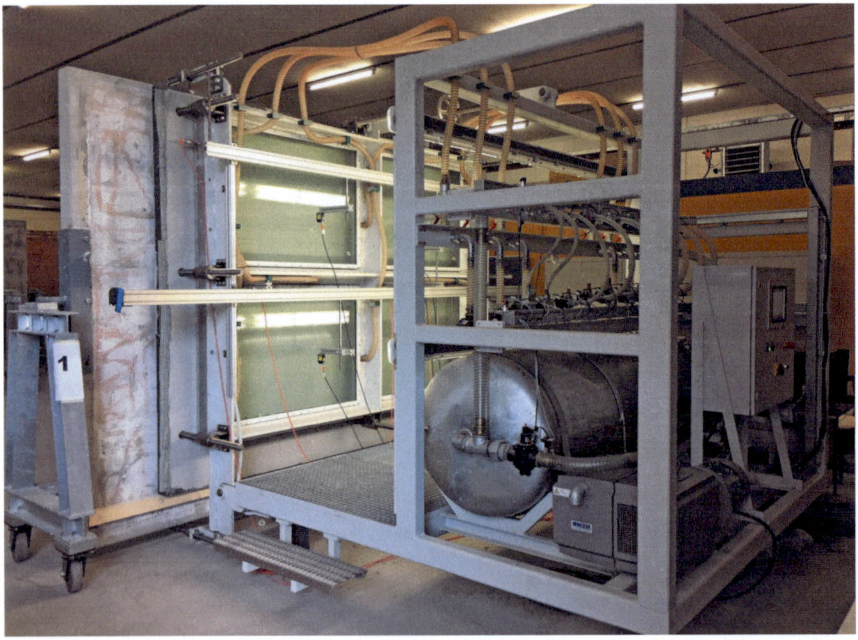


**Abbildung 4-1: Gesamtansicht des dynamischen Windsogversuchsstands des Instituts für Bauphysik der Leibniz Universität Hannover**

Die Verbindung zwischen Dämmstoff und Dübelung ist am im System geprüften WDVS nicht wie im Dübeldurchzugversuch direkt einsehbar. Infolge der im vorigen Abschnitt 3.3 festgestellten, sich vor dem Systemversagen einstellenden starken plastischen Dämmstoffverformungen ist die Wegmessung unzureichend zur Beurteilung der Tragfähigkeit gedübelter WDVS. Insbesondere für die tiefgreifende Analyse des Tragverhaltens der Systeme bis zum Versagenszeitpunkt ist daher zusätzlich die messtechnische Erfassung der windsoginduzierten Belastung der im System verbauten Dübel erforderlich. Diesbezüglich werden im Rahmen dieser Arbeit Messdübel mit integrierter DMS-Technik entwickelt, welche sich parallel zu den Systemdübeln im WDVS verbauen lassen. Die Messdübel basieren auf dem Referenzdübel nach DIN EN 17237 [25]. Auf Grundlage der erzeugten Messdaten dieser Dübel soll eine Analyse des Lastabtrags der Sogbelastung sowie der bisher nicht erforschten Lastverteilung bei kombiniert befestigten Systemen erfolgen. Zudem dienen die Messdübel als Indikator für auftretende Brüche im System. Die Dokumentation der Entwicklung, Konstruktion und Kalibrierung des Messdübels ist dem Anhang B.4.3 zu entnehmen.

Die grundlegende Beschreibung des Windsogversuchsstands erfolgt im Anhang B. Aufgeführt sind dort Angaben zur Messtechnik, Details zum Aufbau, der Funktionsweise sowie die Prüfkörperanforderungen und die im Rahmen dieser Arbeit erfolgten mess- und lagerungstechnischen Prüfstandoptimierungen. Zudem ist dort ergänzend zu den Angaben in [37] der Nachweis über die im gesamten Prüfbereich konstant erfolgende Druckbeaufschlagung sowie die Beschreibung anlageninterner Kontrollmechanismen dokumentiert.

Bis dato existieren neben dem in [37] veröffentlichten Ergebnis einer einzelnen WDVS-Prüfwand keine weiteren Erfahrungswerte zum Bruchverhalten realitätsnah belasteter Wärmedämmverbundsysteme. Daneben sind dem Verfasser dieser Arbeit keine Veröffentlichungen bzw. durchgeführten Versuche zum Verformungs- sowie Bruchverhalten von WDVS unter zyklisch einwirkender Sogbelastung bekannt.

Die einzelnen spezifischen Zielsetzungen der im Rahmen der gesamten Großformatuntersuchungen durchgeführten Einzelreihen sind in den jeweiligen Abschnitten definiert.

## 4.2 Versuchsprogramm der Großformatuntersuchungen

### 4.2.1 Allgemeines

Sämtliche hier aufgeführte Untersuchungen sind im Rahmen der vorliegenden Dissertation durchgeführt. Der Aufbau der großformatigen WDVS-Prüfkörper erfolgt durch sachkundiges Fachpersonal sowie dem Verfasser dieser Arbeit mit Unterstützung durch speziell geschulte Mitarbeiter des Instituts für Bauphysik. Die Standzeit zwischen Aufbau und Durchführung der Versuche beträgt jeweils mindestens 28 Tage.

Aufgrund des hohen Material- und Zeitaufwandes der Großformatuntersuchung im Windsogversuchsstand erfolgten vor Beginn des hier dargestellten Versuchsprogramms Voruntersuchungen mit dem Ziel, Prüfkörper sowie Versuchsfenster zu verkleinern. Mit kleineren Prüffensterdimensionen nimmt jedoch die bis dahin ungeklärte Bedeutung des Randeinflusses zu. Versuche, die hierdurch erzeugte Einspannwirkung des Prüfkörpers zu umgehen, indem die Randandichtung flexibel mit Folien bzw. Dichtstoffen anstelle der durchlaufenden Putzschicht ausgeführt wird, waren nicht erfolgreich. Hier ergaben sich infolge der zyklischen Belastungsweise stets Undichtigkeiten, die aufgrund nicht mehr in ausreichender Höhe aufbringbarer Unterdrücke zum Abbruch der Versuche führten. Da zudem die Fassadenaufbauten mit Verbandanordnung mehrerer Dämmplatten in Herstellabmessungen (Länge x Breite x Höhe: 100 cm x 50 cm x 10 cm) untersucht werden sollen, werden folglich sämtliche im Rahmen dieser Arbeit durchgeführten großformatigen Versuche prüfrichtlinienkonform im Prüffenster mit Abmessungen von 2,5 m x 2,0 m durchgeführt.

Weil im Rahmen des Versuchsprogramms vorrangig das Tragverhalten unter Windsogbeanspruchung untersucht wird, wird auf alle mit EPS als Dämmstoff ausgeführten Prüfwände lediglich ein Armierputz als Luftdichtheitsschicht aufgebracht. Ausnahme bilden zwei Wandaufbauten, welche vor der Windsogprüfung hygrothermisch vorbewittert werden, sie erhalten zusätzlich einen mineralischen Oberputz. Ebenso werden die mit Mineralwolldämmstoffen ausgeführten Prüfwände infolge des luftdurchlässigen Dämmmaterialgefüges zur Sicherstellung der einwandfreien Unterdruckaufbringung zusätzlich zur Armierung mit selbigem Oberputz beschichtet.

In der EAD 040083-00-0404 [32] ist in den aktuellen Versuchsanforderungen des dynamischen Windsogversuchs als Unterkonstruktion eine Wand aus Hochlochziegeln definiert. Aufgrund der Praktikabilität, speziell hinsichtlich der Ausführbarkeit und Reproduzierbarkeit von gedübelten

Systemen, erfolgt der Fassadenaufbau jedoch auf Betonwänden. Sie sind in der Ursprungsfassung des dynamischen Windsogversuchs in der ETAG 004 ([34], [35]) als Unterkonstruktion vorgesehen. Zudem erfolgt die Prüfung der Verklebung infolge der im Vergleich zum Hochlochziegelmauerwerk glatteren Bauteiloberfläche auf der sicheren Seite liegend. Aufgrund der verwendeten Betonwand als Unterkonstruktion erfolgt die Betitelung der Windsogprüfung sowie der Prüfkörper im Rahmen der nachfolgenden Versuche entsprechend mit dem Zusatz „ETAG".

### 4.2.2 Umfang des Versuchsprogramms

Zwecks Erweiterung des Kenntnisstands über das Tragverhalten von WDVS unter Windsogbelastung wird ein umfassendes Versuchsprogramm entwickelt. Das Programm zielt darauf ab, Systemreaktionen bis hin zum Versagensprozess von WDVS mit unterschiedlichen Befestigungslösungen und Materialien zu erfassen. Zudem sollen eventuell vorhandene Sicherheitsreserven und -lücken aufgedeckt werden.

Insgesamt umfasst das Versuchsprogramm Untersuchungen an 20 großformatigen WDVS-Prüfkörpern. Die Prüfreihen zur Ermittlung des Systemverhaltens unter realitätsnaher Sogbeanspruchung am Windsogprüfstand sind in folgende Versuchsgruppen eingeteilt:

- Wärmedämmverbundsysteme mit expandiertem Polystyrol:
  - Voll- und teilflächige (Klebeflächenanteil ≥ 40 %) Verklebung
  - Standardmäßige Dübelung in Dämmplattenfuge/-fläche (ohne Verklebung)
  - Alternative Dübelung ausschließlich in Dämmplattenfläche (ohne Verklebung)
  - Dübelung durch das Gewebe (ohne Verklebung)
  - Teilflächige Verklebung (Klebeflächenanteil ≥ 40 %) und Dübelung
- Wärmedämmverbundsysteme mit Mineralwolle:
  - Teilflächige Verklebung (Klebeflächenanteil ≥ 40 %)
    - Ausführung mit Mineralwolllamellen
    - Ausführung mit Mineralwollplatten

Neben den klassischen Windsogversuchen mit der über den Versionsverlauf der ETAG 004 ([33], [34], [35]) bzw. in der EAD 040083-00-0404 [32] unverändert definierten Belastungszyklusabfolge werden an einigen Prüfkörpern teils gesonderte, ergänzende Unterdruckbelastungen in verkürzter Form aufgebracht. Dies ist in den jeweiligen Abschnitten dokumentiert. Hierdurch soll untersucht werden, ob sich der an kleinformatigen Prüfkörpern ermittelte Einfluss aus zyklischer Belastung auch am großflächig untersuchten Gesamtsystem einstellt.

Um den Einfluss der Alterung auf die Windsogwiderstandsfähigkeit zu untersuchen sowie zwecks Vergleich ihres Tragverhaltens mit nicht gealterten Prüfwänden, werden jeweils eine vollflächig verklebte sowie eine gedübelt befestigte Versuchswand hygrothermisch in der institutseigenen Klimakammer vorbewittert. Die Vorbewitterung erfolgt entsprechend des in der EAD 040083-00-0404 [32] in Abschnitt 2.2.6 vorgegebenen Verfahrens mit Wärme/Regen sowie Frost/Tau-Zyklen. Dieses Verfahren findet auch im Rahmen von Zulassungsuntersuchungen von WDVS Anwendung. Zur Ermittlung der Auswirkungen von Bewitterung und Windsog werden exemplarisch Proben der vollflächig verklebten Prüfwand mikroskopisch auf ihre Rissbildung untersucht. Zudem werden Haftzugversuche in den unterschiedlich beanspruchten Bereichen der Prüfwand durchgeführt.

Nachfolgende Tabelle 4-1 enthält eine Gesamtübersicht des Versuchsprogramms. Die Besonderheiten sowie durchgeführte Zusatzuntersuchungen der einzelnen Wandaufbauten sind mit aufgeführt. In der Tabelle ist die jeweilige Dämmplattenbefestigungsart auszugsweise an einer Einzelplatte des gesamten Wandaufbaus qualitativ dargestellt. Detailliert dokumentiert sind die Versuche in den Abschnitten 4.3 (WDVS mit EPS) und 4.4 (WDVS mit Mineralwolle). Eine modellhafte Einzeldarstellung aller Prüfwände nebst ihres Befestigungsbildes und der Dämmplattenlage ist im Anhang D.1 enthalten.

*Hinweis: Das im Rahmen dieses Kapitels untersuchte Probenmaterial ist typengleich zu dem der Kleinformatuntersuchungen in Kapitel 3, es entstammt selbiger Lieferung.*

**Tabelle 4-1: Übersicht der großformatigen Untersuchungen von WDVS im dynamischen Windsogversuchsstand**

| Prüfwand | Befestigungsart | Windsogprüfung | Dübel pro m² bzw. Soll-Klebefläche in % | Befestigungsbild | Besonderheiten | Zusatzversuche |
|---|---|---|---|---|---|---|
| 1.1_K40_ETAG | Verklebung - 40 % | ETAG 004 | 40 |  | - | - |
| 2.1_K100_ETAG | Verklebung - 100 % | ETAG 004 | 100 |  | | - |
| 2.2_K100_ETAG_bew | | ETAG 004 | | | mit Oberputz | hygr. Vorbewitterung, Haftzug |
| 2.3_K100_alt | | alternativ verkürzt | | | - | - |
| 3.1_D2A_ETAG | Dübelung | ETAG 004 | 2 |  | alternatives Dübelbild | - |
| 4.1_D4_ETAG | Dübelung | ETAG 004 | 4 |  | | - |
| 4.2_D4_ETAG_bew | | ETAG 004 | | | mit Oberputz | hygr. Vorbewitterung |
| 4.3_D4_alt | | alternativ verkürzt | | | - | |
| 4.4_D4A_ETAG | | ETAG 004 | | 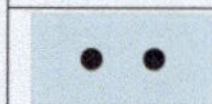 | alternatives Dübelbild | - |
| 5.1_D6_ETAG | Dübelung | ETAG 004 | 6 | 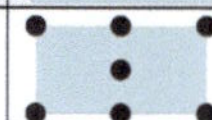 | - | - |
| 5.2_D6A_ETAG | | | | 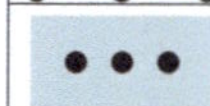 | alternatives Dübelbild | Zusatzbelastung nach ETAG-Prüfung |
| 6.1_D8_ETAG | Dübelung | ETAG 004 | 8 | 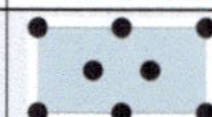 | - | - |
| 6.2_D8A_ETAG | | | |  | alternatives Dübelbild | - |
| 7.1_D4Gew_ETAG | Dübelung | ETAG 004 | 4 | 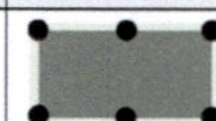 | durch Gewebe gedübelt | Zusatzbelastung nach ETAG-Prüfung |
| 8.1_D4K40_ETAG | Dübelung & Verklebung 40 % | ETAG 004 | 4/40 | 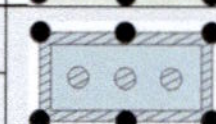 | Kombination aus Klebung und Dübelung | - |
| 8.2_D4K>40_ETAG | Dübelung & Verklebung > 40 % | ETAG 004 | 4/>40 | | | Zusatzbelastung nach ETAG-Prüfung |
| 9.1_MiWo_LA_ETAG | Verklebung - 40 % | ETAG 004 | 40 |  | mit Oberputz | - |
| 9.2_MiWo_PL_ETAG | | | | | | |
| 9.3_MiWo_PL_ETAG | | | | | | |
| 9.4_MiWo_PL_ETAG | | | | | | |

### 4.2.3 Belastungsarten im Windsogversuchsstand

Wie vorhergehend aufgeführt, erfolgen die Prüfwanduntersuchungen mittels des, über den Versionsverlauf der ETAG 004 ([33], [34], [35]) bzw. EAD 040083-00-0404 [32] deckungsgleich definierten zyklischen Belastungsverlaufs des dynamischen Windsogversuchs. Eine Ausnahme stellen die beiden mit zwei bzw. fünf Einzeldruckstößen verkürzt belasteten Prüfwände dar. Die theoretisch geforderte Zyklusabfolge sowie das Einzeldruckstoßprofil lassen sich den Abbildungen 2-14 und 2-15 entnehmen, die praktische Umsetzung im Windsogversuchsstand zeigen die in Abbildung B-23 und Abbildung B-25 visualisierten Unterdruckmessdaten im Anhang B.5.

Maximal ist im Prüfstand eine Belastung im automatisierten, zyklischen Prüfmodus bis Zyklus 42 bzw. einem Unterdruck von -20 kPa möglich. Die zu den jeweiligen Zyklen gehörenden Maximalbelastungen der Druckstöße $W_{100\%}$ ist nachfolgend in Tabelle 4-2 dargestellt.

Im manuellen Steuerungsmodus lassen sich Unterdrücke von maximal ca. -40 kPa erzeugen. Prüfwände lassen sich hier bedarfsweise gezielt abweichend zum standardisierten zyklischen Prüfverfahren belasten. Hilfreich ist der manuelle Modus zudem zur optionalen Nachbelastung von Prüfwänden, welche im regulären, zyklischen Prüfverfahren infolge auftretender Undichtigkeiten nicht bis zum Ablösen des WDVS von der Trägerwand belastet werden können.

**Tabelle 4-2: Zyklen mit zugehörigen Maximalunterdruckstößen $W_{100\%}$ im dynamischen Windsogversuch**

| Zyklus-Nr. | Maximalunterdruck $W_{100\%}$ [kPa] | Zyklus-Nr. | Maximalunterdruck $W_{100\%}$ [kPa] |
|---|---|---|---|
| 1 | -1,0 | 22 | -10,0 |
| 2 | -1,0 | 23 | -10,5 |
| 3 | -1,0 | 24 | -11,0 |
| 4 | -1,0 | 25 | -11,5 |
| 5 | -1,5 | 26 | -12,0 |
| 6 | -2,0 | 27 | -12,5 |
| 7 | -2,5 | 28 | -13,0 |
| 8 | -3,0 | 29 | -13,5 |
| 9 | -3,5 | 30 | -14,0 |
| 10 | -4,0 | 31 | -14,5 |
| 11 | -4,5 | 32 | -15,0 |
| 12 | -5,0 | 33 | -15,5 |
| 13 | -5,5 | 34 | -16,0 |
| 14 | -6,0 | 35 | -16,5 |
| 15 | -6,5 | 36 | -17,0 |
| 16 | -7,0 | 37 | -17,5 |
| 17 | -7,5 | 38 | -18,0 |
| 18 | -8,0 | 39 | -18,5 |
| 19 | -8,5 | 40 | -19,0 |
| 20 | -9,0 | 41 | -19,5 |
| 21 | -9,5 | 42 | -20,0 |

### 4.2.4 Untersuchung des Systemalterungseinflusses durch hygrothermische Vorbewitterung

Maßgebliche Untersuchungen zur Dauerhaftigkeit von WDVS unter Berücksichtigung der Alterung wurden von Oberhaus in [54] durchgeführt. Hier wurden sowohl im Labor künstlich gealterte, kleinformatige Proben als auch innerhalb von Freilandversuchen über mehrere Jahre bewitterte WDVS vorwiegend auf ihre Zugfestigkeit zwecks Analyse des Windsogverhaltens untersucht. Innerhalb der von Oberhaus durchgeführten Versuchsreihen konnte speziell für die im Labor gealterten Mineralwollprodukte ein teils deutliches Herabsetzen der Haftzugfestigkeiten festgestellt werden. Ein zuverlässiger Nachweis des EPS-Verhaltens konnten aufgrund eines zu geringen Prüfumfangs sowie starker Streuungen innerhalb der Serien nicht erbracht werden, tendenziell zeigte sich jedoch eine geringere Anfälligkeit infolge Bewitterung beim EPS. Ebenso sind die dokumentierten Untersuchungen der Freilandversuche aufgrund teils starker Streuung der Ergebnisse sowie fehlenden Referenzwerten vor der Bewitterung nur eingeschränkt verwendbar.

Sowohl in der Musterverwaltungsvorschrift Technischer Baubestimmungen des DiBt [13] als auch in der neu aufzulegenden Entwurfsfassung der DIN EN 17237 [25] werden lediglich anhand unbewitterter Prüfkörper ermittelte Werte für die Zugfestigkeit senkrecht zur Plattenebene nach DIN EN 1607 [23] gefordert. Die Prüfung der Verbundfestigkeit zwischen Dämmstoff und Untergrund an bewitterten Proben wird jedoch in der ETAG 004 in Abschnitt 5.1.3.2.1 sowie 5.1.4.1.1 gefordert, wobei die Prüfung an kleinformatigen Prüfkörpern erfolgt.

Zur Klärung des Alterungseinflusses auf die Windsogwiderstandsfähigkeit werden daher im Rahmen dieses Versuchsprogramms großformatige Windsogversuche in Kombination mit hygrothermischer Vorbewitterung durchgeführt. Verwendet werden hierfür exemplarisch WDVS-Prüfwände mit EPS, bestehend aus jeweils zwei mittels vollflächiger Verklebung bzw. lediglich mit Dübelung ausgeführten Systemen. Für die Untersuchung wird je eine der beiden baugleichen Prüfwände vor der Durchführung der dynamischen Windsogprüfung entsprechend der Vorgaben aus Abschnitt 2.2.6 der EAD 040083-00-0404 [32] hygrothermisch vorbewittert. Das Versuchsprogramm sowie die Durchführung der hygrothermischen Vorbewitterung ist nachfolgend dokumentiert.

Die Auswertung erfolgt durch den Vergleich der Windsogversuche untereinander, ergänzend werden an der verklebten, vorbewitterten und mit Windsog belasteten Prüfwand zusätzlich Haftzugfestigkeiten ermittelt sowie Putzproben mikroskopisch auf die Rissbildung untersucht.

**Versuchsprogramm der hygrothermischen Vorbewitterung**

Die Durchführung der Bewitterung erfolgt in der institutseigenen Klimakammer des Instituts für Bauphysik. Die Beanspruchung der Prüfwände erfolgt nach den in Abschnitt 2.2.6 der EAD 040083-00-0404 [32] definierten Vorgaben zur Untersuchung des hygrothermischen Verhaltens (vgl. Tabelle 4-3). Die Prüfwände werden über eine Dauer von insgesamt 4 Wochen mittels 80 Wärme/Regen-Zyklen sowie 5 Wärme/Kälte-Zyklen beansprucht. Die Prüfwände weisen infolge der im Nachgang durchzuführenden Windsogbeanspruchung abweichend zu den Vorgaben aus [32] keine Fenster auf.

Der Versuchsstand zur hygrothermischen Bewitterung ist in Abbildung 4-2 dargestellt, den gesamten bzw. in Auszügen dargestellten Versuchsverlauf dokumentieren nachfolgende Diagramme in den Abbildungen 4-3 und 4-4.

**Tabelle 4-3: Definition der hygrothermischen Beanspruchung zu Zwecken der Prüfkörpervorbewitterung, nach EAD 040083-00-0404 [32]**

| Wärme-Regen-Zyklen (80 Wdh.) | | Frost-Tau-Zyklen (5 Wdh.) | |
|---|---|---|---|
| Beanspruchung | Dauer [h] | Beanspruchung | Dauer [h] |
| Aufheizen auf 70 °C | 1 | Aufheizen auf 50 °C | 1 |
| 70 °C, rel. Feuchte 10-30% | 2 | 50 °C, rel. Feuchte max. 30 % | 7 |
| 15 °C, Beregnung mit 1 l / (m² min) | 1 | Abkühlen auf -20 °C | 2 |
| 20 °C | 2 | -20 °C | 14 |
| *Dauer je Zyklus insg.* | *6* | *Dauer je Zyklus insg.* | *24* |

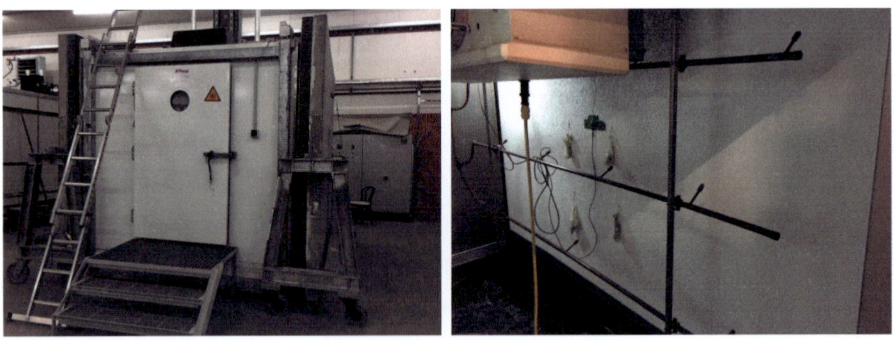

**Abbildung 4-2: Versuchsstand zur hygrothermischen Bewitterung, Außenansicht (links), Innenansicht mit Beregnungsvorrichtung und Prüfwandoberfläche (rechts)**

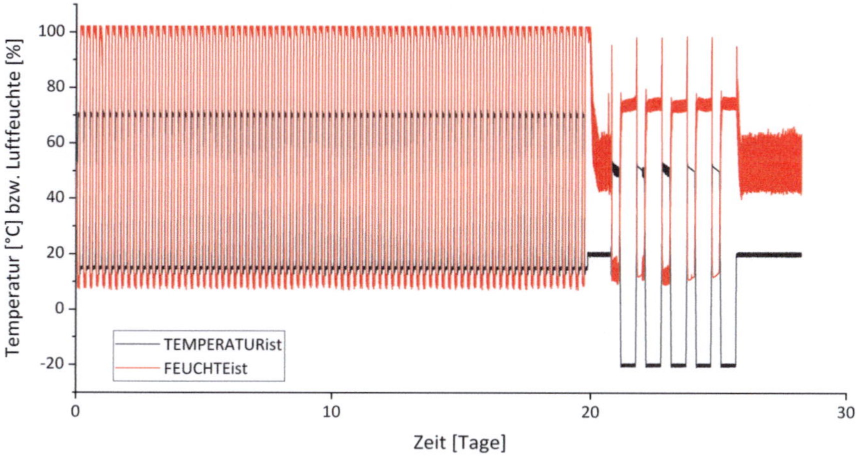


**Abbildung 4-3: Gesamtdarstellung des zeitabhängigen Temperatur- und Feuchteverlaufs der hygrothermischen Bewitterung**

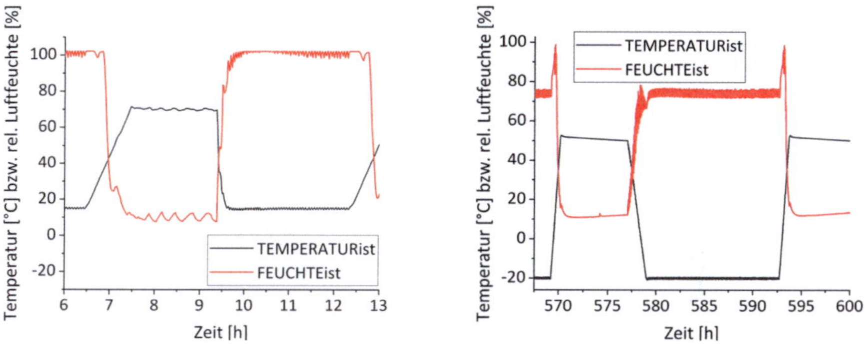


**Abbildung 4-4: Auszugsweise Darstellung der zeitabhängigen Temperatur- und Feuchteverläufe für Einzelzyklen: Wärme-Regen-Zyklus (links), Frost-Tau-Zyklus (rechts)**

### 4.2.5 Genereller Versuchsablauf, Anordnung der Messtechnik und Anmerkungen zur Versuchsauswertung

Der Aufbau der zu prüfenden WDVS erfolgt auf den in Abschnitt B.2.3 beschriebenen Unterkonstruktionswänden aus Beton. Die Dämmplatten werden über alle Versuche zwecks Vergleichbarkeit einheitlich angeordnet, sodass sich insgesamt fünf EPS- bzw. sechs Mineralwolldämmplatten im Bereich der Sogkammer zwischen der Randandichtung befinden (vgl. Abbildung 4-5, hier exemplarisch dargestellt für WDVS mit EPS). Ziel hierbei ist eine möglichst freie Systemverformung im Bereich dieser Dämmplatten zu ermöglichen.

Die Prüfungsdurchführung der hier untersuchten Aufbauten erfolgt einheitlich nach demselben Prinzip. Das auf der Betonträgerwand aufgebaute WDVS wird nach einer Standzeit von mindestens 28 Tagen vor den Windsogversuchsstand gefahren sowie mittels vier rückseitiger Klauen und der Randandichtung luftdicht ans Windsogfenster angeschlossen. Anschließend werden zwecks Vermeidung der Abstützung des WDVS am Prüfstand acht, sich unmittelbar außerhalb des Sogfensters befindliche Distanzhalter durch Kernbohrungen im WDVS hindurch gegen die Betonwandoberfläche gespannt. Sie sind umlaufend der Randandichtung angeordnet und dienen der Schaffung einer möglichst naturidentischen freien Lagerung. Im Detail beschrieben ist die im Rahmen dieser Arbeit durchgeführte Optimierung der Randabstützung sowie der Prozess der Randandichtung im Anhang B.3.

Die Messtechnik, bestehend aus Druckmessdosen, Laser-Distanzmesssensoren sowie optional bei gedübelt ausgeführten WDVS die im System integrierten, DMS-basierten Messdübel zur Erfassung der im Dübelschaft wirkenden Lastabtragkräfte wird installiert und positioniert. Die Sensorik zur Verformungsmessung wird für das gesamte Versuchsprogramm dahingehend einheitlich angeordnet, dass Horizontalbewegungen des WDVS im Bereich jeder der innerhalb des Versuchsfensters befindlichen Einzelplatten erfasst werden. Art und Lokalität des Versagens sind nicht exakt vorhersehbar. Folglich wird mittels der Vielzahl an Messpunkten die Wahrscheinlichkeit erhöht, den Versagensbereich bzw. die Maximalverformung der Versuchswand aufzuzeichnen. Das Versuchsfenster inklusive der Lage und Bezeichnung der Sensorik ist exemplarisch für die Aufbauten mit EPS in Abbildung 4-5 dargestellt. Zwecks Ermittlung der reinen WDVS-Verformung werden versuchstechnisch bedingte Bewegungen der Betonwand anhand zusätzlich rückseitig angeordneter, in Abbildung 4-6 dargestellter Messsensoren herausgerechnet. Exemplarisch erfolgt dies aufgrund begrenzt zur Verfügung stehender Sensorik am Messpunkt mit erwarteter Maximalverformung „Weg 2/10“ sowie am Messpunkt „Weg 1/9“ am linken Versuchskörperrand.

Entsprechend der definierten Belastungsart der Windsogprüfung (vgl. Tabelle 4-1) wird der Versuch gestartet und bis zum Versagen bzw. dem Erreichen des Anlagenmaximalunterdrucks fortgesetzt (-20 kPa bei zyklischen Verfahren, bis zu -40 kPa im manuellen Betrieb).

Die Prüfungsdauer zyklischer Versuche beträgt abhängig vom Versagenszeitpunkt einige Tage, bei Nichtversagen ist die vollständige Zyklusreihe mit einer Maximalbelastung von -20 kPa nach 7 Tagen durchlaufen. Einen Bruch der Probe erkennt die Anlage durch Detektion von Prüfkörperundichtigkeiten. Als Kenngröße hierfür dient die einzustellende, maximal tolerierbare Änderungsrate des für Einzeldruckstöße benötigten Luftvolumenstroms (vgl. Abschnitt B.6).

Bezüglich der Versuchsauswertung ist anzumerken, dass bei körnig strukturierten Fassadenoberflächen während des Prüfverlaufs bedingt durch minimale seitliche Prüfwandbewegungen geringfügige Änderungen des Laser-Messpunktes auf der Fassadenoberfläche auftreten können. Daraus resultierende, minimale Verformungsmesswertschwankungen im Bereich des Putzgrößtkorns sind nicht mit Deformationen plastischer Natur gleichzusetzen. Dies wird bei der Analyse entsprechend berücksichtigt, indem Verformungen stets in Zusammenhang mit dem gesamten Prüfverlauf betrachtet werden.

Aufgrund der maximal ca. 6 Millionen Einzelmesswerte je Sensor und Prüfwand erfolgt die Darstellung der Gesamtversuchsverläufe aus Übersichtsgründen exemplarisch mittels der Messdaten des Sensors mit maximalen WDVS-Verformungswerten. Die Darstellung der Sogbelastung erfolgt ebenso lediglich anhand der Messwerte eines Einzeldrucksensors. Dies ist möglich, da im Vorfeld an die Untersuchungen die homogene Lastverteilung im Windsogfenster nachgewiesen wurde. Der Nachweis erfolgte anhand der Messdaten aller vier Drucksensoren, er ist im Anhang B.5.3 dokumentiert.

Die in den Messdübeln verbaute DMS-Technik reagiert trotz Installation der Dübel im WDVS sensibel auf die schwankende Umgebungstemperatur. Untersuchungen zu diesem, erst im Nachgang an die Versuche bei der Auswertung festgestellten Phänomen sind im Anhang B.4.3 dokumentiert. Die Auswertung sowie die visuelle Darstellung der Messdübeldaten erfolgt unter Herausrechnung des Temperaturgangs. Aufgrund der nur manuell möglichen Datenanpassung erfolgt dies gezielt für relevante Versuchsabschnitte.

Der detaillierte Einbau der Prüfwand in den Versuchsstand sowie der anlagentechnische Ablauf einer Windsogprüfung ist in Abschnitt B.2.4 beschrieben.

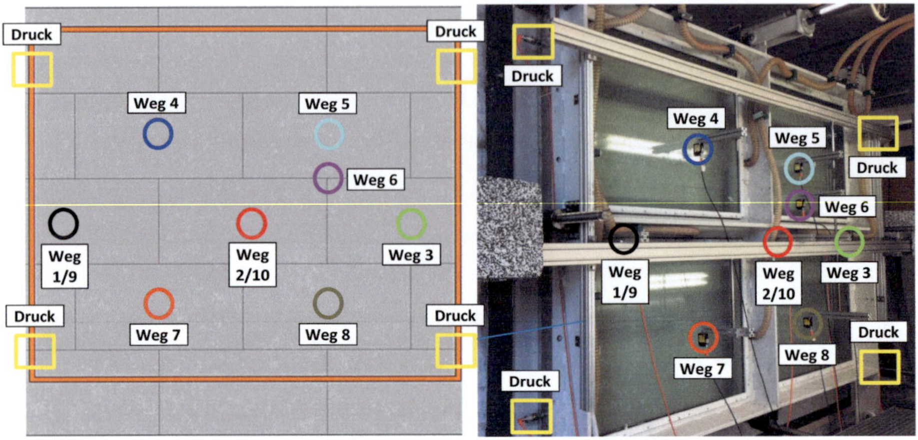


**Abbildung 4-5: Versuchsfenster des Windsogprüfstands inklusive eingezeichneter Lage der Weg- und Druckmesssensoren. Modellhafte Darstellung mit Raster der ungefähren Dämmplattenlage (links), fotografische Darstellung (rechts), Farbwahl ist identisch zu den Versuchsverlaufsdarstellungen.**

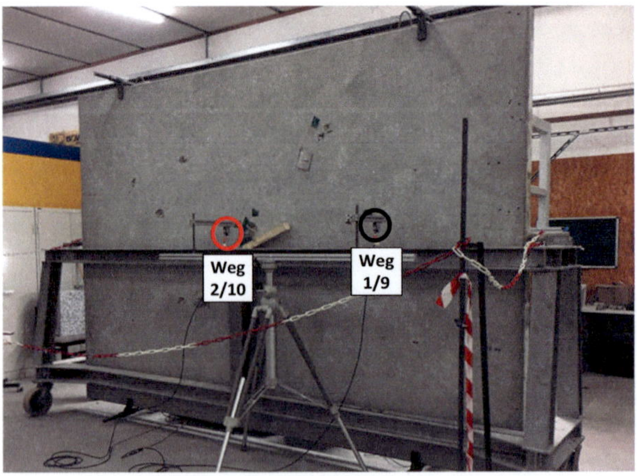


**Abbildung 4-6: Rückseitige Ansicht der Prüfwand mit eingezeichneter Lage der rückseitig angeordneten Wegmesssensoren zwecks Ermittlung der reinen WDVS-Verformung an den Messstellen „Weg 2/10" und „Weg 1/9"**

## 4.3 Untersuchungen an WDVS mit EPS

Der Aufbau der WDVS mit EPS besteht einheitlich aus folgenden Komponenten:

- graues EPS der Rohdichteklasse 15, Nenndicke: 10 cm, Plattenformat: 100 cm x 50 cm
- mineralischer Klebemörtel
- mineralisches, gewebearmiertes (Maschenweite des Gewebes: 5 mm x 5 mm) Putzsystem, optional mit mineralischem Oberputz

### 4.3.1 Rein verklebte WDVS

#### 4.3.1.1 Grundlage, Umfang und Zielsetzung der Versuche

Insgesamt werden vier mittels teil- sowie vollflächiger Verklebung ausgeführte Prüfkörper untersucht, der Versuchsumfang ist in Tabelle 4-4 aufgeführt.

Gemäß der aktuellen Regelungen aus [13] und [32] müssen verklebte WDVS mit EPS Horizontallasten von 30 kPa abtragen können. Aus dieser Anforderung ergibt sich, kombiniert mit der geforderten Materialzugfestigkeit der Einzelkomponenten von 80 kPa, ein bei teilflächiger Ausführung geforderter Mindestklebeflächenanteil von 40 %. Diesem Vorgehen liegt die in der Theorie vereinfachte Annahme des proportionalen Systemverhaltens von voll- zu teilflächiger Befestigung zugrunde (vgl. Gl. ( 2.1 ), Abschnitt 2.1.6). Praktisch entstehen jedoch in den Dämmplatten Feldbereiche, über welche die Lasten zu den Klebeflächen abgetragen werden, an denen die Einleitung in den Untergrund erfolgt. Infolge der hieraus resultierenden inhomogenen, systeminternen Windlastverteilung ergibt sich eine im Vergleich zur vollflächigen Verklebung lokal überproportional starke Beanspruchung der Einzelplatten. Hieraus leitet sich der Verdacht ab, dass die oben beschriebene vereinfachte Lastverteilung das Systemverhalten nicht treffend definiert und tatsächliche Sogwiderstände teilflächig ausgeführter Systeme geringer ausfallen. Mittels der nachfolgenden Versuche gilt es, diesen bisher unerforschten Einfluss auf die Windsogwiderstandsfähigkeit von teil- im Vergleich zu vollflächig verklebten Systemen zu untersuchen.

Weiteres Ziel der nachfolgend dokumentierten Versuchsreihe ist die Ermittlung der charakteristischen Windsogwiderstandsfähigkeiten sowie des Systemverhaltens unter Sogbeanspruchung am großformatigen Gesamtsystem. Zudem soll der Systemalterungseinfluss auf das Windsogverhalten anhand einer vorherig hygrothermisch vorbewitterten sowie der Einfluss zyklischer Belastung durch den Vergleich mit einer verkürzt belasteten Prüfwand untersucht werden.

**Tabelle 4-4: Versuchsumfang der verklebten WDVS-Prüfwände**

| Prüfwand | Befestigungsart | Art der Windsogprüfung | Zusatzversuche |
|---|---|---|---|
| 1.1_K40_ETAG | Verklebung 40 % | ETAG 004 | - |
| 2.1_K100_ETAG | Verklebung 100 % | ETAG 004 | - |
| 2.2_K100_ETAG_bew | | ETAG 004 | hygr. Vorbewitterung |
| 2.3_K100_alt | | alternativ, verkürzt | - |

### 4.3.1.2 Herstellung der Prüfwände und Darstellung der Versuchsverläufe

Der Auftrag von Klebemörtel und Putzsystem erfolgt manuell. Der Flächenanteil von 40 % bei Prüfwand *1.1_K40_ETAG* wird mittels „Punkt-Wulst-Methode" und verwendeter Schablone erzielt, der Auftrag bei vollflächiger Verklebung erfolgt mittels Zahnkelle.

Als Luftdichtheitsschicht dient die Armierschicht des Putzsystems, auf die Prüfwand *2.2_K100_ETAG_bew* wird zusätzlich ein mineralsicher Oberputz zwecks zu erfolgender hygrothermischer Vorbewitterung aufgetragen.

Der Aufbau der Prüfwände ist auszugsweise in den Abbildungen 4-7 bis 4-9 dargestellt.

**Abbildung 4-7: Verklebung: 40 % Flächenanteil im Punkt-Wulst-Verfahren (links), vollflächige Verklebung (rechts)**

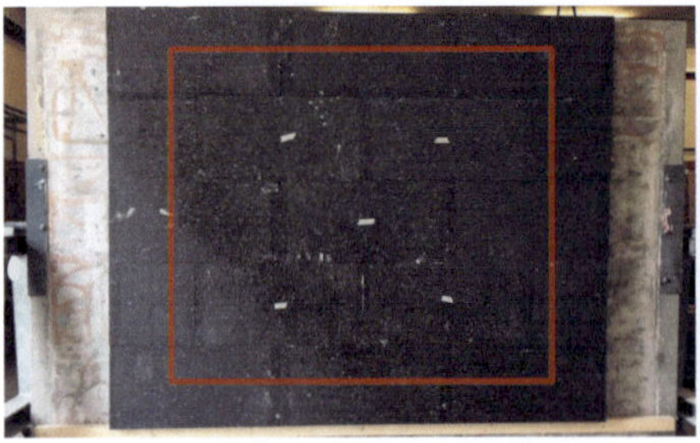

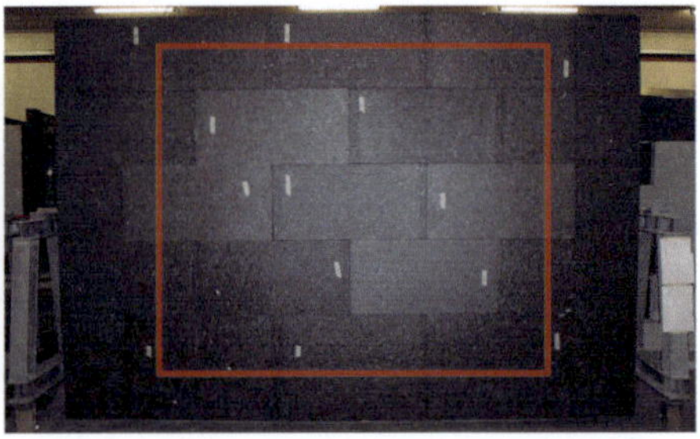

**Abbildung 4-8: Unverputzte Prüfwände 1.1_K40_ETAG (links) und 2.2_K100_ETAG_bew (rechts), mit eingezeichneter ungefährer Lage der Randandichtung als Markierung des Prüfbereichs im Windsogversuch**

**Abbildung 4-9: Prüfwand 1.1_K40_ETAG mit Armierschicht (links) und 2.2_K100_ETAG_bew zusätzlich mit Oberputz (rechts)**

Die mittels der in Abbildung 4-5 dargestellten Sensorik aufgezeichneten Messdaten der rein verklebt ausgeführten Prüfwände sind in nachfolgenden Abbildungen 4-10 bis 4-15 dokumentiert. Die Darstellung erfolgt zeit- bzw. zyklusabhängig. Es wird angemerkt, dass den Gesamtversuchsverläufen der zyklisch geprüften Wände einzelne Belastungsspitzen aufgrund der Darstellung von maximal ca. 6 Millionen Messwerten pro Sensor nicht eindeutig den Diagrammen entnehmbar sind. Im Einzelnen werden für jeden Versuch dargestellt:

- Gesamtversuchsverlauf mit Druck- sowie Wegmessdaten des Distanzsensors mit maximalen WDVS-Verformungswerten (WDVS-Reinverformung: abzgl. Betonwandverformung)
- Detaildarstellung des Versagenszeitpunkts im Versagensfall bzw. alternativ bei Nichtversagen der Maximalbelastung mit Druck- und Wegmessdaten

Für die teilflächig verklebte Prüfwand *1.1_K40_ETAG* ist der Distanzsensor „Weg 4" im Gesamtverlauf dargestellt, da hier die maximalen Verformungswerte vorliegen. Für die anderen Prüfwände ist die mittige, WDVS-Reinverformung „Weg 2/10" mit herausgerechneter, rückseitig gemessener Betonwandverformung dargestellt (vgl. Abbildungen 4-5 und 4-6).

Die Detaildarstellungen umfassen neben dem Druckverlauf sämtliche Wegmessdaten der vorderseitig angeordneten Distanzsensoren; „Weg 1/9" sowie „Weg 2/10" dokumentieren die reine WDVS-Verformung. Sie lässt sich aufgrund der begrenzten Sensoranzahl und folglich hier nicht vorliegenden betonwandrückseitigen Daten für die übrigen Messpunkte nicht errechnen. Die Reinverformung liegt bei einem intakten Prüfling ca. 50 % unterhalb der restlichen Wegmessdaten. Im Versagensfall (vgl. Abbildung 4-14, links) ist der Verformungseinfluss der Trägerwand aufgrund der hohen WDVS-Verformungen hingegen marginal, sodass lediglich die Darstellung der vorderseitig ermittelten Verformung zur Beschreibung des Systemverhaltens zielführend ist.

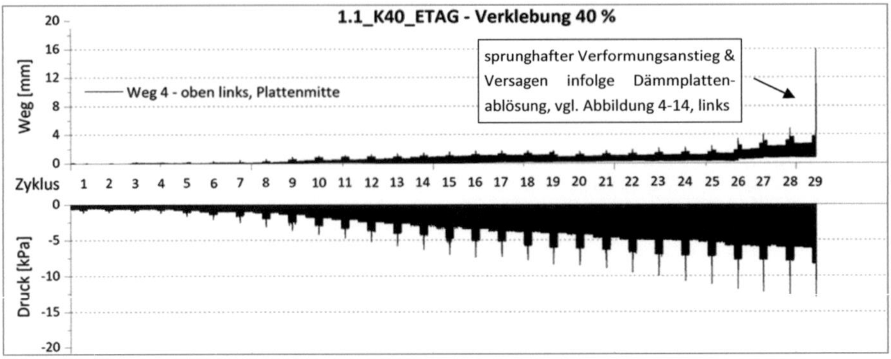


**Abbildung 4-10: Gesamtversuchsverlauf der Windsogprüfung nach ETAG 004 an Wand 1.1_K40_ETAG**

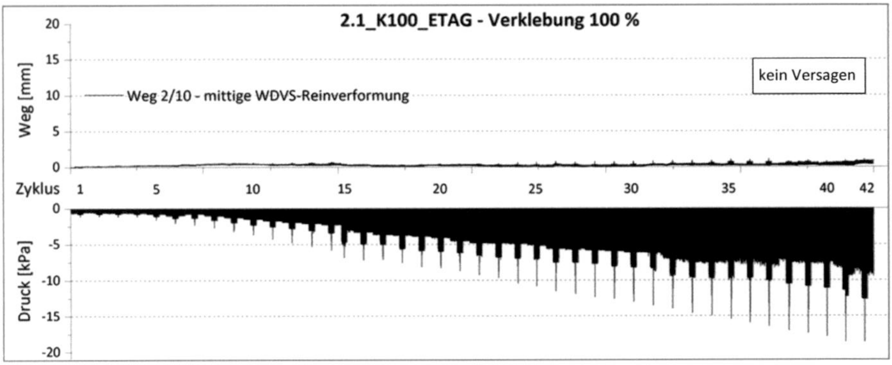


**Abbildung 4-11: Gesamtversuchsverlauf der Windsogprüfung nach ETAG 004 an Wand 2.1_K100_ETAG**

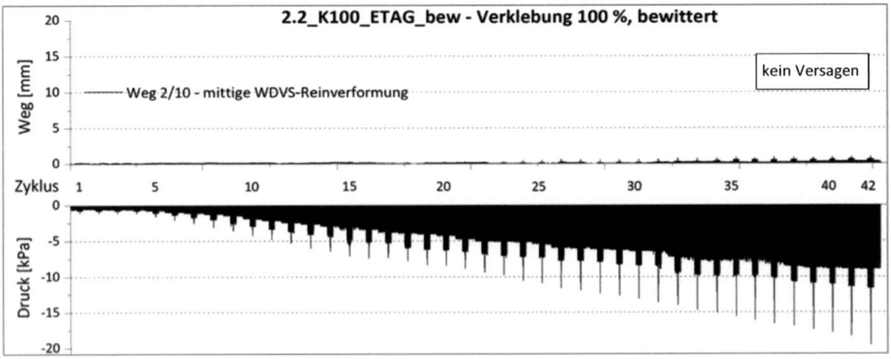


**Abbildung 4-12: Gesamtversuchsverlauf der Windsogprüfung nach ETAG 004 an Wand 2.2_K100_ETAG_bew**

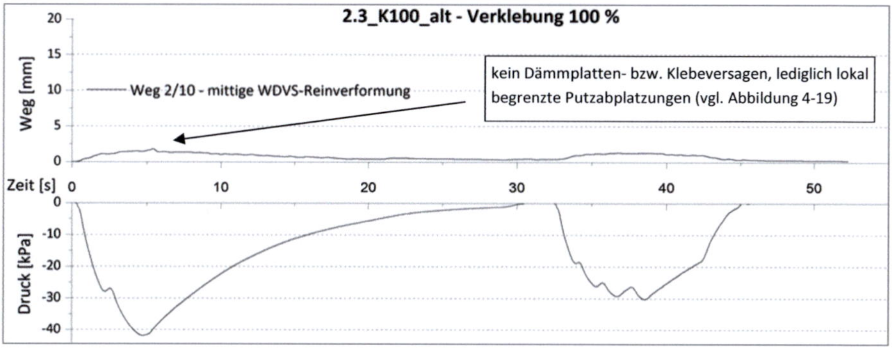


**Abbildung 4-13: Gesamtversuchsverlauf, bestehend aus zwei Einzeldruckstößen bis -42 kPa an Wand 2.3_K100_alt**

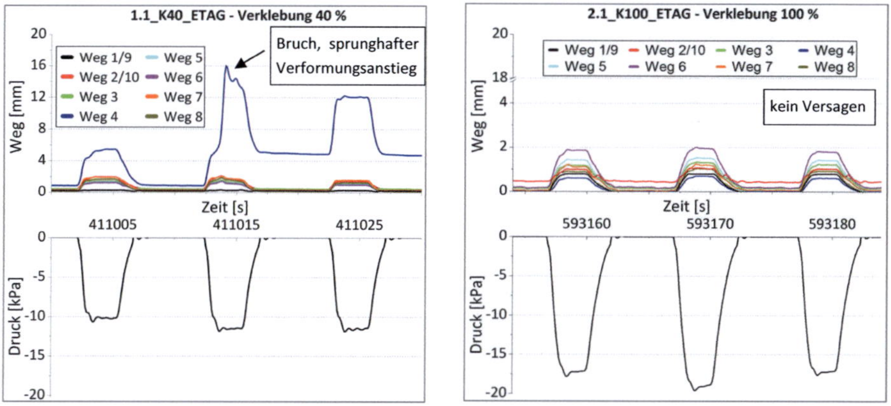


**Abbildung 4-14: Versagen von 1.1_K40_ETAG (links) und 3 Maximalbelast. an Wand 2.1_K100_ETAG (rechts)**

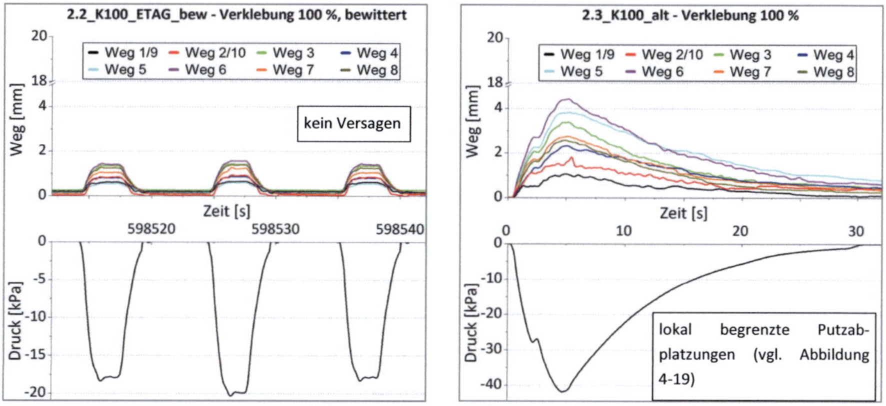


**Abbildung 4-15: 3 Maximalbelastungen der Wände 2.2_K100_ETAG_bew und 2.3_K100_alt**

#### 4.3.1.3 Versuchsbeobachtungen und Ergebnisse

Eine Übersicht über die maximal erzielten Unterdrücke bzw. der Versagenslasten mit zugehöriger Versagensart enthält Tabelle 4-5.

**Tabelle 4-5: Übersicht der Prüfergebnisse der verklebten WDVS-Prüfwände**

| Prüfwand | Klebe-flächen-anteil | Prüfungsart | Versagensart | max. Verformung nach Versuchs-ende | Maximal-belastung |
|---|---|---|---|---|---|
| | | | | [mm] | [kPa] |
| 1.1_K40_ETAG | 40 % *(30 %)** | ETAG 004 | Ablösung der oberen linken Dämmplatte | 6 | -13 kPa |
| 2.1_K100_ETAG | 100 % | ETAG 004 | kein Versagen | - | -20 kPa |
| 2.2_K100_ETAG_bew | | ETAG 004 | kein Versagen | - | -20 kPa |
| 2.3_K100_alt | | alternativ, verkürzt | lokal begrenzte Ablösung des Putzsystems | - | -42 kPa |
| * nachträglich ermittelter, wirksamer Klebeflächenanteil der versagenden Dämmplatte (vgl. Abbildung 4-18) | | | | | |

Die Druck- und Verformungsverläufe der nach der „Punkt-Wulst-Methode" verklebten Wand *1.1_K40_ETAG* sind in Abbildung 4-10 und Abbildung 4-14 dargestellt. Im Prüfverlauf sind bis Zyklus 25 bzw. einem Unterdruck von maximal -11,5 kPa keine nennenswerten bleibenden Prüfwandverformungen festzustellen. Ab Zyklus 26 zeigen sich leichte plastische, mit dem bloßen Auge nicht wahrzunehmende Deformationen des WDVS von etwa 0,6 mm, visuell anhand der Differenz des Verformungsverlaufs zur Horizontalachse erkennbar. Mit jedem weiteren Zyklus ist den Messdaten eine leichte Deformationszunahme um etwa 0,1 mm zu entnehmen, bis das WDVS in Zyklus 29 versagt. Das Versagen trat beim ersten Druckstoß der Laststufe 90 % schlagartig im Bereich der oben links angeordneten Dämmplatte auf (vgl. Abbildung 4-16, links). Es äußert sich durch das Herausziehen einer gesamten Dämmplatte um 16 mm bei Belastung, von denen 6 mm plastische Deformation nach Entlastung verbleiben (vgl. Messwertdokumentation in Abbildung 4-14, links und Abbildung 4-16, rechts). Die Maximalbelastung erfuhr die Prüfwand mit -13 kPa in Zyklus 28, sie liegt damit deutlich unterhalb der theoretisch geforderten Abtragfähigkeit von -30 kPa. Nach Gleichung Gl. ( 2.1 ) aus Abschnitt 2.1.6 hätte sich in Kombination mit der ermittelten Haftzugfestigkeit von EPS von 115 kPa (vgl. Tabelle 3-2) eine Widerstandsfähigkeit von - 46 kPa ergeben müssen. Demgegenüber ist eine Abminderung der tatsächlich erzielten Bruchlast von ca. 70 % festzustellen.

Das sich beim Rückbau erschließende, in den Abbildungen 4-16 und 4-17 dargestellte Bruchbild besteht aus größtenteils kohäsiv versagtem Dämmstoff im Bereich der rückseitigen Klebeverbindung mit teilweise tief im Dämmstoff verlaufenden Rissprofil. Bereichsweise sind auch Adhäsionsbrüche zwischen Verklebung und Dämmstoff bzw. Verklebung und Trägerschicht festzustellen. Ausgelöst durch die Systemverformungen traten daneben lokal Brüche im Putzsystem auf.

Trotz Ausführung der Verklebung mittels Schablone zeigte sich beim Wandrückbau, dass der kraftschlüssig mit der Betonträgerwand verbundene, nachträglich manuell ermittelte Klebeflächenanteil der abgelösten Dämmplatte bei lediglich 30 % liegt (vgl. Abbildung 4-18). Erkennbar ist dies an der Oberflächenstruktur des noch an der Dämmplatte haftenden Klebemörtels.

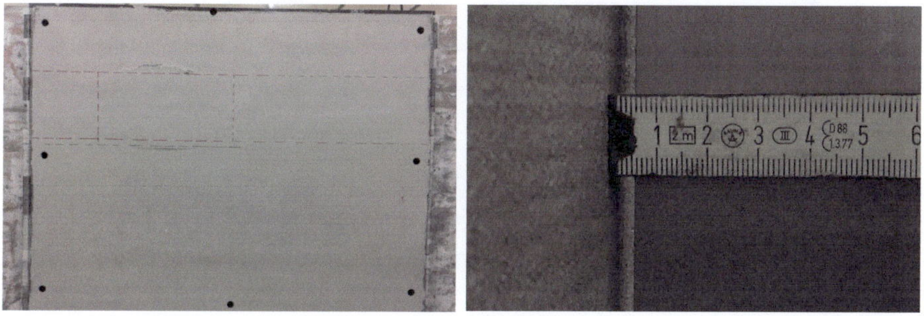

**Abbildung 4-16: Wand 1.1_K40_ETAG: Versagen der Platte oben links im Prüffenster nach Erreichen von -13 kPa (links), plast. Deformation von 6 mm nach Prüfende, gemessen an Prüfwandoberfläche (rechts)**

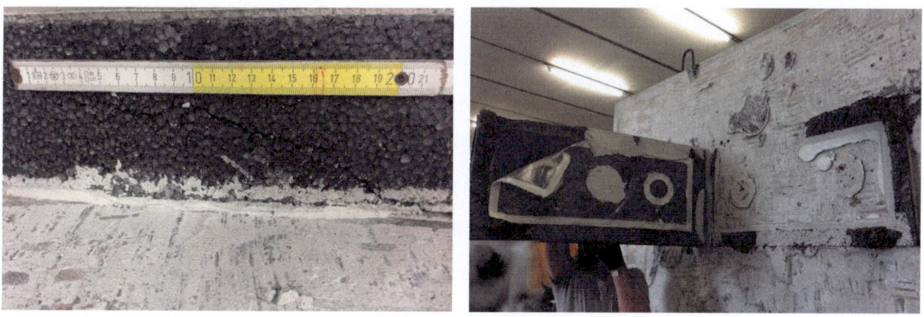

**Abbildung 4-17: Wand 1.1_K40_ETAG: Rissverlauf nach Versagen im Dämmstoff (links), Bruchbild der defekten Dämmplatte nach Rückbau (rechts)**

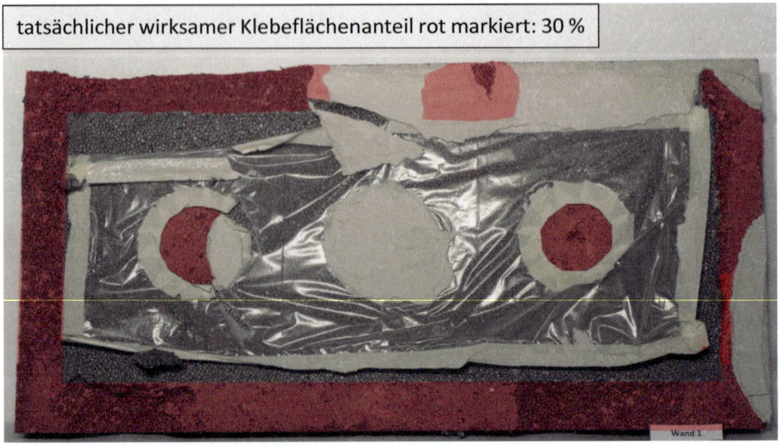


**Abbildung 4-18: Rückseitige Ansicht der teilflächig verklebten Dämmplatte von Prüfwand 1.1_K40_ETAG nach dem Versagen mit nachträglich rot gekennzeichnetem wirksamen Klebeflächenanteil von 30 %**

Bei den vollflächig verklebten, nach ETAG 004 geprüften Wandaufbauten *2.1_K100_ETAG* und *2.2_K100_ETAG_bew* war während der Prüfungen und nach Durchlauf aller Zyklen bis zur Maximalbelastung von -20 kPa kein Systemversagen festzustellen. Den Gesamtverläufen aus den Abbildungen 4-11 und 4-12 ist zu entnehmen, dass die sich bei den Unterdruckbelastungen einstellenden Verformungen selbst beim Maximum von -20 kPa weniger als 2 mm betragen. Sie sind bei Entlastung nahezu vollständig reversibel und gehen auf ihr Ausgangsniveau zurück. Dies belegen die detailliert dargestellten maximalen Einzeldruckstöße in Abbildung 4-14 (rechts) und Abbildung 4-15 (links). Plastische Deformationen sowie Beschädigungen waren am WDVS bei der stichprobenartigen, visuellen Kontrolle während des Versuchs sowie der rückbaubegleitenden, augenscheinlichen Begutachtung des Systems nach Versuchsende nicht erkennbar. Auch am Putzsystem sind mit dem bloßen Auge keine Schädigungen ersichtlich, sodass sich im Hinblick auf die Windsogwiderstandsfähigkeit beide vollflächig geprüften Aufbauten bis zur Maximalprüflast von -20 kPa als vollständig tragfähig erweisen. Zur vertieften Analyse der Windsogauswirkungen auf das Putzsystem wurden ergänzend am hygrothermisch vorbewitterten System mikroskopische Untersuchungen durchgeführt, sie sind unter 3.) auf Seite 90 dokumentiert.

Für die Prüfung *2.3_K100_alt* wurde die vorbelastete, nach Versuchsende schadensfreie Prüfwand *2.1_K100_ETAG* verwendet. Die Belastung erfolgte schlagartig mit dem Anlagenmaximalunterdruck. Der Druck- und Verformungsverlauf ist in Abbildung 4-13 sowie Abbildung 4-15 (rechts) dokumentiert. Hier lassen sich bei Betrachtung des ersten Druckstoßes über -42 kPa ebenfalls keine plastischen Deformationen des WDVS erkennen. Dennoch stellt sich ein Prüfwandversagen infolge einer lokal begrenzt auftretenden Putzablösung ein. Das Versagen trat bei -42 kPa teilflächig über einen Bereich von ca. 0,2 m² auf (vgl. umkreister Bereich in Abbildung 4-19). Der Putz löste sich kohäsiv innerhalb des Putzsystems von dem idealerweise im oberen Drittel eingebetteten Armiergewebe. Anzumerken ist, dass die Gewebeeinbettung hier zu tief erfolgte, erkenntlich an der putzoberflächig sich nicht abzeichnenden Gewebestruktur. Ein rückseitiger Abriss der Verklebung oder ein Bruch innerhalb der Dämmstoffebene erfolgten nicht.

Bei dem darauffolgenden zweiten Unterdruckstoß konnte aufgrund der bereits vorhandenen Leckage nur ein geringerer Unterdruck von ca. -30 kPa aufgebracht werden. Eine weitere Schädigung des Systems trat dabei nicht auf, sodass hier nach wie vor von einem im Lastfall Windsog absturzgesicherten System auszugehen ist.

Eine Vergleichsbetrachtung dieser, mittels verkürzter Belastung untersuchten Prüfwand mit den zyklisch belasteten Prüfwänden kann nicht durchgeführt werden, da sich bei den Prüfwänden *2.1_K100_ETAG* und *2.2_K100_ETAG_bew* kein Versagen einstellte. Demnach lässt sich allein anhand der Windsogversuche hier der Einfluss aus zyklischer Belastung nicht ermitteln.

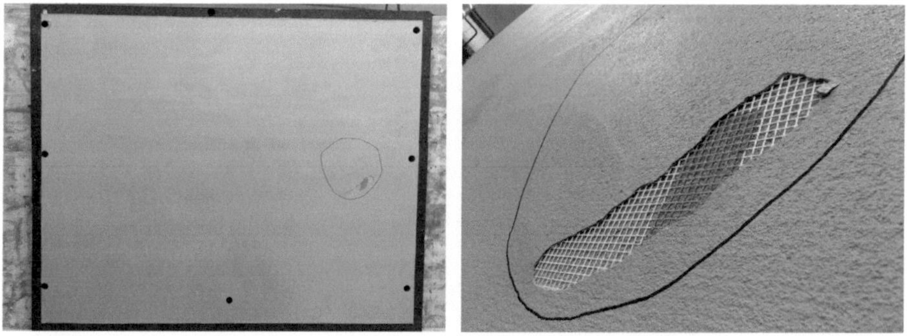

**Abbildung 4-19: Wand 2.3_K100_alt: Putzversagen bei Belastung von -42 kPa an vollflächig verklebter Prüfwand**

## Einfluss der Bewitterung

Die zu Zwecken der Vorbelastung, vor dem dynamischen Windsogversuch durchgeführte hygrothermische Bewitterung, ist in Kapitel 4.2.4 dokumentiert. Bei der vergleichenden Betrachtung der Versuchsverläufe zwischen Prüfwand *2.1_K100_ETAG* und *2.2_K100_ETAG_bew* sind im Hinblick auf das reine Windsogwiderstandsverhalten keine Unterschiede feststellbar. Beide Versuchswände halten der Belastung im Unterdruckprüfstand bis zur Maximallast von einschließlich

-20 kPa ohne Beschädigung verformungsfrei stand, sodass sich bei Prüfung unter diesen Kriterien kein Einfluss der Bewitterung auf das Widerstandsverhalten feststellen lässt.

Ergänzend bilden daher folgende Untersuchungen eine weitere Grundlage zur Beurteilung des Einflusses aus hygrothermischer Vorbewitterung:

- an beiden Prüfwänden:

  1.) Vergleich der zur Unterdruckaufbringung erforderlichen Anlagenventilarbeit

- ausschließlich an der Prüfwand *2.2_K100_ETAG_bew* an verschieden belasteten Bereichen:

  2.) Durchführung von Haftzugfestigkeitsprüfungen nach DIN EN 13494 [21]

  3.) Mikroskopische Untersuchung des Putzsystems

Für die Prüfwand *2.2_K100_ETAG_bew* ergeben sich bedingt durch verschiedene Prüffenstergrößen in der Klimakammer bzw. dem Windsogversuchsstand drei in Abbildung 4-20 dargestellte Bereiche mit unterschiedlichem Belastungsumfang. Sie werden getrennt voneinander beprobt:

- Bereich B1 ($U$): unbewittert
- Bereich B2 ($B$): hygrothermisch vorbewittert
- Bereich B3 ($BW$): hygrothermisch vorbewittert und mit Windsog belastet

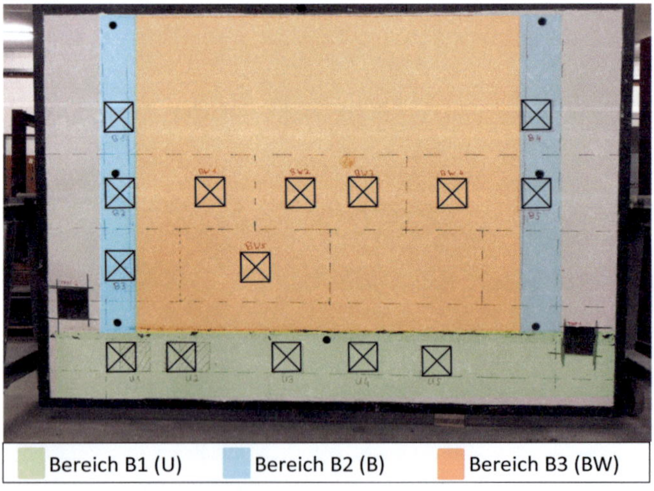


**Abbildung 4-20: Kennzeichnung der aufgrund unterschiedlicher Dichtungslagen verschieden belasteten Bereiche sowie die Lage der Haftzugprüfstellen der Wand 2.2_K100_ETAG_bew**

**1.) Vergleich der Ventilarbeit**

Beurteilungsgrundlage des zum Aufbau des Unterdrucks erforderlichen Aufwands des Prüfstands bildet die in Kapitel B.4.1 des Anhangs definierte Ventilarbeit. Sie beschreibt als dimensionslose Größe für jeden Belastungsstoß das durch die Ventile hindurchströmende Luftvolumen, welches zur Erzielung des Unterdrucks innerhalb der Sogkammer erforderlich ist. Die Kenngröße lässt sich demnach zur Beurteilung der Dichtheit des Prüflings verwenden. Mit steigendem Maß an Undichtigkeiten der Fassadenoberfläche nimmt die Ventilarbeit zu.

Für die Auswertung werden für alle Zyklen beider Prüfwände die Mittelwerte der Ventilarbeit für 20 Druckstöße aus den Laststufen 40 % bzw. 60 % der ETAG-Zyklen ermittelt (vgl. Gl. (4.1)).

$$\bar{V}_{ges\,40/60} = \frac{\sum_{n=1}^{20} V_{ges\,40/60}}{n} \qquad \text{Gl. (4.1)}$$

Dabei ist:

| | | |
|---|---|---|
| $\bar{V}_{ges40/60}$ | aus 20 Einzeldruckstößen errechnete mittlere Ventilarbeit | [-] |
| $V_{ges40/60}$ | Ventilarbeit eines Einzeldruckstoßes der Laststufe 40 bzw. 60 % | [-] |
| $n$ | Anzahl der Druckstöße | [-] |

Die Ergebnisse der Ventilarbeit sind getrennt nach Prüfwänden sowie Laststufen in Abhängigkeit der 42 Zyklen in nachfolgender Abbildung 4-21 dargestellt. Zu entnehmen ist, dass die Ventilarbeit der vorbewitterten Prüfwand *2.2_K100_ETAG_bew* für beide Laststufen trotz zusätzlich aufgebrachtem Oberputz über den nahezu gesamten Prüfverlauf im Mittel ca. 30 % und damit deutlich oberhalb der Ventilarbeit der ausschließlich windsogbelasteten Prüfwand *2.1_K100_ETAG* liegt. Dies ist einheitlich ab Start des Windsogversuchs infolge der bereits vorhandenen Rissausbildung bzw. Vorschädigung im Putzsystem zu erkennen. Daraus lässt sich schlussfolgern, dass infolge der hygrothermischen Vorbewitterung die Winddichtheit des WDVS abnimmt.

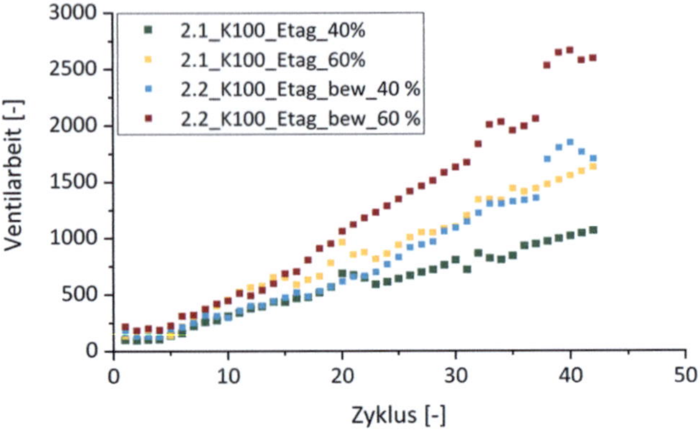


**Abbildung 4-21: Vergleich der Ventilarbeit: Darstellung der Mittelwerte über 20 Druckstöße der Laststufen 40 % und 60 % der Prüfwände 2.1_K100_ETAG und 2.2_K100_ETAG_bew**

**<u>2.) Untersuchung der Haftzugfestigkeit</u>**

Die Prüfung der Haftzugfestigkeit an Wand *2.2_K100_ETAG_bew* erfolgt gemäß DIN EN 13494 [21] mittels eines Haftzugprüfgeräts. Als Stempel dienen auf den WDVS-Prüfbereich verklebte Sperrholzplatten mit Grundflächenabmessungen von 20 cm x 20 cm, welche über ein Kreuzgelenk mit dem Zugzylinder des Prüfgeräts verbunden werden. Vorbereitend erfolgt ein Einschneiden des WDVS, die Schnitttiefe ist dabei normenkonform gewählt, sodass das Putzsystem sowie die ersten 5 mm des Wärmedämmstoffs durchtrennt werden. Zwecks gleichmäßiger Lasteinleitung erfolgt beim Belasten eine großflächige Abstützung des Geräts auf dem WDVS über einen Rahmen. Die Prüfvorrichtung sowie ein exemplarisches Versagensbild zeigt Abbildung 4-22.

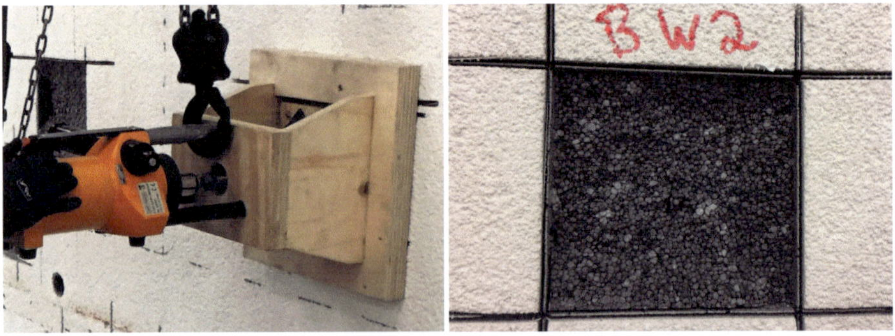


**Abbildung 4-22: Prüfung der Haftzugfestigkeit von WDVS, Prüfmaschine mit Lastableitungsrahmen (links) sowie die Prüffläche nach dem Abziehen des Prüfstempels mit kohäsivem Dämmstoffversagen**

In jedem der infolge der Prüfstandandichtungen entstehenden, unterschiedlich belasteten Bereiche (vgl. Abbildung 4-20) werden unter Einhaltung der normativ geforderten Mindestabstände fünf Haftzugprüfungen nach Beendigung der hygrothermischen Bewitterung sowie dem Windsogversuch an der Prüfwand durchgeführt. Die Ergebnisse sind unter Angabe der Versagensart in Tabelle 4-6 dargestellt.

**Tabelle 4-6: Ergebnisse der Haftzugfestigkeitsprüfungen an drei unterschiedlich belasteten Bereichen an Prüfwand 2.2_K100_ETAG_bew**

| Bereich | Bewitterung | Nr. | Versagen (Art, Ort) | Haftzugfestigkeit $\sigma_{HZ}$ | |
|---|---|---|---|---|---|
| | | | | Einzelprüfergebnis | Mittelwert |
| | | | | [kPa] | [kPa] |
| Bereich B1 (U) | unbewittert, ohne Windsog | U1 | kohäsiv, Oberputz | 78,25 | 70,99 |
| | | U2 | kohäsiv, Oberputz | 74,25 | |
| | | U3 | kohäsiv, Oberputz | 54,50 | |
| | | U4 | kohäsiv, Dämmstoff | 77,80 | |
| | | U5 | kohäsiv, Dämmstoff | 70,15 | |
| Bereich B2 (B) | hygroth. bewittert, ohne Windsog | B1 | kohäsiv, Dämmstoff | 92,63 | 74,41 |
| | | B2 | | 83,25 | |
| | | B3 | | 59,45 | |
| | | B4 | | 70,23 | |
| | | B5 | | 66,50 | |
| Bereich B3 (BW) | hygroth. bewittert, Windsog | BW1 | kohäsiv, Dämmstoff | 71,50 | 68,60 |
| | | BW2 | | 65,50 | |
| | | BW3 | | 60,00 | |
| | | BW4 | | 71,25 | |
| | | BW5 | | 74,75 | |

Beim Betrachten der Versuchsergebnisse lassen sich innerhalb der einzelnen Versuchsreihen deutliche Streuungen der Einzelwerte erkennen. Auffallend ist die hauptsächliche Versagensart innerhalb des gänzlich unbelasteten Bereichs B1 durch kohäsive Brüche innerhalb des Putzsystems. Im Gegensatz dazu versagten die Proben innerhalb der vorbewitterten sowie vorbewitterten und mittels Windsog belasteten Bereiche B2 und B3 ausschließlich kohäsiv im Dämmstoff. Hieraus lässt sich die Tendenz der witterungsbedingten Verschiebung der schwächsten Systemkomponente vom Putzsystem in den Dämmstoff bzw. der Verdacht einer hygrothermisch bedingten Verfestigung der Putzkomponente ableiten. Dies wird hier jedoch nicht weiter untersucht.

Beim Vergleich der Haftzugfestigkeiten innerhalb der windsogunbelasteten Proben (Bereiche B1 und B2) lässt sich aufgrund der geringeren Haftzugfestigkeit von Bereich B1 feststellen, dass sich die hygrothermische Vorbewitterung hier nicht haftzugfestigkeitsmindernd auswirkt.

Hingegen lässt sich eine leichte Reduzierung der Haftzugfestigkeit innerhalb der hygrothermisch vorbewitterten Bereiche B2 und B3 infolge der zusätzlichen zyklischen Windsogbelastung feststellen. Die Reduzierung der mittleren Haftzugfestigkeiten in Bereich B3 (vorbewittert und mit Windsog belastet) beträgt ca. 5 kPa bzw. 8 %.

**3.) Mikroskopische Untersuchung des Putzsystems**

Zur Beurteilung des Einflusses der verschiedenen Belastungskombinationen auf die Rissbildung des Putzsystems werden Putzproben der unterschiedlich belasteten Wandbereiche (vgl. Abbildung 4-20) der Prüfwand *2.2_K100_ETAG_bew* untersucht. Da mit dem bloßen Auge keine nennenswerten Unterschiede im Rissbild erkenntlich waren, erfolgt die Analyse an stichprobenartig entnommenen Putzflächen konstanter Abmessungen mikroskopisch. Zwecks verbesserter Visualisierung sind die in der mikroskopischen Aufnahme ersichtlichen Rissbildungen weiß nachkoloriert. Die Rissbildung sowie die jeweiligen Maximalrissbreiten sind Abbildung 4-23 zu entnehmen.

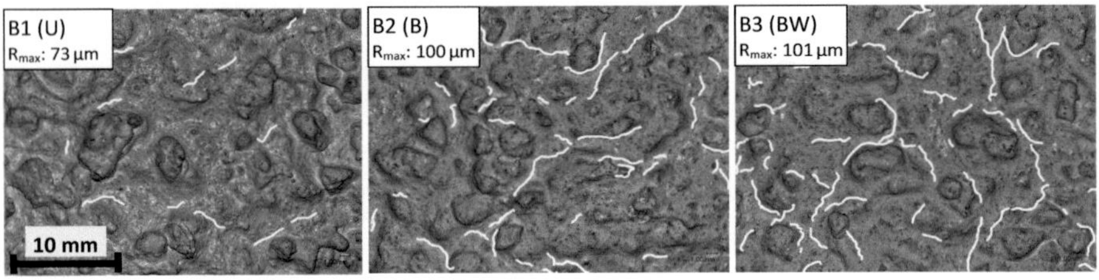


**Abbildung 4-23: Mikroskopische Betrachtung stichprobenartiger Putzproben der mit Oberputz versehenen Prüfwand 2.2_K100_ETAG_bew, Risse in weißer Farbe zu Zwecken der Visualisierung nachkoloriert. Von links nach rechts: unbelasteter Bereich B1 (U), hygrothermisch bewitterter Bereich B2 (B), hygrothermisch und mit Windsog belasteter Bereich B3 (BW).**

Den Darstellungen zu entnehmen ist eine deutliche Rissbildungszunahme zwischen der gänzlich unbelasteten Probe B1 (U) sowie der Probe aus dem rein hygrothermisch bewitterten Bereich B2 (B). Sowohl die Rissanzahl als auch die Länge bzw. Rissvernetzung sind bei der Probe aus dem zusätzlich mit Windsog belasteten Bereich B3 (BW) weiter zunehmend. Zusätzlich sind den mikroskopischen Aufnahmen die maximalen Rissbreiten $R_{max}$ der einzelnen Putzproben zu entnehmen. Der Vergleich zwischen den Bereichen B2 und B3 zeigt, dass keine nennenswerte Aufweitung der Risse durch die Windsogeinwirkung festzustellen ist. Die Steigerung der maximalen Rissbreite zwischen den Bereichen B1 und B2 zeigt einen deutlich rissverbreiternden Effekt durch die hygrothermische Bewitterung.

#### 4.3.1.4 Zusammenfassung

Zusammenfassend wurde die charakteristischen Widerstandsfähigkeit sowie das Systemverhalten im Lastfall Windsog vier rein verklebt ausgeführter WDVS untersucht. Beim teilflächig verklebten System wurde ein Versagen infolge einer abgelösten Dämmplatte festgestellt. Die ermittelte Bruchlast von -13 kPa liegt deutlich unterhalb des aktuellen Anforderungswertes von -30 kPa. Die Systeme in vollflächiger Ausführung konnten im regulären ETAG-Prüfverfahren (Maximal -20 kPa) nicht zum Versagen gebracht werden, bei der alternativ mittels schlagartiger hoher Unterdruckaufbringung belasteten Prüfwand löste sich jedoch bereichsweise das Putzsystem bei -42 kPa. Ein Versagen des Dämmstoffs bzw. der Verklebung wurde hier nicht beobachtet.

Demnach lässt sich festhalten, dass die vollflächige Verklebung infolge der über die Gesamtsystemfläche erfolgenden Windlastabtragung sich als deutlich widerstandsfähiger aufweist. Für das teilflächig verklebte WDVS bestätigt sich die eingangs formulierte Annahme, dass sich bedingt durch die inhomogene punktuelle bzw. linienförmige Lasteinleitung des Windsogs lokal erhöhte Beanspruchungen ergeben. Diese führen zum überproportional geringeren Windsogwiderstand.

Im Windsogprüfstand konnte im Rahmen des anlagentechnischen maximalen Belastungsbereichs kein tragfähigkeitsmindernder Einfluss auf die in vollflächiger Verklebung ausgeführten WDVS infolge der hygrothermischen Vorbewitterung festgestellt werden. An den Ergebnissen der nachträglich durchgeführten Haftzugfestigkeitsprüfungen zeigte sich hingegen eine tendenziell leichte Festigkeitsabnahme infolge zyklischer Belastung.

Es ließ sich an den vorbewitterten Prüfwänden über den Vergleich der Ventilarbeit eine erhöhte Undichtigkeit im Vergleich zu den unbewitterten Prüfwänden feststellen. Die Undichtigkeiten ließen sich mittels mikroskopischer Betrachtung auf die hier verstärkte und mit zunehmender Windsogbelastung weiter zunehmende Rissbildung im Putzsystem zurückführen. Inwieweit und ob hierdurch die Funktionalität des WDVS im generellen beeinflusst wird, wurde im Rahmen dieser Arbeit nicht weiter untersucht. Im Hinblick auf eine realitätsnähere Dauerhaftigkeitsbeurteilung unter Beachtung der verstärkten sogbedingten Rissbildung der WDVS empfiehlt es sich, Kombinationsversuche aus hygrothermischer Bewitterung, Windsogbelastung sowie wiederholt zu erfolgender hygrothermischer Bewitterung durchzuführen.

Auf Grundlage der innerhalb dieser Versuchsreihe erzeugten Ergebnisse ließ sich nicht feststellen, ob und in welcher Höhe sich die zyklischen Belastungen widerstandssenkend auf verklebte WDVS auswirken.

### 4.3.2 In Dämmplattenfuge/-fläche sowie teils durchs Gewebe gedübelte WDVS

#### 4.3.2.1 Grundlage, Umfang und Zielsetzung der Versuche

In Summe werden sechs unverklebte, lediglich im Dübelschema Fuge/Fläche befestigte WDVS-Aufbauten auf ihre Windsogwiderstandsfähigkeit untersucht. Als Fuge/Fläche wird hier das Setzen der Dübel in den Ecken der Dämmplatten sowie mittig der Längskante jeweils in der Fuge zwischen zwei Platten definiert. Bei Verwendung von mehr als vier Dübeln pro Quadratmeter WDVS werden die Dübel zusätzlich gleichmäßig in der Plattenfläche gesetzt. Der gesamte Versuchsumfang dieser Serie ist in Tabelle 4-7 aufgeführt.

Aktuelle Regelungen fordern bei statisch relevant gedübelten Systemen immer die zusätzliche, mindestens teilflächige Verklebung, welche im Standardfall die Lastabtragung übernehmen soll. Die Dübelung ist folglich selbst bei statischer Relevanz als „Zusatzsicherung“ zu betrachten. Sie soll im Falle bereichsweise versagender Klebungen die Zugkomponente aus den Windsogbelastungen aufnehmen. Hierfür bedarf es gemäß Oberhaus und Drößler [31] eines Wegziehens des WDVS von der Trägerwand über einige mm zur Aktivierung der Dübeltragfähigkeit. Gemäß des Konsoltragmodells erfolgt die Lastabtragung der Vertikallasten auch bei gerissener Klebung über den als dennoch schubtragfähig angenommenen Kontaktbereich zwischen Klebung und Tragschale. Vertikallasten werden entsprechend der Tragmodelle von der Dübelung nicht aufgenommen und sind prüftechnisch daher aktuell nicht nachzuweisen. Dennoch bedarf es aus standsicherheitsrechtlichen Gesichtspunkten der Betrachtung einer haftzugtechnisch vollständig versagenden Verklebung, welche die vollständige Abtragung der Windsoglasten rein durch die Dübelung selbst erfordert. Dieses Szenario wird hier auf der sicheren Seite liegend untersucht, indem die Prüfwandaufbauten gänzlich ohne Verklebung ausgeführt sind.

Ziel dieser Versuchsreihe ist die Ermittlung charakteristischer Widerstandsfähigkeiten sowie des Systemverhaltens im Lastfall Windsog von nach dem Dübelschema Fuge/Fläche befestigtem

WDVS. Im Speziellen sollen die Auswirkungen der Dübelanzahl, des Einflusses der zyklischen Belastung sowie vorheriger hygrothermischer Bewitterung ermittelt werden. An einer weiteren Prüfwand soll untersucht werden, wie sich die Dübelung oberhalb des Armiergewebes auf das großformatig untersuchte Windsogverhalten auswirkt. Gemäß Angaben aus allgemeinen bauaufsichtlichen Zulassungen ist hier eine Tragfähigkeitssteigerung um bis zu Faktor 2 zu erwarten (vgl. z.B. [14], [16]).

**Tabelle 4-7: Versuchsumfang der nach Dübelschema Fuge/Fläche gedübelten WDVS-Prüfwände**

| Prüfwand | Befestigungsart | Art der Windsogprüfung | Zusatzversuche |
|---|---|---|---|
| 4.1_D4_ETAG | 4 Dübel/m² WDVS | ETAG 004 | - |
| 4.2_D4_ETAG_bew | 4 Dübel/m² WDVS | ETAG 004 | hygr. Vorbewitterung |
| 4.3_D4_alt | 4 Dübel/m² WDVS | alternativ, verkürzt | - |
| 5.1_D6_ETAG | 6 Dübel/m² WDVS | ETAG 004 | - |
| 6.1_D8_ETAG | 8 Dübel/m² WDVS | ETAG 004 | - |
| 7.1_D4Gew_ETAG | 4 Dübel/m² WDVS, durch Gewebe | ETAG 004 | verkürzte Zusatzbel. |

#### 4.3.2.2 Herstellung der Prüfwände und Darstellung der Versuchsverläufe

Der Aufbau erfolgt gemäß des Bemessungskonzeptes statisch relevant gedübelter Systeme zwecks des vollständig über die Dübel zu erfolgenden Windlastabtrags ohne Verwendung von Klebemörtel.

Das Setzen der Dübel erfolgt dämmplattenoberflächenbündig entsprechend der Befestigungsbilder in Tabelle 4-1. Die Dübel der Prüfwand *7_D4Gew_ETAG* werden durch das Gewebe der frisch aufgetragenen Armierschicht gesetzt, sodass sich das Armiergewebe bzw. ein Teil der Armierschicht zwischen Dämmplatten und Dübelteller befindet.

Zur Ermittlung der durch die Dübel abgetragenen Windsoglasten werden stellenweise im Bereich der prüfwandmittigen Dämmplatte die unter B.4.3 beschriebenen Messdübel verwendet. Die Anordnung erfolgt analog zu den Systemdübeln oberflächenbündig. Aufgrund der Messdübelkonstruktion ist eine rückseitige Verschraubung seines Dübelschafts an der Trägerwandrückseite notwendig. Im Hinblick auf ein identisches, statisches Verhalten der Verankerung von System- und Messdübel wird der Messdübelschaft in einer Einspannkonstruktion montiert (vgl. Abbildung 4-25).

Als Luftdichtheitsschicht dient das Putzsystem. Die Prüfwand *4.2_D4_ETAG_bew* wird zusätzlich durch einen mineralischen Oberputz zwecks zu erfolgender hygrothermischer Vorbewitterung beschichtet.

Der Aufbau der Prüfwände ist auszugsweise in den Abbildungen 4-24 bis 4-27 dargestellt.

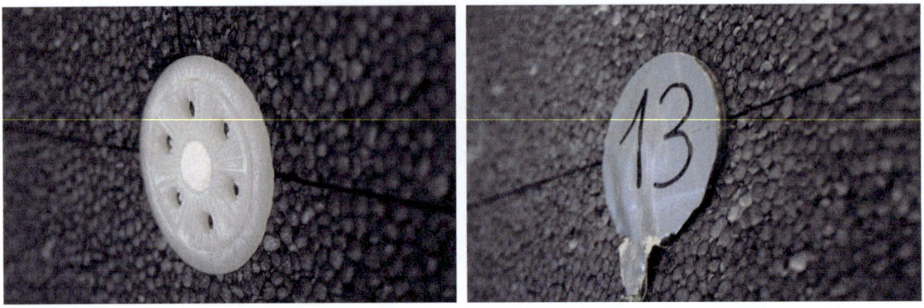


**Abbildung 4-24: Dübelung der Dämmplatten: gesetzter Systemdübel (links) bzw. Messdübel (rechts)**

**Abbildung 4-25: Einspannung des Messdübelschafts (links), Dübelbild der Prüfwand 6.1_D8_ETAG (rechts)**

**Abbildung 4-26: Unverputzte Prüfwände 6.1_D8_ETAG (links) und 4.2_D4_ETAG_bew (rechts), mit eingezeichneter ungefährer Lage der Randandichtung als Markierung des Prüfbereichs im Windsogversuch**

**Abbildung 4-27: Prüfwand 6.1_D8_ETAG mit Armierschicht (links) und 4.2_D4_ETAG_bew mit zusätzlichem Oberputz (rechts)**

Die Messdaten der Einzelprüfungen der Versuchsreihe der nach dem Schema Fuge/Fläche gedübelten Dämmplatten sind in nachfolgenden Abbildungen 4-28 bis 4-40 dokumentiert. Die Darstellung erfolgt, analog zur vorigen Versuchsreihe, zeit- bzw. zyklusabhängig bei identischer Lage der in Abbildung 4-5 dargestellten Messsensorik. Zusätzlich sind die mittels der stellenweise verbauten Messdübel aufgezeichneten Dübelkräfte grafisch dargestellt, deren Anordnung und Lage ist den modellhaften Darstellungen der Prüfwände im Anhang D.1 zu entnehmen.

Im Einzelnen werden für jeden Versuch individuell grafisch dargestellt:

- Gesamtversuchsverlauf mit Druck- sowie Wegmessdaten des Distanzsensors mit maximalen WDVS-Verformungswerten (Abbildungen 4-28 bis 4-33)
- Detaildarstellung des Versagenszeitpunkts bzw. der Maximalbelastungen vor Versuchsende mit Druck-, Wegmessdaten sowie Messdübelkräften (Abbildungen 4-34 bis 4-40)

Die Maximalverformung ergibt sich einheitlich bei Dübelung unterhalb des Gewebes in Wandmitte im Bereich des Messsensors „Weg 2/10“. Die oberhalb des Gewebes gedübelte Prüfwand 7.1_D4Gew_ETAG weist am Sensor „Weg 7“ die maximal detektierten Verformungen auf.

Die Detaildarstellungen beinhalten neben dem Druckverlauf die verwertbaren Wegmessdaten der vorderseitig angeordneten Distanzsensoren sowie die WDVS-Reinverformungen „Weg 1/9“ und „Weg 2/10“ mit subtrahierten Betonwandbewegungen. Die mittels der Messdübel erzeugten Daten sind infolge teilweise versuchsbegleitend auftretender Defekte nicht in allen Versuchsreihen verwertbar. Infolge der großen Wandverformungen kam es teils zu Kabelabrissen. Bei der Detaildarstellung des Versagenszeitpunktes sind entsprechend nur die Messwerte intakter Messdübel verwendet.

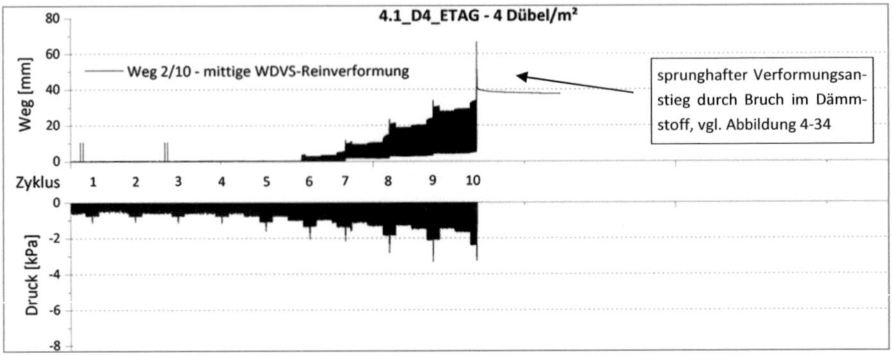


**Abbildung 4-28: Gesamtversuchsverlauf der Windsogprüfung nach ETAG 004 an Wand 4.1_D4_ETAG**

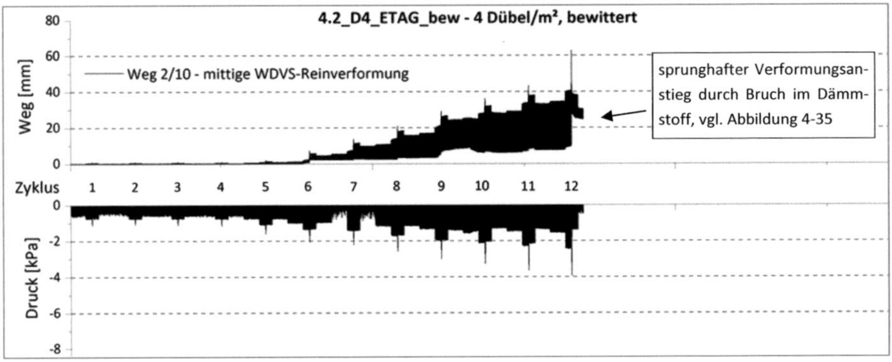


**Abbildung 4-29: Gesamtversuchsverlauf der Windsogprüfung nach ETAG 004 an Wand 4.2_D4_ETAG_bew**

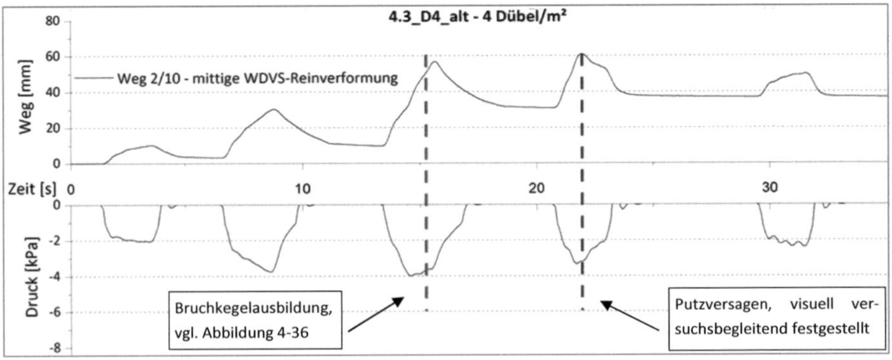


**Abbildung 4-30: Gesamtversuchsverlauf der Windsogprüfung, alternativ mit 5 Böen belastet an Wand 4.3_D4_alt**

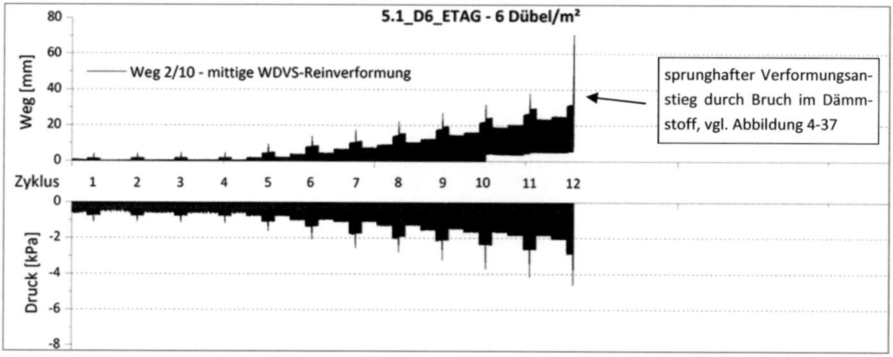


**Abbildung 4-31: Gesamtversuchsverlauf der Windsogprüfung nach ETAG 004 an Wand 5.1_D6_ETAG**

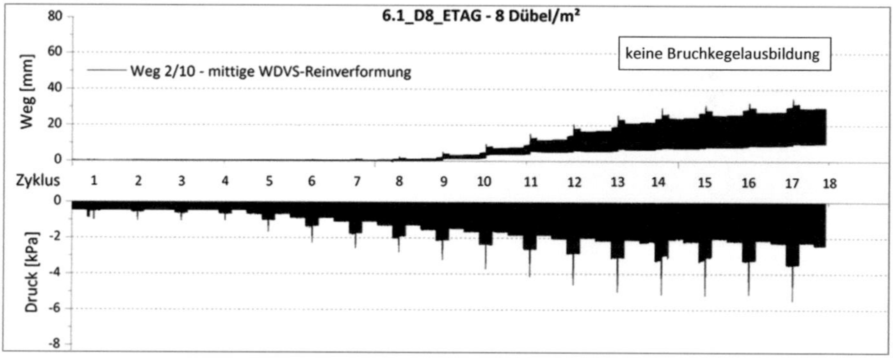


**Abbildung 4-32: Gesamtversuchsverlauf der Windsogprüfung nach ETAG 004 an Wand 6.1_D8_ETAG**

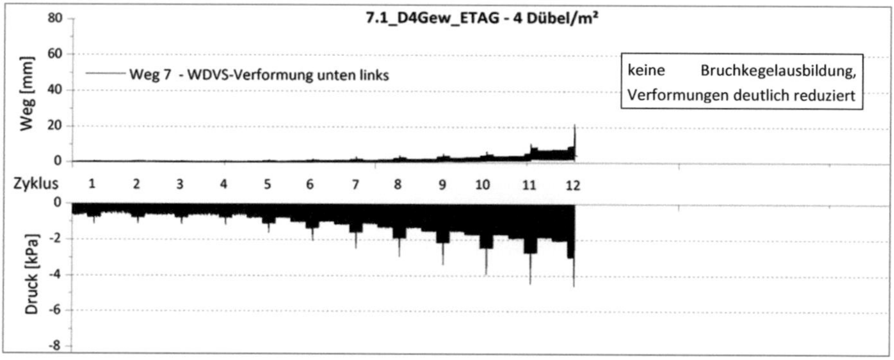


**Abbildung 4-33: Gesamtversuchsverlauf der Windsogprüfung nach ETAG 004 an Wand 7.1_D4Gew_ETAG**

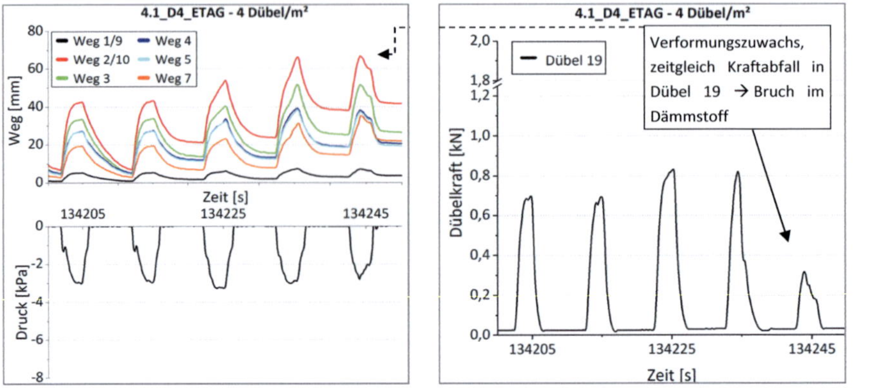


**Abbildung 4-34: Versagen von 4.1_D4_ETAG, Druck- und Verformungsmessdaten (links), Messdübeldaten (rechts)**

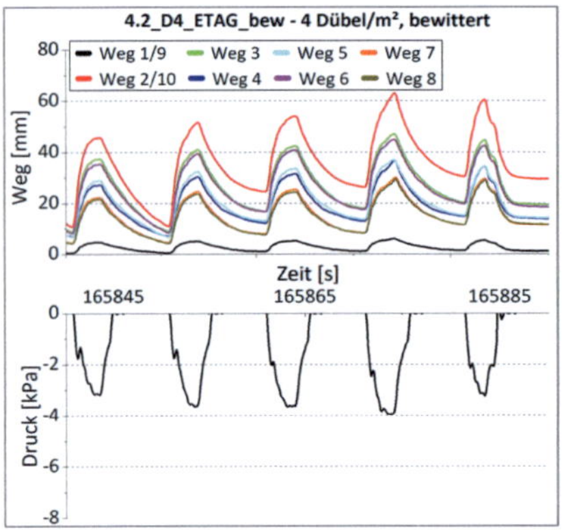


Messdübeldaten nicht verfügbar:

Versagen unter Ausbildung von Bruchkegeln, erkennbar durch Prüfwandrückbau (vgl. Tabelle D-10 im Anhang)

**Abbildung 4-35: Versagen von 4.2_D4_ETAG_bew, Druck- und Verformungsmessdaten, Messdübeldaten n.v.**

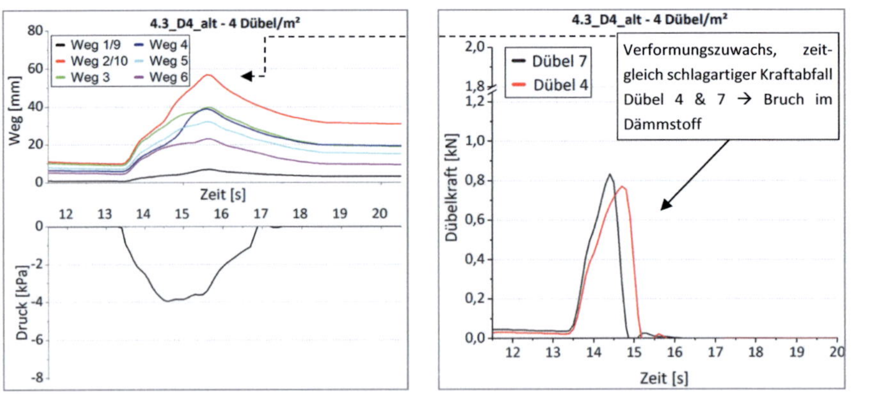


**Abbildung 4-36: Versagen von 4.3_D4_alt, Druck- und Verformungsmessdaten (links), Messdübeldaten (rechts)**

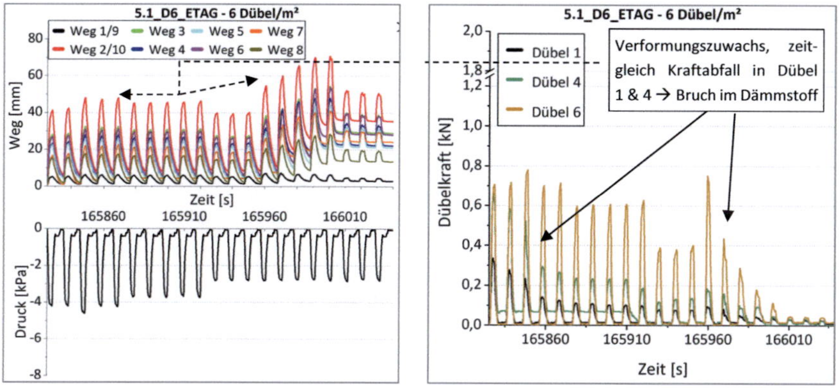


**Abbildung 4-37: Versagen von 5.1_D6_ETAG, Druck- und Verformungsmessdaten (links), Messdübeldaten (rechts)**

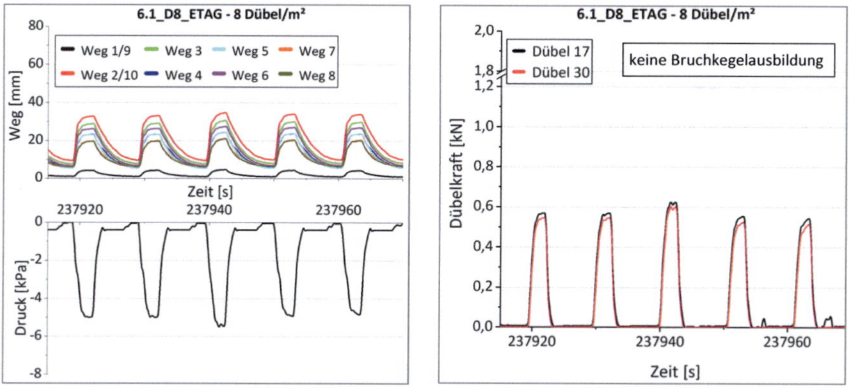


**Abbildung 4-38: Max. von 6.1_D8_ETAG, Druck- und Verformungsmessdaten (links), Messdübeldaten (rechts)**

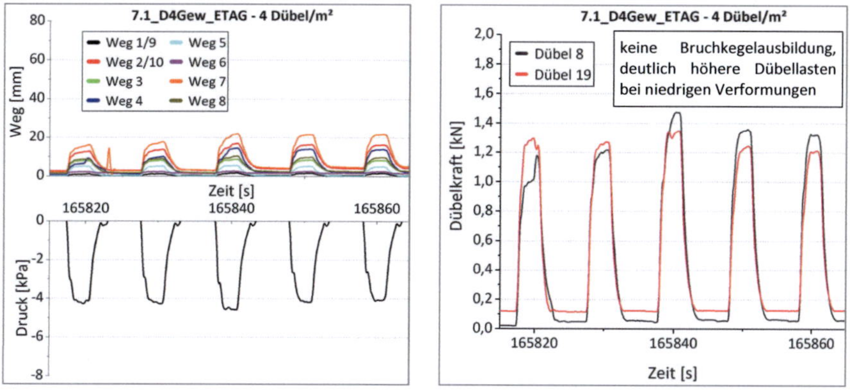


**Abbildung 4-39: Max. von 7.1_D4Gew_ETAG, Druck- und Verf.-messdaten (links), Messdübeldaten (rechts)**

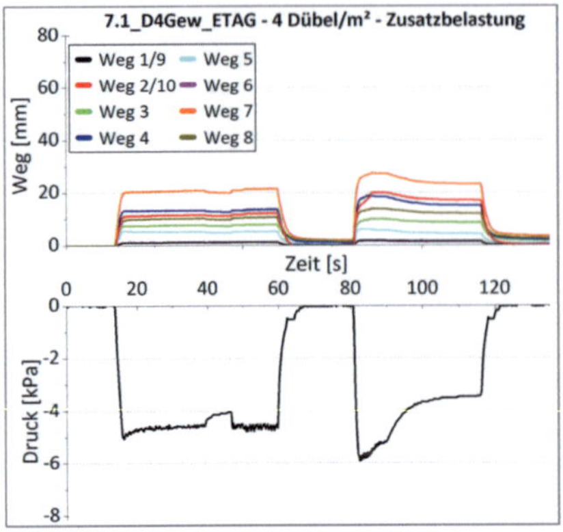


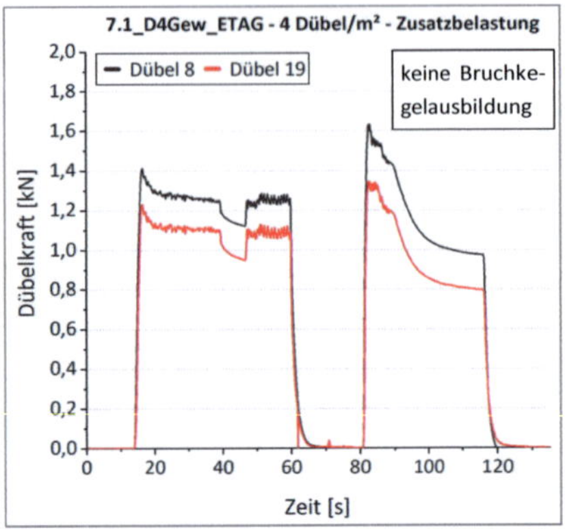


**Abbildung 4-40: Zusatzbelastung mittels zwei Druckstößen an Wand 7.1_D4Gew_ETAG, Druck- und Verformungsmessdaten (links), Messdübeldaten (rechts)**

### 4.3.2.3 Versuchsbeobachtungen und Ergebnisse

Eine Übersicht über die maximal erzielten Unterdrücke bzw. der Versagenslasten mit zugehöriger Versagensart enthält Tabelle 4-8.

**Tabelle 4-8: Übersicht der Prüfergebnisse der nach Dübelschema Fuge/Fläche gedübelten WDVS-Prüfwände**

| Prüfwand | Dübel/ m² WDVS | Prüfungsart | Versagensart | Bruchkegelausbildung | max. Verformung nach Versuchsende | maximale Messdübelkraft | Maximalbelastung |
|---|---|---|---|---|---|---|---|
| | | | | | [mm] | [kN] | [kPa] |
| 4.1_D4_ETAG | 4 | ETAG 004 | Bruch bzw. Verformung des EPS im Druckbereich unterhalb der Dübelteller, anschließender Bruch des Putzsystems | Ja | 42,0 | 0,83 | -3,5 |
| 4.2_D4_ETAG_bew | 4 | ETAG 004 | | Ja | 30,0 | n.V. | -4,0 |
| 4.3_D4_alt | 4 | alternativ, verkürzt | | Ja | 37,0 | 0,83 | -4,0 |
| 5.1_D6_ETAG | 6 | ETAG 004 | | Ja | 35,0 | 0,78 | -4,5 |
| 6.1_D8_ETAG | 8 | ETAG 004 | | nein | 9,0 | 0,6 | -5,5 |
| 7.1_D4Gew_ETAG | 4 | ETAG 004 | | nein (nein)* | 4,0 (2,0)* | 1,5 (1,6)* | -5 (-6)* |

* Werte in Klammern stellen Ergebnisse des Zusatzversuchs dar, max. Verformung ohne plastische Verformung aus vorherigem ETAG-Versuch

Von jeder Prüfwand sind die mittig im Windsogfenster angeordneten, nach Prüfungsende entnommenen Dämmplatten zur Dokumentation des Bruchbildes fotografisch im Anhang D.2 in Tabelle D-10 dargestellt.

Anzumerken ist, dass die Prüfwand *4.2_D4_ETAG_bew* in Zyklus 9 erste Undichtigkeiten erfährt, welche jedoch zu gering ausgeprägt sind, um einen Prüfungsabbruch auszulösen. In den Folgezyklen können leckagebedingt die Zieldrücke nicht mehr in voller Größe aufgebracht werden, der Maximaldruck im zyklischen Prüfzyklus vor dem Abbruch in Zyklus 12 beträgt -4 kPa. Selbiges ist bei Prüfwand *6.1_D8_ETAG* zu beobachten, hier erfolgt keine weitere Druckzunahme ab Zyklus 14, der Maximaldruck im zyklischen Prüfzyklus beträgt -5,5 kPa.

Auffallend bei den Prüfwänden mit Dübelmengen von 4 bzw. 6/m² WDVS - die Prüfwand mit Dübelung oberhalb des Gewebes ausgenommen - sind die versuchsbegleitenden Verformungen bei Maximalbelastung. Sie liegen in Abhängigkeit der Dübelanzahl im Bereich charakteristisch anzusetzender Soglasten bereits im Bereich von 10 mm und steigen vor dem Bruch einheitlich auf etwa 40 mm an. Für alle nach dem Schema Fuge/Fläche gedübelten Prüfwände lässt sich zudem vor Eintritt des Versuchsendes eine mit steigenden Unterdrücken sowie Lastwiederholungen kontinuierlich vergrößernde plastische WDVS-Verformung beobachten. Erkenntlich ist dies an der Differenz zwischen Horizontalachse und Wegmessdatenkurve in den Gesamtversuchsverlaufsdarstellungen der Abbildungen 4-28 bis 4-33. Beginnend bei etwa -2 kPa an den mit 4 Dübeln/m² WDVS ausgeführten Prüfwänden verschieben sich mit steigender Dübelanzahl die plastischen Verformungen in den Bereich höherer Drucklaststufen. Der Rückbau zeigt als Ursache der Verformung die Komprimierung des Dämmstoffs unterhalb der Dübelteller. Es findet - wie bereits an den zyklisch belasteten kleinformatigen Prüfkörpern in Kapitel 3.3 beobachtet - eine Konsolidierung des Materials durch die im Verlauf der zyklischen Belastung zunehmende Komprimierung der EPS-Perlen statt (vgl. Abbildung 4-44, rechts). Am Bruchbild ist zudem vom Dübeltellerrand ausgehend ein seitliches Abscheren der Perlen untereinander zu erkennen (vgl. Abbildung 4-41, rechts).

Das Putzsystem wird infolge der EPS-Verformungen durch die Dämmplatten nach vorne gedrückt, es löst sich dabei vom Dübelteller. Der zwischen Putzsystem und Dübelteller entstehende Hohlraum ist auch nach Versuchsende an der geschlossenen Fassadenoberfläche visuell nicht sichtbar, jedoch durch Abklopfen bzw. beim Systemrückbau feststellbar (vgl. Abbildungen 4-41 und 4-44, rechts).

Das visuell und anhand der über die Prüffläche verteilt ermittelten Wegmessdaten zu erkennende Verformungsverhalten der Prüfwandoberfläche ist als membranartig zu beschreiben. Die Maximalverformung tritt einheitlich für die unterhalb des Gewebes gedübelten Systeme in Wandmitte beim Sensor „Weg 2/10" auf, sie nimmt zu den Prüffensterrändern ab. Zu entnehmen ist das Verformungsverhalten den dokumentierten Wegverläufen der Detaildarstellungen aus den Abbildungen 4-34 bis 4-40 sowie dem Schattenbild der versagten Prüfwand *4.1_D4_ETAG* in Abbildung 4-42.

**Abbildung 4-41: Rückbau von Wand 4.1_D4_ETAG, Hohlraum zwischen Putz und Dübelteller mit plast. Systemverformung von 42 mm - vgl. Messdaten aus Tabelle 4-8 bzw. Abbildung 4-34 (links), komprimierter EPS mit Bruchkegel unterhalb des entfernten Dübeltellers in Dämmplattenecke (rechts)**

Das Systemversagen äußert sich - das oberhalb des Gewebes gedübelte System ausgenommen - durch ein Aufbrechen des Putzsystems am unteren Prüffensterrand, exemplarisch dargestellt in Abbildung 4-42. Der Versagensbereich des Putzes liegt für die Prüfwände einheitlich nahe der Horizontalfuge zwischen der untersten, durch die Randandichtung gehaltenen EPS-Platte und der darüberliegenden, sich vollständig im Sogfenster befindenden Dämmplatten (vgl. Abbildung 4-43). Die Putzundichtigkeiten lösen den Prüfungsabbruch zwar aus, versagensursächlich sind jedoch die Verformungen des EPS, aus denen der Bruch des Putzsystems resultiert. Exemplarisch zu entnehmen ist dies unter anderem dem Versuchsverlauf in Abbildung 4-30, in welchem die am System beobachteten Versagenszeitpunkte von Dämmstoff und Putzsystem angetragen sind.

Deutlich erkennbar ist die Versagensursache ebenso in den Detaildarstellungen mit Druck- und Verformungsverläufen sowie der zugehörigen Messdübelbelastung in den Abbildungen 4-34, 4-36 und 4-37. Den linken Diagrammen sind die auftretenden Verformungssteigerungen zu entnehmen, die analog dazu aufgezeichneten Messdübelkräfte sind jeweils rechtsseitig dargestellt. Der teilweise abrupte oder über einige Druckstöße hinweg - ohne einhergehenden Wegfall der Unterdruckbeanspruchung - erfolgende Rückgang der Messdübelkraft dokumentiert ein Dämmplattenversagen unter Bruchkegelausbildung. Bestätigt wird die Versagensart beim Rückbau der Prüfwände. Es zeigt sich für die unterhalb des Gewebes gedübelten, mit 4 bzw. 6 Dübeln je Quadratmeter WDVS befestigten Systeme einheitlich ein Bruch des EPS der mittig im Prüffenster angeordneten Dämmstoffplatte im Bereich unterhalb der Dübelteller (vgl. Abbildung 4-44, links).

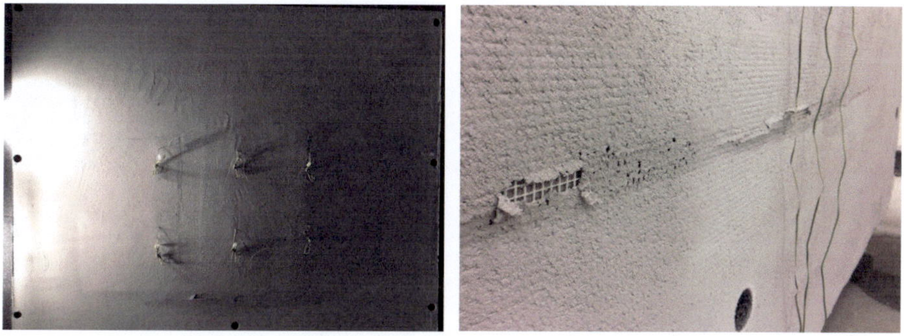

**Abbildung 4-42: Membranartige Prüfwandverformung an 4.1_D4_ETAG, dargestellt mittels Schattenbild (links), Rissbildung im Putzsystem infolge der Dämmplattenverformungen an 6.1_D8_ETAG (rechts)**

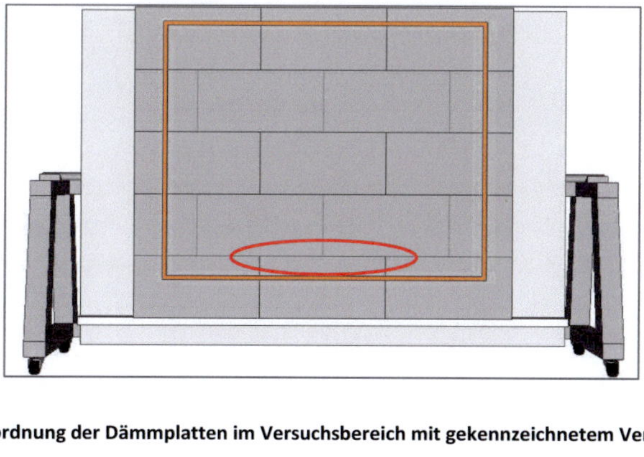

**Abbildung 4-43: Anordnung der Dämmplatten im Versuchsbereich mit gekennzeichnetem Versagensbereich**

Bedingt durch die verwertbaren Daten von drei Messdübeln wird speziell bei Betrachtung der Detaildarstellung von Wand *5.1_D6_ETAG* in Abbildung 4-37 der generelle Versagensprozess ersichtlich. Dargestellt ist hier der Versuchsverlauf ab den beiden Druckstößen $W_{90\%}$ vor dem Erreichen der Maximallast. Es ist eine ungleichmäßige Lastverteilung der Sogbeanspruchung auf die Messdübel zu erkennen. Anhand der nur geringen Belastung der Dübel 1 und 4 ist eine bereits begonnene Schädigung in diesen Dämmplattenbereichen anzunehmen. Mit fortlaufenden Druckstößen geht die kontinuierliche Abnahme der Belastung von Dübel 1 und 4 einher, welche die in diesen Bereichen erfolgende, weitere Schädigungszunahme des EPS dokumentiert. Es ist eine kurzzeitige Lastumverteilung anhand der Mehrbelastung von Dübel 6 während eines Druckstoßes zu erkennen. Er erfährt dann jedoch ebenfalls einen starken Lastabfall, was in Verbindung mit der zeitgleich auftretenden Verformungszunahme den Tragfähigkeitsverlust der Verbindung zwischen Dämmstoff und Dübel dokumentiert. Beim Rückbau zeigen sich die herausgelösten Bruchkegel der mittigen Dämmplatte (vgl. Abbildung 4-44, links). Durch die verbleibende Resttragfähigkeit des Systems infolge der Membrantragwirkung des Putzsystems und der noch tragfähigen Dübelung der umliegenden Dämmplatten wird ein vollständiges Herauslösen der versagten Dämmplatte verhindert.

**Abbildung 4-44: Versagte Dämmplatte mit ausgebildeten, sich teils überlagernden Bruchkegeln von Prüfwand 5.1_D6_ETAG (links) sowie verformter EPS im Bereich unterhalb des Dübeltellers an Prüfwand 6.1_D8_ETAG ohne Bruchkegelausbildung, jedoch mit ersichtlicher Anfangsrissbildung (rechts)**

Die mit höheren Dübelmengen bzw. mit Dübelung durch das Gewebe ausgeführten Prüfwände *6.1_D8_ETAG* und *7.1_D4Gew_ETAG* weisen keine Bruchkegel auf, jedoch ist auch hier beim Rückbau der oben angemerkte Verlust der Materialstärke des EPS unterhalb der Dübelteller festzustellen, auf den die Prüfwandverformungen mit resultierendem Aufbrechen des Putzsystems zurückzuführen sind (vgl. Abbildung 4-44, rechts und Abbildung 4-45, rechts). In Summe lässt sich insgesamt zwar eine erwartungsgemäße Steigerung der Windsogwiderstandsfähigkeit bei Verwendung größerer quadratmeterbezogener Dübelmengen feststellen. Die Steigerung beträgt jedoch anders, als im Rahmen der bisherigen Bemessung angenommen, lediglich 12,5 % (6 Dübel/m² im Vergleich zu 4 Dübel/m²) bzw. 22 % (8 Dübel/m² im Vergleich zu 6 Dübel/m²). Sie liegt damit überproportional unterhalb der Erhöhung der Dübelmenge.

Die alternativ mittels 4 Druckstößen bis zur Bruchkegelausbildung belastete Prüfwand *4.3_D4_alt* versagt bei einem Unterdruck von -4 kPa leicht oberhalb bzw. auf selbem Lastniveau, als die nach ETAG 004 geprüften, ebenfalls mit 4 Dübeln/m² WDVS ausgeführten Vergleichswände (Versagenslasten -3,5 bzw. -4 kPa). Es lässt sich anhand der Bruchlast demnach keine eindeutige Laststeigerung durch die verkürzte Belastung nachweisen. Hierzu wäre eine größere Stichprobenanzahl an Prüfwänden erforderlich. Nennenswerte Unterschiede zeigen sich hingegen bei der Auswertung der Bruchkegel, dort ist ein deutlicher Einfluss der Belastungsweisen auf die Prüfkörper zu erkennen (vgl. Abschnitt 4.5.1.3).

Anhand der Ergebnisse von der ebenfalls mittels 4 Dübeln/m² WDVS befestigten Prüfwand *7.1_D4Gew_ETAG* zeigt sich der deutliche, tragfähigkeitssteigernde sowie verformungsreduzierende Einfluss der Dübelung durch das Armiergewebe. Festzustellen sind beim direkten Vergleich der Gesamtprüfverläufe aus Abbildung 4-33 mit den Abbildungen 4-28 und 4-29 um ca. 75 % reduzierte Verformungen bei selbiger Laststufe. Während der regulären Prüfung nach ETAG 004 ist abweichend von den unterhalb des Gewebes gedübelten Prüfwänden nicht das Aufreißen des Putzsystems zwischen den unteren beiden Dämmplattenreihen versagensursächlich. Die bei der gewebegedübelten Prüfwand durch das Ablösen der oberhalb vom Armiergewebe liegenden Teile des Putzsystems im Bereich der Dübelteller entstehenden Leckagen führen zum Beenden der zyklischen Prüfung (vgl. Abbildung 4-45). Diese Versagensart lässt auf eine zu geringe Dicke der zweiten Armierschichtlage und somit einen Fehler beim Versuchsaufbau hindeuten. Beim Prüfungsabbruch ist die Dübelung bzw. der Dämmstoff nach wie vor imstande, Windsogbelastungen abzutragen. Daher wird die Prüfwand in einer Zusatzbelastung manuell nachbelastet, um die Belastungsgrenze zu ermitteln.

Die mittels zweier Druckstöße erfolgte Zusatzbelastung ist in Abbildung 4-40 dargestellt. Bedingt durch die bereits vorhandenen Leckagen im Putzsystem konnten lediglich Unterdrücke bis -6 kPa aufgebracht werden, bei denen sich ebenfalls kein Ablösen oder Bruch der Dämmplatten feststellen ließ. Der Zusatzbelastung sowie der ETAG-Prüfung ist demnach eine, im Vergleich zur Dübelung unterhalb des Gewebes, deutliche Zunahme der Windsogwiderstandsfähigkeit zu entnehmen. Bedingt durch die hier noch immer tragfähige Dämmstoff- bzw. Dübelverbindung liegt sie im Windsogversuch mindestens 50 % oberhalb der Prüfwandergebnisse mit selbiger Dübelmenge, jedoch dämmplattenoberflächig angeordneten Dübeln. Die höhere Sogbelastbarkeit belegt auch die deutliche Steigerung der aufnehmbaren Dübellasten von 1,5 kN bei -6 kPa Windsoglast (vgl. Abbildung 4-40) im Vergleich zu lediglich maximal 0,8 kN bei Dübelung unterhalb des Gewebes. Diese Belastungszunahme um Faktor 2 ist deckungsgleich mit der angegebenen Tragfähigkeitssteigerung von gewebegedübelten Systemen aus allgemeinen bauaufsichtlichen Zulassungen (vgl. [14], [16]). Beobachten lässt sich, dass infolge des zwischen EPS und Dübelteller liegenden, armierten Putzsystems die aus dem Dämmstoff resultierende Belastung auf einen größeren Bereich der Dämmplatte erweitert wird (Abbildung 4-45, rechts). Ebenfalls ist der Abbildung die deutlich reduzierte Komprimierung des EPS unterhalb des Dübeltellers im Vergleich mit den EPS-oberflächenbündig gedübelten Prüfwänden zu entnehmen.

**Abbildung 4-45: Prüfwand 7.1_D4Gew_ETAG, Ablösung des Putzsystems im Bereich der Dübelteller (links), Erweiterung des Lasteinleitungsbereichs des Dübels infolge des zwischen EPS und Dübelteller befindlichen Putzsystems mit deutlicher Reduzierung der EPS-Komprimierung (rechts)**

**Einfluss der Bewitterung**

Die zu Zwecken der Vorbelastung vor dem dynamischen Windsogversuch durchgeführte hygrothermische Bewitterung an Prüfwand *4.2_D4_ETAG_bew* ist in Kapitel 4.2.4 dokumentiert. Ebenso wie bereits bei den verklebten Systemen festgestellt, ist beim Vergleich der identisch mittels 4 Dübeln/m² WDVS befestigten Prüfwandaufbauten *4.1_D4_ETAG* und *4.2_D4_ETAG_bew* kein tragfähigkeitsmindernder Einfluss durch die Vorbewitterung auf die Windsogwiderstandsfähigkeit ersichtlich. Ihre Versuchsverläufe sind in den Abbildungen 4-28 und 4-29 dargestellt. Prüfwand *4.1_D4_ETAG* hält Unterdrücken von maximal -3,5 kPa stand, an der hygrothermisch vorbewitterten Prüfwand *4.2_D4_ETAG* lässt sich durch erzielten Maximaldruck von -4 kPa sogar eine leichte Steigerung der Widerstandsfähigkeit feststellen. Die auftretenden Maximalverformungen von ca. 60 mm beim Bruch sind identisch.

Ebenso wie bei den verklebten Prüfwänden erfolgt als Zusatz ein Vergleich der Ventilarbeit, das Verfahren ist unter 1.) auf Seite 87 beschrieben. Dargestellt ist die Ventilarbeit für die Laststufen 40 % und 60 % jedes Zyklus der beiden Prüfwände über den Gesamtversuchsverlauf in Abbildung 4-46. Ein repräsentativer, direkter Vergleich der Ventilarbeit beider Prüfwände ist bis einschließlich Zyklus 8 möglich, da die Prüfwand *4.1_D4_ETAG* ab Zyklus 9 erste windsogbedingte Schädigungen im Putzsystem aufwies. Der repräsentative Bereich ist im Diagramm hervorgehoben.

Analog zur rein in Verklebung ausgeführten Serie lässt sich für die zusätzlich hygrothermisch vorbewitterte Prüfwand 4.2 in der vierzig-, als auch in der sechzigprozentigen Laststufe eine höhere Ventilarbeit feststellen. Sie liegt um bis zu Faktor 2 oberhalb der unbewitterten Prüfwand. Schlussfolgernd hieraus lässt sich eine, infolge der hygrothermischen Vorbewitterung entstehende Abnahme der Dichtigkeit des WDVS feststellen.

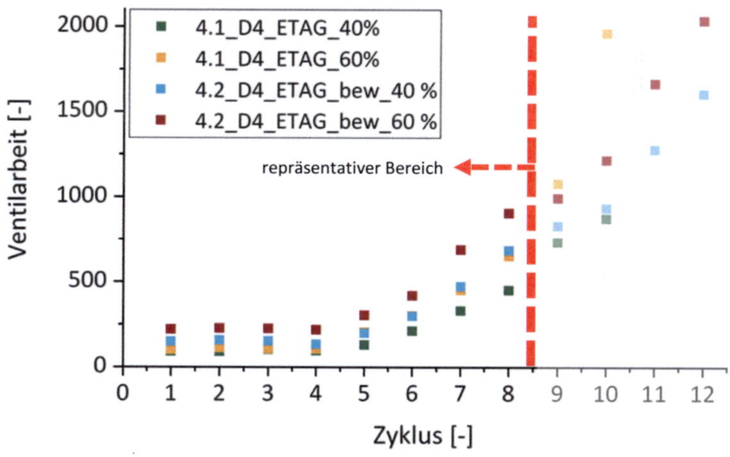


**Abbildung 4-46: Vergleich der Ventilarbeit: Darstellung der Mittelwerte über 20 Druckstöße der Laststufen 40 % und 60 % der Prüfwände 4.1_D4_ETAG und 4.2_D4_ETAG_bew**

#### 4.3.2.4 Zusammenfassung

In Summe wurde die charakteristische Widerstandsfähigkeit sowie das Systemverhalten im Lastfall Windsog an sieben im Dübelschema Fuge/Fläche ausgeführten Prüfwänden ermittelt. Dabei wurde festgestellt, dass eine Erhöhung der Dübelmenge erwartungsgemäß zu einer Steigerung der Prüfwandbeanspruchbarkeit führt, welche jedoch nicht lineare mit der Dübelanzahl korreliert. Die ermittelten charakteristischen Widerstandsfähigkeiten der Systeme liegen bei -3,5 kPa bzw. -4 kPa (4 Dübel/m² WDVS) bis -5,5 kPa (8 Dübel/m² WDVS) bzw. -6 kPa (Gewebedübelung). Eine Tragfähigkeitsminderung infolge zyklischer Belastung ließ sich bei Vergleich mit einer verkürzt belasteten Prüfwand nicht nachweisen. Bei der oberhalb des Gewebes gedübelten sowie der mittels 8 Dübeln/m² WDVS ausgeführten Prüfwand trat bis zur Maximalbelastung von -6 bzw. -5,5 kPa kein vollständiges Systemversagen unter Bruchkegelausbildung auf.

Versuchsbegleitend ließen sich bereits vor dem Bruch mit steigender Belastung zunehmende Verformungen im Zentimeterbereich feststellen. Analog zu den Kleinformatversuchen ergaben sich die Plastifizierungen des Dämmstoffs infolge komprimierter EPS-Perlen, die sich als ursächlich für die Systemverformungen erwiesen. Es zeigte sich ein generell membranartiges Verformungsverhalten mit Maximalverformung in der Prüfwandmitte.

Der Ablauf des Versagensprozesses konnte anhand der Messdübeldaten sowie des Prüfwandrückbaus ermittelt werden. Er beginnt mit sogbedingt voranschreitender Dämmstoffverformungen im Bereich unterhalb der Dübelteller. Bei ca. 4 cm Verformung erfolgt das, sich meist unter Bruchkegelausbildung einstellende Versagen des EPS. Die Systemverformungen übertragen sich auf das Putzsystem, welches letztlich als Folge der Dämmplattenverformungen aufbricht. Es verhindert jedoch durch seine Membrantragwirkung bei zeitgleich noch vorhandener Tragfähigkeit der umliegenden WDVS-Bereiche ein vollständiges Herauslösen der versagten Dämmplatte.

Es ließ sich keine Tragfähigkeitsminderung, jedoch durch den Vergleich der Ventilarbeit erhöhte Undichtigkeiten eines hygrothermisch vorbewitterten Systems feststellen.

Unter zyklischer Windsogbelastung sowie mittels einer erfolgten Zusatzbelastung konnte für ein oberhalb des Gewebes gedübeltes System im Vergleich zu den dämmplattenoberflächenbündig gedübelten Prüfwänden eine verbesserte Tragfähigkeit sowie ein deutlich reduziertes Systemverformungsverhalten festgestellt werden. Der Rückbau des Prüfkörpers zeigte als Ursache den erweiterten Lasteinzugsbereich der einzelnen Dübel infolge der zwischen Dübelteller und Dämmstoff befindlichen Armierschicht.

### 4.3.3 In Dämmplattenfläche gedübelte WDVS

#### 4.3.3.1 Grundlage, Umfang und Zielsetzung der Versuche

Insgesamt werden alternativ zum Schema Fuge/Fläche vier rein durch Dübelung in Plattenfläche befestigte WDVS-Aufbauten auf ihre Widerstandsfähigkeit im Windsogprüfstand untersucht. Die Dübel werden nach dem Schema Fläche gleichmäßig und ausschließlich in der Plattenfläche angeordnet. Es werden lediglich Prüfwände mit oberflächenbündig, unterhalb des Armiergewebes gesetzten Dübeln nach standardisiertem zyklischen Verfahren entsprechend ETAG 004 geprüft. Der Versuchsumfang ist in Tabelle 4-9 aufgeführt

Ziel der Versuchsreihe ist, das Systemverhalten im Lastfall Windsog unter Ermittlung charakteristischer Windsogwiderstandsfähigkeiten von in der Plattenfläche gedübelten WDVS zu untersuchen. Dies dient auch zwecks Vergleichs des Trag- und Verformungsverhaltens mit den nach dem Schema Fuge/Fläche ausgeführten Systemen. Entgegen aktueller Mindestanforderungen wird die Prüfwand *3.1_D2A-ETAG* nur mit 2 Dübeln/m² WDVS bzw. einem Dübel pro Dämmstoffplatte ausgeführt, um das in voriger Serie beobachtete, membranartige Verformungsverhalten sowie die daraus abgeleitete, mittragende Wirkung des Putzsystems zu untersuchen. Die weiteren Aufbauten werden mit 4, 6 und 8 Dübeln/m² WDVS ausgeführt.

**Tabelle 4-9: Versuchsumfang der nach Dübelschema Fläche gedübelten WDVS-Prüfwände**

| Prüfwand | Befestigungsart | Art der Windsogprüfung | Zusatzversuche |
|---|---|---|---|
| 3.1_D2A-ETAG | 2 Dübel/m² WDVS | ETAG 004 | - |
| 4.4_D4A_ETAG | 4 Dübel/m² WDVS | ETAG 004 | - |
| 5.2_D6A_ETAG | 6 Dübel/m² WDVS | ETAG 004 | verkürzte Zusatzbelastung |
| 6.2_D8A_ETAG | 8 Dübel/m² WDVS | ETAG 004 | - |

#### 4.3.3.2 Herstellung der Prüfwände und Darstellung der Versuchsverläufe

Die Befestigung der Dämmplatten wird analog zur vorigen, nach dem Schema Fuge/Fläche gedübelten Versuchsreihe entsprechend des ausschließlich über die Verbindungsmittel zu erfolgenden Lastabtrags nur mittels Dübelung ohne Verwendung von Klebemörtel ausgeführt.

Ebenfalls identisch zur vorherigen Versuchsreihe werden Systemdübel sowie Messdübel zur Ermittlung der Dübelkräfte für die Dämmplattenbefestigung verwendet. Die Dübelbilder sind Tabelle 4-1 sowie den Prüfwanddarstellungen im Anhang D.1 zu entnehmen.

Alle Prüfwände werden mit luftdichter Armierschicht ohne weitere Beschichtung ausgeführt. Der Aufbau der Prüfwände ist auszugsweise in den Abbildungen 4-47 und 4-48 dargestellt.

**Abbildung 4-47: In Plattenfläche gesetzter Systemdübel (links) sowie unverputzte Prüfwand 3.1_D2A_ETAG (rechts) mit eingezeichneter ungefährer Lage der Randandichtung als Markierung des Prüfbereichs im Windsogversuch**

**Abbildung 4-48: Prüfwand 6.2_D8A_ETAG mit eingezeichneter ungefährer Lage der Randandichtung als Markierung des Prüfbereichs im Windsogversuch (links) sowie mit aufgetragener Armierschicht (rechts)**

Die Messdaten der Einzelprüfungen der Versuchsreihe mit ausschließlich in Plattenfläche ausgeführter Dübelung sind in den nachfolgenden Abbildungen 4-49 bis 4-57 dokumentiert. Die Darstellung erfolgt analog in identischer Form zu den vorigen Versuchsreihen. Den Diagrammen zu entnehmen sind die Gesamtversuchsverläufe sowie die Messwerte zum Bruchzeitpunkt bzw. der Maximalbelastung vor Versuchsende. Neben den Druck- und Wegmessdaten sind auch hier - sofern auswertbar verfügbar - die Messdübeldaten auszugsweise dokumentiert, ihre Anordnung und Lage ist den modellhaften Prüfwanddarstellungen im Anhang D.1 zu entnehmen. Für weitere Erläuterungen zu den generellen Versuchsverlaufsdarstellungen wird auf Abschnitt 4.3.2.2 verwiesen.

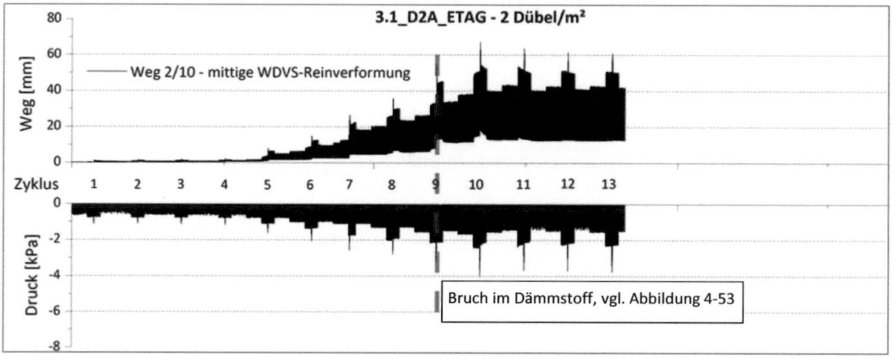


**Abbildung 4-49: Gesamtversuchsverlauf der Windsogprüfung nach ETAG 004 an Wand 3.1_D2A_ETAG**

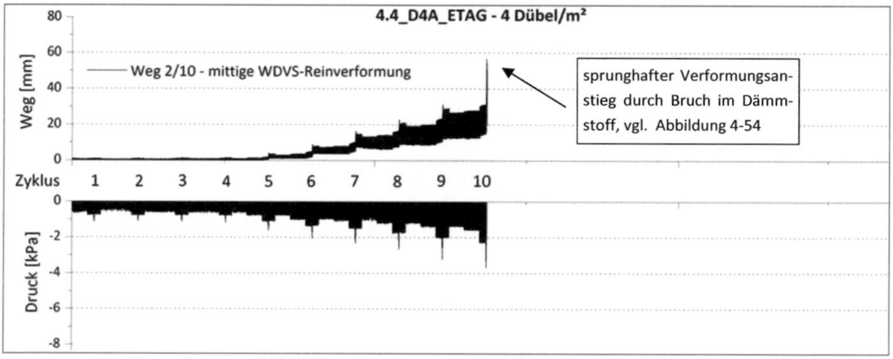


**Abbildung 4-50: Gesamtversuchsverlauf der Windsogprüfung nach ETAG 004 an Wand 4.4_D4A_ETAG**

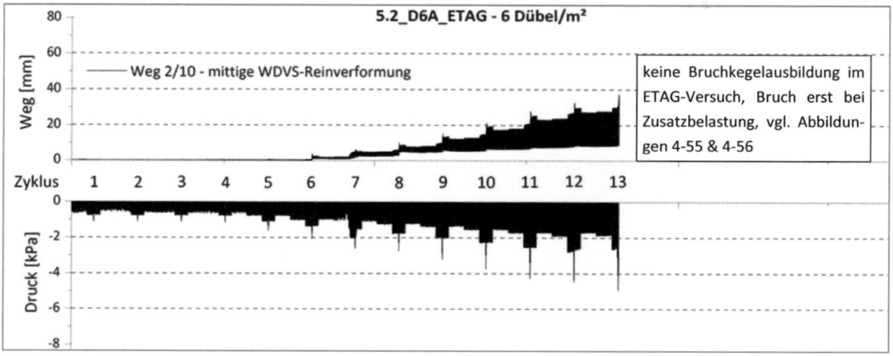


**Abbildung 4-51: Gesamtversuchsverlauf der Windsogprüfung nach ETAG 004 an Wand 5.2_D6A_ETAG**

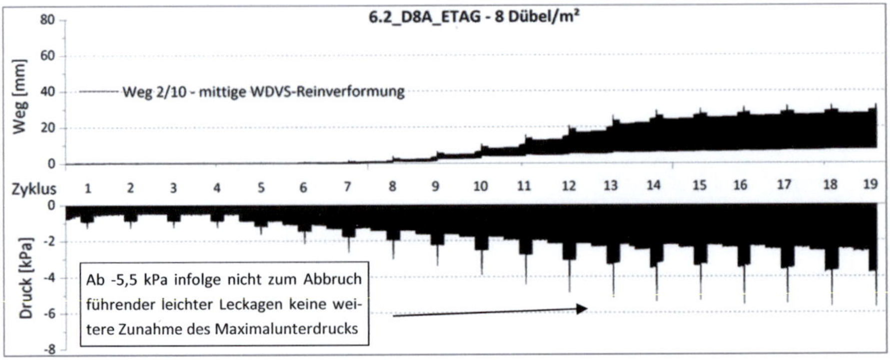


**Abbildung 4-52: Gesamtversuchsverlauf der Windsogprüfung nach ETAG 004 an Wand 6.2_D8A_ETAG**

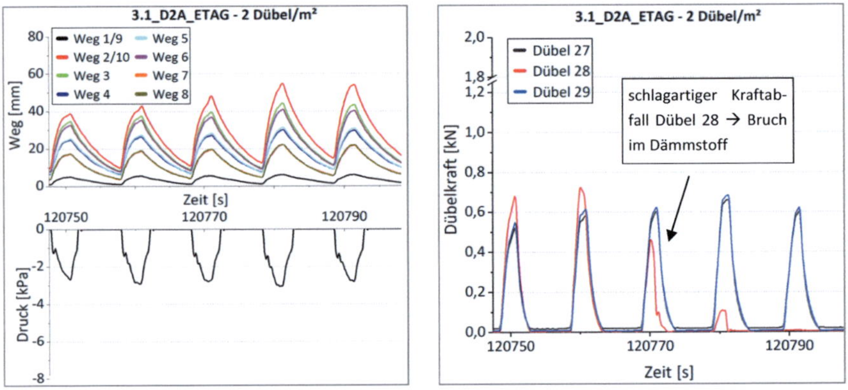


**Abbildung 4-53: Versagen von 3.1_D2A_ETAG, Druck- und Verformungsmessdaten (links), Messdübeldaten (rechts)**

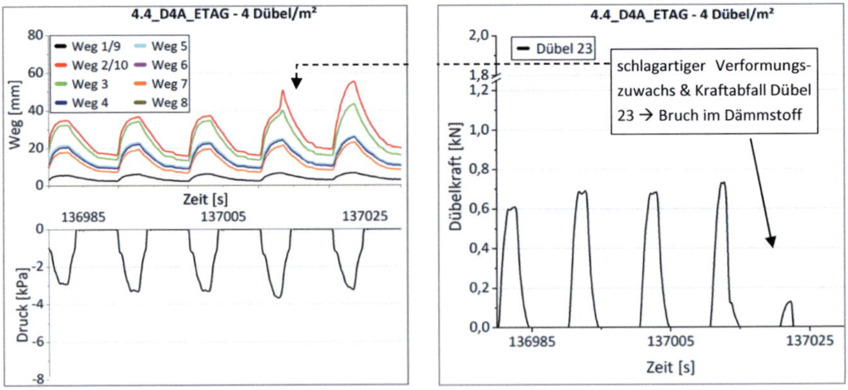


**Abbildung 4-54: Versagen von 4.4_D4A_ETAG, Druck- und Verformungsmessdaten (links), Messdübeldaten (rechts)**

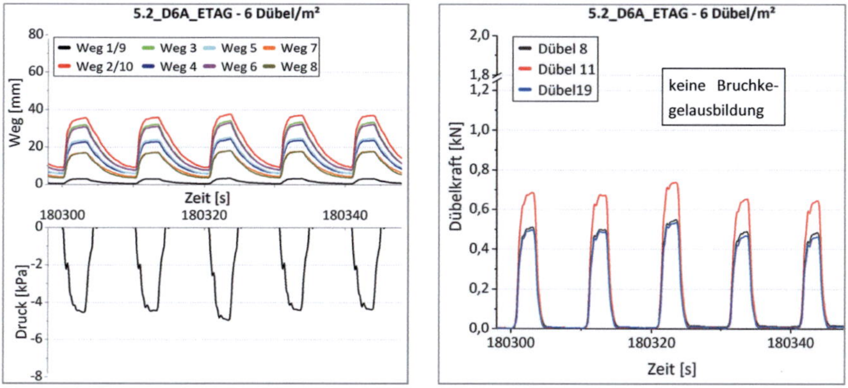


**Abbildung 4-55: Max. von 5.2_D6A_ETAG, Druck- und Verformungsmessdaten (links), Messdübeldaten (rechts)**

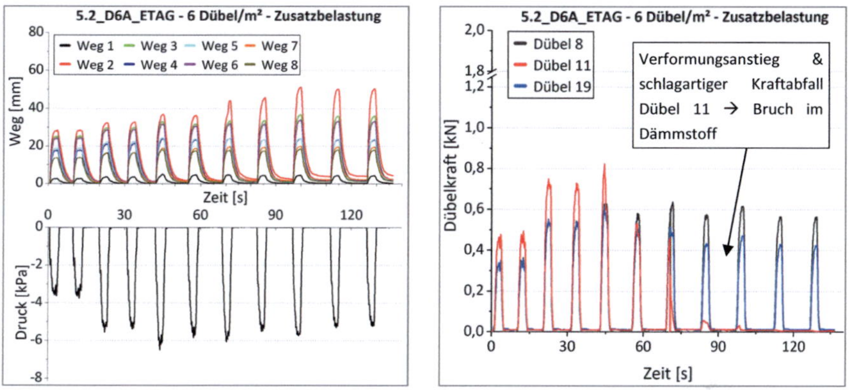


**Abbildung 4-56: Zusatz an 5.2_D6A_ETAG, Druck- und Verformungsmessdaten (links), Messdübeldaten (rechts)**

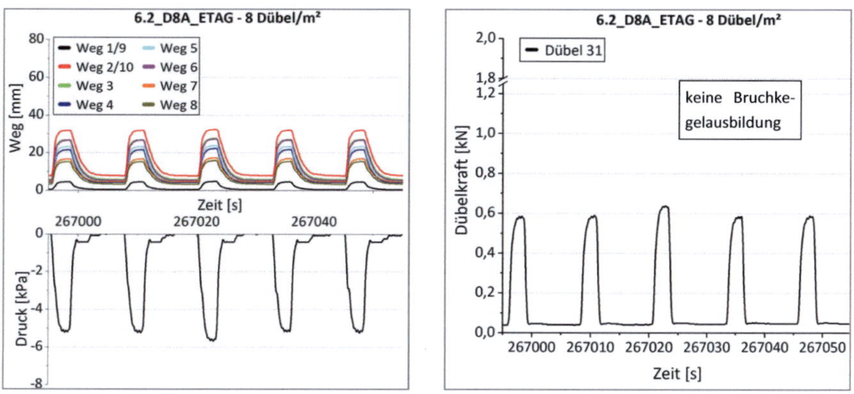


**Abbildung 4-57: Max. von 6.2_D8A_ETAG, Druck- und Verformungsmessdaten (links), Messdübeldaten (rechts)**

#### 4.3.3.3 Versuchsbeobachtungen und Ergebnisse

Eine Übersicht über die maximal erzielten Unterdrücke bzw. der Versagenslasten mit zugehöriger Versagensart enthält Tabelle 4-10. Die jeweils mittig im Windsogfenster angeordneten, nach Prüfungsende den Prüfkörpern entnommenen Dämmplatten sind zwecks Bruchdokumentation fotografisch im Anhang D.2 in Tabelle D-11 enthalten.

**Tabelle 4-10: Übersicht der Prüfergebnisse der nach Dübelschema Fläche gedübelten WDVS-Prüfwände**

| Prüfwand | Dübel/ m² WDVS | Prüfungsart | Versagensart | Bruchkegelausbildung | max. Verformung nach Versuchsende | maximale Messdübelkraft | Maximalbelastung |
|---|---|---|---|---|---|---|---|
| | | | | | [mm] | [kN] | [kPa] |
| 3.1_D2A_ETAG | 2 | ETAG 004 | Bruch bzw. Verformung des EPS im Druckbereich unterhalb der Dübelteller, anschließender Bruch des Putzsystems | ja | 13 | 0,72 | -3,0 |
| 4.4_D4A_ETAG | 4 | ETAG 004 | | ja | 20 | 0,72 | -3,5 |
| 5.2_D6A_ETAG | 6 | alternativ, verkürzt | | nein (ja)* | 10 (4)* | 0,74 (0,82)* | -5 (-6,5)* |
| 6.2_D8A_ETAG | 8 | ETAG 004 | | nein | 7,5 | 0,64 | -5,5 |
| * Werte in Klammern stellen Ergebnisse des Zusatzversuchs dar, max. Verformung ohne plastische Verformung aus vorherigem ETAG-Versuch | | | | | | | |

Den Gesamtversuchsverläufen aus den Abbildungen 4-49 bis 4-52 sind analog zur vorigen Versuchsreihe mit Dübelung nach dem Schema Fuge/Fläche auch bei den rein in Plattenfläche gedübelten WDVS auffallend hohe, im Zentimeterbereich liegende Verformungen bei Maximalbelastung zu entnehmen. Sie liegen vergleichsweise etwas unterhalb der vorigen Serie und steigen vor dem Bruch auf ein leicht geringfügigeres Maß von 30-35 mm an. Deutliche plastische Deformationen vor dem Brucheintritt, beginnend bei den Zyklen mit Maximalbelastung von ca. -1,5 kPa bei den mittels 2 und 4 Dübeln/m² WDVS ausgeführten Prüfwänden sind ebenfalls anhand der Differenz zwischen den Wegverläufen und der Horizontalachsen der Gesamtversuchsverlaufsdarstellungen ersichtlich. Ihr im Prüfverlauf durch die Messsensorik ermitteltes Maß bestätigt sich beim Prüfkörperrückbau (vgl. Sensormessdaten von Prüfwand *4.4_D4A_ETAG* aus Tabelle 4-10 mit händischer Messung in Abbildung 4-58, links). Genaueren Aufschluss zur Auswirkung des Dübelschemas liefert die, auf Grundlage der Bruchkegelvermessung durchgeführte, geometrische Auswertung in Abschnitt 4.5.1.3.

Ebenso vergleichbar zu den Wänden mit Dübelung nach dem Schema Fuge/Fläche ist das Versagensbild. Es äußert sich durch ein Aufbrechen des Putzes infolge der unterhalb der Dübelteller entstehenden Dämmplattenverformungen, welche unmittelbar an das Putzsystem weitergeleitet werden. Der Rissverlauf erfolgt für die vier Prüfwände einheitlich analog zu den nach Fuge/Fläche gedübelten Systemen zwischen den beiden unteren Dämmstoffplattenreihen im Windsogfenster (vgl. Abbildung 4-43).

Die Prüfwände mit 2 bzw. 4 Dübeln/m² WDVS versagten während der ETAG Prüfung unter Ausbildung von Bruchkegeln an der mittig im Prüffenster liegenden Dämmplatte. Erkennbar ist dies anhand der schlagartig abfallenden Kraft des Messdübels 28 bei Prüfwand *3.1_D2A_ETAG* (Abbildung 4-53, rechts) bzw. 23 bei Wand *4.4_D4A_ETAG* (Abbildung 4-54, rechts).

An den mit 6 und 8 Dübeln/m² WDVS befestigten Wänden *5.2_D6A_ETAG* und *6.2_D8A_ETAG* wurden nach der ETAG-Prüfung Bruchkegelanrisse unterhalb der Dübelteller beobachtet, es erfolgte kein vollständiges Dämmstoffversagen. Diesbezüglich wurde die Prüfwand *5.2_D6A_ETAG* in einer verkürzten, in Abbildung 4-56 dokumentierten Zusatzbelastung bis zum Bruch belastet. Ein vollständiges Dämmplattenversagen ergab sich bei einem Unterdruck von -6,5 kPa. Zu entnehmen ist dies der absinkenden Dübelbelastung des Dübels 19 im Diagramm sowie dem Bruchbild aus Abbildung 4-58 (rechts).

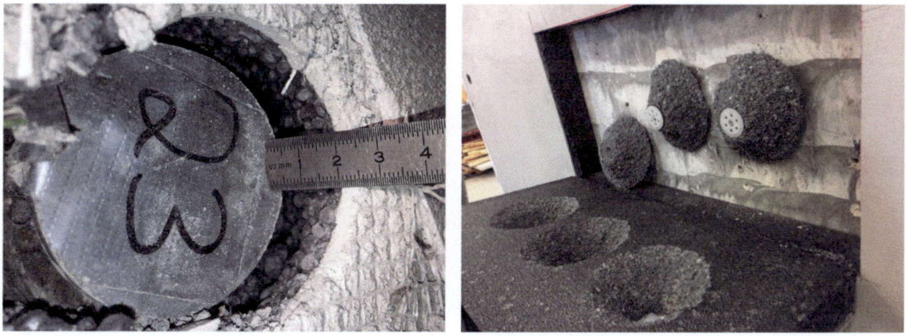


**Abbildung 4-58: Messung der Verformung von 20 mm beim Rückbau an Prüfwand 4.4_D4A_ETAG, vgl. Messdaten aus Tabelle 4-10 (links), Bruchbild der mittig im Prüffenster angeordneten Dämmplatte von Prüfwand 5.2_D6A_ETAG nach der Zusatzbelastung (rechts)**

Die Prüfwand *6.2_D8A_ETAG* erfuhr bedingt durch die Dämmplattenverformungen erste Undichtigkeiten bei einem Unterdruck von -5,5 kPa. Infolge zu geringer Änderungsraten der Volumenströme wurde die Prüfung dennoch fortgesetzt. Hier ließ sich in den darauffolgenden Zyklen die Maximalbelastung jedoch nicht mehr steigern, ebenso ist kein nennenswerter weiterer Anstieg der Verformungen zu erkennen (vgl. Abbildung 4-52). Sie ließ sich infolge bereits zu hoher Undichtigkeiten auch in einer hier nicht aufgeführten Zusatzbelastung nicht ausreichend mittels Unterdruck bis zum endgültigen Bruch nachbelasten.

Auffallend ist die vergleichsweise hohe Belastbarkeit der mit 2 Dübeln/m² WDVS ausgeführten Prüfwand *3.1_D2A_ETAG*. Mit maximal -3 kPa liegt sie nur knapp unterhalb der Bruchlast des mit 4 Dübeln/m² ausgeführten WDVS (-3,5 kPa). Es ist eine membranartige Systemverformung im Prüfstand mit Maximum in Wandmitte zu beobachten, die zur umlaufenden Randandichtung hin abnimmt. Die Verformungsabnahme ist bedingt durch die am Prüffensterrand verhinderte Horizontalverformung. Anhand der Messdübeldaten lässt sich aufzeigen, dass vor dem Bruch im Mittel nur ca. 45 % der Windsoglast durch die Messdübel abgeleitet werden (vgl. max. aufgebrachter Unterdruck von -3 kPa mit den aus den Messdaten der Einzeldübel errechneten äquivalenten Messdübelbelastung von -1,3 kPa nach Gleichung Gl. (4.2). Die Kombination dieser beiden Beobachtungen lässt den Schluss zu, dass die übrigen Soglasten von dem membranartig mittragenden Putzsystem aufgenommen und auf die umgebenden, tragfähigen Systembereiche verteilt werden. Durch die so erfolgende Lastweiterleitung bis in die Randandichtung ist eine über die Tragfähigkeit der Dämmstoff-Dübel-Verbindung von -1,3 kPa hinausgehende Beanspruchung dieser Prüfwand im Windsogversuchsstand auf bis zu -3 kPa möglich.

Die Beobachtungen zeigen, dass im Fall einer lokal versagten Dämmplattenfixierung das Putzsystem für kleine Versagensbereiche als Absturzsicherung fungieren kann, sofern benachbarte Dämmplatten noch hinreichend tragfähig sind.

Für die untersuchten Prüfwände ist mit steigender, quadratmeterbezogener Dübelanzahl eine Erhöhung der charakteristischen Widerstandsfähigkeit von -3,5 kPa auf -5,5 kPa festzustellen, die Prüfwand mit 2 Dübeln/m² WDVS ist hier ausgenommen. Die Ergebnisse liegen auf vergleichbarem Niveau der Serie Fuge/Fläche. Es lässt sich ebenso jedoch kein lineares Verhältnis zwischen Dübelmengen und erzielten Widerstandsfähigkeiten feststellen.

Berechnung der zur Sogbeanspruchung äquivalenten Messdübelbelastung in kPa an Prüfwand *3.1_D2A_ETAG*, Werte für $D_{E,i}$ entstammen Abbildung 4-53. Umrechnung zwecks Vergleichbarkeit mit aufgebrachtem Unterdruck:

$$D_{äq} = \frac{\sum D_{E,i}}{i} * n = \frac{0{,}72 + 0{,}61 + 0{,}60}{3} * 2 = 1{,}3\ kPa \qquad \text{Gl. (4.2)}$$

Dabei ist:

| | | |
|---|---|---|
| $D_{äq}$ | äquivalente Messdübelbelastung | [kPa] |
| $D_{E,i}$ | Belastung eines Einzelmessdübels | [kN] |
| $i$ | Anzahl der zur Berechnung herangezogenen Messdübel | [Dübel] |
| $n$ | Anzahl der verwendeten Dübel/m² WDVS | [Dübel/m²] |

#### 4.3.3.4 Zusammenfassung

In Summe konnten vier mittels alternativer Dübelung befestigte Wärmedämmverbundsysteme erfolgreich im dynamischen Windsogversuch nach ETAG 004 geprüft werden. Die nach EAD ermittelten charakteristischen Widerstandsfähigkeiten der Systeme mit 4-8 Dübeln/m² WDVS liegen bei, -3,5 kPa (4 Dübel/m²), -5 kPa (6 Dübel/m²) und -5,5 kPa (2 Dübel/m²) und somit auf selbigem Niveau, wie bei der Serie Fuge/Fläche. Entsprechend lässt sich analog zur vorigen Serie kein lineares Verhältnis zwischen Dübelmenge und Bruchlast beobachten.

Die bereits im vorigen Abschnitt versuchsbegleitend festgestellten, vor dem Bruch auftretenden und mit Laststeigerung zunehmenden Verformungen treten hier in vergleichbarer Form auf. Ebenso konnte erwartungsgemäß eine Komprimierung des Dämmstoffmaterials während des Versuchsverlaufs und die damit einhergehende, voranschreitende Plastifizierung innerhalb der Serie mit Dübelung in Dämmplattenfläche festgestellt werden. Das Systemversagen ist identisch zur vorigen Serie Fuge/Fläche, es tritt, teils begleitet durch die Ausbildung von Bruchkegeln, durch die Dämmstoffverformungen ausgelösten Rissbildungen im Putzsystem ein.

Insbesondere anhand der Untersuchungen an Prüfwand *3.1_D2A_ETAG* ließ sich eine absturzsichernde Wirkung des Putzsystems feststellen. Sie ergibt sich aus der durch die Dämmplattenverformung aktivierten Membrantragfähigkeit, welche an dieser Prüfwand für eine, über den Dämmplattenbruch hinausgehende Windbelastbarkeit sorgt. Es ließen sich Maximalunterdrücke von -3 kPa aufbringen, ein Versagen der Dämmstoff-Dübel-Verbindung trat bei -1,3 kPa auf.

### 4.3.4 Verklebt und gedübelte WDVS

#### 4.3.4.1 Grundlage, Umfang und Zielsetzung der Versuche

Zwei Prüfwände werden in verklebt und gedübelter Ausführung im Windsogversuchsstand untersucht. Der Versuchsumfang ist in Tabelle 4-11 aufgeführt.

Bis dato ist nicht erforscht, wie sich der Lastabtrag innerhalb dieser, mittels kombinierter Befestigungsmethode installierten Systeme verhält. Unklar ist, wie sich die abzutragenden Windsoglasten auf Verklebung und Dübelung bei intakter Klebeverbindung verteilen (vgl. [31]). Dies könnte neben mangelnder messtechnischer Möglichkeiten auch darin begründet liegen, dass statisch relevant gedübelte Systeme, die immer auch zu verkleben sind, aktuell auf der sicheren Seite liegend ohne Verklebung auf ihre Tragfähigkeit im Lastfall Windsog untersucht werden.

Ziel der Versuche ist die Ermittlung der charakteristischen Windsogwiderstände sowie die Analyse des Verformungs- und Bruchverhaltens an kombiniert verklebt und gedübelt ausgeführten Prüfreihen. Zudem soll anhand der Messdübeldaten die bis dato unbekannte innere Kräfteverteilung des Windlastabtrags zwischen Dübelung und Klebung ermittelt werden.

**Tabelle 4-11: Versuchsumfang der verklebt und gedübelten WDVS-Prüfwände**

| Prüfwand | Befestigungsart | Art der Windsogprüfung | Zusatzversuche |
|---|---|---|---|
| 8.1_D4K40_ETAG | Verklebung 40 %<br>4 Dübel/m² WDVS | ETAG 004 | - |
| 8.2_D4K>40_ETAG | Verklebung > 40 %<br>4 Dübel/m² WDVS | ETAG 004 | - |

#### 4.3.4.2 Herstellung der Prüfwände und Darstellung der Versuchsverläufe

Die teilflächige Verklebung der Dämmplatten erfolgt bei Prüfwand *8.1_D4K40_ETAG* analog zur Versuchswand *1.1_K40_ETAG* im Punkt-Wulst-Verfahren mit einem Flächenanteil von 40 %. Der exakte Klebeflächenanteil wird hier mittels auf den Dämmplatten angeordneten Schablonen erzielt. Die Prüfwand *8.2_D4K>40_ETAG* wird ohne Einsatz von Schablonen ebenfalls im Punkt-Wulst-Verfahren verklebt, die Klebemenge wird so gewählt, dass die Fläche einen größeren Bereich als die mindestens geforderten 40 % abdeckt. Es wurde ein tatsächlich erzielter Klebeflächenanteil von ca. 60 % ermittelt (vgl. Abbildung 4-67). Nach ausreichender Klebemörtelerhärtung werden an beiden Wänden zusätzlich 4 Dübel/m² WDVS in den Dämmplattenfugen gesetzt. Die Dübelung erfolgt nach dem Schema Fuge/Fläche identisch zu den vorigen Versuchsreihen dämmplattenoberflächenbündig, zudem werden stellenweise Messdübel zwecks Analyse des Lastabtrags gesetzt.

Das aufgetragene Putzsystem besteht hier ebenfalls lediglich aus der Armierschicht. Den Prüfwandaufbau zeigen nachfolgende Abbildungen 4-59 und 4-60.

**Abbildung 4-59: Verklebung der Dämmplatten an Prüfwand 8.2_D4K>40_ETAG, Flächenanteil > 40 %, Ausführung im Punkt-Wulst-Verfahren (links), gesetzter Messdübel im Fugenbereich (rechts)**

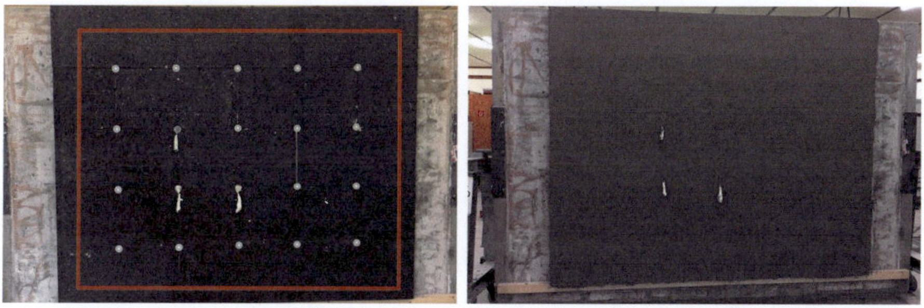

**Abbildung 4-60: Prüfwand 8.1_D4K40_ETAG mit eingezeichneter ungefährer Lage der Randandichtung als Markierung des Prüfbereichs im Windsogversuch (links) sowie mit aufgetragener Armierung (rechts)**

Die im Versuchsverlauf aufgezeichneten Messwerte der geklebt und gedübelten Wände sind nachfolgend in den Abbildungen 4-61 bis 4-64 dokumentiert. Dargestellt sind in den Gesamtversuchsverläufen die maximalen Prüfwandverformungen mit den zugehörigen Unterdrücken. Zudem werden analog zu den vorigen Versuchsreihen die Messdaten zum Bruchzeitpunkt detailliert dargestellt. Neben den Druck- und Wegmessdaten sind ebenso die verwertbaren Messdübeldaten enthalten. Die Lage der Messsensorik ist Abbildung 4-5, die Messdübelanordnungen der Prüfwände den modellhaften Darstellungen im Anhang D.1 zu entnehmen. Für die generelle Beschreibung der Versuchsverlaufsdarstellungen wird auf Abschnitt 4.3.2.2 verwiesen.

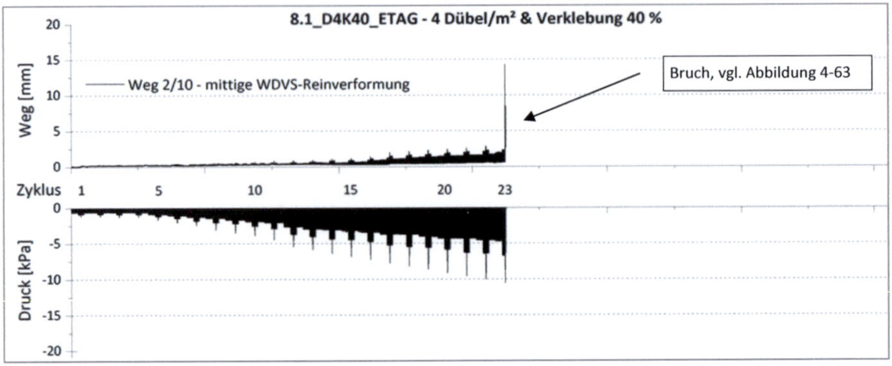


**Abbildung 4-61: Gesamtversuchsverlauf der Windsogprüfung nach ETAG 004 an Wand 8.1_D4K40_ETAG**

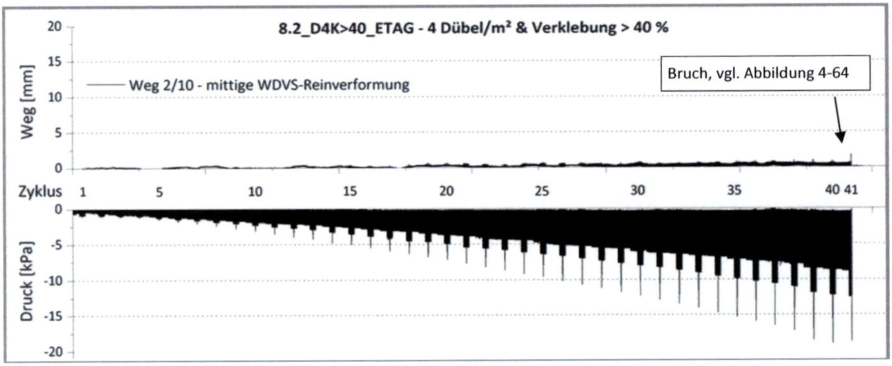


**Abbildung 4-62: Gesamtversuchsverlauf der Windsogprüfung nach ETAG 004 an Wand 8.2_D4K>40_ETAG**

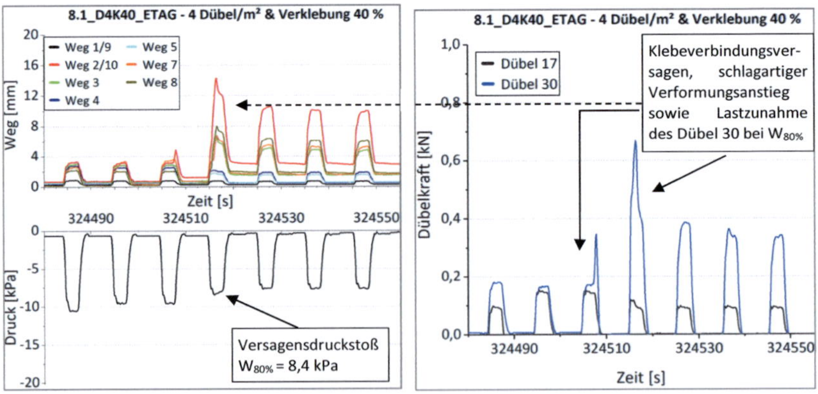


**Abbildung 4-63: Max. von 8.1_D4K40_ETAG, Druck- & Verformungsmessdaten (links), Messdübeldaten (rechts)**

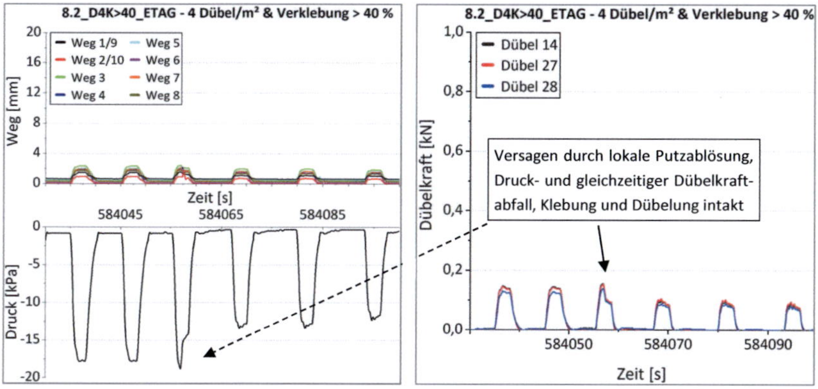


**Abbildung 4-64: Max. von 8.2_D4K>40_ETAG, Druck- & Verformungsmessdaten (links), Messdübeldaten (rechts)**

### 4.3.4.3 Versuchsbeobachtungen und Ergebnisse

Eine Übersicht über die maximal erzielten Unterdrücke bzw. der Versagenslasten mit zugehöriger Versagensart enthält Tabelle 4-12.

**Tabelle 4-12: Übersicht der Prüfergebnisse der verklebt und gedübelten WDVS-Prüfwände**

| Prüfwand | Dübel/m² WDVS bzw. Klebeflächenanteil | Prüfungsart | Versagensart | max. Verformung nach Versuchsende | Maximalbelastung |
|---|---|---|---|---|---|
| | | | | [mm] | [kPa] |
| 8.1_D4K40_ETAG | 4/40 % | ETAG 004 | Dämmplattenablösung infolge des adhäsiven Bruchs zwischen Kleber und EPS | 3 | -10,5 |
| 8.2_D4K>40_ETAG | 4/> 40 % (60 %*) | ETAG 004 | lokal begrenzte Ablösung des Putzsystems | - | -19,0 |
| * ermittelter, wirksamer Klebeflächenanteil der Dämmplatten | | | | | |

Den in den Abbildungen 4-61 und 4-62 dargestellten Gesamtversuchsverläufen ist das grundsätzliche Prüfwandverhalten während des dynamischen Windsogversuchs zu entnehmen. Bei der mittels Schablone verklebten Prüfwand *8.1_D4K40_ETAG* sind ab Zyklus 17 leichte plastische Deformationen in Wandmitte erkennbar. An der mit höherem Klebeflächenanteil ausgeführten Prüfwand *8.2_D4K>40_ETAG* sind auch nach Versuchsende keine nennenswerten bleibenden Verformungen zu registrieren. Beim Vergleich des Versuchsverlaufs mit der rein in Punkt-Wulst-Verklebung ausgeführten Prüfwand aus Abschnitt 4.3.1 lässt sich insbesondere zwischen den Prüfwänden *1.1_K40_ETAG* und *8.1_D4K40_ETAG* ein ähnliches Prüfwandverhalten feststellen (vgl. Abbildung 4-10 mit Abbildung 4-61).

Der durch Putzleckagen ausgelöste Prüfungsabbruch von Prüfwand *8.1_D4K40_ETAG* resultiert aus den Dämmplattenverformungen, welche infolge eines größtenteils adhäsiv verlaufenden Bruchs zwischen EPS und Klebstoff entstehen. Im Bereich unterhalb der Dübelteller ist nach dem Versagen eine Komprimierung des EPS um ca. 1 cm zu erkennen, eine Bruchkegelausbildung findet nicht statt (vgl. Abbildung 4-65). Das in Abbildung 4-63 dargestellte, messtechnisch dokumentierte Versagen tritt schlagartig ohne Vorankündigung beim ersten Druckstoß $W_{80\%}$ der Laststufe 80 % nach Erreichen des Maximaldrucks von -10,5 kPa auf.

Der Prüfungsabbruch von Prüfwand *8.2_D4K>40_ETAG* wird in Zyklus 41 bei -19 kPa ebenfalls infolge auftretender Undichtigkeiten im Putzsystem ausgelöst. Anhand der Messdaten des in Abbildung 4-64 dargestellten Belastungsstoßes ist der zum Bruchzeitpunkt schlagartig abfallende Unterdruck sowie die in gleichem Verhältnis abnehmende Dübelbelastung zu erkennen. Dies zeugt von einer nach wie vor intakten rückseitigen Klebeverbindung sowie tragfähiger Dübelverbindung beim Prüfungsabbruch. Im Prüfwandrückbau zeigt sich der versagensursächliche, lokal begrenzte, im Dämmstoff verlaufende Kohäsionsbruch unmittelbar unterhalb der putzseitigen Dämmplattenoberfläche (vgl. Abbildung 4-66). Die Dämmplatte ist bei der Herstellung vollflächig mit dem Putzsystem verbunden. Daher ist ein direkter Vergleich mittels der ebenfalls an vollflächig verklebten Dämmstoffproben aus den Untersuchungen an kleinformatigen Proben zur Ermittlung der Zugfestigkeit senkrecht zur Plattenebene möglich. Das Dämmstoffversagen tritt im Rahmen der zyklischen Sogbeanspruchung mit -19 kPa deutlich früher auf, als infolge der im Kleinformatversuch ermittelten Haftzugfestigkeit des EPS von 115 kPa. Die Bruchlastreduzierung beträgt im direkten Vergleich ca. 83 %.

Als ursächlich für die im Vergleich zur Wand *8.1_D4K40_ETAG* dennoch deutlich höhere Windsogbeanspruchbarkeit von -19 kPa wird der vergrößerte Klebeflächenanteil von ca. 60 % (vgl. Abbildung 4-67) angenommen.

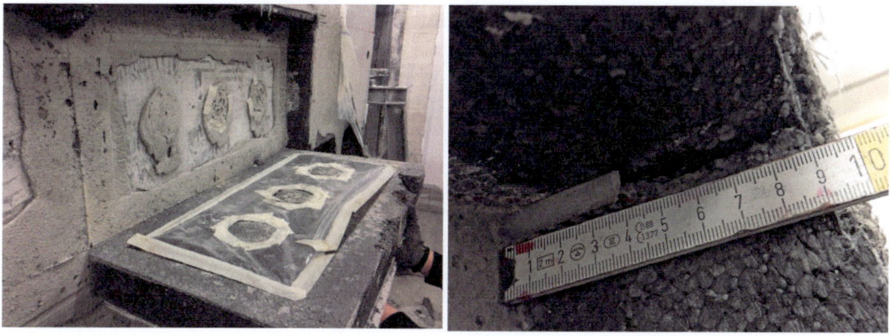

**Abbildung 4-65: Bruchdokumentation von Prüfwand 8.1_D4K40_ETAG mit Klebeflächenanteil von 40 %: größtenteils adhäsiv zwischen Kleber und EPS abgelöste Dämmplatte (links), um 1 cm komprimierter Druckbereich ohne Bruchkegel unterhalb des Dübeltellers (rechts)**

**Abbildung 4-66: Bruchdokumentation von Prüfwand 8.2_D4K>40_ETAG mit Klebeflächenanteil von > 40 %: aufgebrochenes Putzsystem (links, Ansicht durch Scheibe) infolge kohäsiv im Dämmstoff abgelöster Putzbereiche (rechts)**

Prüfwand:

8.2_D4K>40_ETAG

tatsächlich wirksamer Klebeflächenanteil von ca. 60 % rot markiert

**Abbildung 4-67: Rückseitige Ansicht der teilflächig verklebten Dämmplatte von Prüfwand 8.2_D4K>40_ETAG mit nachträglich rot gekennzeichnetem wirksamen Klebeflächenanteil von ca. 60 %**

Das Lastabtragverhalten der kombiniert befestigten Systeme wird anhand der Darstellungen der Messdübeldaten in Abbildung 4-63 sowie Abbildung 4-64 ersichtlich. Bei intaktem WDVS mit kraftschlüssig verbundenen Systemkomponenten, einschließlich funktionstüchtiger Klebeverbindung, wird ein Bruchteil der abzutragenden Windsoglast über die Dübel eingeleitet. Dies verdeutlicht der Dübelkraftverlauf während der Druckstöße vor dem Versagen an beiden Prüfwänden.

Zwecks aufschlussreicherer Darstellung sind die im Prüfverlauf gemessenen Dübellasten sowie ihr prozentualer Anteil am Gesamtlastabtrag jeweils zum Zeitpunkt des Maximalunterdruckstoßes jedes Zyklus ermittelt worden. Die Dübelbelastungen werden dabei zwecks Vergleichbarkeit mit den einwirkenden Unterdrücken quadratmeterbezogen als kPa-Äquivalent nach Gleichung Gl. (4.2) angegeben.

Die Ergebnisse sind in Abbildung 4-68 dokumentiert, die Grafik beschreibt zyklusabhängig die äquivalente Gesamtdübellast (rot gekennzeichnet) sowie den daraus abgeleiteten, prozentualen Dübelanteil an der Gesamtlast (schwarz gekennzeichnet). Es zeigt sich für beide Prüfwände innerhalb der ersten Belastungszyklen ein prozentualer Dübelanteil am Gesamtlastabtrag von maximal 12-15 %. Ihr Lastanteil reduziert sich im weiteren Prüfverlauf mit steigender Windsogbelastung auf 6 % (*8.1_D4K40_ETAG*, Zyklus 23) bzw. 3 % (*8.2_D4K>40_ETAG*, Zyklus 41). Ist die Klebeverbindung intakt, wird demnach hierüber der wesentliche Anteil der Windsoglast abgetragen.

Die maximal durch die Dübel abgetragenen Lasten bei intakter Klebeverbindung belaufen sich entsprechend der Messdübeldaten auf 0,64 kPa bei Prüfwand *8.1_D4K40_ETAG* bzw. 0,73 kPa bei Prüfwand *8.2_D4K>40_ETAG*.

Das Lastabtragverhalten während des Versagens der Klebeverbindung lässt sich anhand der Messdaten von Prüfwand *8.1_D4K40_ETAG* feststellen. Die Prüfwand *8.2_D4K>40_ETAG* eignet sich hierzu nicht, da kein Klebe- bzw. Dübelversagen aufgetreten ist. Maßgebend für die Beschreibung der Systemreaktionen ist die während des Bruchvorgangs aufgezeichnete Messdübelbelastung. Sie ist in Abbildung 4-63 dokumentiert. Während des Bruchs der Klebeverbindung erhöht sich die Einzeldübelbelastung des Messdübels 30 schlagartig auf 0,67 kN. Dieser Wert liegt entsprechend der Ergebnisse der Dübeldurchzugversuche aus Kapitel 3.3 im Bereich der maximalen Durchzugwiderstände von Dübeln durch EPS. Aus den gemessenen 0,67 kN lässt sich eine äquivalente Dübelbelastung von ca. 2,7 kPa errechnen. Dies entspricht einem Anteil am Lastabtrag von lediglich 31,5 % an der in Zyklus 23 beim Bruch wirkenden Gesamtbelastung von -8,4 kPa.

Die Dübeltragfähigkeit ist demnach nicht ausreichend, um die vorher durch die Klebung abgetragenen Lasten abzuleiten. Es findet trotz Dübelung zeitgleich zum Klebeversagen ein verformungsbedingtes Putzversagen statt.

Nach dem Bruch folgen drei weitere Belastungsstöße an der Prüfwand. Hier zeigt sich eine bestehende Resttragfähigkeit der Dübelung von 0,35 kN (vgl. Abbildung 4-63). Dies entspricht einer äquivalenten Gesamtdübellast von 1,4 kPa mit einem Dübelanteil an der Gesamtlast von - trotz versagter Klebung - lediglich 18,5 %. Deckungsgleich mit den visuellen Beobachtungen zeigt dies, dass sich der maßgebliche Anteil der Resttragfähigkeit durch die Kombination aus der Membrantragwirkung des Putzsystems sowie der Verspannung der Dämmplattenränder mit den benachbarten, noch tragfähigen Platten ergeben muss. Die sich hierdurch ergebende Verformungsbehinderung des versagten Systembereichs und die damit erzielte Absturzsicherung der gelösten Einzeldämmplatte verhindert die Bruchkegelbildung im Dämmstoff und ermöglicht eine teilweise weiterhin vom Dübel aufnehmbare Lastkomponente.

Eine windsogwiderstandssteigernde Wirkung der Dübelung auf das Wärmedämmverbundsystem kann beim Vergleich der rein verklebt ausgeführten Prüfwand (Bruchlast -13 kPa) mit der identisch verklebten und zusätzlich gedübelten Prüfwand (Bruchlast -10,5 kPa) nicht festgestellt werden. Anzumerken ist, dass die Versagensformen jedoch nicht vergleichbar sind (adhäsives bzw. kohäsives Dämmplattenversagen). Ebenso zeigt der plötzliche Anstieg der Verformung, dass trotz Dübelung vergleichbar zu dem rein verklebten System ebenfalls ein schlagartiges Materialversagen auftritt.

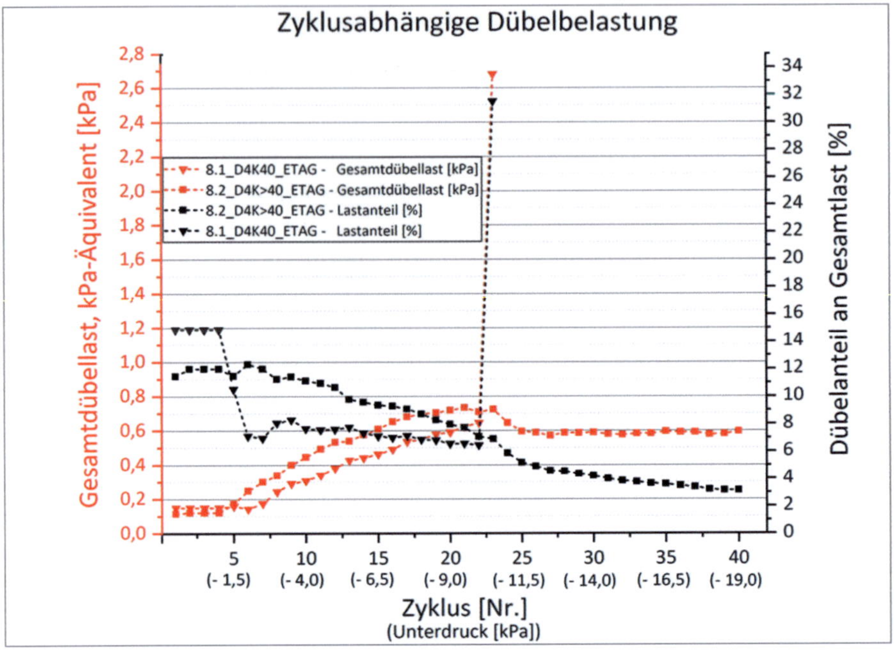


**Abbildung 4-68: Mittlere zyklusabhängige Dübelbelastung der gedübelt und verklebt ausgeführten Prüfwände 8.1_D4K40_ETAG und 8.2_D4K>40_ETAG, äquivalente Gesamtdübellast in kPa, Dübelanteil am Gesamtsystemlastabtrag in %**

#### 4.3.4.4 Zusammenfassung

Zwei mittels teilflächiger Verklebung und zusätzlicher Dübelung ausgeführte Systeme wurden mittels der dynamischen Windsoguntersuchung nach ETAG 004 geprüft. Insbesondere das Zusammenspiel zwischen Klebung und Dübelung konnte hierdurch analysiert werden. Dabei zeigte sich an beiden Systemen ein Verhalten, welches verformungs- und versagenstechnisch prinzipiell dem rein verklebt befestigter Wandaufbauten entspricht. Anhand der Messdübeldaten ließ sich feststellen, dass bei intakter Klebeverbindung maximal 15 % der Windsoglast durch die Dübelung aufgenommen wird, ihr Lastanteil reduziert sich mit steigender Belastung deutlich, der Hauptanteil des Windsogs wird demnach durch die Klebung abgeleitet.

Das Systemversagen von Prüfwand *8.1_D4K40_ETAG* zeigt, dass beim entsprechenden Lastniveau die Dübelung nach einem Bruch der Klebeverbindung die Soglasten nicht vollständig aufnimmt. Es kommt trotz Dübelung zur schlagartigen, sich im Vorfeld nicht abzeichnenden teilweisen Herauslösung einer Dämmplatte aus dem System, welches bedingt durch die weitergeleiteten Verformungen zu einem Aufbrechen des Putzsystems führt. Ein Herabfallen der abgelösten Dämmplatte wird durch eine Kombination der Resttragfähigkeit der Dübelverbindung, der Verspannung der Dämmplattenränder mit den noch tragfähigen Nachbarplatten sowie der Membrantragwirkung des Putzsystems verhindert. Durch die Verformungsbehinderung und der folglich eintretenden Verhinderung des vollständigen Durchstanzens unter Bruchkegelausbildung ergibt sich die festgestellte reduzierte Resttragfähigkeit der Dübel.

Die unter putzseitigem EPS-Abriss bei -19 kPa versagende Prüfwand *8.2_D4K>40_ETAG* weist eine, im Vergleich zur an kleinformatigen Prüfkörpern ermittelten Haftzugfestigkeit um 83 % reduzierte Windsogwiderstandsfähigkeit auf (-19 kPa zu 115 kPa). Entsprechend zeigt sich hier ein im Rahmen der zyklischen Windsogprüfung festgestellter, deutlich tragfähigkeitsmindernder Einfluss infolge der realitätsnahen Belastung.

## 4.4 Untersuchungen an WDVS mit Mineralwolle

Der Aufbau der WDVS mit Mineralwolle besteht aus folgenden Komponenten:

- Mineralwollplatten der Rohdichteklasse 105, Nenndicke 20 cm, Format 120 cm x 20 cm
- Mineralwolllamellen der Rohdichteklasse 75, Nenndicke 20 cm, Format 120 cm x 40 cm
- mineralischer Klebemörtel sowie mineralisches, gewebearmiertes (Maschenweite des Gewebes: 5 mm x 5 mm) Putzsystem, mit mineralischem Oberputz

#### 4.4.1.1 Grundlage, Umfang und Zielsetzung der Versuche

Zwecks Analyse des Windsogverhaltens von WDVS, welches mit Mineralwolle als Dämmstoff ausgeführt ist, werden vier weitere Prüfwände als Ergänzung zu der mittels EPS ausgeführten Hauptversuchsreihe untersucht.

Gemäß aktueller Bestimmungen wird bei Verwendung von Mineralwollplatten zusätzlich zur Verklebung immer eine Verdübelung gefordert. Bei Mineralwolllamellen kann aufgrund der höheren Zugfestigkeit senkrecht zur Plattenebene im unteren Windlastbereich (< -0,8 kPa) auf die zusätzliche Dübelung verzichtet werden. Entgegen dieser Anforderungen werden die Versuche bewusst an ungedübelten, lediglich teilflächig verklebten Systemen durchgeführt, um prüftechnisch auf der sicheren Seite liegend das Systemverhalten unter möglichst kritischen Befestigungsrandbedingungen zu untersuchen.

Es wird eine Wand mit Mineralwolllamellen und drei weitere Prüfwände mit Mineralwollplatten ausgeführt. Ziel der Untersuchungen an den drei baugleich ausgeführten Mineralwollwänden ist neben der Ermittlung des Windsogverhaltens die Untersuchung der Versuchsreproduzierbarkeit im Prüfstand.

Geprüft wird ausschließlich nach dem Verfahren nach ETAG 004, Zusatzversuche und hygrothermische Vorbewitterung erfolgen nicht. Der Versuchsumfang ist in Tabelle 4-13 aufgeführt.

**Tabelle 4-13: Versuchsumfang der verklebten WDVS-Prüfwände mit Mineralwolldämmstoffen**

| Prüfwand | Befestigungsart | Art der Windsogprüfung | Zusatzversuche |
|---|---|---|---|
| 9.1_MiWo_LA_ETAG | Verklebung ≥ 40 % | ETAG 004 | - |
| 9.2_MiWo_PL_ETAG | | ETAG 004 | - |
| 9.3_MiWo_PL_ETAG | | ETAG 004 | - |
| 9.4_MiWo_PL_ETAG | | ETAG 004 | - |

#### 4.4.1.2 Herstellung der Prüfwände und Darstellung der Versuchsverläufe

Der Prüfwandaufbau erfolgt gänzlich durch geschultes Fachpersonal. Der Klebemörtel wird händisch aufgetragen. Bei den schmaleren Mineralwollplatten erfolgt der Auftrag umlaufend als Wulst am Dämmplattenrand, bei der Mineralwolle zusätzlich mittels Klebestreifen in Plattenmitte. Die Klebebilder sind in Abbildung 4-69 dargestellt.

**Abbildung 4-69: Klebemörtelauftrag an Mineralwolllamellen (links) sowie Mineralwollplatten (rechts)**

Die Anordnung der Dämmplatten kann aufgrund der unterschiedlichen Dämmplattenformate nicht einheitlich zu den Systemen mit Dämmstoff EPS erfolgen, sie werden jedoch auch hier so verklebt, dass sich die maximal mögliche Anzahl frei verformbarer, von der Randandichtung nicht erfassten Platten innerhalb des Sogfensters befindet. Die exemplarische Darstellung unverputzter Prüfwände mit eingezeichneter ungefährer Lage der Randandichtung enthält Abbildung 4-70. Modellhaft sind die Versuchsaufbauten mit eingezeichnetem Klebeflächenmuster zudem im Anhang D.1 dargestellt.

Der Auftrag des gewebearmierten Putzmörtels erfolgt unter Verwendung einer Mörtelpumpe. Alle Wände werden zusätzlich mittels händisch aufgetragenem Oberputz versehen. Der Oberputzauftrag dient als reine Vorsichtsmaßnahme. Infolge der erhöhten Luftdurchlässigkeit von Mineralwolldämmung bildet er eine zusätzliche luftdichte Sperrschicht, um die Unterdruckaufbringung einwandfrei zu ermöglichen.

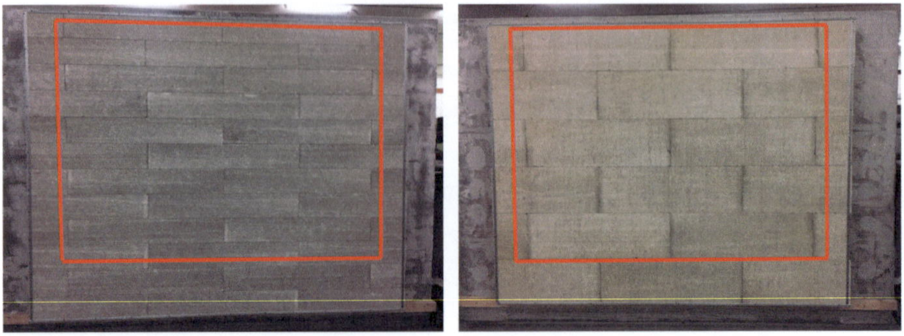

**Abbildung 4-70: Unverputzte Prüfwände mit eingezeichneter, ungefährer Lage der Randandichtung, 9.1_MiWo_LA_ETAG (links), 9.2_MiWo_PL_ETAG (rechts)**

Die Darstellung der Messdaten erfolgt analog zu den vorherigen Versuchsreihen. Aus Gründen der Übersicht enthalten die in den Abbildungen 4-71 bis 4-74 dargestellten zeit- bzw. zyklusabhängigen Gesamtversuchsverläufe die mittigen, reinen WDVS-Verformungen sowie bei Abweichung ggf. zusätzlich die Messdaten des Sensors, an dem die Maximalverformung registriert wurde. Die Abbildungen 4-75 und 4-76 enthalten die Detaildarstellungen der Versagenszeitpunkte, in den Graphen sind alle Verformungsdaten enthalten. Die Anordnung der Messsensorik bleibt zu den Versuchen aus Kapitel 4.3 unverändert, ihre Lage ist in Abbildung 4-5 dargestellt.

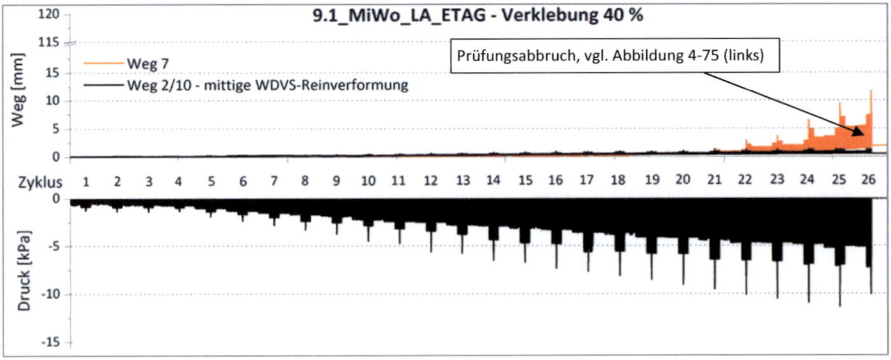


**Abbildung 4-71: Gesamtversuchsverlauf der Windsogprüfung nach ETAG 004 an Wand 9.1_MiWo_LA_ETAG**

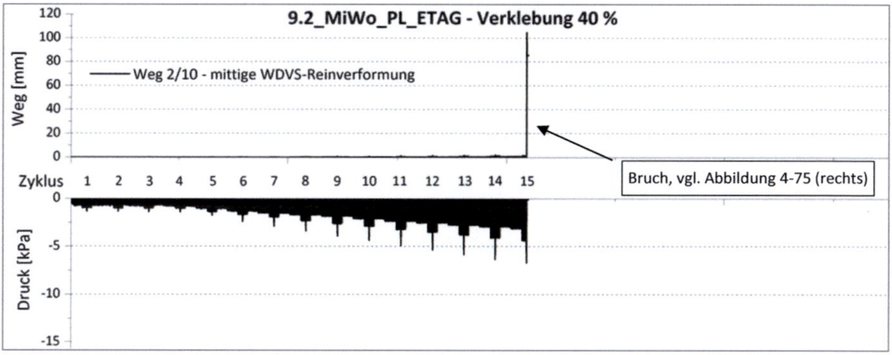


**Abbildung 4-72: Gesamtversuchsverlauf der Windsogprüfung nach ETAG 004 an Wand 9.2_MiWo_PL_ETAG**

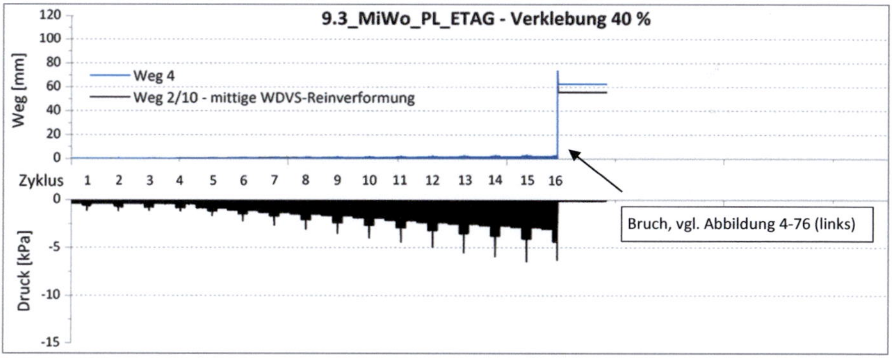


**Abbildung 4-73: Gesamtversuchsverlauf der Windsogprüfung nach ETAG 004 an Wand 9.3_MiWo_PL_ETAG**

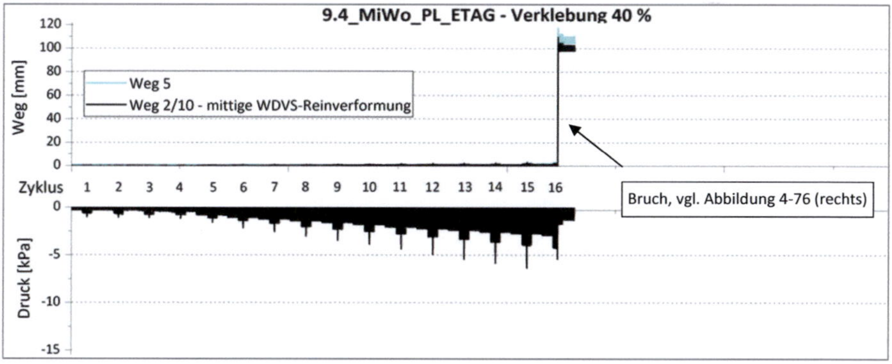


**Abbildung 4-74: Gesamtversuchsverlauf der Windsogprüfung nach ETAG 004 an Wand 9.4_MiWo_PL_ETAG**

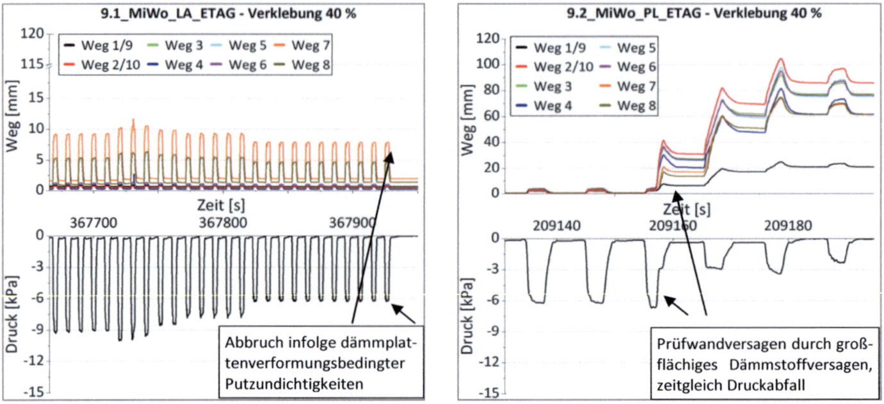


**Abbildung 4-75: Maximalbelastung von 9.1_MiWo_LA_ETAG (links) und Versagen an Wand 9.2_MiWo_PL_ETAG (rechts)**

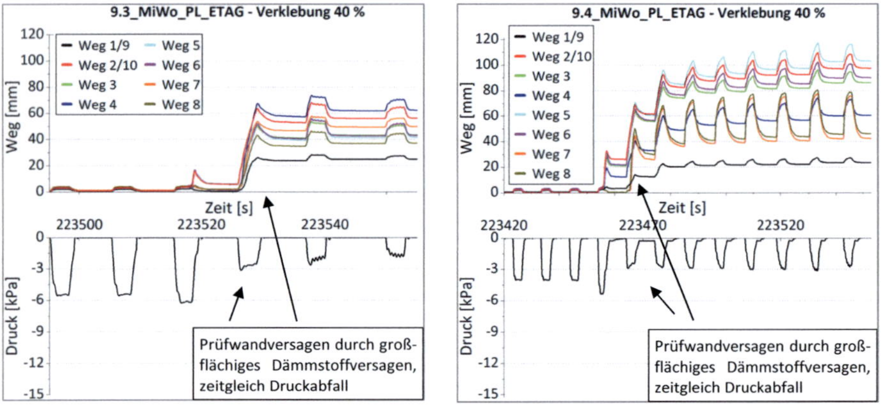


**Abbildung 4-76: Versagen der Wände 9.3_MiWo_PL_ETAG (links) und 9.4_MiWo_PL_ETAG (rechts)**

#### 4.4.1.3 Versuchsbeobachtungen und Ergebnisse

Eine Übersicht über die maximal erzielten Unterdrücke bzw. der Versagenslasten mit zugehöriger Versagensart enthält Tabelle 4-14.

**Tabelle 4-14: Übersicht der Prüfergebnisse der verklebten WDVS-Prüfwände mit Mineralwolldämmstoffen**

| Prüfwand | Klebe-flächen-anteil | Prüfungsart | Versagensart | max. Verformung nach Versuchsende | Maximal-belastung |
|---|---|---|---|---|---|
| | | | | [mm] | [kPa] |
| 9.1_MiWo_LA_ETAG | ≥ 40 % | ETAG 004 | Adhäsionsbruch zwischen Kleber und Trägerwand (lokal begrenzt) | 1,9 | -11,5 |
| 9.2_MiWo_PL_ETAG | | ETAG 004 | rückseitiger Kohäsionsbruch im Dämmstoff im Bereich des Klebers (großflächig) | 85 | -6,5 |
| 9.3_MiWo_PL_ETAG | | ETAG 004 | | 62 | -6,5 |
| 9.4_MiWo_PL_ETAG | | ETAG 004 | | 104 | -6,5 |

Die Druck- und Verformungsverläufe der aus Mineralwolllamellen bestehenden Prüfwand *9.1_MiWo_LA_ETAG* sind für den Gesamtverlauf in Abbildung 4-71 sowie auszugsweise für die Maximalunterdruckstöße während des Prüfverlaufs in Abbildung 4-75 dargestellt. Dem Gesamtversuchsverlauf ist zu entnehmen, dass bis zu einer Drucklaststufe von ca. -9 kPa bzw. Zyklus 20 nahezu keine Prüfkörperverformungen stattfinden. Im weiteren Verlauf ist eine, mit jedem Zyklus stetig zunehmende Verformung im Bereich des Distanzsensors „Weg 7" zu beobachten. Das Prüfungsende nach Erreichen der Maximallast von -11,5 kPa in Zyklus 25 wurde durch ein örtlich begrenztes, dämmplattenverformungsbedingtes Ablösen des Putzsystems sowie die dadurch entstandene Leckage verursacht (vgl. Abbildung 4-75 und Abbildung 4-77).

Anhand des in Abbildung 4-78 dokumentierten Rückbaus der Versuchswand ist die Versagensart ersichtlich. Es tritt ein adhäsiver Bruch zwischen Dämmplattenkleber und Betonträgerwand auf. Analog zu den gemessenen Verformungsdaten lässt sich ein Haftungsverlust im unteren linken Prüfwandbereich nachweisen. Vor dem Rückbau zeigt er sich durch hohlklingende Stellen beim Abklopfen der Fassadenoberfläche, beim Öffnen des Systems durch das widerstandslose Abnehmen der Dämmplatten sowie dem widerstandslos möglichen Hineinschieben einer Messerklinge in den Hohlraum zwischen Trägerwand und Kleber. Die erzielte Windsogwiderstandsfähigkeit liegt infolge des Adhäsionsbruchs mit -11,5 kPa deutlich unterhalb der Materialfestigkeit der Klebung (> 80 kPa) bzw. der ermittelten Zugfestigkeit senkrecht zur Plattenebene der Mineralwolllamellen (111,8 kPa, vgl. Tabelle 3-2). Trotz vorheriger Reinigung der Trägerwand bleibt nicht auszuschließen, dass eine ggf. nicht ausreichende Untergrundhaftung Auslöser für die unter den Erwartungen zurückbleibende Bruchlast ist. Daher ist das hier erzielte Ergebnis durch Prüfung weiterer Aufbauten an vorab auf ihre Klebeeignung zu prüfende Betonwandoberflächen zu untersuchen.

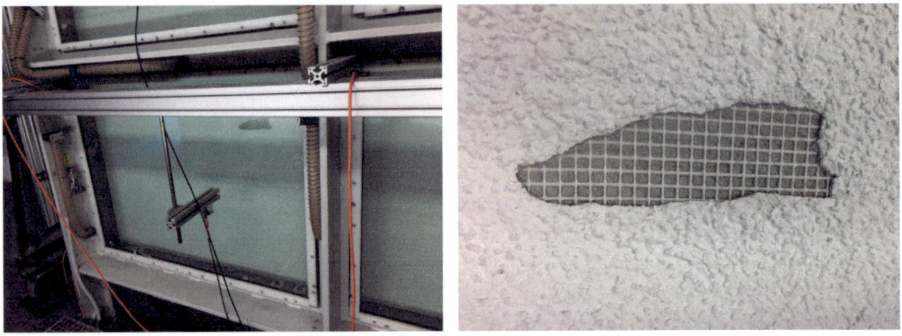

**Abbildung 4-77: Wand 9.1_MiWo_LA_ETAG: Darstellung des Versagensbereichs mit Distanzsensor „Weg 7" und Leckage nach Prüfungsende im Prüfstand (links) sowie Detaildarstellung des aufgebrochenen Putzsystems (rechts)**

**Abbildung 4-78: Wand 9.1_MiWo_LA_ETAG, Bruchbilddarstellung - großflächiger Adhäsionsbruch zwischen Kleber und Trägerwand (links), widerstandsloses Hineinschieben einer Messerklinge in den Hohlraum zwischen Kleber und Trägerwand (rechts)**

Bei Betrachtung der in den Abbildungen 4-72 bis 4-74 dargestellten Gesamtversuchsverläufe sowie den detaillierten Darstellungen der Versagenszeitpunkte in den Abbildungen 4-75 (rechts) und 4-76 lässt sich ein nahezu identisches Prüfwandverhalten der Systeme mit Mineralwollplatten erkennen. Alle drei Prüfwände weisen bis zum Bruchzeitpunkt nur marginale Prüfwandverformungen auf, das Versagen selbst tritt schlagartig unter plötzlichem, starken Verformungsanstieg über den gesamten Prüffensterbereich auf. Es korreliert mit einem Abfall der aufzubringenden Zieldrücke, die infolge der entstandenen Prüfwandleckagen in den Druckstößen vor dem Prüfungsabbruch nicht mehr in voller Höhe aufgebracht werden können. Die maximal aufnehmbaren Windsoglasten betragen einheitlich für die drei Mineralwollplattenwände -6,5 kPa. Die Prüfwände *9.3_MiWo_PL_ETAG* sowie *9.4_MiWo_PL_ETAG* versagen zwar abweichend zur Prüfwand *9.2_MiWo_PL_ETAG* erst in Zyklus 16, erreichen dort den Maximalunterdruck jedoch nicht (vgl. Abbildung 4-76).

Die Abbildungen 4-79 bis 4-81 dokumentieren die Versagensart der Prüfwände. Einheitlich ist ein großflächiges, zeitgleiches Ablösen mehrerer Dämmplatten im Windsogfenster infolge kohäsiver Abrisse der rückseitigen Dämmplattenkaschierung im Bereich der Klebeflächen zu beobachten. Der Bruchverlauf erstreckt sich teils über die Randandichtung hinaus in außerhalb des Sogbereichs liegende Fassadenbereiche. Einhergehend mit den klebungsseitigen Dämmplattenablösungen wird das Putzsystem infolge der Dämmplattenverschiebungen in Richtung Sogfenster gedrückt. Dies ruft ein Ablösen des Putzsystems von den noch an der Trägerwand haftenden Platten unter Lösung der vorderseitigen Mineralwollkaschierung hervor (vgl. Abbildung 4-81, rechts). Ein großflächiges Aufreißen innerhalb des Putzsystems selbst lässt sich nicht beobachten.

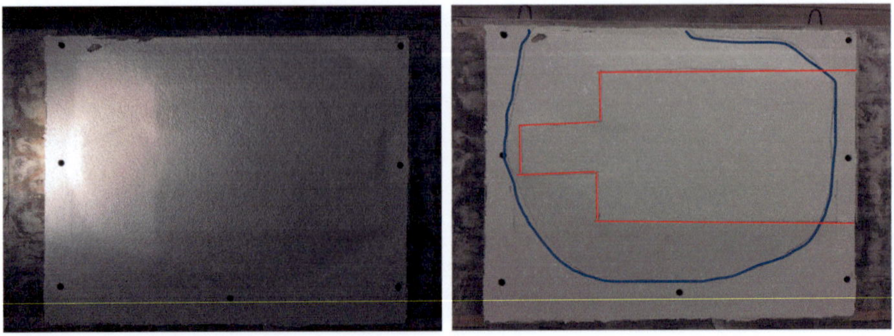

Abbildung 4-79: Wand 9.3_MiWo_PL_ETAG: Darstellung der Verformungen nach Prüfungsende mittels Streiflicht (links), sowie rot (Dämmstoff) bzw. blau (Putzsystem) markierte Versagensbereiche (rechts)

Abbildung 4-80: Exemplarische Darstellung der infolge der Unterdruckeinwirkung abgelösten Mineralwolldämmplatten über die Randandichtung hinaus bis in die Prüfwandecke (links), Bruch kohäsiv in der Kaschierung im Bereich der Klebefläche (rechts)

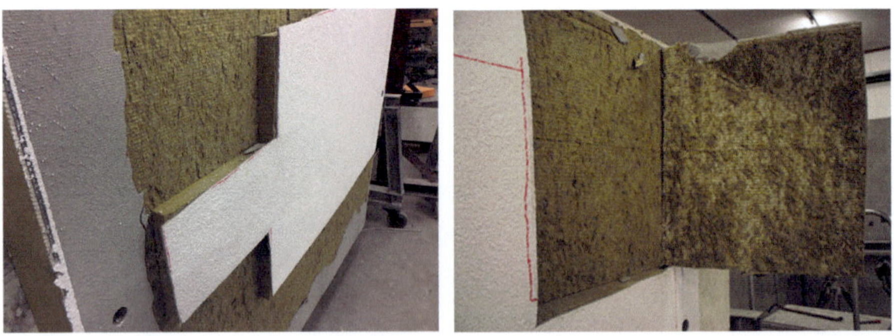

Abbildung 4-81: Exemplarische Darstellung der herausgelösten Mineralwolldämmplatten nach Prüfungsende (links) sowie des kohäsiven Bruchbildes des nach vorne gedrückten Putzsystems unter Ablösung der vorderseitigen Dämmplattenkaschierung (rechts)

#### 4.4.1.4 Zusammenfassung

In Summe wurden vier Systeme mit Mineralwolle erfolgreich nach ETAG 004 auf ihre Windsogwiderstandsfähigkeit untersucht. Anhand der drei mittels Mineralwollplatten untersuchten Prüfwände zeigte sich, dass verlässliche, reproduzierbare Ergebnisse hinsichtlich wiederkehrender Versuchsverläufe, Versagenslasten sowie Bruchbilder im dynamischen Windsogversuchsstand erzielt werden können.

Die Windsogwiderstände der aus Mineralwollplatten bestehenden Wände betragen einheitlich - 6,5 kPa. Infolge der höheren Dämmplattenfestigkeit liegt die Windsogwiderstandsfähigkeit der mit Mineralwolllamellen ausgeführten Prüfwand mit -11,5 kPa erwartungsgemäß darüber. Der am WDVS mit Mineralwolllamellen ermittelte, sich jedoch unter Adhäsionsbruch einstellende Windsogwiderstand wird aller Wahrscheinlichkeit nach infolge mangelnder Untergrundhaftung deutlich unterschätzt. Dies ist durch weitere Versuche zu überprüfen.

Anzumerken ist, dass die im Windsogprüfstand unter realitätsnaher Lasteinwirkung ermittelten Widerstandsfähigkeiten aller Mineralwollwände trotz lediglich teilflächiger Verklebung sowie des gänzlichen Verzichts auf Dübelung deutlich oberhalb ihrer aktuell maximal zulässigen Windlastbeanspruchungen liegen.

## 4.5 Auswertung und Ergebnisinterpretation der Versuchsreihen

Der nachfolgende Abschnitt umfasst die erweiterte Auswertung und vergleichende Interpretation der Großversuchsergebnisse sowie eine Vergleichsbetrachtung mit den Versuchen an kleinformatigen Prüfkörpern aus Kapitel 3. Das Vorgehen erfolgt schrittweise in zwei Teilen. Im ersten Teil sind zusammenfassend für den Gesamtumfang der Windsogversuche an WDVS die prüftechnisch erzielten Windsogwiderstände und Messdübelkräfte sowie die versuchsbegleitend auftretenden plastischen Maximalverformungen vergleichend dargestellt. Zudem erfolgt analog zu den Bruchkörpern der Kleinformatversuche die geometrische Auswertung der sich nach Versuchsende einstellenden Bruchkegel bzw. der verformten gedübelten Dämmplatten.

Darauf aufbauend werden im zweiten Teil die einzelnen Prüfreihen der dynamischen Windsogversuche miteinander verglichen. Zudem erfolgt ein Vergleich mit den kleinformatigen Untersuchungen zur Ermittlung der Dämmstoffzugfestigkeit senkrecht zur Plattenebene sowie den Dübeldurchzugversuchen.

### 4.5.1 Zusammenfassende Ergebnisdarstellung

#### 4.5.1.1 Maximale Windsoglasten und Messdübelkräfte

Die wesentlichen, im Windsogversuchsstand ermittelten Versuchsergebnisse sind in Tabelle 4-15 zusammengefasst. Zwecks besserer Vergleichbarkeit sind die Ergebnisse der verklebten Systeme in Abbildung 4-82 und die Ergebnisse der rein gedübelt bzw. in Kombination mit Verklebung ausgeführten WDVS in Abbildung 4-83 grafisch dargestellt.

Neben den prüftechnisch erzielten Windsogwiderständen $R_{k,GF}$ sind in Tabelle 4-15 für die gedübelt ausgeführten Systeme in Abhängigkeit der verwendeten Dübelmenge die sich aus der Bruchlast abgeleiteten maximalen Einzeldübelbelastungen $D_{E,GF}$ nach Gleichung Gl. (4.3) angegeben. Bei der Berechnung von $D_{E,GF}$ wird eine gleichmäßige Windlastverteilung auf die Einzeldübel angenommen. Zusätzlich sind in der Tabelle für alle gedübelten Versuche mit verwertbaren Daten die gemessenen maximalen Messdübelkräfte $D_{M,GF}$ enthalten. Die Angabe beider Kenngrößen zur Beschreibung der Dübelbelastung erfolgt zwecks direkter Vergleichbarkeit in kN.

Die Grafik der verklebten Systeme in Abbildung 4-82 enthält die anlagentechnisch anhand der Drucksensordaten ermittelten Maximallasten.

In Abbildung 4-83 sind ebenso die mittels der Drucksensordaten erfassten Maximalbelastungen der Systeme grafisch dargestellt. Vergleichend sind zudem die aus der jeweiligen maximalen Messdübelkraft $D_{M,GF}$ (Messwert ist in Tabelle 4-15 dokumentiert) nach Gleichung Gl. (4.2) errechneten, äquivalenten quadratmeterbezogenen Messdübelbelastungen $D_{äq}$ im Diagramm enthalten. Die Umrechnung von $D_{M,GF}$ [kN] in $D_{äq}$ [kPa] erfolgt zu Zwecken der einheitsgetreuen Darstellung der Dübellasten zu den Unterdrücken. Herstell- bzw. einbaubedingt lassen sich Messfehler bzw. -ungenauigkeiten trotz vorheriger Kalibrierung der Messdübel nicht vollständig ausschließen. Die Werte für $D_{äq}$ weisen daher orientierenden Charakter auf.

Die Berechnung der aus der Bruchlast abgeleiteten, maximalen Einzeldübelbelastung $D_{E,GF}$ erfolgt zu:

$$D_{E,GF} = \frac{R_{k,GF}}{n} \qquad \text{Gl. (4.3)}$$

Dabei ist:

| | | |
|---|---|---|
| $D_{E,GF}$ | aus Bruchlast abgeleitete maximale Einzeldübelbelastung | [kN] |
| $R_{k,GF}$ | charakteristischer Windsogwiderstand | [kg/m³] |
| $n$ | verwendete Dübelanzahl pro m² WDVS | [Dübel/m²] |

**Tabelle 4-15: Übersicht der Ergebnisse der Großformatuntersuchungen im dynamischen Windsogversuchsstand**

| Probekörper | Befestigungsart | Windsogprüfung | Dübel/m² WDVS bzw. Soll-Klebefläche in % | Befestigungsbild | Besonderheit | $D_{E,GF}$ [kN] abgeleitete Größe | $D_{M,GF}$ [kN] Messwert | $R_{k,GF}$ [kPa] Messwert |
|---|---|---|---|---|---|---|---|---|
| 1.1_K40_ETAG | Verklebung - 40 % | ETAG 004 | 40 |  | - | n.V. | n.V. | -13,0 |
| 2.1_K100_ETAG | Verklebung - 100 % | ETAG 004 | 100 |  | kein Versagen | n.V. | n.V. | -20,0 |
| 2.2_K100_ETAG_bew | | ETAG 004 | | | kein Versagen | | | -20,0 |
| 2.3_K100_alt | | alternativ verkürzt | | | - | | | -42,0 |
| 3.1_D2A_ETAG | Dübelung | ETAG 004 | 2 |  | Bruchlasterhöhung infolge Putzsystem | 1,5 | 0,72 | -3,0 |
| 4.1_D4_ETAG | Dübelung | ETAG 004 | 4 |  | - | 0,875 | 0,83 | -3,5 |
| 4.2_D4_ETAG_bew | | ETAG 004 | | | - | 1 | n.V. | -4,0 |
| 4.3_D4_alt | | alternativ verkürzt | | | - | 1 | 0,83 | -4,0 |
| 4.4_D4A_ETAG | | ETAG 004 | |  | - | 0,875 | 0,72 | -3,5 |
| 5.1_D6_ETAG | Dübelung | ETAG 004 | 6 | 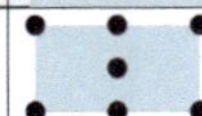 | - | 0,75 | 0,78 | -4,5 |
| 5.2_D6A_ETAG | | | |  | kein Bruchkegel (Bruchkegel)* | 0,83 (1,08)* | 0,74 (0,82)* | -5 (-6,5)* |
| 6.1_D8_ETAG | Dübelung | ETAG 004 | 8 | 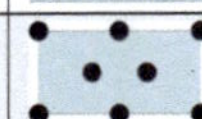 | kein Bruchkegel | 0,69 | 0,6 | -5,5 |
| 6.2_D8A_ETAG | | | | 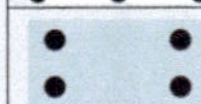 | kein Bruchkegel | 0,69 | 0,64 | -5,5 |
| 7.1_D4Gew_ETAG | Dübelung | ETAG 004 | 4 |  | kein Bruchkegel | 1,25 (1,5)* | 1,5 (1,6)* | -5,0 (-6,0)* |
| 8.1_D4K40_ETAG | Dübelung & Verklebung 40 % | ETAG 004 | 4/40 | 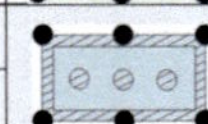 | Adhäsionsbruch | *2,625*** | 0,67 | -10,5 |
| 8.2_D4K>40_ETAG | Dübelung & Verklebung > 40 % | ETAG 004 | 4/>40 | | Kohäsionsbruch im EPS, putzseitig | *4,75*** | 0,16 | -19,0 |
| 9.1_MiWo_LA_ETAG | Verklebung - 40 % | ETAG 004 | 40 |  | Adhäsionsbruch | n.V. | n.V. | -11,5 |
| 9.2_MiWo_PL_ETAG | | | | | - | | | -6,5 |
| 9.3_MiWo_PL_ETAG | | | | | - | | | -6,5 |
| 9.4_MiWo_PL_ETAG | | | | | - | | | -6,5 |

$D_{E,GF}$: maximale Einzeldübelbelastung in Abhängigkeit der Dübelanzahl je m² WDVS [kN]
$D_{M,GF}$: maximale Messdübelbelastung [kN]
$R_{k,GF}$: maximale charakteristische Windsoglast im Windsogversuchsstand [kPa]

* Werte in Klammern Stellen Ergebnisse der Zusatzbelastungen dar
** Werte rein informativ, Lastabtrag hier bis zum Bruch über Kleber

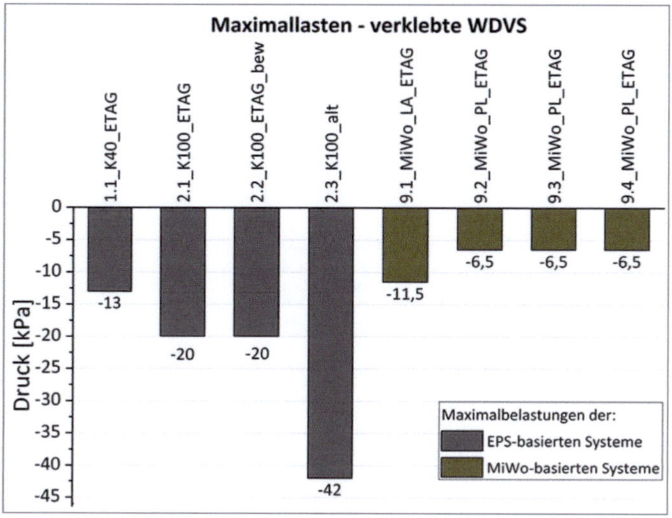


**Abbildung 4-82: Erreichte Maximallasten im dynamischen Windsogprüfstand der mittels Verklebung ausgeführten Systeme**

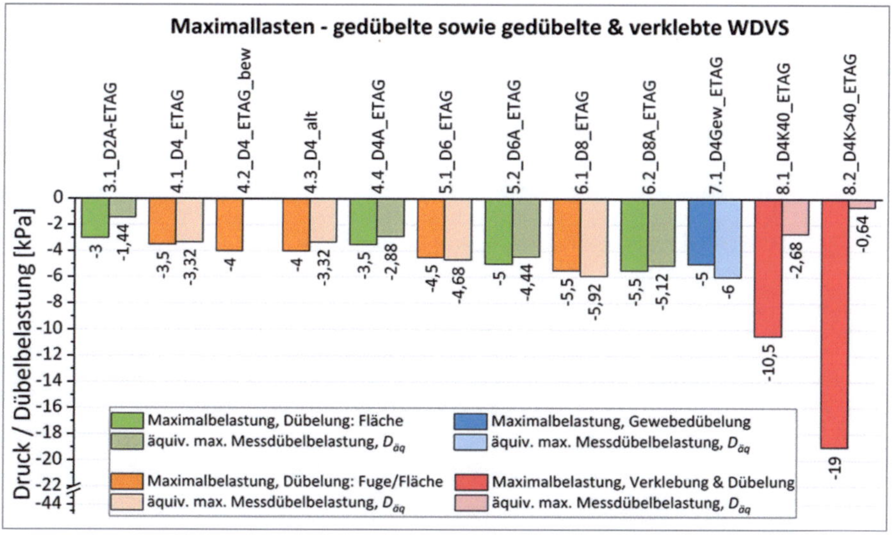


**Abbildung 4-83: Erreichte Maximallasten der Fassadenaufbauten im dynamischen Windsogprüfstand mit den zugehörigen äquivalenten Messdübelbelastungen $D_{äq}$. Berechnung von $D_{äq}$ aus den in Tabelle 4-15 angegebenen maximalen Messdübelkräften $D_{M,GF}$ nach Gleichung Gl. (4.2). Grafik enthält Daten der rein gedübelten sowie gedübelt und verklebt befestigten Systeme.**

#### 4.5.1.2 Lastabhängige Systemverformung

Die während der dynamischen Windsogprüfung messtechnisch ermittelten plastischen Maximalverformungen der einzelnen Prüfwände sind getrennt für die Befestigungsarten in den Abbildungen 4-84 und 4-85 zusammenfassend dargestellt.

Für die Darstellung werden für jeden Zyklus des Versuchsverlaufs die bleibenden Prüfwandverformungen am Zyklusende bzw. nach dem Prüfkörperbruch ermittelt. Die Verformung wird den Messwertdarstellungen für jeden Messpunkt jeweils am Ende der Entlastungsphase (vgl. Abbildung 2-14) zwecks der sich dort einstellenden, maximalen Relaxation entnommen.

Die Wegmessung erfolgt direkt auf der Fassadenoberfläche. Bedingt durch die Oberflächenrauigkeit sowie der versuchsbegleitenden Prüfwandverformungen können sich aufgrund nicht gänzlich auszuschließender geringfügiger seitlicher Dämmplatten- bzw. Sensorbewegung marginale Messwertschwankungen im Bereich der maximalen Putzmaterialkorngröße von ca. 1 mm ergeben. Sie erklären die im Zyklusverlauf einiger Prüfkörper teils rückläufigen bzw. sprunghaft schwankenden Verformungen.

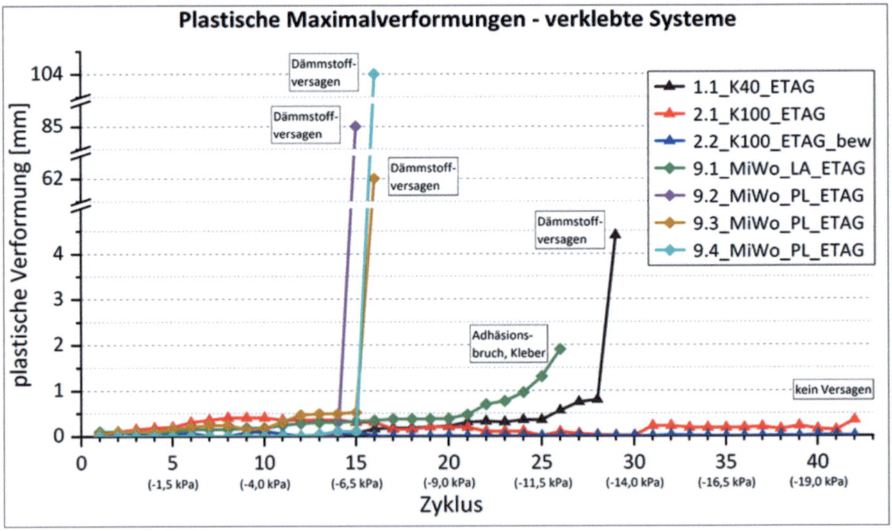


**Abbildung 4-84: Plastische Prüfwandmaximalverformungen während der Windsogprüfung der verklebt ausgeführten Systeme in der Entlastungsphase. Die Messwerte sind jeweils am Zyklusende entnommen - Darstellung in Abhängigkeit der Zyklen über den Gesamtversuchsverlauf.**

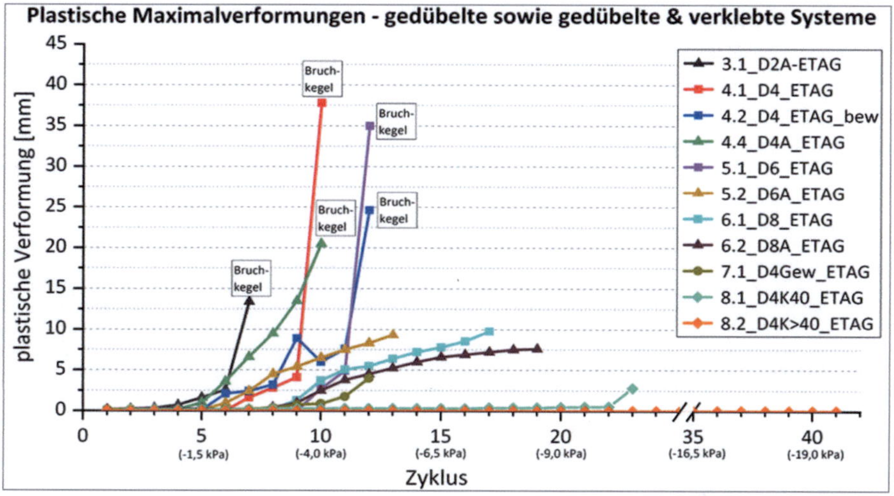


**Abbildung 4-85: Plastische Prüfwandmaximalverformungen der verdübelt sowie verdübelt und verklebt ausgeführten Systeme in der Entlastungsphase. Die Messwerte sind jeweils am Zyklusende entnommen - Darstellung in Abhängigkeit der Zyklen über den Gesamtversuchsverlauf.**

### 4.5.1.3 Geometrie der Bruchkörper gedübelter Systeme

Nachfolgend dokumentiert ist die geometrische Auswertung der Dämmplatten bzw. ihrer Bruchkegel der gedübelt ausgeführten Prüfwände. Für jede Prüfwand erfolgt die Auswertung der mittig im Prüffenster angeordneten Dämmplatte. Das ebenfalls im Rahmen der Dübeldurchzugversuche angewandte Verfahren ist grundlegend in Kapitel 3.3.3.2 beschrieben. Wie nachfolgend erläutert, wird es zur Anwendbarkeit für die Vermessung ganzer Dämmplatten angepasst.

Die Anzahl der Bruchkegel bzw. der geometrisch zu vermessenden Stellen der jeweiligen Dämmplatte ist abhängig von der verwendeten quadratmeterbezogenen Dübelanzahl. Je nach Dübelbild fallen die Bruchkegel voll-, halb- bzw. viertelkreisförmig aus, entsprechend werden die Bruchkegelradien an drei, fünf bzw. acht Stellen vermessen. Exemplarisch dargestellt für die Prüfwand *5.1_D6_ETAG* ist die Bruchkegelbezeichnung sowie die Lage der vermessenen Radien in Abbildung 4-86. Zudem wird jede Bruchkegelhöhe bzw. an den Platten ohne Kegelausbildung die verbleibende Dämmstoffdicke unterhalb des Dübeltellers bestimmt.

Analog zu den Kleinformatversuchen werden aus den Messwerten die weiteren geometrischen Kenngrößen ermittelt. Ihre Angabe erfolgt für jede Platte gemittelt über die Bruchkegel bzw. Einzelmessstellen in Tabelle 4-16. Die fotografische Dokumentation der versagten Dämmplatten sowie die Angabe aller Einzelwerte der geometrischen Vermessung enthalten die Anhänge D.2 und D.3. Ergänzt um die Mittelwerte der Einzelmessstellen sind die Ergebnisse grafisch in Abbildung 4-87 dargestellt. Anzumerken ist, dass die Prüfwände *6.1_D8_ETAG* bis *8.2_D4K>40_ETAG* keine Bruchkegel aufweisen. Entsprechend ist hier anstelle der Bruchkegelhöhe die nach Prüfende verbleibende, reduzierte Dämmstoffdicke unterhalb der Dübelteller aufgeführt.

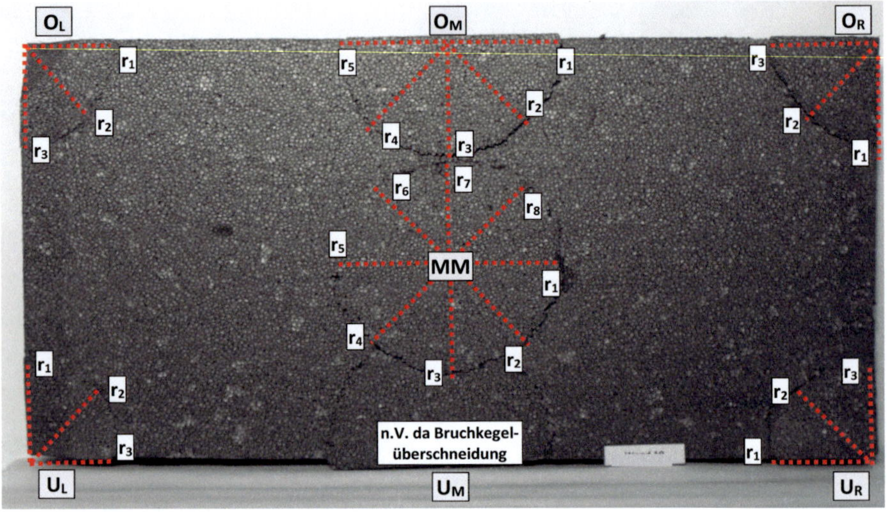


**Abbildung 4-86: Radien- und Einzelmessstellenbezeichnung für die geometrische Auswertung der gedübelten Platten, Anzahl der Radien in Abhängigkeit der sich aus dem Dübelbild ergebenden Bruchkegelform**

**Tabelle 4-16: Mittelwerte der geometrischen Bruchkegeldaten der mittigen Dämmstoffplatte der Prüfwände**

| Prüfkörper | Bruchkegelhöhe bzw. reduz. Dämmstoffdicke | maximaler Radius | mittlerer Radius | Rundheit | Winkel, Bezugshöhe: $h_b$ | Winkel, Bezugshöhe: 10 cm |
|---|---|---|---|---|---|---|
| | $\bar{h}_b$ bzw. $\bar{d}_b$ | $\bar{r}_{max}$ | $\bar{r}_m$ | $\bar{R}$ | $\bar{\alpha}_{hb}$ | $\bar{\alpha}_{h0}$ |
| | [cm] | | | [-] | [°] | |
| 3.1_D2A-ETAG | 7,1 | 13,1 | 12,1 | 2,11 | 37,9 | 47,6 |
| 4.1_D4_ETAG | 7,3 | 12,2 | 11,5 | 1,29 | 40,9 | 49,8 |
| 4.2_D4_ETAG_bew | 6,8 | 11,7 | 11,2 | 0,76 | 38,3 | 50,7 |
| 4.3_D4_alt | 8,7 | 14,3 | 13,2 | 1,99 | 41,5 | 44,5 |
| 4.4_D4A_ETAG | 7,5 | 13,2 | 12,0 | 1,99 | 39,6 | 48,0 |
| 5.1_D6_ETAG | 7,8 | 13,2 | 12,5 | 0,96 | 39,2 | 47,0 |
| 5.2_D6A_ETAG | 7,0 | 12,3 | 11,2 | 1,73 | 40,4 | 50,7 |
| 6.1_D8_ETAG | 7,2 | n.V. da keine vollständigen Bruchkegelausbrüche | | | | |
| 6.2_D8A_ETAG | 7,3 | | | | | |
| 7.1_D4Gew_ETAG | 9,2 | | | | | |
| 8.1_D4K40_ETAG | 9,1 | | | | | |
| 8.2_D4K>40_ETAG | 9,4 | | | | | |

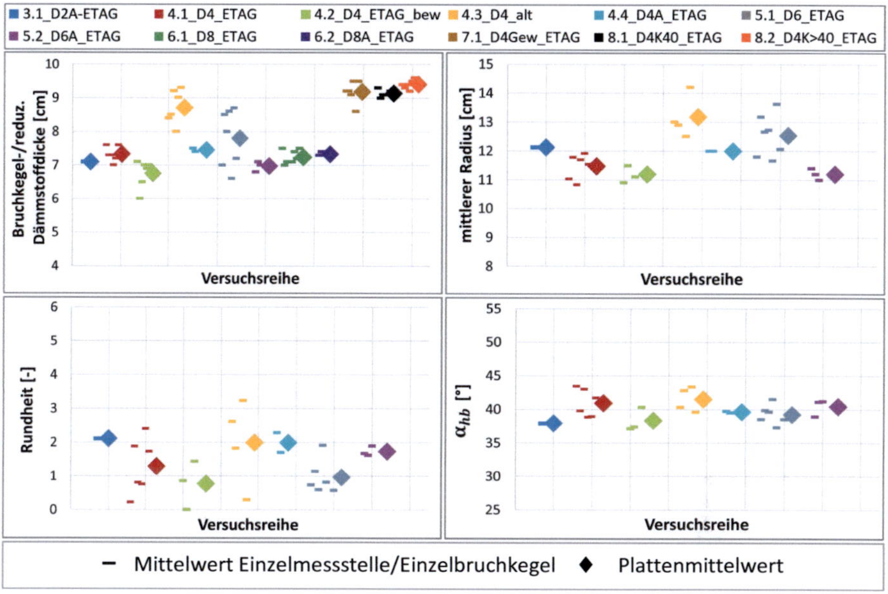


**Abbildung 4-87: Darstellung der geometrischen Kenngrößen der jeweils mittig im Windsogfenster angeordneten Dämmplatte jeder mittels Dübelung ausgeführten Prüfwand. Die Daten sind als Mittelwert für jede Einzelmessstelle bzw. jeden Einzelbruchkegel sowie dem daraus errechneten Plattenmittelwert angegeben:**

- **Bruchkegelhöhe $h_b$ bzw. Dämmstoffrestdicke unterhalb der Dübelteller $d_b$ (oben links)**
- **mittlerer Radius $r_m$ (oben rechts)**
- **Rundheit $R$ (unten links)**
- **Bruchwinkel $\alpha_{hb}$ (unten rechts)**

### 4.5.2 Vergleich der Versuchsreihen

#### 4.5.2.1 Nach Befestigungsart und Dämmmaterial

**Befestigungsart**

Die Maximallasten für die EPS-Systeme sind in den vergleichenden Darstellungen der Abbildungen 4-82 und 4-83 enthalten. Die plastischen Maximalverformungen sind in den Abbildungen 4-84 und 4-85 dargestellt.

Wie bereits im Rahmen der Auswertung der einzelnen Prüfreihen vermerkt, ist den Darstellungen für die verklebt ausgeführten Systeme eine deutlich höher ausfallende Windsogwiderstandsfähigkeit sowie das starrere Systemverhalten im Vergleich zu rein gedübelten Systemen zu entnehmen. Die Vollflächige Klebung hält bis zum Maximalunterdruck von -20 kPa im Rahmen der ETAG-Prüfung stand, hingegen versagen die Prüfwände mit teilflächiger Klebung auch im Falle einer optionalen zusätzlichen Dübelung deutlich unterhalb der theoretisch nach MVV TB [13] und EAD 040083-00-0404 [32] erforderlichen -30 kPa. Dies weist auf eine überproportional zum Klebeflächenanteil abnehmende Widerstandsfähigkeit hin. Eine weitere Betrachtung dieser Feststellung erfolgt im Rahmen der numerischen Untersuchungen in Abschnitt 6.3.2.2. Kritisch ist zudem im Versagensfall die fehlende Vorankündigung infolge nicht vorhandener bzw. praktisch nicht feststellbarer Verformungen vor dem Bruch (vgl. visuell nicht feststellbarer, leichter plastischer Verformungsanstieg der Prüfwand *1.1_K40_ETAG* in Abbildung 4-84). Im Vergleich dazu äußert sich die Vorankündigung einheitlich bei allen gedübelten Prüfwänden in Form versuchsbegleitend ansteigender sowie deutlich höher ausfallender, auch mit dem bloßen Auge erkennbarer plastischer Verformungen (vgl. Abbildung 4-85).

Die Maximallastdarstellung der gedübelten Systeme in Abbildung 4-83 zeigt die mit steigender Dübelanzahl einhergehende Steigerung der Windsogwiderstandsfähigkeit. Die in Abhängigkeit der Dübelmenge aufnehmbaren Maximalwindlasten sind für die beiden untersuchten Dübelschemata Fuge/Fläche bzw. Fläche vergleichbar. Im Verhältnis zur Dübelmenge lässt sich jedoch ein deutlich geringer Anstieg der Widerstandsfähigkeit bei den Systemen mit 4, 6 und 8 Dübeln/m$^2$ WDVS feststellen. Ursächlich sind die bereits vor der Bruchkegelbildung entstandenen, dämmplattenverformungsbedingten Leckagen im Putzsystem.

Auffallend sind die, im Vergleich zur Maximalbelastung, deutlich geringer ausfallenden äquivalenten Messdübelbelastungen von Prüfwand *3.1_D2A_ETAG* sowie der zusätzlich verklebten Prüfwände *8.1_D4K40_ETAG* und *8.2.D4K>40_ETAG*. Bei ersterer untermauert dies die bereits im Abschnitt 4.3.3.3 festgestellte, dämmplattenverformungsbedingt aktivierte Membrantragfähigkeit des Putzsystems. Hierdurch wird ca. 50 % der Soglast durch das Putzsystem abgetragen, sodass die Prüfwand eine über die maximale Dübelbelastung hinausgehende Windsogbelastbarkeit aufweist. Bei den zusätzlich verklebten Prüfwänden belegen die vergleichsweise zu den Maximalbelastungen deutlich geringeren äquivalenten Messdübelbelastungen den geringen Anteil der Dübelung am Lastabtrag des Windsogs.

Ab einer Dübelmenge von 4/m² WDVS gleichen sich die Werte der Maximalbelastung und der äquivalenten Messdübelbelastung an (vgl. Abbildung 4-83). Es ist - unter Berücksichtigung der Schwankungen der Messdübeldaten - anzunehmen, dass im mittigen Prüfwandbereich die aufgebrachten Soglasten analog zum natürlichen Verhalten großflächiger WDVS mit versagter Klebung vollständig über die Dübelung abgetragen werden. Bei einer Dübelmenge von 2/m² WDVS wurde dementgegen ein Einfluss der Randandichtung auf das geprüfte Windsogverhalten festgestellt. Dieser Einfluss scheint ab einer Dübelmenge von 4/m² WDVS marginal. Dies bestätigt sich in den in Abschnitt 6.2 dokumentierten numerischen Untersuchungen.

Bei Betrachtung der Darstellung der plastischen Maximalverformungen der gedübelten Systeme in Abbildung 4-85 zeigt sich für die Prüfwände mit 4 bzw. 6 Dübeln/m² WDVS, dass sich eine Dübelung nach dem Schema Fläche deutlich verformungsreduzierend im Vergleich zur Dübelung nach dem Schema Fuge/Fläche verhält. Die aufnehmbaren Maximallasten beider Dübelschemata liegen auf vergleichbarem Niveau.

Bei der oberhalb des Gewebes gedübelten Prüfwand *7.1_D4Gew_ETAG* ist eine deutliche Erhöhung der aufnehmbaren Windsoglast (vgl. Abbildung 4-83) sowie eine starke Reduzierung der Verformungen (vgl. Abbildung 4-85) im Vergleich zu den Wänden mit äquivalenter Dübelmenge von 4/m² WDVS, jedoch dämmplattenoberflächenbündiger Dübelung festzustellen.

Die in Tabelle 4-16 enthaltenen und in Abbildung 4-87 dargestellten Bruchkegel- bzw. reduzierten Dämmplattendicken bestätigen die verbesserte Windsogwiderstandsfähigkeit des durch das Gewebe gedübelten Systems anhand der nur gering ausfallenden Reduzierung der Dämmstoffstärke von ursprünglich 10 cm auf 9,2 cm. Die kombiniert verklebt und gedübelten Prüfwände weisen ebenfalls und im Konsens mit dem dort festgestellten, marginalen Anteil des Dübels am Lastabtrag nur eine geringe Dämmstoffdickenreduzierung unterhalb der Dämmstoffteller auf. Die Dübelung erfährt hier der geometrischen Auswertung zufolge keine bzw. kaum eine zyklische Beanspruchung, ansonsten würden sich hier deutlich stärker reduzierte Dämmplattendicken einstellen. Sie liegen bei den rein gedübelten, nach ETAG geprüften Systemen im Bereich von ca. 7-8 cm.

Abweichend zu den nach ETAG 004 untersuchten Prüfwänden weist die „alternativ verkürzt" untersuchte Prüfwand *4.3_D4_alt* deutlich größere Bruchkegelhöhen und -radien auf. Ihre Bruchlast liegt mit -4 kPa zwar im Bereich der übrigen mit 4 Dübeln/m$^2$ WDVS ausgeführten Prüfwände. Die geometrische Auswertung zeigt jedoch den hier fehlenden Effekt der Dämmplattenkomprimierung, welcher sich bei den zyklisch nach ETAG 004 geprüften, rein gedübelten WDVS ergibt.

**Dämmmaterial**

Die mittels Mineralwollplatten ausgeführten Systeme verhalten sich verformungstechnisch grundsätzlich identisch zur *Prüfwand 1.1_K40_ETAG* mit teilflächig verklebtem EPS-System (vgl. Abbildung 4-84). Es sind keine nennenswerten Verformungen feststellbar, bis ein schlagartiges Versagen infolge des windsogbedingten Dämmstoffbruchs auftritt. Erwartungsgemäß liegen die Windsogwiderstandsfähigkeiten der Systeme mit Mineralwolldämmplatten infolge der deutlich geringeren Querzugfestigkeit unterhalb der mit EPS ausgeführten Prüfwand.

Ein schlüssiger Vergleich der mittels Mineralwolllamellen ausgeführten Prüfwand ist infolge des Adhäsionsbruchs in der Klebstoff-Trägerwandebene maximal mittels der ebenfalls adhäsiv versagenden EPS-Prüfwand *8.1_D4K40_ETAG* möglich. Hier stellen sich mit -11,5 kPa bzw. -10,5 kPa vergleichbare Widerstandsfähigkeiten ein. Es bedarf zur gesicherten Feststellung des Windsogsystemverhaltens von WDVS mit Mineralwolllamellen weiterer Untersuchungen.

#### 4.5.2.2 Nach Untersuchungen an kleinformatigen Prüfkörpern bzw. im großformatigen Windsogversuchsstand

**Verklebt ausgeführte Systeme**

Die Vergleichsbetrachtung der mittels Verklebung ausgeführten Systeme erfolgt auf Grundlage der in Tabelle 3-2 aufgeführten Werte der Zugfestigkeit senkrecht zur Plattenebene mit den in Tabelle 4-15 dokumentierten, im dynamischen Windsogversuch erzielten Windsogwiderstandsfähigkeiten. Die Ergebnisse aus beiden Verfahren sind in nachfolgender Tabelle 4-17 zusammengefasst. Zwecks Vergleichbarkeit werden die Windsogwiderstandsfähigkeiten hier einheitlich positiv definiert.

**Tabelle 4-17: Vergleichende Zusammenstellung der im quasistatischen Zugversuch ermittelten Zugfestigkeiten der Dämmstoffe sowie die im dynamischen Windsogversuch am Gesamtsystem ermittelten Windsogwiderstandsfähigkeiten (betragsmäßig als positive Werte dargestellt)**

| | Messwerte aus Windsogversuch | | | Messwerte aus quasistatischem Kleinformatversuch |
|---|---|---|---|---|
| Material | Prüfkörperbezeichnung Windsog | Klebeflächenanteil | Windsogwiderstandsfähigkeit $\lvert R_{k,GF} \rvert$ | Zugfestigkeit senkrecht zur Plattenebene $\sigma_{mt}$ |
| | | [%] | [kPa] | [kPa] |
| EPS | 1.1_K40_ETAG | 40 *(30)** | 13,0 | 115,4 |
| | 2.1_K100_ETAG | 100 | > 20 | |
| | 2.2_K100_ETAG_bew | 100 | > 20 | |
| | 2.3_K100_alt | 100 | 42 | |
| Mineralwoll-lamellen | 9.1_MiWo_LA_ETAG | ≥ 40 | 11,5 | 111,8 |
| Mineralwoll-platten | 9.2_MiWo_PL_ETAG | ≥ 40 | 6,5 | 9,3 |
| | 9.3_MiWo_PL_ETAG | ≥ 40 | 6,5 | |
| | 9.4_MiWo_PL_ETAG | ≥ 40 | 6,5 | |

* nachträglich ermittelter, wirksamer Klebeflächenanteil der versagenden Dämmplatte

EPS weist eine mittlere Zugfestigkeit senkrecht zur Plattenebene von 115,4 kPa auf, welche im Rahmen der dynamischen Windsogversuche prüfanlagenbedingt nicht erzielt werden kann. Hier lassen sich auch bei Maximalunterdruckbelastung von 42 kPa erwartungsgemäß der Kleinformatversuchsergebnisse keine Schäden am Dämmstoff feststellen. Die in teilflächiger Verklebung ausgeführte Prüfwand versagte bereits bei einem Unterdruck von 13,5 kPa. Unter Zugrundelegung aktueller Bemessungsansätze nach Gleichung Gl. ( 2.1 ) wären auf Basis der quasistatisch ermittelten Zugfestigkeit senkrecht zur Plattenebene von 115,4 kPa eine Mindestfestigkeit von 46 kPa bei 40 % Klebeflächenanteil bzw. von 34,4 kPa unter Berücksichtigung des tatsächlichen, nachträglich ermittelten Klebeflächenanteils von 30 % zu erzielen gewesen (vgl. [13], [32]). Die tatsächliche, im Windsogversuchsstand ermittelte Bruchlast beträgt hingegen lediglich 38 % des Zielwerts ($R_{k,GF}$ = 13; Zielwert nach Gleichung Gl. ( 2.1 ): 34,4 kPa).

Darauf aufbauend ist, wie bereits in den Abschnitten 4.3.1 und 4.5.2.1 angemerkt, festzustellen, dass sich im Rahmen der Systemprüfung im Windsogversuchsstand für das teilflächig verklebte WDVS deutlich kritischere Windsogwiderstandsfähigkeiten ergeben als aktuell gefordert. Als ursächlich hierfür lassen sich neben der zyklischen, dynamischen Lasteinwirkung auch die im statischen Konzept nicht beachtete klebungsbedingte punkt- bzw. linienförmige Krafteinleitung in die Dämmplatten und die damit einhergehenden Spannungsspitzen im Vergleich zur vollflächigen Lasteinleitung aufführen. Die Thematik der Lasteinleitung wird vertieft im Rahmen der numerischen Untersuchungen in Abschnitt 6.3.2.2 untersucht.

Die mit Mineralwollplatten ausgeführten Prüfwände wurden ausschließlich teilflächig verklebt im Windsogprüfstand untersucht. Daher kann kein direkter Vergleich mit der an kleinformatigen Prüfkörpern ermittelten Zugfestigkeit senkrecht zur Plattenebene erfolgen. Hierzu bedürfe es vollflächig verklebt geprüfte WDVS.

Entgegen der Annahme der sich proportional in Abhängigkeit zum Klebeflächenanteil verhaltenden, nach Gleichung Gl. ( 2.1 ) errechneten Systemfestigkeit lässt sich im Windsogversuch für diese Systeme jedoch - anders als bei den WDVS mit EPS - eine leichte Zunahme der Systemwiderstandsfähigkeit feststellen. Ursächlich für die festgestellte Laststeigerung im Windsogversuch ist den Beobachtungen zufolge der Weiterleitungseffekt der Lasten im Einleitungsbereich der Klebeflächen durch die Mineralfasern. Im Versuch zur Ermittlung der Zugfestigkeit senkrecht zur Plattenebene ist eine lagenweise Trennung der Mineralplattenfasern festzustellen, während das Materialversagen im Windsogversuch durch linien- bzw. punktförmiges „Herausreißen" sowohl durch Auftrennung der Faserlagen, als auch durch zusätzlichen Faserabriss im Randbereich der Klebefixierung der Dämmplatten auftritt (vgl. Abbildung 3-5 mit 4-80, jeweils rechts). Hier wirken demnach durch die lediglich teilflächige Lasteinleitung zusätzliche Kräfte in Richtung der Mineralfasern. Für einen Bruch des Materials müssen daher zusätzlich zur Zugfestigkeit senkrecht zur Plattenebene $\sigma_\perp$ Kräfte zur Überwindung der Faserzugfestigkeit in Mineralfaserlängsrichtung $\sigma_\parallel$ aufgebracht werden. Dies führt gemäß der Bruchbilder zu verhältnismäßig höheren Bruchfestigkeiten der Gesamtsysteme im Windsogversuch. Das mechanische Verhalten während beider Prüfungen zeigt modellhaft Abbildung 4-88.

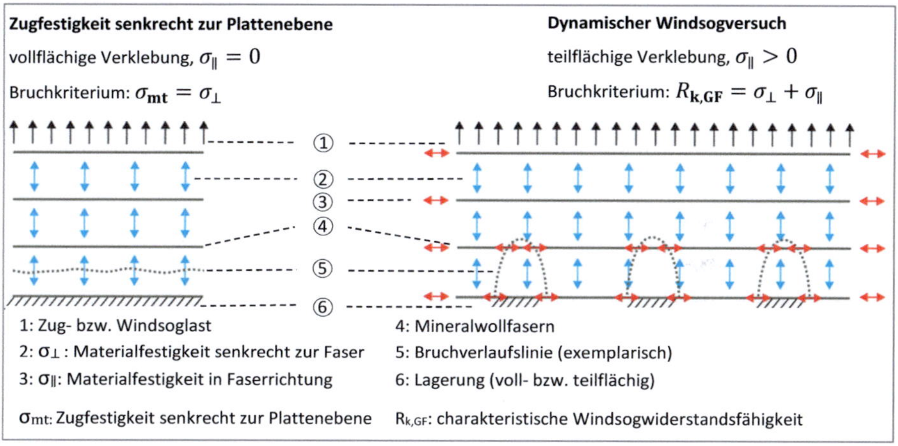


**Abbildung 4-88: Modellhafte Darstellung der in den Mineralwollplatten aktivierten Spannungen. Im kleinformatigen Zugversuch senkrecht zur Plattenebene mit vollflächiger Klebung tragen die Fasern in Faserrichtung nicht mit ($\sigma_\parallel = 0$, links). Im Windsogversuch sind bei teilflächiger Verklebung beim Bruch zusätzlich zu den Verbundkräften in Querrichtung zwischen den Mineralfaserlagen die maximalen Zugspannungen in Faserlängsrichtung zu überwinden ($\sigma_\parallel > 0$, rechts).**

Im dynamischen Windsogversuch ergab sich bei der mittels Mineralwolllamellen ausgeführten Prüfwand ein adhäsives, durch den Haftungsverlust zur Trägerwand bedingtes Klebungsversagen. Die Zugfestigkeit senkrecht zur Plattenebene der Lamellen liegt mit 111,8 kPa deutlich oberhalb der erzielten Bruchlast im Windsogversuchsstand von 11,5 kPa. Beim Vergleich mit der Widerstandsfähigkeit der vollflächig verklebten Prüfwand mit EPS sowie den Mineralwollplattenwänden müssten sich bei vorausgesetzter intakter Klebeverbindung deutlich höhere Windsogwiderstandsfähigkeiten im dynamischen Windsogprüfstand erzielen lassen. Dies gilt insbesondere bei Ausführung in vollflächiger Verklebung. Hier sind weitere Untersuchungen zur Analyse des Systemverhaltens notwendig. Das Ergebnis zeigt jedoch, dass sich im Windsogversuch - trotz

Prüfwandherstellung durch fachkundiges Personal - kritische Systemverhaltensweisen infolge der prüftechnischen Imperfektion mit realitätsnahen Fehlerquellen aufzeigen.

## Gedübelt ausgeführte Systeme

Für die gedübelt ausgeführten Systeme erfolgt die Vergleichsbetrachtung auf Grundlage der durchgeführten quasistatisch bzw. zyklisch belasteten Dübeldurchzugversuche sowie der Windsogversuche an den WDVS mit Dübelung unterhalb des Armiergewebes. Die Ergebnisse enthalten die Tabellen 3-4 und 4-15.

Die Versuchsdaten sind vergleichend in Abbildung 4-89 visualisiert. Die Bruchlasten der kleinformatigen Dübeldurchzugversuche sind als Referenzwerte mittels horizontaler Linien dargestellt. Für die Windsogversuche sind zwecks Vergleichbarkeit mit den Ergebnissen der Dübeldurchzugversuche die aus der Maximalunterdruckbelastung abgeleitete maximale Einzeldübelbelastung $D_{E,GF}$ nach Gleichung Gl. (4.3) sowie die qualitativ verwertbaren, mittels Messdübeln ermittelten maximalen Messdübelbelastungen $D_{M,GF}$ dargestellt.

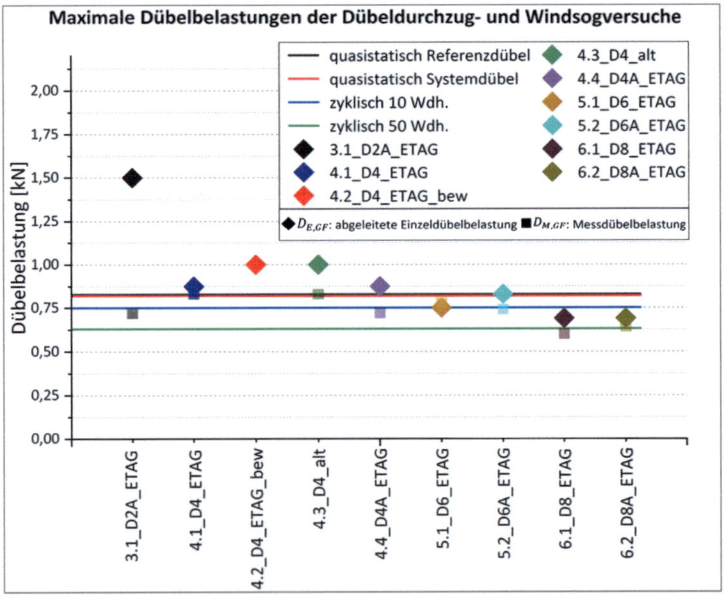


**Abbildung 4-89: Vergleichsdarstellung der maximalen Dübelbelastungen: Ergebnisse der Dübeldurchzugversuche an kleinformatigen Prüfkörpern, dargestellt als horizontale Linien sowie vergleichend die aus den maximalen Unterdrücken abgeleiteten maximalen Einzeldübelbelastungen der im Windsogprüfstand untersuchten Wärmedämmverbundsysteme in gedübelter Ausführung**

Auffallend ist die etwa doppelt so hohe rechnerisch abgeleitete Einzeldübelbelastung $D_{E,GF}$ an Wand *3.1_D2A_ETAG* bei Verwendung von 2 Dübeln/m² WDVS im Vergleich zu den in Dübeldurchzugversuchen ermittelten Festigkeiten. Die Messdübelbelastung $D_{M,GF}$ liegt hingegen im Bereich der zyklisch untersuchten Kleinformatserien. Bei geringer Dübelmenge zeigt sich im Großformatversuch der bereits in den Abschnitten 4.3.3.3 sowie 4.5.2.1 aufgeführte Einfluss der Membrantragfähigkeit des Putzsystems auf das Gesamttragverhalten. Die maximalen Einzeldübelbelastungen $D_{E,GF}$ der Windsogversuche gleichen sich mit steigender quadratmeterbezogener Dübelanzahl den Ergebnissen der unter zyklischer Belastung im Dübeldurchzugversuch ermittelten Messwerte an. Dies bestätigt den sich mit steigender Dübelmenge marginalisierenden Randeinfluss des Windsogfensters.

Im Windsogversuch ist trotz deutlich höherer Anzahl der Lastwiederholungen keine weitere Abnahme der aufnehmbaren Maximallast im Vergleich zur kleinformatigen Prüfreihe mit 50 Lastwiederholungen je Zyklus festzustellen. Anzumerken ist, dass sich die Werte für $D_{E,GF}$ mit steigender quadratmeterbezogener Dübelmenge den Ergebnissen der Prüfserie der Dübeldurchzugversuche mit 50 Wiederholungen je Lastzyklus mit tendenziell weiter abnehmendem Verlauf angleichen. Ob durch eine weitere Erhöhung der Dübelmenge im Windsogversuch eine weitere Reduzierung der Maximallast erfolgen würde, ließe sich in weiterführenden Untersuchungen prüfen.

Ursächlich für die vergleichsweise höheren maximalen Dübelbelastungen der Systeme mit geringen Dübelmengen im Windsogversuch ist die Prüfung am Gesamtsystem inklusive armierter Putzschicht. Wie oben erwähnt, ist dies auf die Membrantragwirkung des Putzsystems zurückzuführen, was am Verhalten von Prüfwand *3.1_D2_ETAG* besonders ersichtlich ist. Das hieraus resultierende Systemverformungsverhalten ist nachfolgend erläutert.

Vereinfacht lässt sich die Bauweise des Wärmedämmverbundsystems, wie von Sieder in [60] sowie Sieder und Reyer in [55] beschrieben, als Sandwichstruktur mit dem Dämmstoff als Kernmaterial sowie dem Putzsystem als Deckschicht betrachten. Das Verhalten gedübelter Systeme im Lastfall Windsog mit bzw. ohne Putzsystem ist in Abbildung 4-90 modellhaft skizziert. Das Putzsystem lässt sich in die z.B. in [3] beschriebene Gruppe der Faserverbundwerkstoffe einteilen. Der Putz bildet die Matrix, die Glasfasern des darin eingebetteten Armiergewebes die verstärkende Phase. Statisch lässt sich das Putzsystem als Membrantragwerk betrachten, deren grundlegendes Tragverhalten ist z.B. in [58] beschrieben.

Im Lastfall Windsog werden die Lasten zunächst vom Putzsystem aufgenommen, in den Dämmstoff eingeleitet und punktgestützt über die Dübelung in den Untergrund eingeleitet. Im Versuchsverlauf nehmen mit steigender Belastung und wiederholter Lastaufbringung die Verformungen im Dämmstoff im Bereich unterhalb der Dübelteller zu. Bedingt durch die punktgestützte Lagerung sowie die damit einhergehende Plattentragwirkung ergeben sich Biegeverformungen im Dämmmaterial, welche infolge des Verbunds direkt auf das Putzsystem übertragen sowie gleichzeitig von diesem begrenzt werden. Die Systemkrümmung führt zu einem Anstieg der Biegespannungen im Putzsystem, durch welche die maßgeblich vom Armiergewebe beeinflusste Zugtragfähigkeit des Putzsystems in Scheibenebene aktiviert wird. Zur Aufrechterhaltung des Kräftegleichgewichts entstehen infolge der vom Putzsystem aufgenommenen Zugspannungen $\sigma_{\parallel}$ senkrecht zur Putzfläche gerichtete Querdruckspannungen $\sigma_{\perp}$. Durch die so erfolgte Aktivierung der Membrantragfähigkeit des Putzsystems wirkt es „zugbandartig" als mittragende Systemkomponente, welche die Bruchlaststeigerung im großformatigen Systemversuch im Vergleich zu den Dübeldurchzugversuchen erklärt (vgl. Abbildung 4-90 c)).

Mit steigender quadratmeterbezogener Dübelanzahl wird die Gesamtsteifigkeit des Systems erhöht und die Verformungen werden begrenzt. Hierdurch verringert sich der Effekt der mittragenden Membranwirkung des Putzsystems. Als Folge sinkt die auf die Dübelanzahl und Systembruchlast bezogene maximale Einzeldübelbelastung, sie gleicht sich mit steigender Dübelanzahl dem Ergebnis der zyklisch im Dübeldurchzugversuch ermittelten Durchzugfestigkeit an, ohne sie zu unterschreiten. Die Ergebnisse der Durchzugversuche unterschätzen demnach für Dübelschemata mit geringen Dübelanzahl pro $m^2$ WDVS die Gesamtsystemtragfähigkeit. Die Prüfergebnisse liegen daher jedoch auf der sicheren Seite, sofern die Prüfbelastung zyklisch erfolgt. Die Gesamttragwirkung inklusive der tragfähigkeitssteigernden Membranwirkung des Putzsystems lässt sich folglich nur im großformatigen Systemversuch unter Prüfung flächiger WDVS-Bereiche mit mehreren, über das Putzsystem verbundenen Einzelplatten erfassen.

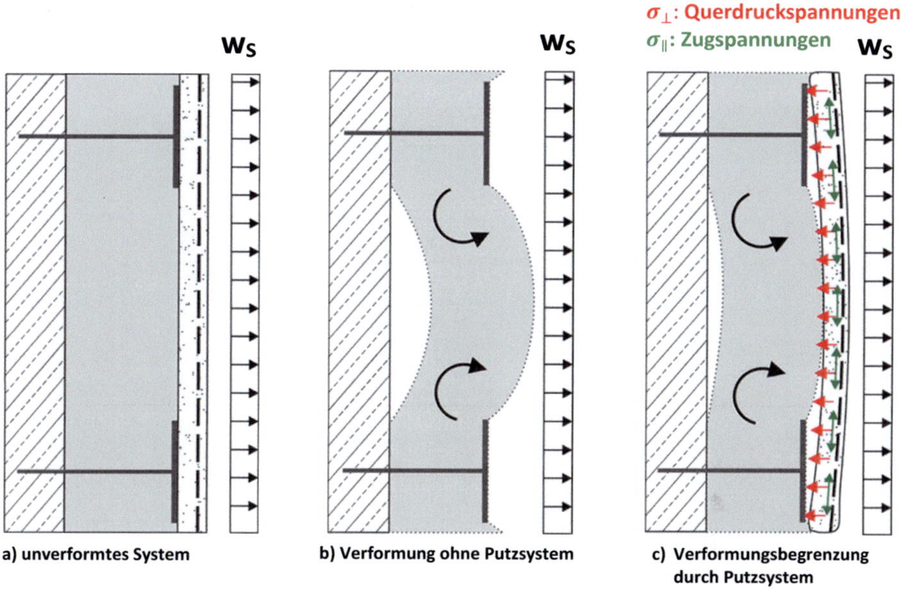


**Abbildung 4-90: a) Lastfall Windsog am rein gedübelten WDVS ohne Klebung, System unverformt**

**b) nur durch Dübelfixierung begrenzte Dämmplattenverformung bei Prüfung ohne Putzsystem**

**c) durch Dübelfixierung und Membrantragwirkung des Putzsystems begrenzte Dämmplatten-verformung, aktivierte Querdruckspannungen des Putzsystems erhöhen die Systembruchlast**

Ebenso bestätigt die vergleichende Betrachtung der geometrischen Bruchkegeldaten der Windsog- und Dübeldurchzugversuche die im Rahmen der Kleinformatversuche festgestellten Einflüsse aus der zyklischen Belastung. Die Ergebnisse sind in den Tabellen 4-16 und 3-5 bzw. den Abbildungen 4-87 und 3-23 enthalten. Zusammengefasst dargestellt sind sie in nachfolgender Abbildung 4-91. Zu entnehmen sind die jeweiligen Mittelwerte für alle vier geometrischen Kenngrößen des in Abschnitt 3.3.3.2 beschriebenen Auswertungsverfahrens. Die Ergebnisse aus den statisch untersuchten Dübeldurchzugversuchen (Mittelwert der Serien *S1-n-Ref* und *S2-n-Sys*) sind im Vergleich mit der nur in vier Druckstößen bis zum Bruch belasteten Windsogprüfwand *4.3_D4_alt* aufgeführt. Die Mittelwerte der zyklisch nach ETAG 004 untersuchten, ausschließlich gedübelten Windsogprüfwände sind im Vergleich zu den Bruchkegeldaten der mittels 50 Lastwiederholungen je Zyklus untersuchten Serie *Z2-n-Ref* der Dübeldurchzugversuche dargestellt.

**Vergleich der an Bruchkegeln ermittelten Kenngrößen aus Dübeldurchzug- und Windsogversuchen**

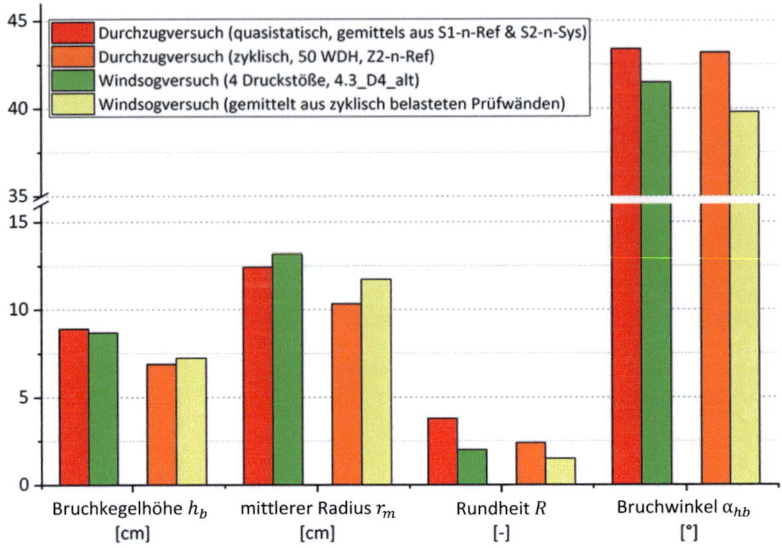


**Abbildung 4-91: Vergleichsdarstellung der an Bruchkegeln ermittelten Kenngrößen aus den kleinformatigen Dübeldurchzug- und großformatigen Windsogprüfungen**

Die Bruchkegelhöhen sind für die im Dübeldurchzug- als auch im Windsogstand entstandenen Bruchkegel in Abhängigkeit der Belastungsweise mit ca. 9 cm bzw. 7 cm vergleichbar. Es zeigt sich in beiden Prüfverfahren der dickenreduzierende Einfluss der zyklischen Lastaufbringung. Bei den mittleren Radien lässt sich für beide Belastungsarten an den im Windsogversuch erzeugten Bruchkegeln ein deutlicher Anstieg feststellen. Folglich liegen hier die daraus abgeleiteten, in Abhängigkeit zur Bruchkegelhöhe berechneten Bruchwinkel $\alpha_{hb}$ unterhalb der ca. 43° aus den Kleinformatserien. Die flacher verlaufenden Brüche deuten darauf hin, dass im Windsogprüfstand infolge der großflächig möglichen Systemverformbarkeit im Vergleich zu den Dübeldurchzugversuchen zusätzliche Biegekräfte auf die Dämmplatten einwirken (vgl. [47]). Die an den Windsogprüfkörpern ermittelten geringeren Maße für die Rundheit $R$ belegen zudem eine gleichmäßigere Bruchkegelform. Als ursächlich hierfür kann einerseits angenommen werden, dass durch die Belastungsweise mittels Unterdruck eine freiere Systemverformung und somit eine richtungstechnisch ungehinderte Materialreaktion auf die Windsogbelastung möglich ist. Andererseits könnte sich die gleichmäßigere Bruchkegelform auch aus der deutlich höheren Wiederholungsrate der Windsoglasten ergeben. Dies lässt sich nicht abschließend feststellen.

### 4.5.3 Schlussfolgerungen

Anhand der Ergebnisse der 20 untersuchten Fassadenaufbauten konnte nachgewiesen werden, dass sich der Windsogstand als zuverlässiges Prüfverfahren zur Ermittlung der Windsogwiderstandsfähigkeit von WDVS unter zyklischer, dynamischer Unterdruckeinwirkung erweist. Die Reproduzierbarkeit der im Prüfstand durchführbaren Windsogversuche bestätigen insbesondere die nahezu identisch verlaufenden Prüfungen an den drei mittels Mineralwollplatten untersuchten Prüfwänden. Sie liefern deckungsgleiche Ergebnisse.

Ein vollständiges Versagen, kennzeichnend durch ein Herabfallen des gesamten Fassadenaufbaus ist im Rahmen der Untersuchungen im Prüfstand konstruktionsbedingt nicht möglich. Hier wirkt das seitlich gehaltene Putzsystem membranartig als flächige Sicherung. Der Randeinfluss marginalisiert sich bei Systemen ausreichender Grundsteifigkeit im Prüffenster. Ein Herbeiführen des Systemversagens im Versuchsablauf nach ETAG 004 ist anlagenbedingt nur möglich, sofern die Systembruchlast bei maximal -20 kPa liegt.

Die Ergebnisse der unterhalb des Gewebes gedübelten Systeme lassen fraglich erscheinen, inwieweit das Konsoltragmodell bei gerissener Klebung noch anwendbar ist. Anhand der Versuchsdaten ist belegt, dass bedingt durch die mit zyklischer Belastung zunehmende Komprimierung des EPS die Dämmplatten von der Trägerwand entfernt werden. Im kritischsten Fall ergaben sich horizontale Prüfwandverformungen von ca. 1 cm. bei Dübelmengen von 4/m² WDVS bereits bei Soglasten von - 1,5 kPa. Insbesondere im Falle einer adhäsiv versagenden Klebeschicht reichen unter Umständen kleine Deformationen der Dämmplatten aus, um die Schubverzahnung zwischen Kleber und Untergrund bzw. Dämmplatten und Kleber aufzuheben. Aus Vertikallasten resultierende Schubkräfte ließen sich nicht mehr über die Klebung in den Untergrund übertragen. Modellhaft ist dies in Abbildung 4-92 dargestellt. Folglich müssten in diesem Fall zusätzlich zu den Windsogbelastungen auch die Systemvertikallasten durch die Dübelung abgetragen werden, was eine zusätzliche Biegebelastung der Dübel zur Folge hätte.

Zur eindeutigen Abklärung dieses Sachverhalts sind weitere, vorzugsweise kleinformatige Versuche durchzuführen. Hier bietet sich ein am Schaumblockversuch nach Verfahren E der DIN EN 13495 [22] orientierender Versuchsaufbau zur Einleitung von Scherkräften in Kombination mit einer zusätzlich wirkenden Zugkraftkomponente an der Dämmplattenoberseite an. Die Lasteinleitung der simulierten Sogkräfte sollte idealerweise zyklisch erfolgen, um realitätsnahe

Verformungen zu ermöglichen. Zur Simulation der Trägerwand bietet sich ein Untergrund mit rauer Oberfläche an, welcher die Schubverzahnung mit dem Dämmstoff und gleichzeitig eine Fixierung der Dübel ermöglicht. Daneben ist aktuell eine Modifikation des Windsogversuchsstands in Entwicklung, mit der sich künftig auch zusätzlich zum Windsog eingebrachte Scherbelastungen großformatig untersuchen lassen sollen.

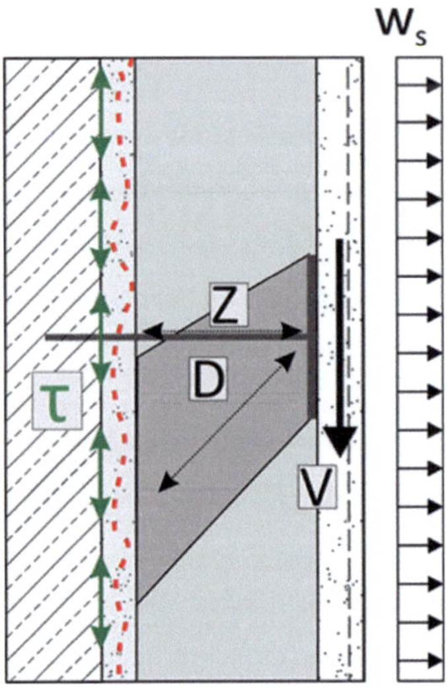


**a) Schubverzahnung zum Untergrund intakt**

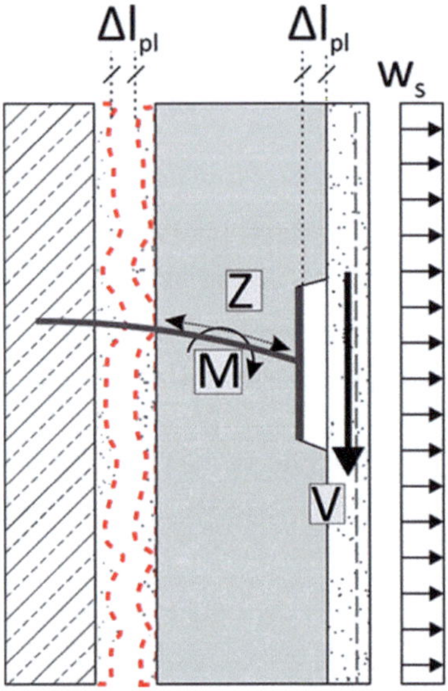


**b) Schubverzahnung verformungsbedingt nicht mehr gegeben, Lastabtrag über Dübel**

| | |
|---|---|
| – – – | Rissverlauf in Klebung bzw. Untergrund |
| $w_s$: | Windsogbelastung |
| V: | Vertikallasten (Eigengewicht, hygrothermische Beanspruchungen) |
| Z: | Dübel als Zugband zur Aufnahme der Horizontallasten infolge Windsog |
| D: | Dämmstoff als Druckstrebe, Aufnahme der Vertikallasten |
| $\tau$: | Schubkraft, Übertragung der Vertikallasten durch Schubverzahnung von WDVS mit Untergrund |
| $\Delta l_{pl}$: | plastische Systemverformung durch Windsoglast |
| M: | Moment im Dübelschaft, Entstehung durch Wegfall der Schubverzahnung über Klebeverbindung bei verformten WDVS |

**Abbildung 4-92: a) modellhaft dargestellter Lastabtrag unter Annahme des Konsoltragmodells nach [54] von gedübelt und verklebten Systemen: Klebeverbindung gerissen, Lastabtrag der Windsogkräfte über Dübel, Vertikallastabtrag über die noch intakte Schubverzahnung mit dem Untergrund (Lastverteilungswinkel unter Dübelteller angenommen: übernommen aus [54])**

**b) angenommener modellhafter Lastabtrag unter Berücksichtigung plastischer Deformationen $\Delta l_{pl}$ infolge Windsog: Lastabtrag der Windsog- und Vertikallasten rein über Dübelung infolge des Haftverbundverlustes der Klebeverbindung, dadurch Biegung im Dübelschaft**

Es konnte nachgewiesen werden, dass die Dübelung durch das Gewebe hindurch die Systemverformungen deutlich reduziert sowie infolge der gesteigerten Dübeltragfähigkeit die Windsogwiderstandsfähigkeit stark verbessern lässt. Folglich ließe sich im Falle einer kombinierten Befestigung und eingetretenem Versagen des Klebehaftverbunds die im Konsoltragmodell zugrunde gelegte Schubverzahnung deutlich länger aufrechterhalten, als bei den unterhalb des Gewebes gedübelten Systemen.

Basierend auf den ermittelten Windsogwiderständen sowie zugehörigen Verformungswerten stellen sich im Vergleich zu den gedübelten Systemen die mittels funktionstüchtiger Verklebung ausgeführten Systeme als deutlich widerstandsfähiger und verformungsarmer dar. Insbesondere in vollflächiger, jedoch auch bei teilflächiger Klebeausführung betragen die Systemwiderstandsfähigkeiten ein Vielfaches der einwirkenden Bemessungswindlasten. Die maximal ermittelte charakteristische Windsogwiderstandsfähigkeit mit -42 kPa (vgl. $R_{k,GF}$ aus Tabelle 4-15) beträgt das 16-fache der maximalen charakteristischen Windsoglast von -2,64 kPa aus Tabelle 2-1. Ob sich ein tragfähigkeitsmindernder Einfluss infolge zyklischer Belastung ergibt, lässt sich innerhalb der rein verklebt ausgeführten Serie nicht abschließend beurteilen. Exemplarisch an der zusätzlich gedübelt ausgeführten Prüfwand *8.2_D4K>40_ETAG* zeigt sich jedoch eine deutliche Abminderung der Windsogwiderstandsfähigkeit bei zyklischer Unterdruckbelastung ($R_{k,GF} = -19\ kPa$). Infolge des putzseitigen, kohäsiv ausgebildeten Bruchs im Dämmmaterial lässt sich das Ergebnis mit der quasistatisch ermittelten Haftzugfestigkeit vergleichen ($\sigma_{mt,EPS} = 115\ kPa$).

Es wurde weiterhin festgestellt, dass sich die Gesamtsystemwiderstandsfähigkeit bei teilflächiger Verklebung nicht, wie bisher in der MVV TB [13] und der EAD 040083-00-0404 [32] verankert, proportional zum Klebeflächenanteil verhält. An den Ergebnissen der Windsogprüfungen mit dem Dämmstoff EPS zeigte sich, dass teilflächig verklebte Systeme überproportional zum Klebeflächenanteil abnehmende Windsogwiderstände aufweisen. Als ausschlaggebend dafür wird der unsymmetrische Lastabtrag zwischen unverklebten Dämmplattenbereichen und der linien- bzw. punktförmigen Klebung angenommen.

Für Systeme mit Mineralwollplatten hingegen ließ sich - nach Ansicht des Verfassers infolge der aktivierten Tragfähigkeit in Faserrichtung - im Windsogversuch eine geringfügige Steigerung der Systemtragfähigkeit feststellen. Infolge des individuellen Systemverhaltens in Abhängigkeit der verwendeten Systemkomponenten ist eine im Rahmen der Leitlinien erfolgende Generalisierung des zu berechnenden Mindestklebeflächenanteils nach Gl. ( 2.1 ) eine zu abstrakte Vereinfachung. Es bietet sich an, das Windsogwiderstandsverhalten in Abhängigkeit der Dämmstoff- und Klebematerialien sowie der Ausführung der Verklebung künftig individuell zu untersuchen. An einer Systemprüfung ließe sich zuverlässig das Mindestmaß an Klebung bzw. Befestigungsmitteln für die jeweils geforderte Lastabtragfähigkeit ermitteln.

Einheitlich über die Versuchsreihen zeigte sich ein eindeutiger Einfluss aus zyklischer Belastung bei gedübelt ausgeführten Systemen. Es konnte anhand der geometrischen Auswertung der Bruchkegel bzw. Dämmplatten eine grundsätzliche Vergleichbarkeit der Bruchkörper des kleinformatigen Durchzugversuchs und des Windsogversuchs nachgewiesen werden. Im Windsogprüfstand konnte trotz weiterer Erhöhung der Belastungszyklen keine weitere Bruchlastabnahme festgestellt werden, weshalb nach aktuellem Stand anzunehmen ist, dass im Dübeldurchzugversuch auf der sicheren Seite liegende Tragfähigkeiten der Dübelung ermittelt werden. Dennoch sollte zur Absicherung an weiteren kleinformatigen Proben unter Erhöhung der Lastwiederholungen sowie durch Windsogprüfungen an WDVS mit Dübelmengen oberhalb von 8/m$^2$ WDVS eine Grenzwertstudie zur Minimalbruchlast der Dübelung durchgeführt werden.

Bisherige Sicherheitskonzepte berücksichtigen weder die sich antiproportional verhaltende Systemfestigkeit bei teilflächiger Ausführung der Klebung noch den Einfluss der zyklischen Belastung (vgl. [31]). Für Systeme in verklebter Ausführung sowie mit Dämmstoffen aus Mineralwolle lassen sich auf Grundlage der hiesigen Versuchsergebnisse keine Empfehlungswerte ableiten. Insgesamt ist jedoch auf Grundlage des ermittelten Systemverhaltens eine Erhöhung des Anwendungsbereichs verklebter WDVS in Gebieten mit höherer Windlastbeanspruchung denkbar. Dies gilt insbesondere für die vollflächig verklebt ausgeführten Systeme mit EPS.

Aufgrund der umfangreichen Untersuchungen an gedübelten Systemen mit dem Dämmstoff EPS und der festgestellten, zyklisch bedingten Tragfähigkeitsminderung um ca. 25 % wird vorgeschlagen, auf der Materialwiderstandsseite einen zusätzlichen, diesen Umstand berücksichtigenden Sicherheitsfaktor $\gamma_{M,zyklisch}$ = 1,25 einzuführen.

In Summe lässt sich festhalten, dass sich in den großformatigen Untersuchungen infolge der realitätsnahen, zyklischen Unterdruckaufbringung sowie der baupraktisch identischen Dämmplattenlagerung durch Anordnung im Verband und der Prüfung am Gesamtsystem ein insgesamt höheres Vertrauensniveau der Prüfergebnisse im Vergleich zu den kleinformatigen Untersuchungen ergibt. Die verschiedenen festgestellten, teils nur aufgrund der stets einsehbaren Fassadenoberfläche erkennbaren Bruchformen bestehen aus adhäsiv und kohäsiv auftretenden Dämmplatten- , Putz- bzw. Klebungsversagen, dämmplattendeformationsbedingten Brüchen im Putzsystem und unter Bruchkegelausbildung versagenden Dämmplatten. Sie belegen, dass sich bei der Prüfung am Gesamtsystem die für die jeweilige Prüfwand kritischste Versagensart aufzeigt. Sie ließe sich in der Form im Rahmen von Untersuchungen lediglich einzelner Komponenten nicht feststellen. Zudem lassen sich - ebenfalls infolge der prüfbegleitend vollständig einsehbaren Fassadenoberfläche - Systemreaktionen entnehmen, welche bis dato anhand der Kleinformatversuche nicht erfasst wurden. Konkret zu nennen sind hier die festgestellte Membrantragfähigkeit und die absturzsichernde Wirkung des Putzsystems, der Versagensprozess und der Lastabtrag verklebt und gedübelter Systeme sowie die überproportional zum Klebeflächenanteil abnehmende Windsogwiderstandsfähigkeit teilflächig verklebter Systeme.

## 4.6 Zusammenfassung

In Kapitel 4 wurden zur Ermittlung des Windsogverhaltens sowie von charakteristischen Windsogwiderständen insgesamt 20 großformatige Versuche an Wärmedämmverbundsystemen erfolgreich durchgeführt, dokumentiert und ausgewertet. Die Versuche basieren auf den Prüfungsvorgaben zum dynamischen Windsogversuch nach ETAG 004 ([34], [35]) bzw. EAD 040083-00-0404 [32]. Auf Grundlage der Beobachtungen und Ergebnisse erfolgte zudem eine Vergleichsbetrachtung der großformatigen Windsogprüfung mit den in Kapitel 3 durchgeführten Untersuchungen an kleinformatigen Prüfkörpern.

Zur Untersuchung verschiedener Befestigungsarten sowie des Lastabtrags der Windsogbeanspruchung wurden voll- und teilflächig verklebte, rein gedübelte sowie verklebt und gedübelte Systeme mit Dämmstoff EPS sowie vier Prüfwände mit verklebten Dämmplatten aus Mineralwolle untersucht. Es konnte ein deutlich starreres und widerstandsfähigeres Verhalten der verklebten Systeme nachgewiesen werden. Für die teilflächig ausgeführten Systeme mit EPS zeigte sich eine im Verhältnis zur vollflächigen Klebung sowie den quasistatisch an kleinformatigen Prüfkörpern ermittelten Zugfestigkeiten senkrecht zur Plattenebene eine überproportionale Abnahme der Widerstandsfähigkeit. Eine tragfähigkeitsmindernde Auswirkung infolge zyklischer Beanspruchung ließ sich innerhalb der rein verklebt ausgeführten Systeme nicht eindeutig nachweisen. Eine deutliche Abminderung der Windsogwiderstandsfähigkeit bei zyklischer Unterdruckbeanspruchung im Vergleich zur quasistatisch ermittelten Zugfestigkeit senkrecht zur Plattenebene zeigt sich jedoch an einer verklebt und gedübelten Prüfwand. Kritisch anzumerken ist das generell festgestellte, schlagartige Systemversagen bei Verklebung.

Die Prüfwände in rein gedübelter Ausführung wiesen deutlich geringere Windsogwiderstände sowie wesentlich stärkere Systemverformungen auf. Sie nehmen teilweise bereits im Lastbereich aktueller Bemessungswindlasten kritische Werte an. Deutlich tragfähigkeitssteigernd sowie verformungsmindernd wirkte sich die Dübelung durch das Bewehrungsgewebe der Armierschicht aus. Durch den Vergleich von Dübeldurchzug- sowie Windsogversuchen wurde teils auf Grundlage der Bruchlasten sowie einheitlich anhand der vermessenen Bruchkörper eine sich infolge zyklischer Belastung einstellende Tragfähigkeitsminderung nachgewiesen. Dies ließe sich künftig durch Einführung eines im Rahmen dieser Arbeit vorgeschlagenen Teilsicherheitsfaktors im aktuellen Sicherheitskonzept integrieren.

Die Untersuchungen von zwei hygrothermisch vorbewitterten Prüfwänden ließen keinen tragfähigkeitsmindernden Einfluss infolge der Alterung auf die Windsogwiderstandsfähigkeit feststellen.

Auf Grundlage der Versuche, insbesondere anhand der identischen Ergebnisse dreier baugleicher Mineralwollprüfwände ließ sich nachweisen, dass sich Windsogversuche am Prüfstand entsprechend des Verfahrens nach ETAG 004 ([34], [35]) bzw. EAD 040083-00-0404 [32] zuverlässig und reproduzierbar durchführen lassen.

Infolge der im Vergleich zu den Versuchen an kleinformatigen Prüfkörpern im Windsogstand erfolgenden realitätsnäheren Belastungsweise, der Prüfung am Gesamtsystem sowie der einsehbaren Prüfwandoberfläche und der erstmals verwandten Messdübel ließen sich bis dato nicht erfasste Systemreaktionen feststellen. Neben der beobachteten, bei Dämmplattenverformungszunahme aktivierten Membrantragfähigkeit und absturzsichernden Wirkung des Putzsystems, ließ sich das spezifische Lastabtragverhalten von kombiniert verklebt und gedübelten Systemen sowie der Versagensprozess von WDVS ermitteln. Infolge der festgestellten windsogbedingten Verformungen gedübelter Systeme wird zudem das Konsoltragmodell hinsichtlich der bisher als dauerhaft, auch bei versagter Klebung angenommenen Schubkraftübertragung, kritisch hinterfragt.

# 5 Numerische Simulation

## 5.1 Einführung

Im Rahmen der durchgeführten baupraktischen Untersuchungen an Klein- und Großformatversuchen lassen sich trotz der teils hohen Anzahl an verbauter Messtechnik nicht alle Systemreaktionen erfassen. Aufgebrachte Belastungen sowie die oberflächig auftretenden Systemverformungen lassen sich über die verbaute Messsensorik gut dokumentieren, sie sind jedoch baupraktisch immer nur lokal begrenzt erfassbar. Eine vollständige, prüfkörperumfassende messtechnische Dokumentation sowie die Ermittlung von Materialspannungen im Prüfkörperinneren sind versuchstechnisch nicht realisierbar. Zudem sind Variationen von Prüfkörper- als auch Versuchsstandaufbauten in der Praxis mit einem hohen kosten- und zeittechnischen Aufwand verbunden.

Diesbezüglich bietet die Finite Elemente Methode (FEM) eine Möglichkeit, weiterführende Einblicke in das Material- bzw. Systemverhalten zu erhalten. Mittels rechnergestützter Untersuchungen auf Basis statisch-mechanischer Analysen lassen sich die sich einstellenden, im Praxisversuch dokumentierten Systemreaktionen, nachrechnen. Auf dieser Grundlage sind weiterführende Berechnungen zum Material- bzw. Systemverhalten möglich. Insbesondere das detaillierte Verformungsverhalten, der explizite Verlauf des Lastabtrags bei verschiedenen Befestigungsarten sowie sich einstellende Spannungszustände können so besser nachvollzogen werden. Beim Windsogversuch ist die Prüfkörperherstellung und die Versuchsdurchführung mit einem hohen Aufwand verbunden, weshalb die Wandaufbauten hier im Regelfall lediglich in einem Einzelversuch untersucht wurden. Die dabei festgestellten Systemreaktionen lassen sich anhand des numerischen Modells zudem auf Plausibilität prüfen.

Ein weiterer Vorteil der rechnergestützten Analyse ist die Möglichkeit der, im Verhältnis zu baupraktischen Prüfungen, simplen Modellerweiterung und Variation. Bedingung für die Analyse mittels FEM ist dabei immer die ausreichend genaue rechnergestützte Abbildung des Materialverhaltens. Dies gelingt durch das Erfassen der notwendigen, in Praxisversuchen ermittelten Materialparameter inklusive der treffend zu definierenden Lagerungs- und Kontaktbedingungen für die verschiedenen, im Verbund fungierenden Systembestandteile des WDVS. Die Materialparameter gilt es, in das numerische Modell zu überführen, welches anschließend durch den Abgleich von rechnergestützt ermittelten mit in Bauteilversuchen erzeugten Ergebnissen zu validieren ist.

Die Modellanforderungen ergeben sich aus den mit ihrer Hilfe zu beantwortenden Fragestellungen. Zu beachten gilt im Allgemeinen, dass mit steigender Komplexität eines numerischen Modells neben der Steigerung des versuchstechnischen Aufwands zur Erfassung erforderlicher Materialdaten ein höheres Risiko für seine Fehleranfälligkeit einhergeht. Die nachfolgend dokumentierten Simulationsrechnungen beschränken sich daher auf statisch mechanische Analysen, welche das numerisch zu analysierende Materialverhalten für hiesige Zwecke ausreichend genau abbilden. Einflüsse aus zyklischer Belastung und die Thematik der Ermüdung werden in den numerischen Modellen nicht berücksichtigt. Dies würde, neben einem erheblichen Mehraufwand hinsichtlich versuchstechnischer Anforderungen, die Verwendung deutlich komplexerer Materialmodelle erfordern, was jedoch außerhalb der Relation der im Rahmen dieser Arbeit numerisch zu beantwortenden Fragestellungen steht. Aufgrund der isotropen Dämmmaterialeigenschaften werden die numerischen Analysen exemplarisch für WDVS mit EPS durchgeführt.

Der Aufbau des numerischen Modells sowie die Materialgesetzauswahl erfolgt in Abhängigkeit der Befestigungsart mittels Klebung bzw. Dübelung, sodass quantitativ aussagekräftige Spannungs- und Verformungsanalysen ermöglicht werden.

Die Modellbildung, die anhand des Vergleichs von Bauteil- und Simulationsergebnissen durchgeführte Validierung sowie die Dokumentation der hinsichtlich der Modellanwendbarkeit erfolgende Modelloptimierung ist in Kapitel 5 beschrieben. Kapitel 6 beinhaltet die Anwendung des Modells. Dort dokumentiert sind Untersuchungen zum Einfluss der Randandichtung des Windsogprüfstands auf das Prüfkörperverformungsverhalten, zum Systemverhalten in Abhängigkeit der Befestigungsart und der Dämmplattendicke, wie auch Untersuchungen zum Konsoltragmodell.

Als Programm für die Modellbildungen und Durchführung der Simulationsrechnungen wird ANSYS Workbench in der Version 2019 R3 verwendet.

## 5.2 Zielsetzung, Umsetzung und Umfang der Untersuchungen

Grundlegendes Ziel der numerischen Untersuchungen ist die Entwicklung eines Simulationsmodells, auf dessen Basis dreidimensionale computergestützte Analysen zum Verformungsverhalten und Lastabtrag der baupraktisch vorherig untersuchten Wärmedämmverbundsysteme mit dem Dämmstoff EPS möglich ist. Am Modell soll untersucht werden, ob trotz der sich im Windsogversuchsstand aus der Randandichtung ergebenden Lagerungsbedingung ein naturgemäßes Systemverformungsverhalten innerhalb der Sogkammer stattfindet. Zudem sollen insbesondere die spannungs- und verformungstechnischen Materialreaktionen infolge der verschiedenen, sich aus unterschiedlichen Klebeflächenanteilen bzw. Dübelbildern ergebenden Befestigungsrandbedingungen abgebildet werden können. Am Modell soll außerdem eine detailliertere Versagensanalyse sowie die Plausibilitätsprüfung der teils nur aus Einzelversuchsergebnissen geschlussfolgerten Systemverhaltensweisen erfolgen. Weiterhin sollen im Modell der Einfluss durch eine erweiterte Anordnung von Klebeflächen und Dübelmustern sowie die zu erwartenden Auswirkungen der in den Bauteilprüfungen nicht untersuchten Erhöhung der Dämmplattendicke ermittelt werden. Ausblickend sollen die Auswirkungen der beobachteten Systemverformungen rein gedübelter Systeme bei zusätzlich zum Windsog angreifender Vertikalbelastung auf den im Konsoltragmodell angenommenen Lastabtrag numerisch untersucht werden.

Die diesbezügliche Modellbildung ist in Kapitel 5 dokumentiert. Hier beschrieben ist die Entwicklung des Materialmodells inklusive der Definition von Kontakt- und Lagerungsbedingungen sowie die Validierung und Optimierung des numerischen Modells. Kapitel 6 umfasst die Anwendung des Modells zur Beantwortung der im Rahmen der Zielsetzung definierten Fragestellungen.

Zusammengefasst:

**Kapitel 5**

- Modellbildung und Validierung der Stoffgesetze auf Grundlage der Daten und Messergebnisse aus Druck- bzw. Zugversuchen sowie der Nachbildung des Dübeldurchzugversuchs und des Windsogversuchs
- Untersuchungen zur Modelloptimierung sowie der Reduzierung der Rechenintensität:
    - Konvergenzstudien zur Optimierung der Netzfeinheit
    - Simulationsrechnung zur vereinfachten Modellierung des Dübels ohne Schaft

- Nachweis der Ergebnisäquivalenz der im Dämmplattenverband sowie mittels Einzelplatten berechneten numerischen Modelle

**Kapitel 6**

- Untersuchungen zum Einfluss der Randandichtung zwecks Beantwortung der Fragestellung, inwieweit im Windsogversuchsstand ein naturgemäßes Verformungsverhalten von WDVS stattfindet
- Durchführung verschiedener Simulationsrechnungen zur Plausibilitätsprüfung der Bauteilversuchsbeobachtungen sowie der generellen Untersuchung des Systemverhaltens und des mechanischen Versagensprozesses in Abhängigkeit der Befestigungsart (gedübelte, verklebte sowie verklebt und gedübelte Systeme)
- Untersuchung von über die an baupraktischen Versuchen hinausgehenden Dämmplattenbefestigungsmustern und Dämmplattenstärken auf das spannungs- und verformungstechnische Verhalten der Systeme
- Untersuchungen zu möglichen Auswirkungen der versuchstechnisch beobachteten Systemverformungen gedübelter WDVS bei zusätzlicher Vertikalbelastung auf den im Konsoltragmodell angenommenen Lastabtrag

## 5.3 Modellbildung

### 5.3.1 Materialmodelle, Materialparameter und Anwendungsgrenzen

Im Rahmen der numerischen Analysen wird entsprechend der in Abschnitt 2.1.5 definierten Lastabtragmodelle in Abhängigkeit der Befestigungsart des WDVS sowie analog zu den Prüfkörperaufbauten in Kapitel 4 zwischen gedübelten bzw. verklebten Systemen unterschieden. In verklebter Ausführung wirken sich Windsogbelastungen primär zugbeanspruchend auf die Systeme aus, bei einem Lastabtrag über die Dübelung werden über die Dämmplattentragwirkung die Windsoglasten zu den Dübelbefestigungen geleitet. Hier ergibt sich unmittelbar unterhalb der Dübelteller eine Druckbeanspruchung im Dämmmaterial. Da sowohl verklebte, als auch gedübelte Befestigungsarten numerisch untersucht werden, wird bei der Modellbildung der grundlegend unterschiedliche Lastabtrag im Dämmstoff berücksichtigt. Es erfolgt stets eine differenzierte Wahl aus den beiden für Zug- bzw. Druckbeanspruchung zu erstellenden Materialmodellen.

Die Bauteilversuche in Kapitel 3 und 4 wurden vorwiegend an WDVS mit dem Dämmstoff EPS durchgeführt. Daher, sowie aufgrund seiner isotropen Materialeigenschaften, werden die Analysen exemplarisch auf WDVS mit dem Dämmstoff EPS begrenzt.

Anhand der durchgeführten Bauteilversuche hat sich gezeigt, dass bei korrekter Systemmontage grundsätzlich die Verformungen bzw. der Bruch der Dämmplatten ausschlaggebend für das Gesamtversagen des WDVS im Lastfall Windsog sind. Fokussiert wird sich bei der Simulation entsprechend auf die vollständig zu erfassenden Spannungs-Dehnungs-Beziehungen des Dämmstoffs. Versagensformen infolge zu geringer Untergrundhaftung, fehlerhafter Dübel- bzw. Kleberapplikation, Dübelversagen sowie Adhäsionsbrüchen innerhalb der Verklebung selbst sowie das infolge der Dämmplattenverformungen auftretende Putzaufreißen sind nicht Gegenstand der numerischen Untersuchungen. Zudem wird die Klebung im Modell lediglich bei den Untersuchungen zum Konsoltragmodell als eigenständige Materialschicht modelliert und ansonsten aus Gründen der Modelleffizienz über die Dämmplattenlagerung abgebildet.

Eine grundlegende Übersicht typischer Materialverformungsmodelle zur Beschreibung der versuchstechnisch zu bestimmenden Spannungs-Dehnungsbeziehungen von Materialien ist beispielsweise in [50] gegeben, sie sind in Abbildung 5-1 dargestellt.

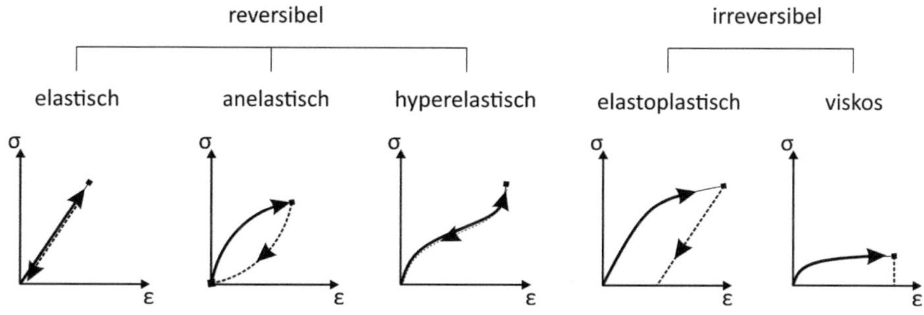


**Abbildung 5-1: Übersicht verschiedener Modelle zur Beschreibung des belastungsabhängigen Spannungs-Dehnungs-Verhaltens von Materialien [50]**

### 5.3.2 Numerische Abbildung von EPS

#### 5.3.2.1 Materialeigenschaften und mechanisches Verhalten von EPS

EPS ist in die Gruppe der schaumstoffartigen Dämmstoffe einzuordnen, das Material weist eine geschlossene Zellmatrix auf, bestehend aus im Herstellprozess entstehender, aneinanderhaftender Perlen. Im Bauwesen wird EPS hauptsächlich infolge seiner niedrigen Wärmeleiteigenschaften als Dämmstoff von Fassadenbauteilen eingesetzt. In anderen Fachbereichen wird das Material aufgrund des geringen Gewichts und der hohen Energieabsorptionsfähigkeit insbesondere zur Dämpfung von Stoßbelastungen verwandt, beispielsweise als Verpackungsmaterial bzw. zur Verbesserung des Crashverhaltens im Fahrzeugbau. Die mechanischen Eigenschaften von EPS sind umfassend in [2] dargelegt. Weitere Angaben, teils auch im Hinblick auf die numerische Abbildbarkeit von EPS, finden sich in [1], [7], [45] und [59].

EPS ist gekennzeichnet durch sein allgemein bekanntes, isotropes Materialverhalten (vgl. [20]) sowie die Aufnahmefähigkeit hoher Druckbeanspruchungen bei gleichzeitig hoher Deformierbarkeit. Unter Zugbelastung lässt das Material kaum Verformungen zu und ist in deutlich geringerem Maße beanspruchbar. Selbiges gilt für Biegebeanspruchungen.

Das prinzipielle Verhalten von Schäumen unter Druckbeanspruchung wird von Croop in [7] anhand des in Abbildung 5-2 dargestellten Zonenmodells erläutert, es lässt sich grundsätzlich auf EPS anwenden.

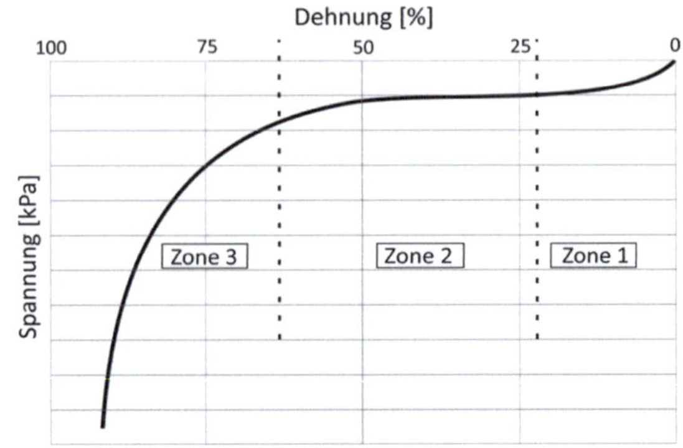


**Abbildung 5-2: Zonenmodell zur Beschreibung des Druckverhaltens von EPS nach [7]**

Zone 1 beschreibt den Belastungsbeginn, sie beinhaltet den linearelastischen Anfangsbereich sowie den Beginn plastischer Deformationen. Der Fließbereich setzt sich in Zone 2 fort, hier stellt sich ein flaches Plateau unter starker Verformungszunahme bei kaum bzw. nur leicht ansteigender Belastung ein, beschrieben wird dies auch in [2] als Kollaps-Plateau. In Zone 3 erfolgt eine starke Verfestigung infolge der Materialverdichtung. Die plastischen Deformationen von EPS entstehen infolge kollabierender Zellwände der Perlen.

Die grafisch zusammengeführten Ergebnisse der im Rahmen dieser Arbeit durchgeführten Untersuchungen zur Ermittlung des Druck- und Zugverhaltens am für die Klein- und Großformatuntersuchungen verwandten Material sind in Abbildung 5-4 dargestellt. Die Versuche zum Zugverhalten sind in Abschnitt 3.2 dokumentiert. Das Verhalten bei Druckbeanspruchung wurde nach DIN EN 826 [29] bestimmt, der Aufbau des hier nicht näher beschriebenen Druckversuchs ist in Abbildung 5-3 dargestellt, den versuchsbegleitenden Deformationsprozess zeigt Abbildung 5-5.

**Abbildung 5-3: Versuchsaufbau zur Ermittlung des Druckverhaltens von EPS nach DIN EN 826 [29]**

Die ermittelten Spannungs-Dehnungsbeziehungen in Abbildung 5-4 stellen die Grundlage zur Beschreibung des Materialverhaltens im Rahmen der numerischen Untersuchungen dar. Beim Vergleich der Spannungs-Dehnungskurve des Druckversuchs mit dem Zonenmodell aus Abbildung 5-2 ist eine grundsätzliche Übereinstimmung festzustellen. Für den Druckbereich ist dem Kurvenverlauf das schwach ausgeprägte linearelastische Materialverhalten im Anfangsbereich der Belastung zu entnehmen. Die Ausprägung des im Zonenmodell in Zone 2 beschriebenen Bereichs mit flachem Fließplateau fällt am hier untersuchten EPS deutlich geringer aus, es findet ein nahezu direkter Übergang von Zone 1 in Zone 3 statt. Nach Erreichen der linearelastischen Grenze (linearelastische Grenzdruckspannung: $\sigma_{c,el} = 38{,}7\ kPa,$ linearelastische Dehnungsgrenze: $\varepsilon_{c,el} = 2\ \%$) ist eine Materialverfestigung unter rascher Spannungs- und Dehnungszunahme zu beobachten.

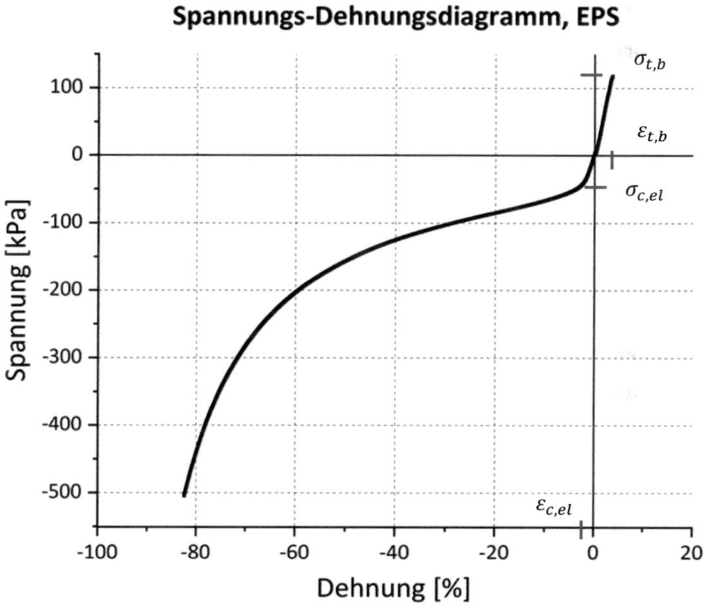


**Abbildung 5-4: In Zug- bzw. Druckversuchen ermittelte Spannungs-Dehnungskurve des im Rahmen dieser Arbeit verwandten EPS, Verhalten unter Zugbeanspruchung idealisiert linearelastisch, Verhalten unter Druckbeanspruchung linearelastisch mit anschließender Plastifizierung**

Bei Betrachtung des Kurvenverlaufs im Zugbereich lässt sich das Zugverhalten von EPS bis zum Bruch (Bruchzugspannung: $\sigma_{t,b} = 115\ kPa$, Bruchdehnung: $\varepsilon_{t,b} = 3\ \%$) idealisiert als vollständig linearelastisch beschreiben. Hier tritt ein schlagartiges, sprödes Materialversagen auf. Ein Plastifizieren des Materials ist weder anhand der Spannungs-Dehnungsbeziehungen, noch am Bruchkörper zu beobachten. Bei Betrachtung von Abbildung 3-6 ist, deckungsgleich zu den Ergebnissen der Untersuchungen im dynamischen Windsogversuchsstand von mit Bruchverlauf im Dämmmaterial versagenden WDVS, ein Adhäsionsbruch zwischen den EPS-Perlen als Versagensursache erkennbar. Demnach ist die Festigkeit der beim Herstellprozess ausgebildeten Schweiß- bzw. Klebeverbindung der Perlen untereinander ausschlaggebend für die Zugfestigkeit des EPS.

**EPS unter Zugbeanspruchung**

EPS verhält sich unter Zugbeanspruchung bis zum Bruch idealisiert betrachtet entsprechend des über das Hookesche Gesetz definierte linearelastische Materialgesetz (vgl. Zugspannungsbereich in Abbildung 5-4 mit elastischem Materialmodell aus Abbildung 5-1). Zur mathematischen Beschreibung des für die Simulation des Zugverhaltens verwandten Modells der isotropen Elastizität werden als Materialparameter lediglich der E-Modul sowie die Querkontraktionszahl benötigt. Der E-Modul wird aus den experimentell erzeugten, in Abschnitt 3.2 dokumentierten sowie in Abbildung 5-4 dargestellten uniaxialen Zugversuchsdaten über den linearen Kurvenverlauf mittels des Hookeschen Gesetzes $(\sigma = E * \varepsilon)$ ermittelt:

$$E_{EPS,Z} = 3108\ kPa$$

$$\sigma_{t,b} = 115\ kPa$$

$$\varepsilon_{t,b} = 3{,}7\ \%$$

Dabei ist:

| | | |
|---|---|---|
| $E_{EPS,Z}$ | E-Modul von EPS unter Zugbeanspruchung | [kPa] |
| $\sigma_{t,b}$ | Zugbruchspannung | [kPa] |
| $\varepsilon_{t,b}$ | Dehnung zum Bruchzeitpunkt | [%] |

Die über den Zugbereich ermittelte Querkontraktionszahl wird entsprechend der Angaben aus [47] und [61] zu $\nu_Z = 0{,}3$ gesetzt.

**EPS unter Druckbeanspruchung**

Während der Versuchsverläufe gedübelter Systeme im Windsogprüfstand zeigte sich, dass im Druckbereich unterhalb der Dübelteller plastische Verformungen infolge lokaler Überschreitungen der Druck-Fließgrenze im EPS auftreten. Eine Simulation des Dämmstoffs, welche sich auf den Bereich des linear-elastischen Materialverhaltens beschränkt, ist demnach insbesondere zur erforderlichen, ausreichend genauen numerischen Beschreibung des beobachteten Systemverformungsverhaltens ungenügend. Verwendet wird daher ein zusammengesetztes Materialmodell, welches den linearelastischen sowie den Fließbereich von druckbeanspruchtem EPS erfasst.

Der Spannungs-Dehnungsverlauf im Druckbereich von EPS ist grundsätzlich mit dem Kurvenverlauf des hyperelastischen Verformungsmodells übereinstimmend (vgl. Druckspannungsbereich aus Abbildung 5-4 mit hyperelastischem Materialmodell aus Abbildung 5-1). Es existieren eine Vielzahl aus der Hyperelastizität abgeleitete Materialgesetze zur Beschreibung schaumartiger Materialien, beispielsweise das Odgen-, Neo-Hooke oder Mooney-Rivlin-Modell. Sie basieren jedoch auf einem über den Kurvenverlauf vollelastischen bzw. reversiblen Materialverhalten, weshalb sie folglich ungeeignet zur Beschreibung des Druckverhaltens von EPS sind.

Das Verhalten von EPS unter Druckbeanspruchung wird daher hier bis zum Erreichen der linearelastischen Grenzdruckspannung $\sigma_{c,el}$ mathematisch durch das Materialgesetz der isotropen Elastizität simuliert. Zwecks Erfassung des darauffolgenden plastischen Materialverhaltens wird dieses Gesetz mittels multilinearer isotroper Verfestigung kombiniert. Die linearelastische Grenzdruckspannung $\sigma_{c,el}$ wird anhand der uniaxialen Versuchsdaten bestimmt (vgl. Abbildung 5-4). Zur Beschreibung des elastischen Materialbereichs werden als Parameter der E-Modul sowie die Querkontraktionszahl benötigt, der E-Modul wird über den linearen Kurvenbereich der experimentell ermittelten Druckversuchsdaten unter Annahme des Hookeschen Gesetzes ermittelt:

$$E_{EPS,D} = 1935\ kPa$$

$$\sigma_{c,el} = 38{,}7\ kPa$$

$$\varepsilon_{c,el} = 2\ \%$$

Dabei ist:

| | | |
|---|---|---|
| $E_{EPS,D}$ | E-Modul von EPS unter Druckbeanspruchung | [kPa] |
| $\sigma_{c,el}$ | linearelastische Grenzdruckspannung | [kPa] |
| $\varepsilon_{c,el}$ | linearelastische Dehnungsgrenze | [%] |

Der nach Überschreitung der linearelastischen Grenzdruckspannung $\sigma_{c,el}$ eintretende Fließbereich (vgl. Abbildung 5-4) wird numerisch durch die Ergänzung des Materialmodells um ein multilineares isotropes Verfestigungsgesetz erfasst. Für jedes Spannungsniveau oberhalb von $\sigma_{c,el}$ ist der Dehnungsanteil $\varepsilon_{pl}$ zu errechnen und mit dem zugehörigen Spannungswert $\sigma_{nom}$ im Materialgesetz zu hinterlegen. Der Dehnungsanteil bestimmt sich nach Gleichung Gl. (5.1):

$$\varepsilon_{pl} = \varepsilon_{nom} - \frac{\sigma_{nom} - \sigma_{c,el}}{E_{EPS,D}} \qquad \text{Gl. (5.1)}$$

Dabei ist:

| | | |
|---|---|---|
| $\varepsilon_{pl}$ | Anteil der plastischen Dehnungen an der Gesamtdehnung | [-] |
| $\varepsilon_{nom}$ | nominelle Dehnungen | [-] |
| $\sigma_{nom}$ | zu $\varepsilon_{nom}$ zugehörige nominelle Spannung | [kPa] |
| $\sigma_{c,el}$ | linearelastische Grenzdruckspannung | [kPa] |
| $E_{EPS,D}$ | E-Modul von EPS unter Druckbeanspruchung | [kPa] |

In der Literatur ([47], [2], [45], [7]) wird das Querdehnverhalten von EPS unter Druckbeanspruchung als vernachlässigbar gering beschrieben. Dies belegen ebenfalls Beobachtungen der durchgeführten Druckversuche an würfelförmigen EPS-Prüfkörpern (vgl. Abbildung 5-5). Entsprechend wird die Querkontraktionszahl zur Beschreibung des Druckverhaltens zu $\nu_D = 0$ gesetzt.

**Abbildung 5-5: Steigende EPS-Prüfkörperverformung unter anwachsender Druckbeanspruchung im Versuchsverlauf, Querdehnungen sind nicht ersichtlich**

### 5.3.3 Zusätzlich verwendete Materialien und Materialparameter

**Putzsystem**

Das Putzsystem ist im Rahmen der hier untersuchten Thematik als winddichte Endbeschichtung des Wärmedämmverbundsystems zu betrachten, welche die aus dem Unterdruck resultierenden Belastungen in den Dämmstoff einleitet. Es ist direkt über den Haftverbund mit der Dämmebene verbunden, deren Verformungen werden im Lastfall Windsog unmittelbar auf das Putzsystem übertragen. Daraus resultieren quer und parallel zur Scheibenebene verlaufende Zugspannungsbeanspruchungen, aus denen sich eine zusätzliche Biegebeanspruchung des Putzsystems ergibt. Aufgrund der geringen Zugbruchdehnung lässt sich das Putzsystem unter Beachtung der linearen Spannungs-Dehnungsbeziehungen mittels des linearelastischen Materialgesetzes der isotropen Elastizität simulieren (vgl. [36]). Eigene Zugversuche zur Ermittlung der Stoffkenngrößen werden nicht durchgeführt. Gängige Werte für E-Modul und die Querkontraktion finden sich jedoch beispielsweise in [54], [31] und [36], sie sind nachfolgend in Tabelle 5-1 aufgeführt. Der Plausibilitätsnachweis der hier verwendeten Kennwerte für das Putzsystem erfolgt im Rahmen der Validierung der nachgebildeten großformatigen Versuche in Abschnitt 5.3.5.3.

**Dübelung aus Stahl**

Die Dübelbefestigung im Rahmen der Windsoguntersuchungen erfolgte mit Systemdübeln sowie mit angefertigten Messdübeln aus Stahl, welche auf Grundlage des Referenzdübels der DIN EN 17237 [25] entwickelt wurden. Die Gleichwertigkeit beider Dübeltypen bezüglich sich einstellender Bruchlasten ist im Rahmen der Dübeldurchzugversuche nachgewiesen (vgl. Tabelle 3-4). Die Dübelung wird in den durchzuführenden numerischen Analysen mit Stahldübeln modelliert, ihre Abmessungen entsprechen den der baupraktisch verwandten Messdübeln. Die maximalen Dübelbelastungen beim Dämmstoffbruch liegen deutlich unterhalb der Streckgrenze der für die Herstellung genutzten Stahlsorte S235 (vgl. Tabelle 3-4: $D_{E,KF,max} = 0{,}83\ kN$ → Belastung im Dübelschaft: 16,5 MPa ≪ 235 MPa). Entsprechend wird der Messdübel mittels des linearelastischen Materialgesetzes der isotropen Elastizität simuliert, die verwendeten Kennwerte enthält Tabelle 5-1.

**Tabelle 5-1: Materialkennwerte zur numerischen Simulation des Putzsystems und der Dübel**

| Material | Materialmodell | E-Modul | Querkontraktionszahl |
|---|---|---|---|
| | | [MPa] | [-] |
| Putzsystem | linearelastisch | 4000-7000<br>(hier verwendet: 7000 MPa) | 0,2 |
| Stahl (Dübel) | linearelastisch | 210000 | 0,3 |

### 5.3.4 Definition der Systemrandbedingungen

Die Systemrandbedingungen werden für die verschiedenen nachzubildenden Befestigungsarten der WDVS individuell bei der Modellierung definiert. Sie bestehen aus Kontaktbedingungen der Materialien untereinander sowie der Lagerungsbedingungen, über welche die Systembefestigungsweise modelliert wird. Die spezifisch für die einzelnen Modelle verwendeten Lagerungs- und Kontaktbedingungen sind im jeweiligen Abschnitt dokumentiert. Nachfolgend wird eine generelle Übersicht über die verwendeten Modellrandbedingungsparameter gegeben.

#### 5.3.4.1 Kontaktbedingungen

**EPS-Dämmplatten untereinander - reibungsbehaftet**

Beim Aufbau von WDVS werden die Dämmplatten im Verband verlegt, wobei die Plattenstöße seitlich sowie an den Längskanten dicht gestoßen auszuführen sind. Hieraus ergeben sich für die Simulation von Geometrien mit mindestens zwei Dämmplatten zu definierende Kontaktbedingungen für die aneinanderstoßenden Dämmplattenseiten. Entsprechend des realen Systemaufbaus werden die Kontaktbedingungen der Elemente an den Kontaktflächen als reibungsbehaftet definiert. Der Reibbeiwert von Polystyrol ist beispielsweise [6] zu entnehmen, er beträgt 0,5.

**Dübel und EPS-Dämmplatten - reibungsfrei (Dübelschaft), reibungsbehaftet (Dübelteller)**

Es ist bei der Definition der Kontaktbereiche zwischen Dübelschaft und Dämmstoff sowie Dübelteller und Dämmstoff zu unterscheiden. Am WDVS angreifende Soglasten werden im Falle des Lastabtrags über die Dübelung durch den Kontaktbereich der Dämmplattenoberfläche mit der Unterseite des Dübeltellers als Druckkräfte in die Dübel eingeleitet und von dort über den Dübelschaft in den Untergrund abgetragen. Die Kontaktbedingungen zwischen Dämmstoffoberfläche und Dübelteller werden als reibungsbehaftet definiert, es lassen sich Druck- und Schubkräfte übertragen. Der Reibbeiwert zwischen Polystyrol und Stahl ist [6] zu entnehmen, er beträgt 0,3.

Zur Installation der Dübel ist ein Vorbohren durch den Dämmstoff bis in das Trägermedium erforderlich. Hierdurch ergibt sich ein leichtes Lochspiel, sodass in Kombination mit der glatten Schaftoberfläche eine Lastübertragung zwischen Dübelschaft und Dämmplatte vernachlässigt wird. Auf der sicheren Seite liegend werden die Kontakteigenschaften zwischen Dübelschaft und Dämmstoff als reibungsfrei angenommen und im Modell entsprechend definiert.

**Putzsystem und Dämmstoff (starrer Verbund)**

Im ausgehärteten Zustand ist das Putzsystem über den Haftverbund direkt mit dem Dämmstoff verbunden. An den praktisch untersuchten Prüfkörpern konnte kein adhäsives Versagen in der Verbundebene Putzsystem und Dämmstoff festgestellt werden. Die Kontaktbedingungen zwischen den beiden Materialien werden entsprechend über die Eigenschaften des starren Verbunds definiert, neben Zug- und Drucklasten lassen sich auch Schubkräfte übertragen.

Zusammengefasst sind die verschiedenen Kontaktbedingungen für die jeweiligen Kontaktbereiche in der nachstehenden Tabelle 5-2.

**Tabelle 5-2: Kontaktbedingungen zur Simulation der Materialkontaktbereiche im numerischen Modell**

| Kontaktbereich | Kontaktbedingung | Reibbeiwert |
|---|---|---|
| Polystyrol zu Polystyrol | reibungsbehaftet | 0,5 |
| Dübelteller (Stahl) zu Polystyrol | reibungsbehaftet | 0,3 |
| Dübelschaft (Stahl) zu Polystyrol | reibungsfrei | - |
| Putzsystem zu Polystyrol | starrer Verbund | - |

### 5.3.4.2 Lagerungsbedingungen

Bei der Wahl der Lagerungsbedingungen wird entsprechend der nachzubildenden Befestigungsmethoden zwischen verklebten bzw. gedübelten Systemen differenziert.

In der Praxis wird beim Setzen der Dübel der Dübelschaft im Untergrund des Trägermediums verankert. Hieraus ergibt sich ein fixierter Lagerungszustand des Dübelschafts. Im numerischen Modell werden die Dübel zur Untersuchung des Konsoltragmodells mit Schaft und Teller modelliert, hier wird das Ende des Dübelschafts fixiert gelagert. Zwecks Modelloptimierung wird die Dübelung der ausschließlich horizontal in Windsogrichtung belasteten Modelle lediglich durch die unterseitig fixiert gelagerten Dübelteller abgebildet. Dies führt entsprechend der Untersuchungen in Abschnitt 5.3.5.2 zu selbigen Modellreaktionen wie die Modellierung des Gesamtdübels mit Schaft. Die Lagerung ist exemplarisch für den Dübelteller in Abbildung 5-6 dargestellt.

Die Verklebung wird lediglich bei den Untersuchungen zum Konsoltragmodell geometrisch als eigenständige Modellkomponente abgebildet. Ansonsten erfolgt die Abbildung über die Definition der Lagerungsbedingungen der Dämmplatten. Die Ausführungsart der voll- bzw. im Punkt-Wulst-Verfahren teilflächig aufgetragenen Klebung wird durch fixiert gelagerte, geometrisch entsprechend eingeteilte Dämmplatten modelltechnisch erfasst (vgl. Abbildungen 5-7 und 5-8).

**Abbildung 5-6: Darstellung der fixierten Lagerung des Dübeltellers in einer Dämmplattenecke im Modell zur Nachbildung der Dübelbefestigung**

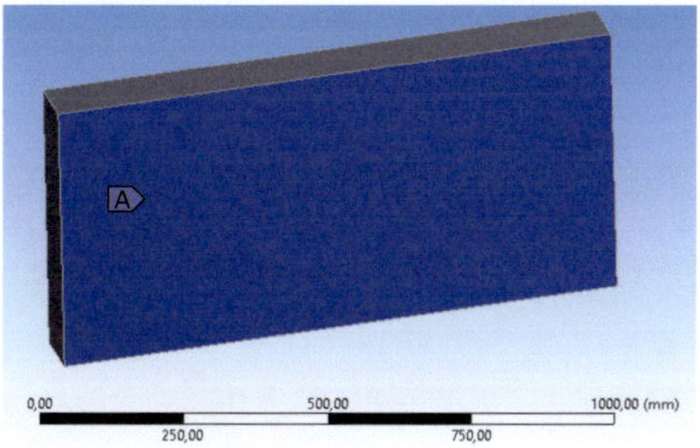


**Abbildung 5-7: Darstellung der vollflächig fixierten Lagerung einer Dämmplattenunterseite im Modell zwecks Nachbildung der Befestigung in vollflächiger Verklebung**

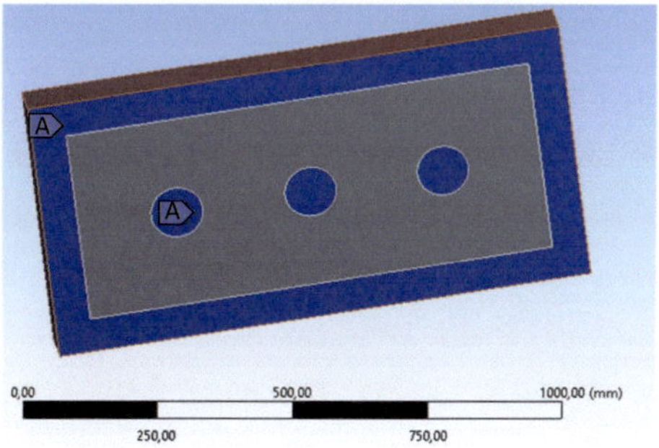


**Abbildung 5-8: Darstellung der teilflächig fixierten Lagerung einer Dämmplattenunterseite im Modell zwecks Nachbildung der Befestigung in teilflächiger Verklebung nach dem Punkt-Wulst-Verfahren**

### 5.3.5 Validierung des Rechenmodells

Die Validierung des Rechenmodells erfolgt in einem mehrstufigen Verfahren. Die Grundlage bilden die durchgeführten Untersuchungen zur Ermittlung des Verhaltens unter Zug- bzw. Druckbeanspruchung an EPS, die Dübeldurchzugversuche sowie die Großversuche im Windsogprüfstand. Zunächst werden die als Basis zur Erstellung der Stoffgesetze für Polystyrol verwandten Druck- bzw. Zugversuche numerisch nachgebildet. Im zweiten Schritt wird das validierte Materialgesetz für EPS unter vorwiegender Druckbeanspruchung durch Nachrechnung des Dübeldurchzugversuchs angewendet. Hierbei erfolgt die Validierung des aus Dämmstoff und Dübelung bestehenden numerischen Modells inklusive der verwandten Lagerungs- und Kontaktbedingungen. Im dritten Schritt erfolgt die Nachbildung des Windsogversuchs an einem gedübelten sowie einem verklebten Systemaufbau mit Putzsystem zur Validierung des gesamtheitlich modellierten WDVS.

#### 5.3.5.1 Stoffgesetzvalidierung anhand des Zug- und Druckversuchs

Zur Validierung der in Abschnitt 5.3.1 beschriebenen Materialgesetze werden die Versuchsaufbauten zur Ermittlung des Verhaltens von EPS unter Druckbeanspruchung nach DIN EN 826 [29] (vgl. Abbildung 5-5) sowie zur Ermittlung der Zugfestigkeit senkrecht zur Plattenebene nach DIN EN 1607 [23] (vgl. Abschnitt 3.2) numerisch nachgebildet. Die modellierten Prüfkörper werden entsprechend der bauteilversuchstechnisch verwandten Proben als Würfel mit der Kantenlänge 10 cm modelliert. Die Lasteinleitung erfolgt flächig an der Würfeloberseite (vgl. Abbildung 5-9), die Knoten der gegenüberliegenden Unterseite werden in X-, Y- und Z-Richtung starr gelagert.

Die Lasten werden im Modell schrittweise auf den Prüfkörper aufgebracht. Bei der Simulation des Zugversuchs wird bis zum Erreichen der Bruchspannung $\sigma_{t,b} = 115\ kPa$, im Druckversuch bis zum Spannungsniveau der Verformung von $\varepsilon_c = -0{,}8$ entsprechend der versuchstechnisch ermittelten Materialeigenschaften belastet (vgl. Abbildung 5-4). Die numerisch berechneten Ergebnisse sind zusammen mit den versuchstechnisch bestimmten Messdaten als Spannungs-Dehnungsdiagramme in nachfolgender Abbildung 5-10 dargestellt. Bei vergleichender Betrachtung lässt sich eine sehr gute Übereinstimmung von Versuchs- und Simulationsergebnissen für beide Belastungsarten feststellen. Bei Druckbelastung ist auch die Modellierung des nichtlinearen plastischen Verformungsbereichs möglich.

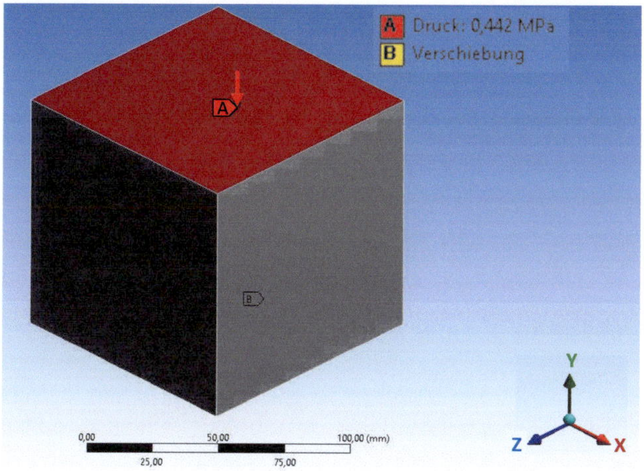


**Abbildung 5-9: Modell zur Simulation des Druck- und Zugversuchs, Darstellung der Drucklasteinleitung an der Würfeloberseite (A, rot markiert), Lagerung der Würfelunterseite in X-, Y- und Z-Richtung (Verschiebung B, hier verdeckt)**

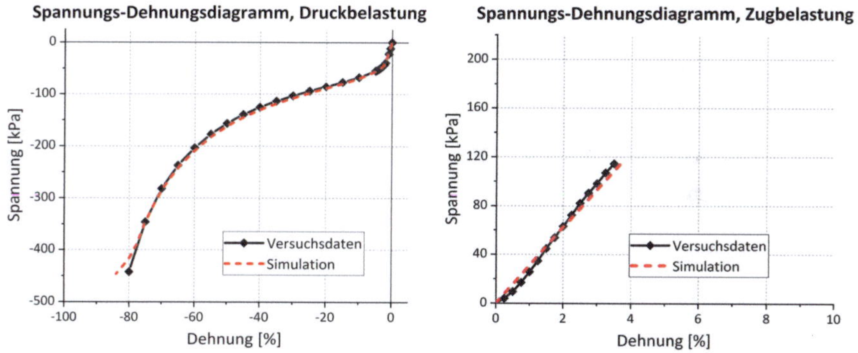


**Abbildung 5-10: Vergleich der bauteilversuchstechnisch sowie numerisch ermittelten Spannungs-Dehnungsbeziehungen für EPS unter Druck- (links) und Zugbelastung (rechts)**

#### 5.3.5.2 Modellvalidierung anhand des Dübeldurchzugversuchs

Die Validierung des aus Dübelung und EPS bestehenden, kombinierten numerischen Modells erfolgt über die Simulation des Dübeldurchzugversuchs. Der praktische Versuchsaufbau ist in den Abschnitten 2.3.3.1 und 3.3.2 beschrieben, die bauteilversuchstechnisch ermittelten Ergebnisse in Form der Kraft-Weg-Verläufe enthält Abbildung 3-11. Durch den Vergleich der Bauteilversuchsdaten mit den Simulationsergebnissen lässt sich das numerische Modell inklusive der in Abschnitt 5.3.4.1 definierten Kontaktbedingungen für die Kontaktbereiche zwischen Dübel und Dämmstoff validieren.

Zwecks Modelloptimierung wird der Versuchsaufbau in der Simulation auf die wesentlichen Komponenten EPS und Dübel sowie den für die Versuchsdurchführung relevanten Prüfkörperbereich reduziert (vgl. Abbildung 5-11). Das geometrische Modell, bestehend aus einem rechteckigen EPS-Prüfkörper mit 10 cm Höhe und 30 cm Kantenlänge sowie einem mittig eingebrachten Stahldübel ist in inklusive der Randbedingungen in Abbildung 5-12 dargestellt. Im Bauteilversuch ergeben sich die Prüfkörperlagerungsbedingungen durch den verwandten Holzrahmen. Sie werden im Modell durch die Lagerung der Dämmstoffunterkanten in Belastungsrichtung (Z-Achse) sowie durch die Sperrung des Freiheitsgrades der Dämmstoffseitenflächen in jeweils parallel zur Seitenfläche verlaufender Achsrichtung (Y- bzw. X-Achse) abgebildet.

Die im Modell am Dübelschaft kraftgeregelt eingeleitete Belastung erfolgt schrittweise bis zu einem Maximum analog zur mittleren Versagenslast der Dübeldurchzugversuche von 0,83 kN. Den im Modell verformten, mittig vertikal aufgeschnittenen EPS-Prüfkörper bei Maximalbelastung zeigt Abbildung 5-14, der Dübel wurde für die Darstellung ausgeblendet. Die mittels Referenzdübel aus Stahl im Bauteilversuch ermittelten sowie die im Rahmen der Simulation berechneten Kraft-Weg-Verläufe zeigt das Diagramm in Abbildung 5-13. Zu erkennen ist die sehr gute Übereinstimmung von Versuchs- und Simulationsdaten bis zum Versagenszeitpunkt der Bauteilversuche.

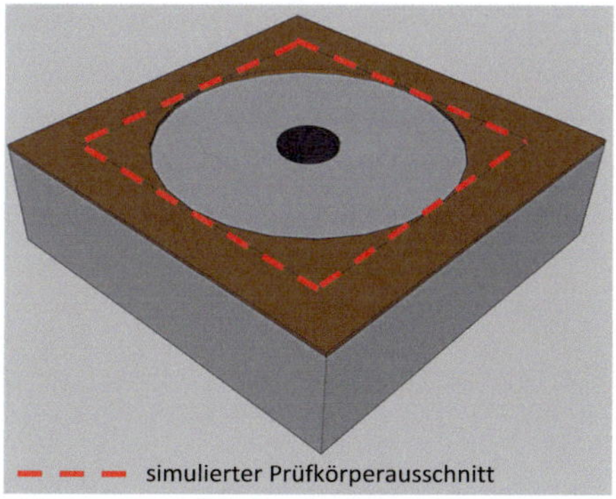


**Abbildung 5-11: Oberseitige Ansicht des Dübeldurchzugversuchs, mit markiertem Ausschnitt des simulierten Prüfkörperbereichs**

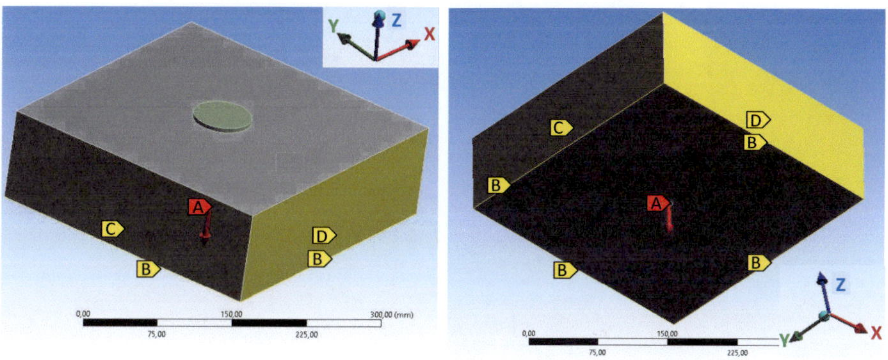


A Belastung Dübelschaft in Z-Richtung
B Lagerung Kante, Z-Achse
C Lagerung Seite, Y-Achse
D Lagerung Seite, X-Achse

**Abbildung 5-12: Darstellung der Lagerung und Belastung des numerischen Modells: Horizontallagerung der Seitenflächen, Vertikallagerung von Unterkanten (gelb markiert), Lasteinleitung am Dübelschaft (roter Pfeil), oberseitige Ansicht (links), unterseitige Ansicht (rechts)**

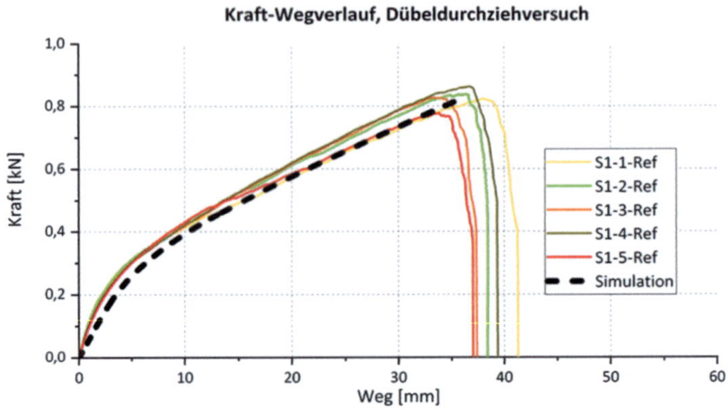


**Abbildung 5-13: Kraft-Wegverlauf des numerisch simulierten Dübeldurchzugversuchs und der Ergebnisse aus den realen Bauteilversuchen aus Abbildung 3-11**

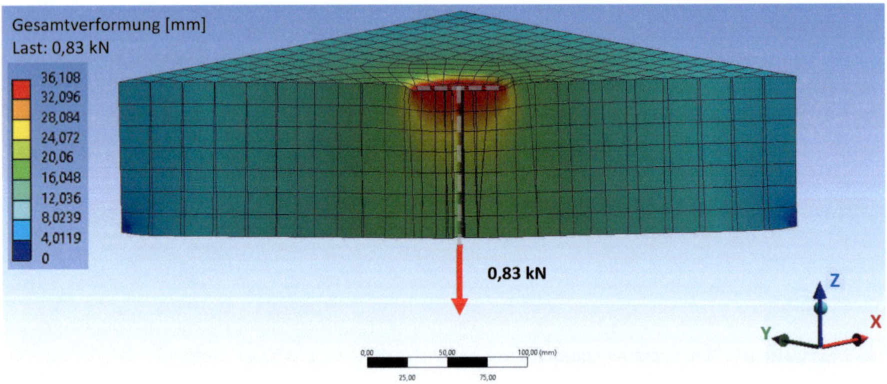


**Abbildung 5-14: Vertikalschnittdarstellung des verformten numerischen Modells nach Belastung von 0,83 kN**

**Untersuchungen zur Modellierung des Dübels**

Während der baupraktischen Untersuchungen sowie des Rückbaus der Prüfwände wurde festgestellt, dass die Dübel auch über das Prüfkörperversagen hinaus in ihrer Ursprungsposition verblieben. Aus Gründen der Modelloptimierung soll daher untersucht werden, ob für die rein windsogbelasteten Simulationsrechnungen die Dübelung ohne Schaft modelliert werden kann. So ließen sich Rechenknoten einsparen, wodurch sich ein effizienteres numerisches Modell ergäbe. Hierfür ist jedoch die Gleichwertigkeit der Simulationsergebnisse von Modellen mit lediglich aus Dübelteller bestehender bzw. vollständig simulierter Dübelung inklusive Schaft nachzuweisen.

Um die Auswirkungen der reduzierten Modellierung der Dübelung zu untersuchen, wird der Dübeldurchzugversuch (vgl. Abbildung 5-12) ohne Dübelschaft modelliert sowie die Belastung über die unterseitige Fläche des Dübeltellers eingeleitet. Nachfolgendes Diagramm in Abbildung 5-15 zeigt vergleichend die Ergebnisse beider Modellierungsvarianten mit bzw. ohne Dübelschaft. Das Kraft-Verformungsverhalten beider Modelle ist identisch. Demnach kann die Lagerung bzw. Lasteinleitung bei reiner Betrachtung des Lastfalls Windsog zwecks Optimierung der Modellkompaktheit im numerischen Modell ohne Modellierung des Dübelschafts über die unterseitigen Dübeltellerflächen erfolgen. Dies gilt nicht für Simulationen zur Untersuchung des Lastabtrags von Vertikallasten. Dort ist eine Modellierung inklusive Dübelschaft notwendig.

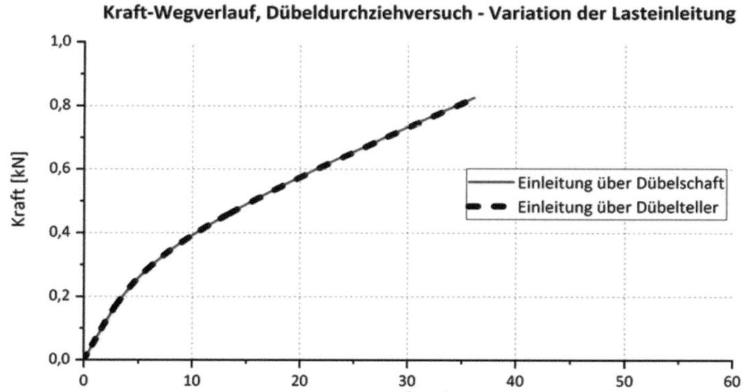


**Abbildung 5-15: Kraft-Wegverlauf von zwei Modellen des numerisch simulierten Dübeldurchzugversuchs, Lasteinleitung über Dübelschaft bzw. Dübelteller. Die identischen Verläufe belegen die Annahme, dass die numerische Modellbildung ohne Modellierung des Dübelschafts erfolgen können.**

#### 5.3.5.3 Modellvalidierung anhand des Windsogversuchs

Die Validierung des zu modellierenden Gesamtsystems erfolgt durch die dreidimensionale Nachbildung einzelner, im Windsogprüfstand untersuchten WDVS-Aufbauten. Exemplarisch wird hierfür eine gedübelte sowie eine verklebte Prüfwand untersucht. Da zyklische Einflüsse im numerischen Modell unberücksichtigt bleiben, erfolgt die Validierung auf Grundlage der Messdaten der beiden baupraktisch untersuchten Prüfwände *2.3_K100_alt* und *4.3_D4_alt*, welche nicht nach dem ETAG-Verfahren, sondern „alternativ verkürzt" belastet wurden. Diese Prüfwände haben keinen nennenswerten Einfluss aus zyklischer Belastung erfahren.

Um die Systemreaktionen des WDVS im großformatigen Windsogversuch numerisch abzubilden, werden die Systemkomponenten Dämmstoff, Putzsystem und die Klebung bzw. Dübelung im Modell zusammengeführt. Die Dämmplatten sind im Verband zu modellieren. Hieraus ergeben sich plattenlängs- sowie stirnseitig Kontaktflächen zu den benachbarten Platten. Zudem entstehen Kontaktbereiche zwischen den Dämmplattenoberflächen und dem Putzsystem sowie im Fall der mechanischen Befestigung zwischen Dübeltellerunterseite und Dämmplattenoberfläche. Die Kontaktbedingungen an den Kontaktflächen werden gemäß den Angaben aus Abschnitt 5.3.4.1 definiert. Die Modellierung der Verklebung erfolgt über die Lagerungsbedingungen der Dämmplattenunterseiten (vgl. Abbildung 5-7).

Zwecks Wahrung der Kompaktheit des Rechenmodells wird lediglich der im Versuchsstand innerhalb der Windsogkammer belastete Bereich der Prüfwand mit den fünf sich darin befindlichen EPS-Platten modelliert. Die Lasteinleitung im Modell erfolgt analog zum Versuchsaufbau flächig als Unterdruck, aufgebracht wird die Last über das ebenfalls modellierte, starr mit den Dämmplatten verbundene Putzsystem. Die Nachbildung der versuchstechnischen Randandichtung des Sogfensters erfolgt über eine Sperrung des Freiheitsgrades der umlaufenden Putzkanten in Z-Richtung. Die Modellbildung sowie die Ergebnisdarstellung des simulierten Verformungsbildes der Dämmplatten sind exemplarisch am Beispiel der mittels 4 Dübeln/m$^2$ WDVS ausgeführten Prüfwand in den nachfolgenden Abbildungen 5-16 bis 5-18 dargestellt.

**Abbildung 5-16: Ansicht der gedübelten realen Prüfwand des zu simulierenden Windsogversuchs - Lage der Randandichtung bzw. des mit Windsog beanspruchten Prüfbereichs orange eingezeichnet, Darstellung unverputzt (links) sowie verputzt (rechts)**

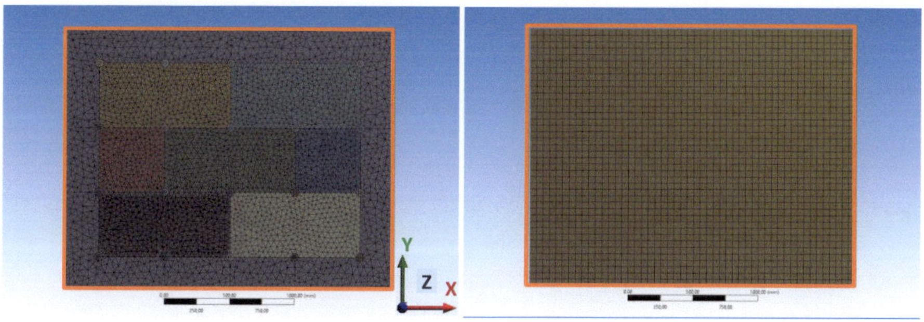


**Abbildung 5-17: Ansicht der gedübelten Prüfwand im vernetzten numerischen Modell, Lage der Randandichtung orange eingezeichnet, Darstellung unverputzt (links) sowie mit modelliertem Putzsystem (rechts)**

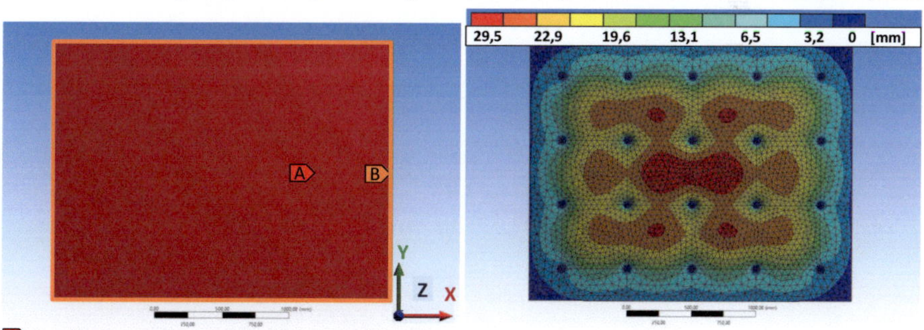


A Druckbelastung der Putzoberfläche in Z-Richtung
B Putzkantenlagerung in Z-Richtung (Randandichtung)
C Fixierte Lagerung der Dübelteller (nicht sichtbar)

Gesamtverformung [mm]

**Abbildung 5-18: Ansicht der gedübelten Prüfwand im numerischen Modell, Darstellung der Lagerung und Belastung (links) sowie der berechneten Verformungen des Systems (rechts, Putzsystem hier zwecks besserer Visualisierung der Dämmplattenverformung ausgeblendet)**

**Gedübeltes Wärmedämmverbundsystem**

Zur Validierung der gedübelten Systeme wird die in den Abbildungen 5-16 bis 5-18 dargestellte, mittels 4 Dübeln/m² WDVS gedübelte Prüfwand *4.3_D4_alt* numerisch nachgebildet. Ihre Eignung zu Validierungszwecken ergibt sich aufgrund der alternativ zum ETAG-Prüfprogramm verkürzten Belastung mit lediglich zwei Druckstößen vor dem Bruch über -2 kPa bzw. - 3,8 kPa und des damit zu vernachlässigenden Einflusses aus zyklischer Belastung. Die im Versuch ermittelten, zur Modellvalidierung verwandten Messwerte entstammen den ersten beiden Druckstößen des Diagramms aus Abbildung 4-30.

Das Materialverhalten der maßgeblich unterhalb der Dübelteller druckbeanspruchten Dämmplatten wird mit dem in Abschnitt 5.3.1 für den Druckbereich definierten Materialgesetz abgebildet. Die Belastung im Modell erfolgt entsprechend des Realversuchs durch das Aufbringen eines Unterdrucks von -2 kPa bis -3,8 kPa. Die Last wird schrittweise über die Putzsystemoberfläche aufgebracht. Zusammen mit den Lagerungsbedingungen ist die Lastaufbringung in Abbildung 5-18 (links) dargestellt.

Die experimentell ermittelten Verformungsmesswerte sind gemeinsam mit den numerisch errechneten Verformungen belastungsabhängig in nachfolgender Abbildung 5-19 dargestellt. Das Verformungsbild zeigt Abbildung 5-18 (rechts). Es ist eine gute Übereinstimmung zwischen den im Bauteilversuch bzw. den numerisch ermittelten Ergebnissen feststellbar.

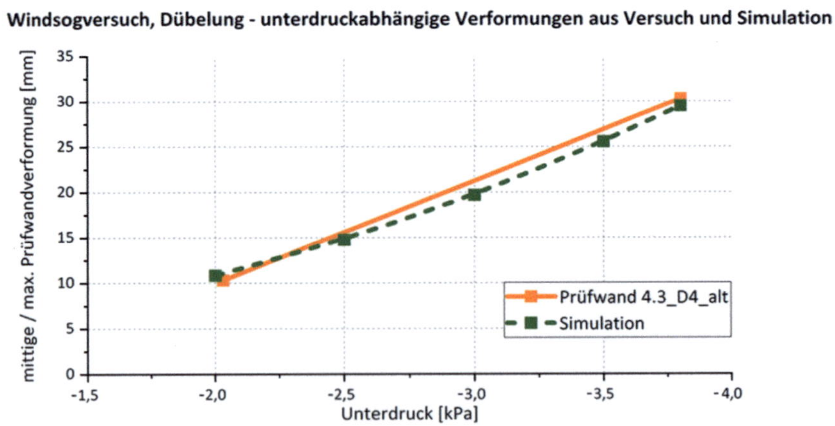


**Abbildung 5-19: Maximalmesswerte der Verformung von Prüfwand 4.3_D4_alt in Abhängigkeit zur Unterdruckbelastung sowie die Berechnungsergebnisse des numerisch nachgebildeten Systems**

**Verklebtes Wärmedämmverbundsystem**

Die Validierung des numerischen Modells zur Simulation der verklebt ausgeführten Wärmedämmverbundsysteme erfolgt durch die in Abbildung 5-20 dargestellten Nachbildung der alternativ zum ETAG-Prüfprogramm verkürzt belasteten Prüfwand *2.3_K100_alt*. Für die Validierungszwecke wird der erste Druckstoß aus der in dem Diagramm aus Abbildung 4-13 dokumentierten Bauteilversuchsbelastung verwendet.

Die Windsogbelastung erzeugt bei Verklebung der Dämmplatten maßgeblich Zugbeanspruchungen im System, entsprechend wird das Materialverhalten von EPS hier mittels des in Abschnitt 5.3.1 für den Zugbereich definierten Materialgesetzes abgebildet. Die Lastaufbringung erfolgt identisch zum Bauteilversuch bis zu einem Unterdruck von -42 kPa. Aufgebracht wird die Belastung analog zum gedübelten Modell stufenweise über die Putzoberfläche. Die Kontakt- und Lagerungsbedingungen werden entsprechend der Angaben aus dem Abschnitt 5.3.4.1 definiert.

Die experimentell an der Prüfwand ermittelten sowie die numerisch berechneten belastungsabhängigen Prüfwandverformungen sind in Abbildung 5-21 dargestellt. Es zeigt sich eine gute Übereinstimmung der Ergebnisse aus dem Bauteilversuch und der Simulation.

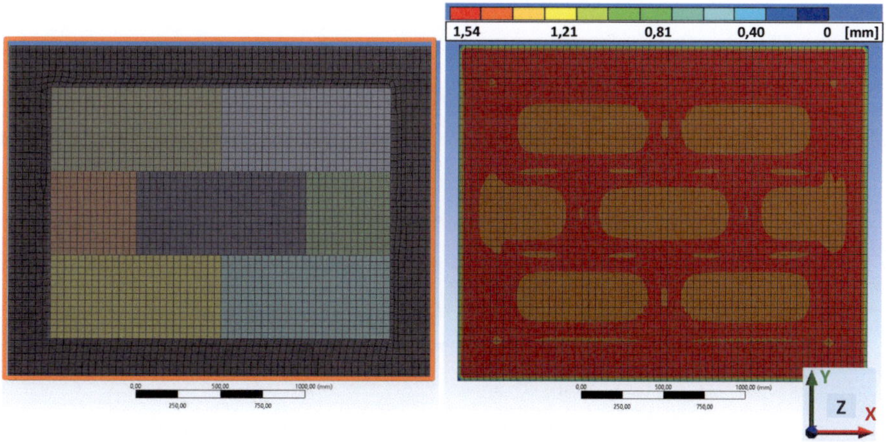


**Abbildung 5-20: Ansicht der verklebten Prüfwand im vernetzten numerischen Modell, Putzsystem ausgeblendet, mit orange eingezeichneter Lage der Randandichtung (links), verformtes Modell bei Belastung von -42 kPa mit Putzsystem (rechts)**

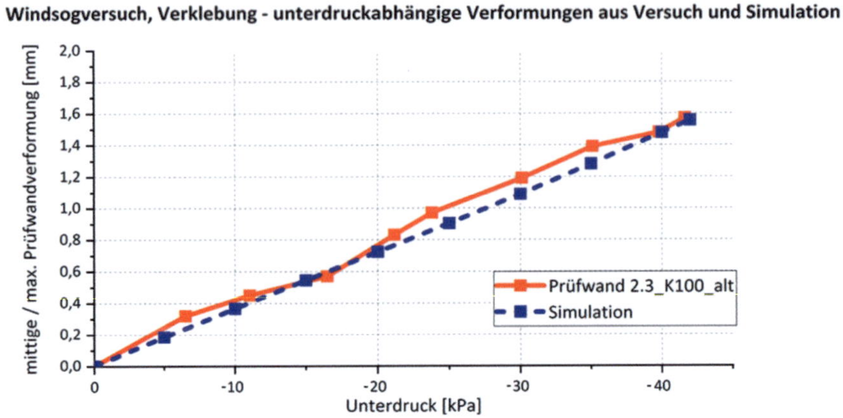


**Abbildung 5-21: Belastungsabhängige Systemmaximalverformungen von Prüfwand 2.3_K100_alt sowie die Berechnungsergebnisse des numerisch nachgebildeten Systems**

### 5.3.6 Konvergenzstudie und Rechenmodelloptimierung durch Simulation von Einzelplatten

Infolge der Systemabmessungen von 2,5 m x 2,0 m gestaltet sich das numerische Modell zur Simulation des im Sogfenster des Windsogversuchs liegenden Prüfwandbereichs auch bei gröberer Netzauflösung als sehr rechenintensiv. Zu Zwecken der Modelloptimierung wird untersucht, ob sich die Simulationsrechnungen ohne Verzerrung der Ergebnisse auch an der isoliert betrachteten, mittig im Sogfenster angeordneten Einzelplatte durchführen lassen. Aufgrund der reduzierten, übersichtlicheren Geometrie ließe sich am kleineren Modell das sich aus der verringerten Randbedingungsanzahl ergebende Fehlerquellenpotential reduzieren. Ebenso ermöglicht die Modellvereinfachung Berechnungen mit detaillierteren Netzstrukturen und somit deutlich höher aufgelösten Ergebnisdarstellungen bei gleichzeitiger Rechenaufwandreduktion.

Die Modellbildung, Materialparameterwahl sowie Belastungen der nachfolgend zu Zwecken der Modelloptimierung untersuchten Systeme erfolgen analog zu den im Abschnitt 5.3.5.3 für die Validierungsuntersuchungen verwandten, großformatigen Modellen zur Simulation des Windsogversuchs. Modelliert wird jedoch jeweils lediglich die gedanklich aus dem Gesamtsystem herausgeschnittene, mittlere Dämmplatte der Gesamtprüfwand inklusive Putzsystem und optionalen Befestigungsmitteln (vgl. grüne Dämmplatte in Abbildung 5-17 bzw. graue Dämmplatte in Abbildung 5-20).

Lagerungstechnisch berücksichtigt werden muss bei der Simulation an Einzeldämmplatten ihre eigentliche Einbettung innerhalb des WDVS. Die Verformungsbehinderung durch die sie umgebenden Nachbardämmplatten sowie dem fortlaufenden Putzsystem werden durch die Sperrung der Horizontalverschiebung der vier seitlichen Putzkantenflächen und der oberseitigen EPS-Kanten simuliert. Eine lagerungstechnische Sperrung der gesamten Seitenflächen der Dämmkörper erfolgt nicht, um mit der windsogbedingten Plattenbiegung einhergehende Dämmplattenwölbungen zuzulassen. Diese sind auch bei Anordnung im vollständigen Dämmplattenverband möglich. Verformungen senkrecht zur Plattenebene in Windsogrichtung (Z-Achse) werden zugelassen. Das mit Lagerungsbedingungen und der Lasteinleitung versehene Modell der Einzeldämmplatte ist in Abbildung 5-23 dargestellt.

Zur Ermittlung einer ausreichend fein aufgelösten Netzweite zwecks Erzielung konvergierender Lösungen wird zudem am Modell der Einzelplatte eine Konvergenzstudie mit variierender Elementanzahl über die Dämmplattendicke sowie der Dübelteller- und Putzflächen durchgeführt. Die Elementgrößen werden hierfür ausgehend von einer Netzweite von 100 mm in vier Stufen auf 20 mm verfeinert. Hierüber wird die Elementanzahl über die Dämmplattendicke von einem auf bis zu fünf Elemente erhöht. Die sich aus der jeweiligen Netzweite ergebenden Element- bzw. Knotenanzahlen sind für die einzelnen Modelle den Tabellen 5-3 und 5-4 zu entnehmen.

Die numerischen Modelle für die verdübelte bzw. verklebte Einzelplatte sowie die Darstellungen der errechneten Gesamtverformungen sind exemplarisch für die jeweils feinste Netzauflösung in den nachfolgenden Abbildungen 5-22 und 5-24 dargestellt. Den Tabellen 5-3 und 5-4 zu entnehmen sind die bei Maximalbelastung errechneten Systemverformungen. Die Diagramme der Abbildungen 5-25 und 5-26 enthalten für beide Befestigungsarten die über den Gesamtverlauf errechneten spannungsabhängigen Maximalverformungswerte der Einzelplattenmodelle. Die Ergebnisse der an den Gesamtprüfwandmodellen aus Abschnitt 5.3.5.3 ermittelten Verformungswerte in Prüfwandmitte sind als Vergleichsgröße mit aufgeführt.

Beim Ergebnisvergleich der gedübelten Systeme ist eine grundlegende Übereinstimmung der Einzelplattenmodelle mit den ermittelten Verformungen an der Gesamtprüfwand ab einer Anzahl von zwei Elementen über die Dämmplattendicke festzustellen. Dies bestätigen die grafisch bzw.

tabellarisch dargestellten Messwerte in Abbildung 5-25 bzw. Tabelle 5-3, als auch der Vergleich der visualisierten Gesamtverformungen (vgl. jeweils die rechte Ansicht der Abbildungen 5-18 und 5-24).

Die simulierten Verformungswerte der verklebt ausgeführten Einzelplatten liegen etwa 10 % unterhalb der Maximalverformungswerte der Gesamtprüfwand. Die Abweichungen ergeben sich infolge der im Modell nicht vorhandenen Dämmplattenfugen, welche eine am Gesamtsystem errechnete leicht erhöhte Putzverformung zur Folge haben. Dies hat jedoch keine Auswirkungen auf die mittleren Dämmplattenverformungen (vgl. zusätzlich ermittelte Verformung in Dämmplattenmitte in Tabelle 5-4). Das grundlegende Verformungsverhalten beider Simulationen ist zudem annähernd identisch (vgl. rechte Ansicht der Abbildung 5-20 und linke Ansicht der Abbildung 5-24). Infolge der homogenen Systembelastung konvergieren die Lösungen bereits am grob aufgelösten Modell mit einer Elementgröße der Dämmplatten von 100 mm.

Zusammenfassend betrachtet zeigt sich für beide Befestigungsarten, dass die Ergebnisse von Einzelplattensimulationen und Gesamtprüfwand im Wesentlichen vergleichbar sind. Demnach lassen sich im Rahmen von Parameterstudien Simulationsrechnungen zwecks Rechenmodelloptimierung auch an Einzelplatten durchführen. Bereits ab Netzweiten von 100 mm (verklebte Befestigung) bzw. 50 mm (gedübelte Befestigung) zeigt sich eine Konvergenz der Lösungen. Zu Zwecken der detaillierteren Auflösung von Verformungs- und Spannungsbildern sowie der Minimierung von Singularitäten erfolgen nachfolgende Simulationen an Modellen mit feinerer Netzweite von mindestens 20 mm.

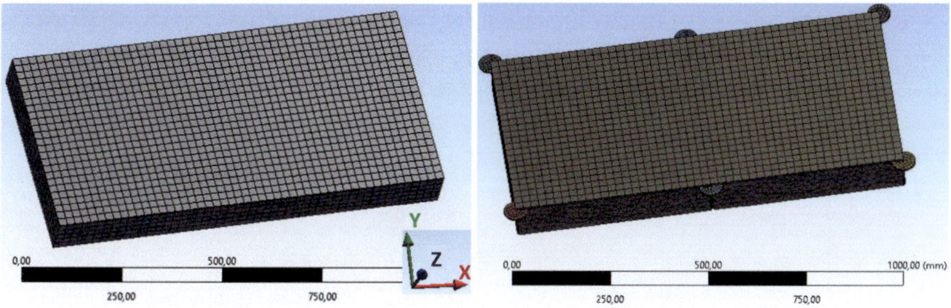


**Abbildung 5-22: Ansicht der verklebten (links) sowie gedübelten Einzeldämmplatte (rechts) im vernetzten numerischen Modell**

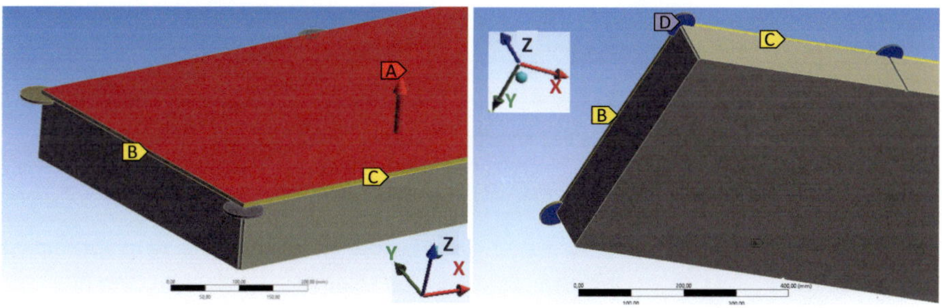


A Druckbelastung der Putzoberfläche in Z-Richtung

B Lagerung Putzkantenflächen und EPS-Oberkanten in X-Richtung

C Lagerung Putzkantenflächen und EPS-Oberkanten in Y-Richtung

D Fixierte Lagerung der Dübelteller

**Abbildung 5-23: Randbedingungen der simulierten Einzelplatte am Beispiel des gedübelten Systems, Lagerung der Putzkantenflächen sowie der Dämmplattenkanten in X- bzw. Y-Richtung zwecks Simulation der Einbettung im WDVS, oberseitige Ansicht mit Darstellung der Lasteinleitung (links), unterseitige Ansicht mit Dübeltellerlagerung (rechts)**

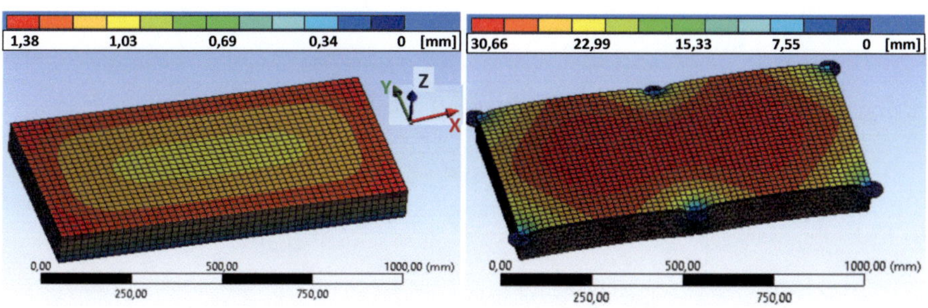


**Abbildung 5-24: Darstellung der berechneten Systemverformungen der Einzeldämmplatten in verklebter (links) sowie gedübelter Ausführung (rechts)**

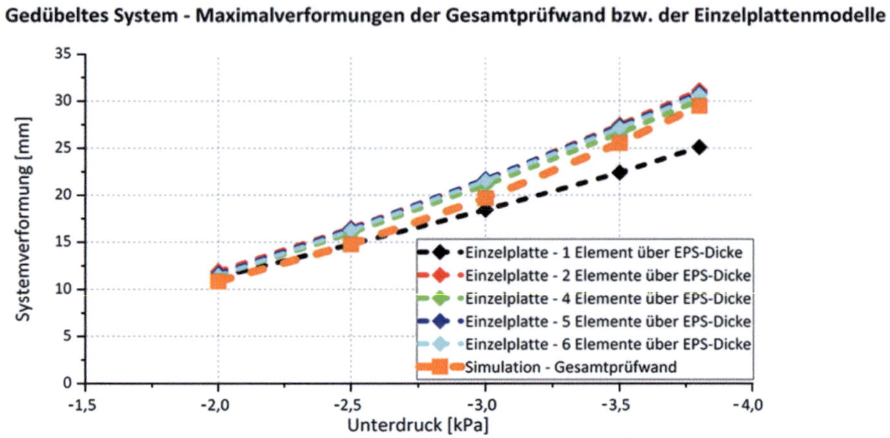


**Abbildung 5-25: Belastungsabhängige Systemmaximalverformungen der simulierten Gesamtprüfwand sowie der mit unterschiedlicher Elementgröße vernetzten Einzelplatten am gedübelten WDVS**

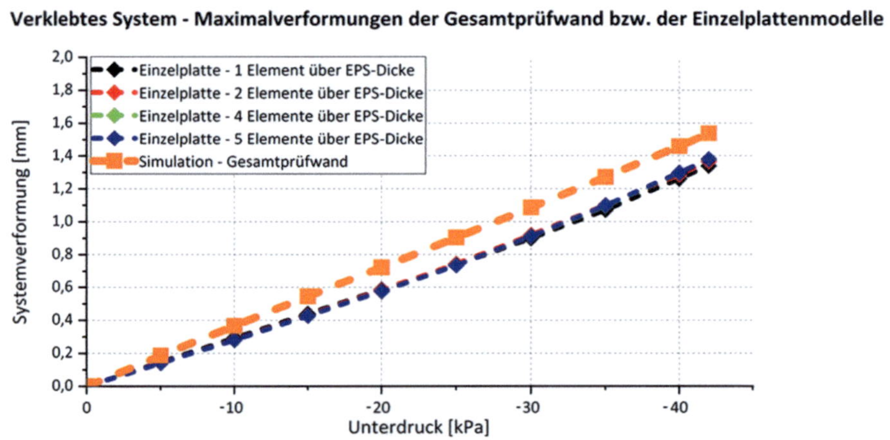


**Abbildung 5-26: Belastungsabhängige Systemmaximalverformungen der simulierten Gesamtprüfwand sowie der mit unterschiedlicher Elementgröße vernetzten Einzelplatten am verklebt fixierten WDVS**

**Tabelle 5-3: Ergebnisse bei einer Belastung von -3,8 kPa der Simulationsreihe der gedübelten WDVS**

| Simulation an: | | Einzelplatte | | | | | Gesamt-prüfwand |
|---|---|---|---|---|---|---|---|
| Netzweite | [mm] | 100 | 50 | 25 | 20 | 16,67 | 50 |
| Elemente über Dämmplatten-dicke | [-] | 1 | 2 | 4 | 5 | 6 | 2 |
| Knotenanzahl im Modell | [-] | 3299 | 13873 | 44882 | 89979 | 131875 | 142617 |
| Elementanzahl im Modell | [-] | 1223 | 7415 | 28490 | 55062 | 82711 | 73932 |
| Maximale Systemverformung | [mm] | 25,10 | 31,13 | 30,07 | 30,86 | 30,66 | 29,48 |

**Tabelle 5-4: Ergebnisse bei einer Belastung von -42 kPa der Simulationsreihe der verklebten WDVS**

| Simulation an: | | Einzelplatte | | | | | Gesamt-prüfwand |
|---|---|---|---|---|---|---|---|
| Netzweite | [mm] | 100 | 50 | 25 | 20 | 16,67 | 50 |
| Elemente über Dämmplatten-dicke | [-] | 1 | 2 | 4 | 5 | 6 | 2 |
| Knotenanzahl im Modell | [-] | 856 | 3998 | 21952 | 39164 | 59379 | 56689 |
| Elementanzahl im Modell | [-] | 100 | 600 | 4000 | 7500 | 11774 | 9489 |
| Maximale Systemverformung | [mm] | 1,34 | 1,36 | 1,38 | 1,38 | 1,38 | 1,54 |
| Verformung in Dämmplatten-mitte | [mm] | 1,02 | 1,02 | 1,03 | 1,03 | 1,03 | 1,02 |

## 5.4 Zusammenfassung

Um rechnergestützte Analysen des in den Bauteilversuchen beobachteten Systemverhaltens von WDVS im Lastfall Windsog durchzuführen, wurde in diesem Kapitel ein numerisches Modell entwickelt. Exemplarisch wurde sich dabei auf das versuchstechnisch vorwiegend untersuchte WDVS mit dem Dämmstoff EPS beschränkt. Basierend auf den Versuchsbeobachtungen, dass die Versagensformen grundsätzlich auf Verformungen bzw. Brüche im Dämmmaterial zurückzuführen sind, wurde insbesondere die vollumfängliche Spannungs-Dehnungs-Beziehung von EPS unter Druck- bzw. Zugbelastung in das Modell überführt.

Zur Modellerstellung wurden zunächst die nötigen Materialgesetze definiert sowie Lagerungs- und Kontaktbedingungen festgelegt. Im Anschluss erfolgte die schrittweise Validierung des Modells über den Vergleich von Versuchs- und Simulationsergebnissen. Hierfür wurden zunächst Würfeldruckversuche bzw. Versuche zur Ermittlung der Zugfestigkeit senkrecht zur Plattenebene nachgebildet. Im Anschluss erfolgte die Validierung des aus den Einzelkomponenten zusammengefügten Modells durch die Nachrechnung des Dübeldurchzugversuchs sowie einer verklebten und einer gedübelten, im Windsogprüfstand untersuchten Prüfwand.

Abschließend ist in diesem Kapitel die im Bedarfsfall anwendbare Optimierung des Rechenmodells durch eine mögliche Reduzierung der Geometrie und die Durchführung einer Konvergenzstudie zur Ermittlung der nötigen Netzweiten dokumentiert. Nachgewiesen wurde, dass im Rechenmodell bei Betrachtung des Lastfalls Windsog eine Simulation der Dübelung allein mittels Dübelteller erfolgen kann. Zudem wurde gezeigt, dass sich die simulierten, an einer vollständigen Prüfwand im 5 $m^2$ umfassenden Sogfenster des Windsogversuchsstands einstellenden Systemreaktionen auch an Einzelplatten berechnen lassen. Ihre eigentliche Einbettung im Gesamtsystem ist dabei über entsprechende Lagerungsparameter zu berücksichtigen.

# 6 Untersuchungen verschiedener Einflussgrößen auf WDVS am numerischen Modell

## 6.1 Einführung

Im vorausgehenden Kapitel 5 erfolgte die Entwicklung des numerischen Modells zur Abbildung des Systemverhaltens im Lastfall Windsog. Nachfolgend dokumentiert ist die Anwendung des Rechenmodells zwecks simulationsgestützter, weiterführender Untersuchung sowie der Plausibilitätsprüfung der im Rahmen von Bauteilversuchen festgestellten Beobachtungen.

Über die Berechnung von Spannungs- und Verformungszuständen soll zunächst ermittelt werden, ob trotz der versuchsaufbaubedingt notwendigen Randandichtung im Windsogprüfstand eine hiervon ungehinderte, naturgemäße Systemverformung im Sogfenster stattfindet. Weiterhin werden Untersuchungen zum Systemverhalten in Abhängigkeit der Befestigungsart durchgeführt. Hier gilt es, ergänzend zu den Bauteilversuchsergebnissen zu analysieren, wie sich die verschiedenen Befestigungsvarianten der Dübelung bzw. Klebung spannungs- und verformungstechnisch auf das Dämmplattenverhalten auswirken. Überdies sind die Einflüsse von über die im Bauteilversuch hinausgehende Anordnungsmuster der Befestigungen sowie die zu erwartenden Systemreaktionen bei versuchstechnisch nicht untersuchter Erhöhung der Dämmplattendicken zu bestimmen.

Zudem sollen die möglichen Auswirkungen der versuchstechnisch beobachteten Systemverformungen gedübelter WDVS bei zusätzlicher Vertikalbelastung auf den im Konsoltragmodell angenommenen Lastabtrag numerisch abgeschätzt werden.

Die im Rahmen der numerischen Simulation berechneten Verformungen werden stets als Gesamtverformung angegeben, welche sich nach Gl. (6.1) aus den einzelnen richtungsabhängigen Verformungskomponenten zusammensetzt.

$$U_{ges} = \sqrt{U_X^2 + U_Y^2 + U_Z^2} \qquad \text{Gl. (6.1)}$$

Dabei ist:

| | | |
|---|---|---|
| $U_{ges}$ | Gesamtverformung | [mm] |
| $U_{X,Y,Z}$ | Verformungskomponente in X-, Y- bzw. Z-Richtung | [mm] |

## 6.2 Einfluss der Randandichtung des Windsogversuchsstands

### 6.2.1 Zweck und Ziel

Ziel der experimentellen Windsoguntersuchungen ist die Ermittlung des realen Systemverhaltens von Fassadenaufbauten. Zur Durchführung des Windsogversuchs ist zwecks Aufbringung des Unterdrucks eine luftdichte Andichtung des WDVS-Prüfkörpers an die Sogkammer des Prüfstands zwingend erforderlich. Realisiert wird dies durch ein Anpressen des Prüfkörpers an die Randandichtung der Versuchsanlage. Hieraus ergibt sich entlang der Dichtflächen eine nicht realgetreue WDVS-Lagerung durch eine Verformungsbehinderung in Wirkungsrichtung der Unterdruckbelastung. Im Rahmen der Versuchsdurchführung lässt sich nicht eindeutig klären, inwieweit trotz der Lagerung ein, dem realen Bauteilverhalten großflächiger Fassaden entsprechendes, frei verformbares Systemverhalten im Prüfstand stattfindet.

Zweck und Ziel der nachfolgenden Untersuchungen ist die numerische Überprüfung dieses Sachverhalts. In den Modellen lässt sich die Unterdruckbelastung auch ohne die versuchstechnisch erforderliche Randandichtung aufbringen. Durch den Vergleich der so erzeugten Simulationsergebnisse mit zusätzlich entsprechend der Bauteilversuche gelagerten Modellrechnungen soll der Einfluss der Randandichtung untersucht werden. Die Simulationsrechnungen werden auf Grundlage der in Abschnitt 5.3.5.3 validierten numerischen Modelle der im Windsogversuchsstand untersuchten WDVS durchgeführt. Es wird exemplarisch zur Erfassung der verschiedenen Befestigungsmuster ein vollflächig verklebtes, ein gedübeltes und ein teilflächig im Punkt-Wulst-Verfahren mit zusätzlicher Dübelung befestigtes System modelliert. Der Versuchsumfang ist Tabelle 6-1 zu entnehmen.

### 6.2.2 Geometrie und Modellrandbedingungen

Ein Modell des Prüfstands ist mit orange markiertem Verlauf der Randandichtung sowie der grün eingezeichneten Dämmplattenlage im Sogfenster in Abbildung 6-1 dargestellt. Numerisch simuliert wird der innerhalb der Randandichtung liegende Prüfwandbereich mit den fünf sich darin befindenden Dämmplatten. Der Modellaufbau erfolgt entsprechend des Vorgehens in Abschnitt 5.3.5.3, simuliert wird das WDVS inklusive Dämmplatten sowie dem hiermit starr verbundenen Putzsystem. Die Klebung wird über die Lagerungsbedingungen der Dämmplattenunterseiten, die mechanische Dämmplattenbefestigung durch fixiert gelagerte Dübelteller modelliert.

Die Randandichtung (orange markiert in Abbildung 6-2, links) wird im Modell durch eine Sperrung der Freiheitsgrade aller Putzkanten am Prüffensterrand in Wirkungsrichtung des Windsogs (Z-Achse) simuliert. Die Simulation des Systemverhaltens ohne Randandichtung erfolgt im Modell entsprechend durch die Entfernung der Putzkantenlagerung. Berechnungen in hier nicht aufgeführten Voruntersuchungen haben gezeigt, dass in der Simulation bei dem System mit Dübelung zusätzlich der die Dämmplatten umgebende Rahmen aus EPS entfernt werden muss. Ansonsten treten infolge mangelnder Lagerungsbedingungen Konvergenzprobleme auf. Ein Hinzufügen von Lagerungsbedingungen am Rahmen würde dies zwar verhindern, verfälscht jedoch aufgrund der dann wiederum zu stark behinderten Systemverformung das Ergebnis.

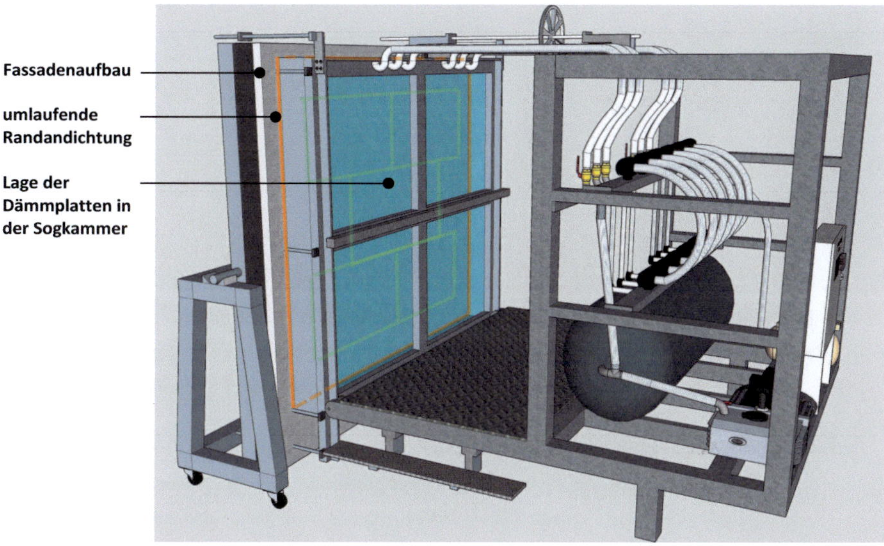


**Abbildung 6-1: Modellhafte Ansicht des Windsogversuchsstands mit luftdicht angedichteter Prüfwand, nicht realgetreue Lagerung des Fassadenaufbaus durch die orange gekennzeichnete, umlaufende Randandichtung, Lage der Dämmplatten grün markiert**

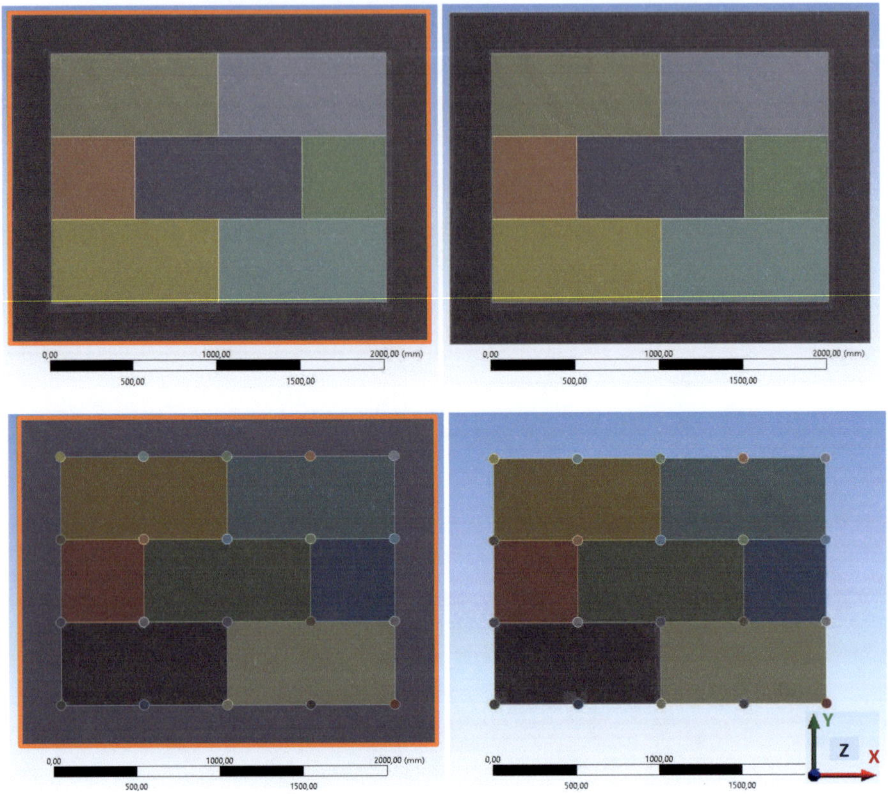


**Abbildung 6-2: Exemplarische Ansichten der modellierten Systeme mit vollflächiger Verklebung (oben) bzw. Dübelung (unten), Putzsystem ausgeblendet. Lagerung über die Randandichtung in Z-Richtung orange markiert (linke Ansichten), seitlich ungelagerte Modelle zur Simulation der freien Systemverformungen ohne Randandichtung (rechte Ansichten).**

### 6.2.3 Ergebnisse und Auswertung

Dargestellt sind die errechneten Gesamtverformungen aller Modelle zum Zeitpunkt der jeweiligen Maximalbelastung vergleichend für die beiden Lagerungszustände mit bzw. ohne Randandichtung in den Abbildungen 6-3 bis 6-5. Neben dem visuellen Vergleich der Verformungsbilder werden als Vergleichsgröße die Maximalverformungen der Prüfwände zum Zeitpunkt der Maximalbelastung im Bereich der mittleren sowie der oberen linken Dämmplatte auf der Putzoberfläche ermittelt. Ihre ungefähre Lage ist in den Verformungsdarstellungen eingezeichnet, die

Werte sind in Tabelle 6-1 zusammengefasst. Die sich über den gesamten Belastungsverlauf einstellenden spannungsabhängigen Verformungen beider betrachteten Dämmplattenbereiche sind in grafischer Form den Diagrammen der Abbildungen 6-6 bis 6-8 zu entnehmen.

Für die vollflächig verklebte sowie die teilflächig verklebte und zusätzlich gedübelte Wand ergeben sich unabhängig der Randandichtungslagerung nahezu identische Verformungsbilder an den berechneten numerischen Modellen (vgl. Abbildungen 6-3 und 6-4). Zudem stimmen die in Tabelle 6-1 wertetechnisch erfassten Verformungen mit bzw. ohne Randandichtung sowohl im Bereich der in Prüfwandmitte angeordneten, als auch der linken oberen Dämmplatte für beide Befestigungsarten nahezu vollständig überein. Dies ist ebenso den Diagrammen aus den Abbildungen 6-6 und 6-7 zu entnehmen. Es sind für alle relevanten Bereiche im Prüffenster auf Grundlage der numerischen Berechnungen keine Einflüsse infolge der Randandichtung auf das Verformungsverhalten der Prüfwand feststellbar.

Bei der rein gedübelten Prüfwand ergibt sich eine Verformungsreduzierung im Bereich der linken oberen Dämmplatten durch die Randandichtung. Bei Maximalbelastung von -3,8 kPa beträgt sie ca. 20 % (vgl. Tabelle 6-1, OL: 31,91 mm zu OL: 26,86 mm; Abbildung 6-8 (rechts) und Abbildung 6-5). Hier ergibt sich demnach ein verformungsbehindernder Einfluss der Lagerung auf die Randbereiche der Prüfwand, welcher sich jedoch in Prüfwandmitte marginalisiert. Dort lässt sich kein nennenswerter Einfluss der Randandichtung auf das Dämmplattenverformungsverhalten feststellen, sodass gemäß der Berechnungsergebnisse im Prüfstand hier ebenfalls ein ungestörtes Bauteilverformungsverhalten stattfinden kann. Dies zeigt sich insbesondere in der grafischen Darstellung der Verformungen in Abbildung 6-8 (links), als auch durch das quasi identische Verformungsbild der jeweils mittleren Dämmplatte in Abbildung 6-5.

Analog zu der aus den Bauteilversuchsergebnissen geschlussfolgerten Annahme bestätigen die Ergebnisse der numerischen Untersuchungen, dass die Fassadenprüffläche im Windsogstand ausreichend dimensioniert ist, um den Lagerungseinfluss der Randandichtung zu kompensieren. Bei verklebt ausgeführten Systemen kann im Bereich aller im Sogfenster des Windsogprüfstands, bei rein gedübelten Systemen im Bereich der mittig angeordneten Dämmplatten ein ungestörtes Verformungsverhalten stattfinden. Im mittigen Bereich des Sogfenster der Abmessungen von 2,5 m x 2,0 m kann sich demnach ein von der Randandichtung unbeeinflusstes Bauteilverformungsverhalten von WDVS einstellen.

Anzumerken ist, dass sich die Untersuchungen auf WDVS mit Putzsystemen beschränken. Bei Verwendung steiferer Schlussbeschichtungen wie keramischen Bekleidungen sollte eine separate Beurteilung bezüglich des Lagerungseinflusses der Randandichtung erfolgen.

**Tabelle 6-1: Ergebnisse der numerisch berechneten Maximalverformungen bei Maximalbelastung an den mittig bzw. oben links im Prüffenster angeordneten Dämmplatten**

| Simulationsmodell: | | | mit Randandichtung | | ohne Randandichtung | |
|---|---|---|---|---|---|---|
| | | Maximalbelastung | Maximalverformung im Bereich von M: mittige Dämmplatte OL: obere linke Dämmplatte | | | |
| | | | M | OL | M | OL |
| Befestigungsart | | [kPa] | [mm] | | [mm] | |
| Verklebung, vollflächig |  | -42 | 1,54 | 1,56 | 1,54 | 1,57 |
| Verklebung 40 % und Dübelung, 4 Dü/m² | 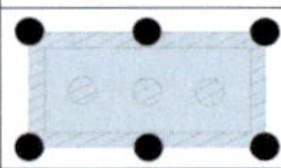 | -10 | 1,59 | 1,59 | 1,59 | 1,59 |
| nur Dübelung, 4 Dü/m² | 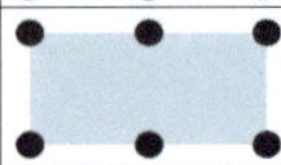 | -3,8 | 29,43 | 26,86 | 30,00 | 31,91 |

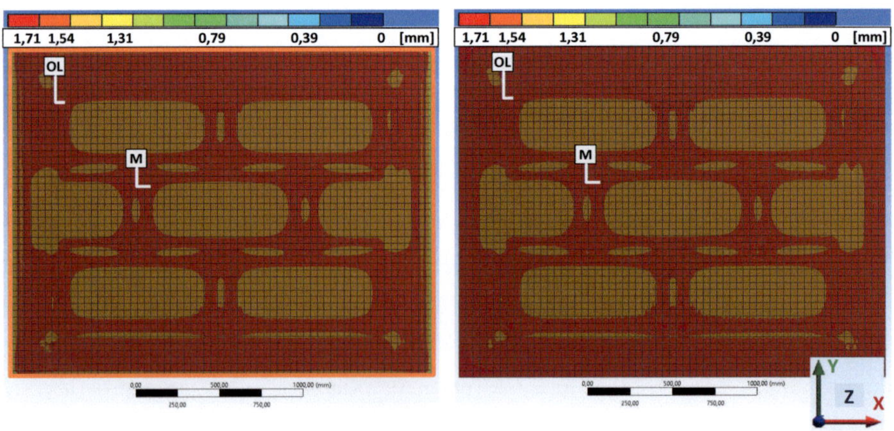


**Abbildung 6-3: Gesamtverformungen der vollflächig verklebten Prüfwände, Lage der Bereiche für die Maximalverformungsermittlung eingezeichnet. Modell mit Randandichtungslagerung (links), ohne Randandichtungslagerung (rechts). Verformungen beider Modelle im Bereich der Dämmplatten identisch, ein Einfluss der Randandichtung ist nicht feststellbar.**

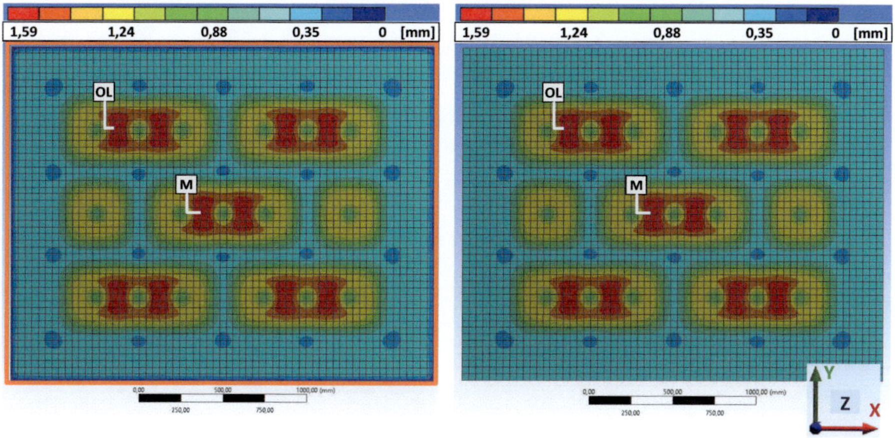


**Abbildung 6-4:** **Gesamtverformungen der teilflächig verklebten und gedübelten Prüfwände, Lage der Bereiche für die Maximalverformungsermittlung eingezeichnet. Modell mit Randandichtungslagerung (links), ohne Randandichtungslagerung (rechts). Verformungen beider Modelle im Bereich der Dämmplatten identisch, ein Einfluss der Randandichtung ist nicht feststellbar.**

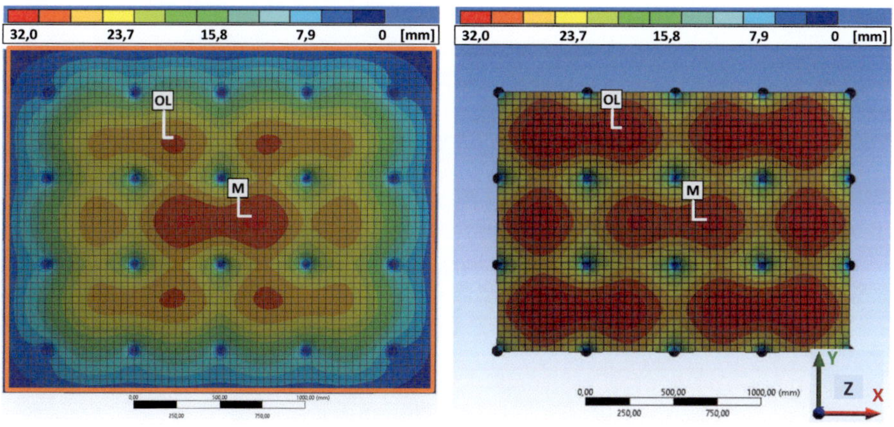


**Abbildung 6-5:** **Gesamtverformungen der rein gedübelten Prüfwände, Lage der Bereiche für die Maximalverformungsermittlung eingezeichnet. Modell mit Randandichtungslagerung (links), ohne Randandichtungslagerung (rechts). Die Auswirkung der Randandichtung ist im Bereich der äußeren Dämmplatten sichtbar, er marginalisiert sich in Prüffenstermitte.**

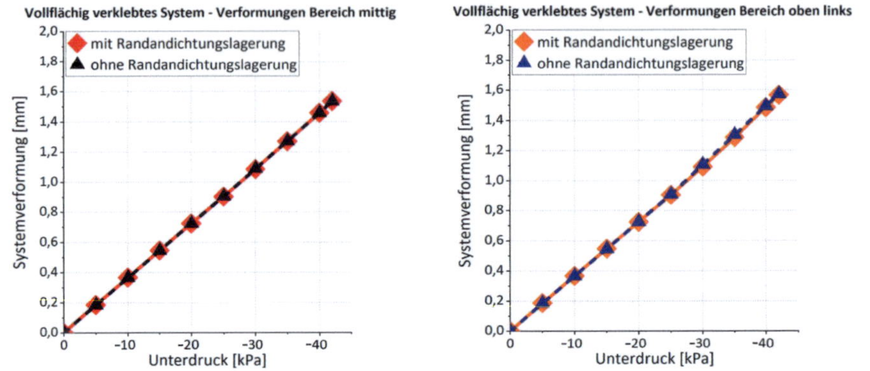


**Abbildung 6-6: Belastungsabhängige Systemverformungen der vollflächig verklebten Systeme**

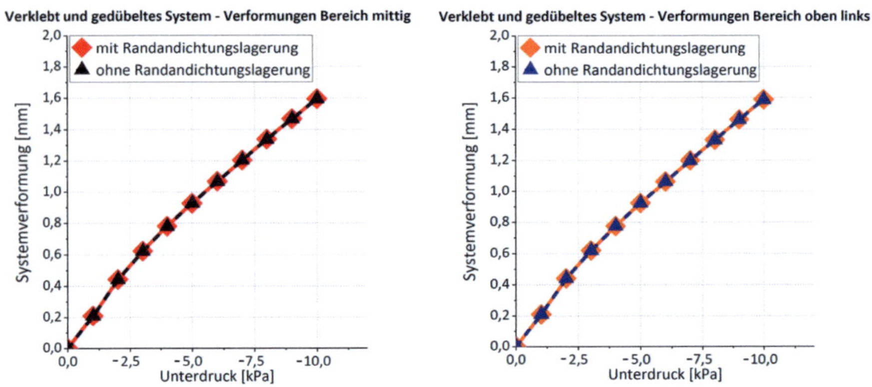


**Abbildung 6-7: Belastungsabhängige Systemverformungen der teilflächig verklebt und gedübelten Systeme**

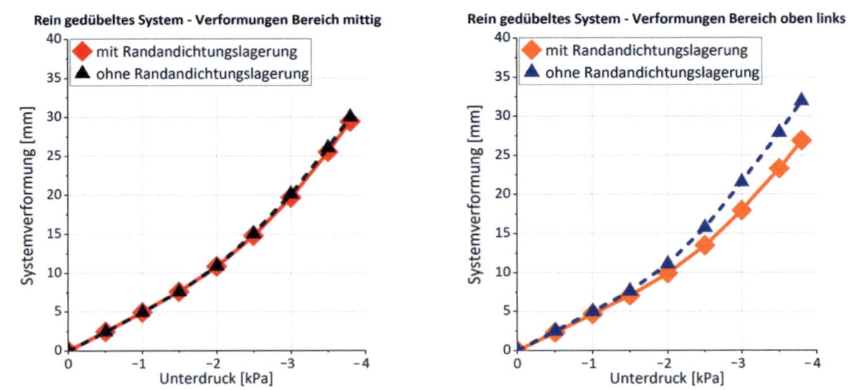


**Abbildung 6-8: Belastungsabhängige Systemverformungen der rein gedübelten Systeme**

## 6.3 Untersuchungen zum Systemverhalten in Abhängigkeit der Befestigungsart und Dämmplattendicke

### 6.3.1 Zweck und Ziel

Die durchgeführten Bauteilversuche liefern bereits wesentliche Erkenntnisse über die Auswirkungen von Windsoglasten auf Wärmedämmverbundsysteme in Abhängigkeit der Dämmplattenbefestigung. Ziel der nachfolgenden Untersuchungen ist, mittels der entwickelten Rechenmodelle die Erkenntnisse und Bauteilversuchsbeobachtungen vertiefend im Hinblick auf den Lastabtrag sowie das Verformungs- und Bruchverhalten der Systeme zu untersuchen. Außerdem soll eine Plausibilitätsprüfung der bauteilversuchstechnisch beobachteten, teils nur auf Grundlage von Einzelversuchen geschlussfolgerten Verhaltensweisen erfolgen. Numerisch werden neben dem Verformungsverhalten auch die Spannungszustände der untersuchten Modelle errechnet, worüber sich die versuchstechnisch beobachteten Auswirkungen sowie die Versagensprozesse in Abhängigkeit der Systembefestigungsparameter gezielter analysieren lassen. Zusätzlich werden über den Rahmen der Bauteilversuche hinausgehende Aufbauten numerisch untersucht, um erweiterte Erkenntnisse zum Einfluss der Erhöhung der Dübelanzahl, der Dämmplattendicke und der Variation des Klebeflächenanteils zu erlangen.

Die hierfür untersuchten Simulationsmodelle werden auf Basis der Befestigungsbilder der für die Windsogversuche verwandten Systemaufbauten erstellt. Die Modellierung erfolgt zwecks Wahrung der Modellkompaktheit jeweils an einer ganzen Einzeldämmplatte. Der Nachweis der möglichen Reduzierung des Modells vom dämmplattenübergreifend simulierten Gesamtprüfwandaufbau auf eine Einzeldämmplatte ist in Abschnitt 5.3.6 dokumentiert. Über die dort definierten Randbedingungen wird die eigentliche Einbettung der Einzelplatte im WDVS im Rahmen dieser Untersuchungen berücksichtigt.

### 6.3.2 Untersuchung der numerischen Modelle

#### 6.3.2.1 Gedübelt befestigte Dämmplatten

In den Dübeldurchzugversuchen stellte sich ein einheitliches Versagensbild unter der Ausbildung von Bruchkegeln ein. Diese Beobachtung setzte sich beim Großteil der dämmplattenoberflächenbündig gedübelt ausgeführten Prüfwände im Windsogversuch fort. Lediglich bei den untersuchten WDVS mit höheren quadratmeterbezogenen Dübelmengen bildeten sich aufgrund vor dem vollständigen Ausbruch auftretender Prüfwandundichtigkeiten meist nur Bruchkegelanrisse aus. Durch numerische Spannungsanalysen soll der Versagensprozess genauer untersucht werden.

Die Ergebnisse der in den Bauteilversuchen geprüften WDVS haben gezeigt, dass die verschiedenen Dübelbilder mit Anordnung der Befestigungsmittel nach den Schemata Fuge/Fläche bzw. Fuge ein unterschiedliches Systemverformungsverhalten zur Folge haben. Verformungsbegrenzender erwiesen sich dabei bei Dübelmengen von 4 bzw. 6 pro $m^2$ WDVS die nach dem Schema Fuge/Fläche befestigten Systeme mit anteiliger Fugendübelung (vgl. Abbildung 4-85). Das Verformungsverhalten der Systeme mit 8 Dübeln/$m^2$ WDVS ist für beide Dübelmuster vergleichbar. Es gilt, diese Beobachtungen im Rahmen der nachfolgenden numerischen Untersuchungen zu überprüfen.

Die Versuchswände wurden zudem lediglich mit Dübelmengen von maximal 8/$m^2$ WDVS ausgeführt. Numerisch werden zwecks Beurteilung der Auswirkung einer Erhöhung der Dübelanzahl in einer Parameterstudie Systeme mit Dübelmengen von bis zu 16/$m^2$ WDVS untersucht

Zudem werden zwecks Untersuchung des Dämmplattendickeneinflusses Berechnungen bei konstant bleibenden Dübelbildern zusätzlich zur Dämmstoffdicke von 10 cm an versuchstechnisch nicht untersuchten Dämmstoffen der Dicken 15 cm und 20 cm durchgeführt.

Zusammenfassend beinhalten die Untersuchungen zu gedübelt befestigten Systemen:

- Untersuchung des Versagensprozesses der Bruchkegelausbildung des gedübelten EPS
- Untersuchungen der Auswirkungen von der Variation der Anzahl und Anordnungsmuster der Dübel auf die Belastungen und das Verformungsverhalten der WDVS
- Untersuchungen der Auswirkungen von Variation der Dämmplattendicke auf die Belastungen und das Verformungsverhalten der WDVS

**Untersuchung des Versagensprozesses des gedübelten EPS**

Im dynamischen Windsogversuch wird ersichtlich, dass die aus den Unterdrücken resultierenden, teils bis hin zum Durchstanzen mit Bruchkegelausbildung führenden Dämmplattenverformungen Auslöser für das Systemversagen sind. Im Rahmen der Dübeldurchzugversuche ist ein identisches Bruchbild der Dämmstoff-Dübel-Verbindung zu beobachten. Bedingt durch den Versuchsaufbau lässt sich beim Durchzugversuch die Dämmplattenunterseite während der Belastungsphase einsehen. Dabei ist, wie in Abbildung 6-9 dargestellt vor der Bruchkegelausbildung eine von der Dübeldurchführung ausgehende Rissentstehung im EPS infolge der Dämmplattenbiegung zu beobachten (vgl. Abbildung 6-9). Um diesen Versagensprozess tiefgreifender nachzuvollziehen, wird der Bruchvorgang von gedübelten Wärmedämmverbundsystemen am numerischen Modell analysiert. Erste diesbezügliche Untersuchungen wurden in [47] und [45] durchgeführt.

**Abbildung 6-9: Darstellung des Versagensprozesses von EPS bei Dübelbefestigung: Von der Dübelschaftdurchführung ausgehende Rissbildung an der Dämmplattenunterseite (links), vollständiges Versagen unter Bruchkegelausbildung (rechts)**

Zur Analyse wird der Modellaufbau des Dübeldurchzugversuch nach Abschnitt 5.3.5.2 verwendet. Belastet wird das System stufenweise bis zur versuchstechnisch ermittelten mittleren Versagenslast von 0,83 kN (vgl. Tabelle 3-4). Am versuchsidentisch bis zum Bruch der Probe belasteten Modell werden für die Untersuchung des Versagensprozesses die maximalen Hauptspannungen sowie die maximalen Schubspannungen errechnet.

Die numerische Simulation von windsogbelastetem EPS mit einzelner Dübelfixierung erfolgt ebenfalls in [47], dort finden sich qualitative Darstellungen von Spannungsbildern. Die Feststellungen aus [47] sind grundlegend deckungsgleich mit den nachfolgend dokumentierten Ergebnissen. Abbildung 6-10 enthält in geteilter Darstellung linksseitig die im Rahmen dieser Arbeit errechneten maximalen Haupt- bzw. rechtsseitig die maximalen Schubspannungen im Dämmmaterial zum Zeitpunkt der Maximalbelastung. Der Dübel, der Lastangriff sowie der qualitative Verlauf der Rissbildung ist nachträglich am Modell ergänzt.

Die Hauptspannungsverteilung mit wertetechnisch positiv definierten Druck- bzw. negativ definierten Zugspannungen verdeutlicht den sich unterhalb des Dübeltellers ausbildenden Druckbereich im Dämmstoff. Erkenntlich ist am verformten Modell die hieraus entstehende Plattenbiegung, aus welcher sich unterseitig in der Zugzone des Materials ein erhöht zugbeanspruchter Bereich ergibt. Sein Maximum befindet sich mittig an der Dübelschaftdurchführung. Bei Überschreitung der Materialzugfestigkeit entwickeln sich Biegezugrisse an der Plattenunterseite, deren horizontale und vertikale Ausdehnung sich mit zunehmender Belastung fortsetzt. Bedingt durch den entgegengesetzt zueinander gerichteten Kräfteverlauf aus Windsog und Dübeldruckkraft bilden sich zeitgleich in der sich mit fortschreitender Biegerissbildung verkleinernden Druckzone an der Dämmplattenoberseite Schubrisse. Vom Ort ihrer Entstehung im Kontaktbereich des EPS mit den unterseitigen Dübeltellerkanten setzt sich die Rissausbreitung entsprechend der mechanischen Gesetzmäßigkeiten des Mohrschen Spannungskreises unter einem Winkel von ca. 45° im Dämmstoff fort, bis letztlich ein Durchstanzversagen unter Bruchkegelausbildung eintritt.

Erst durch die Kombination aus den von der Unterseite ausgehenden Biegezug- und den oberseitig entstehenden Schubrissen kommt es zum Materialversagen. Wertetechnisch ergeben sich am simulierten Modell plattenoberseitig Schubspannungen von 112 kPa bzw. plattenunterseitig Zugspannungen von 86 kPa.

Anzumerken ist, dass sich baupraktisch durch die zyklische Lastaufbringung eine im Modell nicht erfasste Reduzierung der EPS-Materialstärke im Bereich unterhalb der Dübelteller einstellt. Durch die hieraus resultierende geringere, effektive Dämmplattendicke werden die Grenzspannungen in Natura bei geringeren Beanspruchungen erreicht.

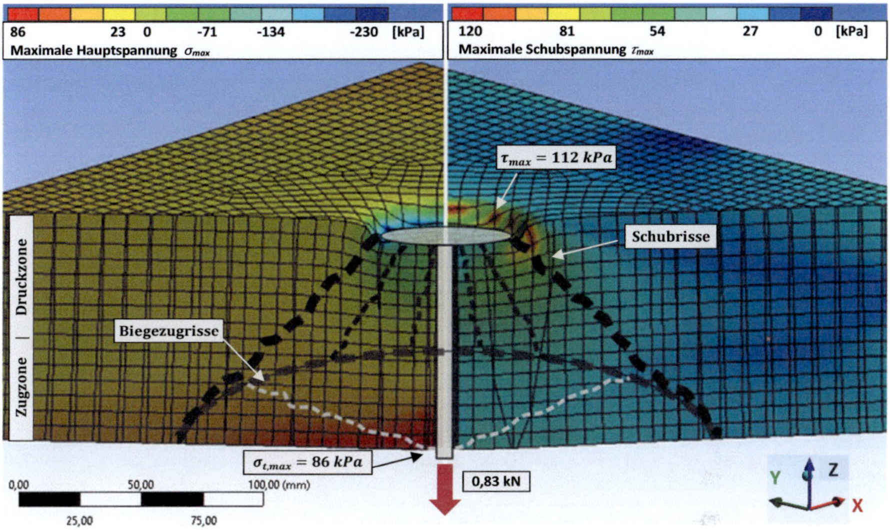


**Abbildung 6-10: Darstellung der Bruchkegelausbildung mit händisch eingezeichnetem qualitativen Schub- und Biegezugrissverlauf am numerischen Modell. Darstellung links: Maximale Hauptspannungen, Lage der Druckzone im oberen Teil des EPS wertetechnisch positiv, Lage der Zugzone im unteren Teil des EPS wertetechnisch negativ definiert. Darstellung rechts: maximale Schubspannungen**

## Variation von Anzahl und Anordnungsmuster der Dübel

Zur Beurteilung des Einflusses der Dübelmenge und des Anordnungsschemas auf die Belastungen und das Verformungsverhalten der WDVS werden gedübelte, mit Putzsystem beschichtete Einzeldämmplatten simuliert. Die Systeme werden entsprechend so modelliert, dass sich ein Dübelbild analog zu den im Windsogprüfstand untersuchten Versuchswänden ergibt. Im Modell werden identisch zu den Bauteilversuchen Dübelmengen von 4, 6 und 8/m² WDVS sowie darüberhinausgehend Dämmplatten mit 10, 12, 14 bzw. 16 Dübel/m² WDVS untersucht. Die Dübelanordnungen erfolgen entsprechend der in den Bauteilversuchen (vgl. Abschnitte 4.3.2 und 4.3.3) verwandten Mustern. Die Untersuchungen werden in Abhängigkeit des Dübelschemas in zwei Serien eingeteilt:

- Fuge/Fläche: Dübelanordnung an den Dämmplattenkanten und bei höheren Dübelmengen zusätzlich in Dämmplattenfläche
- Fläche: Dübelanordnung ausschließlich innerhalb der Dämmplattenfläche

Zwei exemplarische Modellaufbauten sind in Abbildung 6-14 dargestellt, Tabelle 6-2 enthält zudem eine Gesamtübersicht der untersuchten Modelle inklusive der Dübelbilder. Belastet werden die Prüfkörper stufenweise in Lastschritten von 0,5 kPa. Die aufgebrachten Maximalunterdrücke betragen in Abhängigkeit der Dübelanzahl sowie orientierend an der im dynamischen Windsogversuch erzielten Maximalbeanspruchung zwischen -4 kPa und - 10 kPa. Zur Auswertung werden neben den Systemmaximalverformungen die im Bereich unterhalb der Dübelteller auftretenden maximalen Schubspannungen sowie die plattenunterseitig ermittelten maximalen Zugspannungen ermittelt. Die Ergebnisse sind in den Abbildungen 6-11 bis 6-13 belastungsabhängig grafisch dargestellt. Zudem sind die ermittelten maximalen Verformungen sowie Schub- und Zugbeanspruchungen in Tabelle 6-2 enthalten. Die Angabe der Tabellenwerte erfolgt einheitlich entsprechend der in den Bauteilversuchen ermittelten minimalen Bruchlast zum Zeitpunkt der Belastung von - 3,5 kPa (vgl. $R_{k,GF}$ in Tabelle 4-15).

Anhand der Ergebnisse lässt sich feststellen:

- Im numerischen Modell wird die mit der Erhöhung der Dübelmenge einhergehende, bauteilversuchstechnisch beobachtete Verformungsreduzierung bestätigt. Zudem lässt sich eine Reduzierung der maximalen Schub- und Zugbeanspruchungen feststellen.
- Insbesondere bei Verwendung von 4 bzw. 6 Dübeln/m² WDVS ist beim Dübelschema Fuge/Fläche analog zu den Bauteilversuchsbeobachtungen eine deutliche Verformungsreduzierung festzustellen, die sich bei Erhöhung der Dübelmenge fortsetzt. Eine Ausnahme bilden die Systeme mit 8 Dübeln/m² WDVS, hier verformt sich - ebenfalls identisch zu den Bauteilversuchsbeobachtungen - das nach Fuge/Fläche gedübelte System stärker. Erklären lassen sich die größeren Maximalverformungen aufgrund der lediglich in den Plattenecken fixierten stirnseitigen Dämmplattenrändern.
- Der Vergleich der Maximalverformungen der Modelle mit 12 und 14 Dübeln/m² WDVS (Schema Fuge/Fläche) bzw. 8 bis 12 Dübeln/m² WDVS (Schema Fuge) zeigt, dass eine Erhöhung der Dübelanzahl nicht zwangsläufig zu einer Verformungsreduzierung führt. Ursächlich sind in der Serie Fuge/Fläche die beim Modell mit 12 Dübeln/m² entfernten mittleren Dübel an den stirnseitigen Dämmplattenrändern. Beim Schema Fuge begründet sich die ausbleibende Verformungsreduzierung in den über die Modelle unverändert gelagerten stirnseitigen Dämmplattenrändern.

- Eine in Abhängigkeit der Dübelanzahl konvergierende maximale Windsogwiderstandsfähigkeit ist nicht festzustellen. Zwar überlagern sich bei größeren Dübelmengen deren Tellereinflussbereiche, erkennbar an den in Abbildung 6-15 dargestellten Hauptnormalspannungen mit farblich gekennzeichneten zugbeanspruchten Bereichen. Jedoch lässt sich mit steigender Dübelmenge stets eine Reduzierung der für das Versagen kritischen maximalen Schub- bzw. Zugspannungen feststellen (vgl. Abbildungen 6-12 und 6-13). Die im Rahmen der Bauteilversuche beobachteten Überlagerungen der Bruchkegel (vgl. Abbildung 4-44) sind folglich gemäß den hier zugrundeliegenden Ergebnissen als unkritisch einzustufen.

Auf Grundlage der Ergebnisse sollte die Dübelanordnung demnach zur Reduzierung von Verformungen sowie damit einhergehend der plattenunterseitigen, biegebedingten Zugspannungen priorisiert unter gleichmäßiger Wahl der Abstände in den Fugen erfolgen. Bei Erhöhung der Dübelanzahl und zusätzlicher Dübelung in der Plattenfläche sind die Befestigungsmittel so zu platzieren, dass die Abstände zueinander minimal sind, um die sich zwischen den Dübeltellern im Dämmstoff ergebenden Biegefelder größtmöglich zu begrenzen.

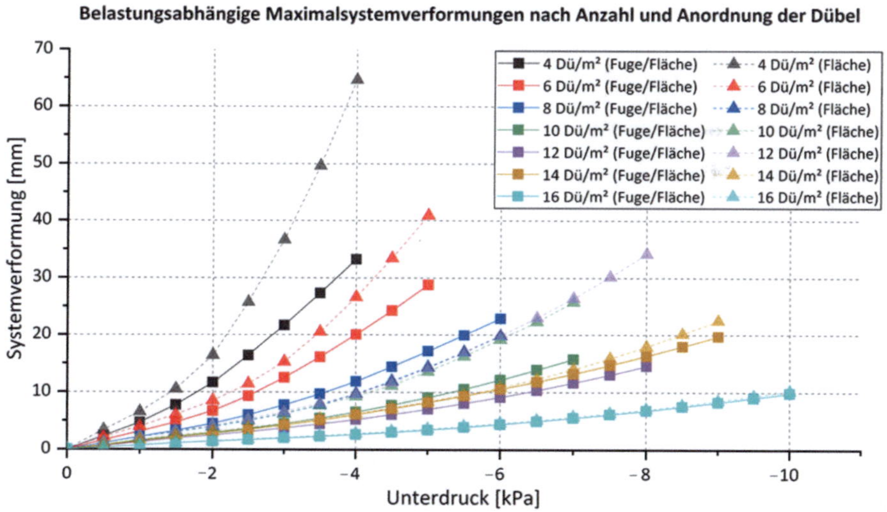


**Abbildung 6-11: Belastungsabhängige maximale Systemverformungen an modellierten Einzeldämmplatten der Dicke 10 cm nach dem Dübelschema Fuge/Fläche bzw. Fläche**

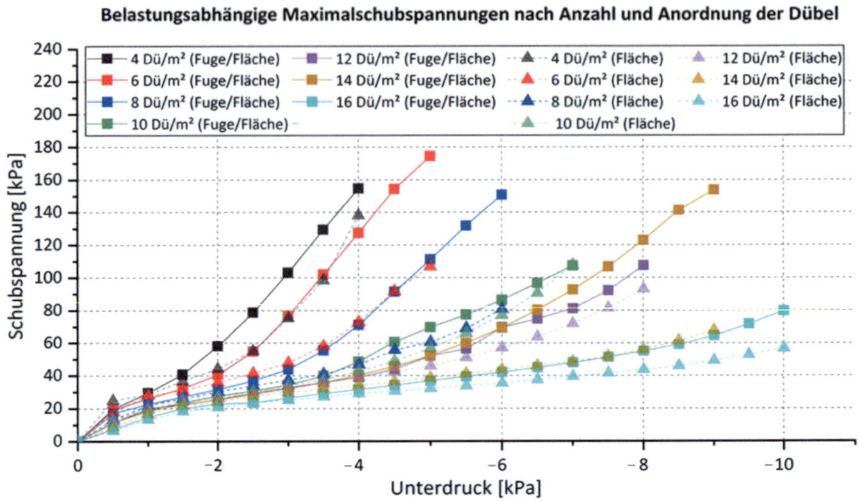


**Abbildung 6-12: Belastungsabhängige maximale Schubspannungen an modellierten Einzeldämmplatten der Dicke 10 cm nach dem Dübelschema Fuge/Fläche bzw. Fläche**

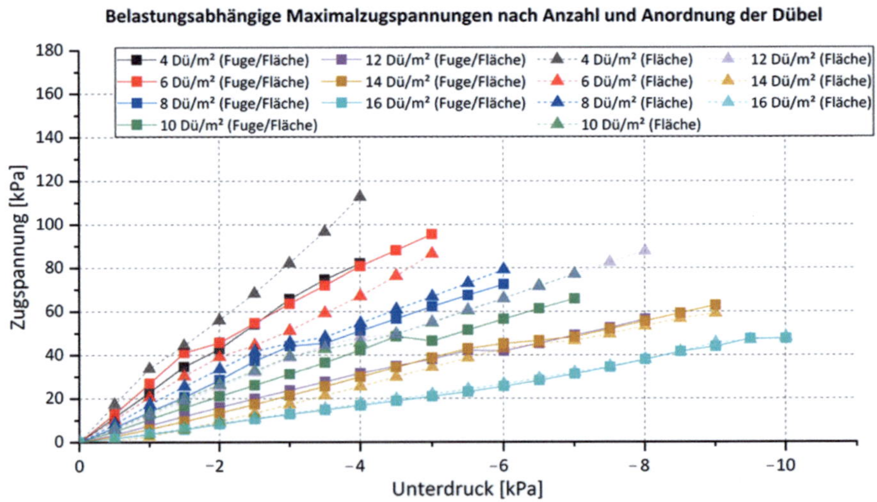


**Abbildung 6-13: Belastungsabhängige maximale Zugspannungen an der Dämmplattenunterseite an modellierten Einzeldämmplatten der Dicke 10 cm nach dem Dübelschema Fuge/Fläche bzw. Fläche**

**Tabelle 6-2: Ergebnisse der Parameterstudie der gedübelten Einzeldämmplatten bei einer Belastung von -3,5 kPa**

| Berechnungsergebnisse bei Belastung von -3,5 kPa an gedübelten Einzeldämmplatten (d= 10 cm) in Abhängigkeit der Anzahl und Anordnung der Dübelung | | | | | | | | |
|---|---|---|---|---|---|---|---|---|
| Versuchsreihe | Fuge/Fläche | | | | Fläche | | | |
| | Dübelbild | errechnete Maxima bei Belastung von **-3,5 kPa** | | | Dübelbild | errechnete Maxima bei Belastung von **-3,5 kPa** | | |
| | | Verformung | Schubspannung $\tau$ | Zugspannung $\sigma_t$ plattenunterseitig | | Verformung | Schubspannung $\tau$ | Zugspannung $\sigma_t$ plattenunterseitig |
| Dübel/m² | | [mm] | [kPa] | [kPa] | | [mm] | [kPa] | [kPa] |
| 4 |  | 27,3 | 129,4 | 74,7 |  | 49,7 | 98,5 | 96,6 |
| 6 | 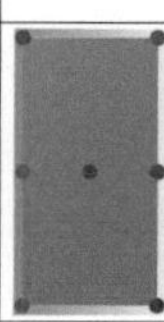 | 16,1 | 102,8 | 71,9 |  | 20,6 | 58,3 | 59,4 |
| 8 | 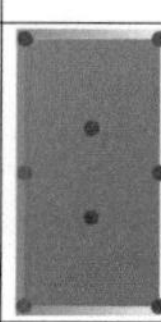 | 9,7 | 55,4 | 45,6 |  | 7,7 | 40,9 | 48,2 |
| 10 | 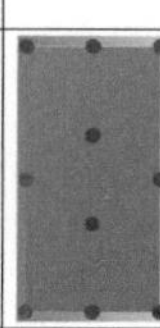 | 5,5 | 39,9 | 36,1 | 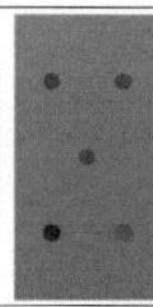 | 7,7 | 37,6 | 43,0 |
| 12 | 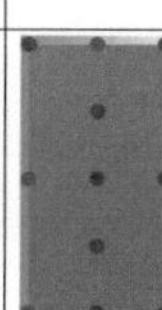 | 4,4 | 36,0 | 27,7 | 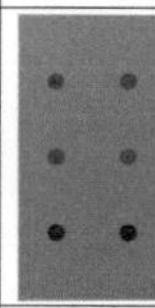 | 8 | 35,7 | 44,5 |
| 14 | 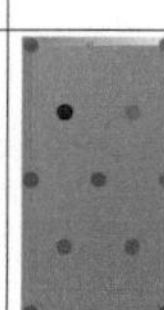 | 5,1 | 35,8 | 25,5 | 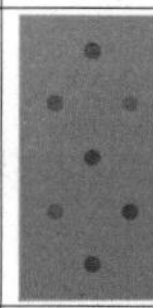 | 5,4 | 32,1 | 21,4 |
| 16 | 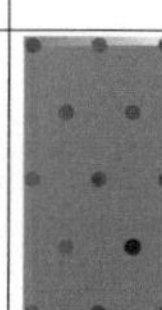 | 2,3 | 29,3 | 14,8 | 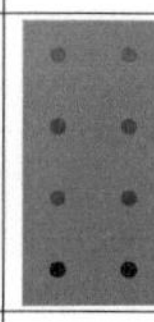 | 2,4 | 27,4 | 15,4 |

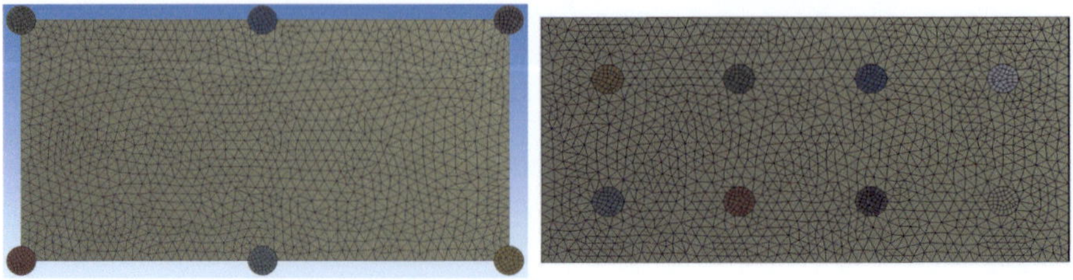

Abbildung 6-14: Oberseitige Ansichten der vernetzten numerischen Modelle mit ausgeblendetem Putzsystem, Darstellung der Systeme nach dem Dübelschema Fuge/Fläche mit 4 Dübeln/m² (links) bzw. nach dem Dübelschema Fläche mit 16 Dübeln/m² (rechts)

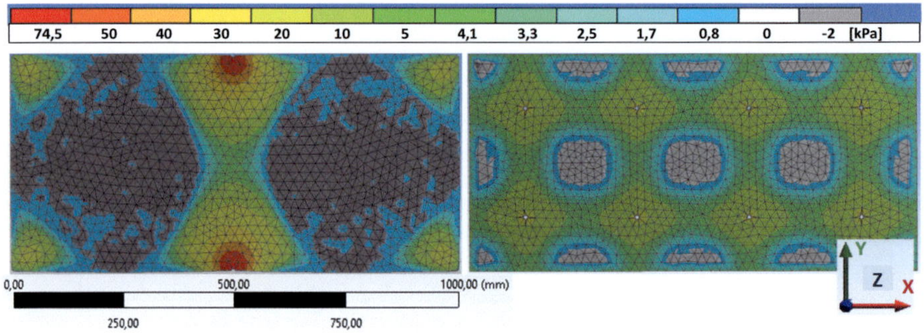


Abbildung 6-15: Unterseitige Ansichten der Dämmplatten, Darstellung der plattenunterseitigen Hauptnormalspannungen bei Belastung von -3,5 kPa, Zugspannungen positiv definiert- Modell Fuge/Fläche mit 4 Dübeln/m² (links), Modell Fläche mit 16 Dübeln/m² (rechts). Die Dämmplatte mit 4 Dübeln/m² weist mehr unbeanspruchte Bereiche auf, ist jedoch lokal deutlich stärker belastet. In Höhe und Auftreten unkritische Überlagerungen der Einflussbereiche benachbarter Dübel sind an den Spannungsüberschneidungen zu erkennen.

## Variation der Dämmplattendicke

Nachfolgend werden die Auswirkungen verschiedener Dämmplattendicken auf das unter reiner Windsogbeanspruchung entstehende Verformungsverhalten und den Lastabtrag von WDVS untersucht. Hierzu werden analog zu den Bauteilversuchen Dämmplattendicken der Dicke 10 cm sowie ergänzend zwei weitere Versuchsreihen mit Dicken von 15 cm sowie 20 cm simuliert. Die Dübelanordnung erfolgt exemplarisch nach dem Schema Fuge/Fläche, es werden für alle drei Plattendicken analog zu vorigen Untersuchungen Dübelmengen von 4 bis 16 Dübeln/m² verwendet. Die in Abbildung 6-16 dargestellten, mit 4 Dübeln/m² befestigten Modelle bestehen aus Dämmplatte, Dübelung und Putzsystem. Die Dübelbilder entsprechen den dargestellten Anordnungen des Schemas Fuge/Fläche in Tabelle 6-2.

Aus Gründen der Vergleichbarkeit werden die Ergebnisse der Versuchsreihen einheitlich zum Belastungszeitpunkt von -3,5 kPa in Abhängigkeit der Dübelanzahl grafisch dargestellt. Dokumentiert sind jeweils die Maximalwerte der Verformungen, Schubspannungen sowie die plattenunterseitige Zugbeanspruchung in den Abbildungen 6-17 bis 6-19. Die vollumfänglichen, belastungsabhängigen Darstellungen der Simulationsergebnisse finden sich im Anhang E.1.

Anhand der Ergebnisse lässt sich feststellen:

- Eine Erhöhung der Dämmplattendicke führt einheitlich für alle simulierten Dübelbilder zu einer Reduzierung der maximalen Gesamtverformung des Systems, der Effekt reduziert sich mit weiter zunehmender Dämmplattendicke merklich (vgl. Abbildung 6-17).
- Konstruktionsbedingt stellen sich die maximalen Schubspannungen im EPS im Bereich der Dübelteller ein. Der Einfluss der Dämmplattendicke auf die Maximalschubspannungen der Dämmplatten ist marginal. Dies zeigt der über alle Dämmplattendicken errechnete einheitliche Schubspannungsverlauf (vgl. Abbildung 6-18).
- Die maximalen, an der Dämmplattenunterseite auftretenden Zugspannungen lassen sich durch die Erhöhung der Dämmplattendicke deutlich reduzieren. Ursächlich ist die mit ansteigender Plattendicke zunehmende Biegefestigkeit der Dämmplatten, welche sich gemäß der numerischen Simulationsergebnisse verformungsreduzierend und folglich auch tragfähigkeitssteigernd auf das Systemverhalten auswirkt (vgl. Abbildung 6-19).
- Auffallend sind bei Plattendicken von 15 cm und 20 cm die sich bei den Modellen mit 6 und 8 Dübeln/m² WDVS einstellenden höheren plattenunterseitigen Maximalzugspannungen als bei den Modellen mit 4 Dübeln/m² WDVS. Sie ergeben sich infolge der zusätzlich in Plattenfläche angeordneten Dübel. Die lokal konzentrierten Zugspannungen treten im EPS an den Aussparungen für die Schaftdurchführung der mittigen, in Plattenfläche befindlichen Dübel infolge der dortigen maximalen Begrenzung der Verformungen auf.

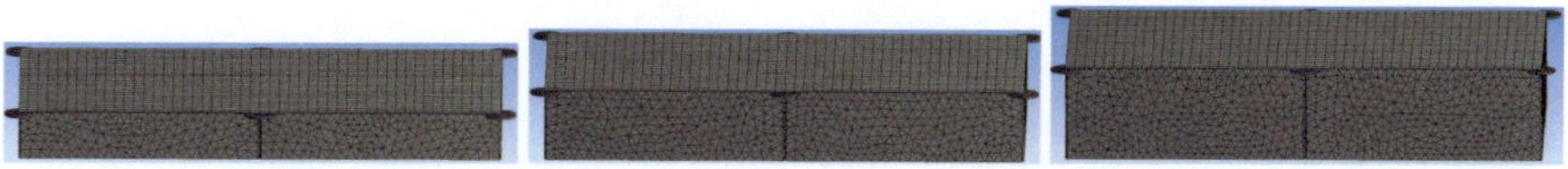

**Abbildung 6-16: Darstellung der Geometrien der mittels 4 Dübel/m² befestigten, verputzten Einzeldämmplatten im numerischen Modell. Variation der Dämmplattenstärke zwecks Ermittlung des Einflusses der Dämmplattendicke: 10 cm (links); 15 cm (mittig); 20 cm (rechts)**

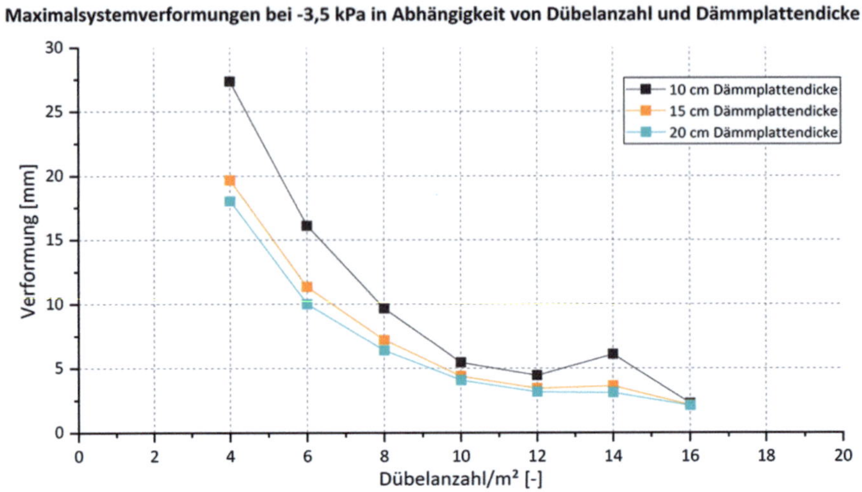


**Abbildung 6-17: Belastungsabhängig berechnete Maximalsystemverformungen an modellierten Einzeldämmplatten der Dicken 10 cm, 15 cm und 20 cm in Abhängigkeit der quadratmeterbezogenen Dübelanzahl bei einer simulierten Windsogbelastung von -3,5 kPa**

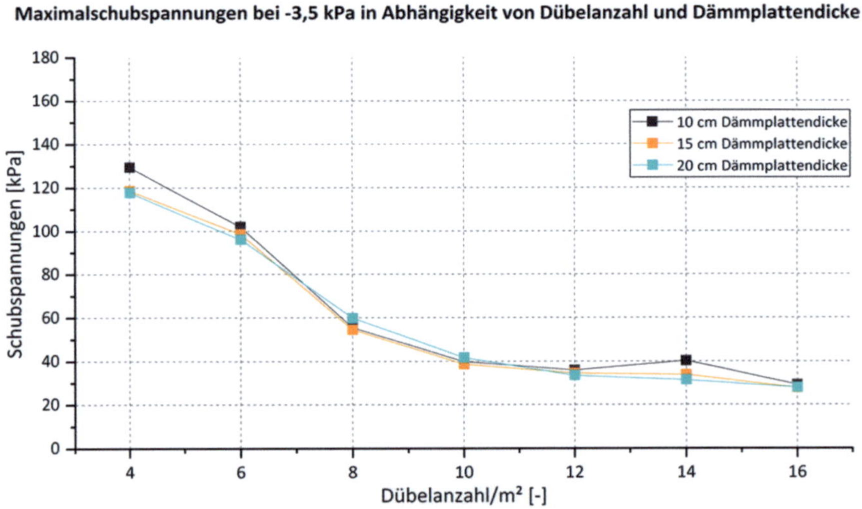


**Abbildung 6-18: Belastungsabhängig berechnete Maximalschubspannungen an modellierten Einzeldämmplatten der Dicken 10 cm, 15 cm und 20 cm in Abhängigkeit der quadratmeterbezogenen Dübelanzahl bei einer simulierten Windsogbelastung von -3,5 kPa**

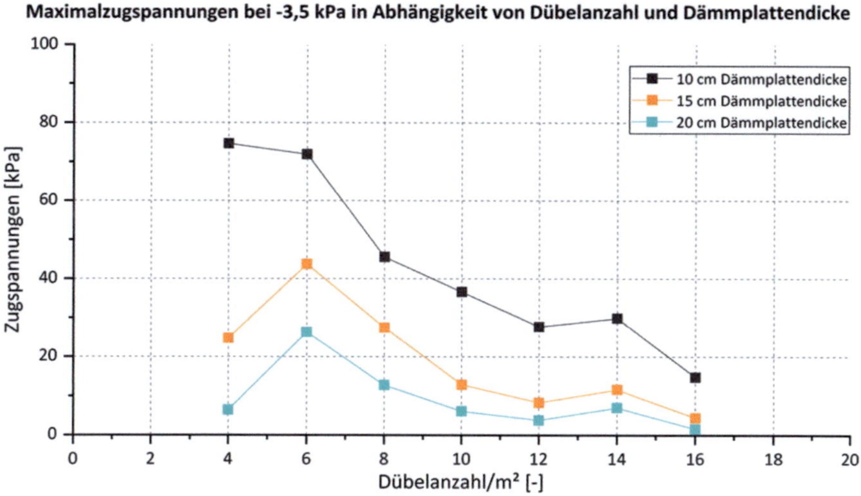


**Abbildung 6-19: Belastungsabhängig berechnete Maximalzugspannungen an den Dämmplattenunterseiten der modellierten Einzeldämmplatten der Dicken 10 cm, 15 cm und 20 cm in Abhängigkeit der quadratmeterbezogenen Dübelanzahl bei einer simulierten Windsogbelastung von -3,5 kPa**

**Durch das Gewebe gedübelt befestigte Dämmplatten**

Im Rahmen der Bauteilversuche im Windsogversuchsstand konnte eine deutliche Zunahme der Widerstandsfähigkeit gegenüber der Sogbeanspruchung bei Dübelung durch das Gewebe festgestellt werden. Neben einem wesentlich reduzierten Systemverformungsverhalten zeigte sich eine mögliche Steigerung der aufnehmbaren Maximallast. Zurückführen lässt sich das Verhalten gemäß der Bauteilversuchsbeobachtungen auf die lastverteilende Wirkung des sich anteilig zwischen Dübelteller und Dämmstoff befindenden Putzsystem, wodurch der Einflussbereich der Dübelung erweitert sowie die Beanspruchung der Dämmplatte reduziert wird. Das Systemverhalten soll im numerischen Modell auf Plausibilität überprüft werden.

Die Modellierung der Dübelung durch das Armiergewebe erfolgt über die Anpassung der Modellgeometrie durch ein Anordnen der Dübelteller oberhalb des Putzsystems. Abbildung 6-20 zeigt das entsprechende Modell sowie das für die Vergleichszwecke herangezogene, ergebnistechnisch hier ebenfalls aufgeführte System mit unterhalb des Armiergewebes liegenden Dübeln. Die Simulationen werden an modellierten Einzeldämmplatten mit Dübelbildern entsprechend des Befestigungsbildes Fuge/Fläche mit 4 Dübeln/m² WDVS durchgeführt, die Belastung erfolgt schrittweise bis zu einem Maximalunterdruck von -4 kPa.

Untersucht werden die Auswirkungen der Dübelung durch das Gewebe auf das Systemverhalten analog zu den vorherigen Abschnitten durch den Vergleich des Maximalverformungsverhaltens sowie der maximalen Schub- und Zugspannungsbeanspruchung in den Dämmplatten. Als zusätzliche Größe sind zwecks genauerer Betrachtung der Lastabtragweise zudem die Normalspannungen in Wirkungsrichtung der Windsogbelastung (Z-Achse) im EPS aufgeführt. Ablesen lässt sich hieraus die Druckbelastung im EPS unterhalb der Dübelteller.

**Abbildung 6-20: Darstellung der unterschiedlichen Varianten der Dübelung mit grün dargestelltem Putzsystem im numerischen Modell: Simulation der Dübelung unterhalb des Armiergewebes mittels dämmplattenoberflächenbündiger Lage des Dübeltellers (links), Simulation der Dübelung durch das Armiergewebe vereinfacht mittels putzoberflächenbündiger Lage der Dübelteller (rechts)**

Die Ergebnisse beider Modelle mit simulierter Dübelung unterhalb bzw. durch das Gewebe sind in den Abbildungen 6-21 bis 6-24 in grafischer Form dargestellt. Zudem sind die ermittelten Maximalwerte für die Belastung von -3,5 kPa in Tabelle 6-3 enthalten.

Anhand der Ergebnisse lässt sich feststellen:

- Die Dübelung durch das Gewebe bewirkt in den Simulationen eine deutliche Reduzierung der Systemverformung um ca. 70 %. Dies zeigt sich insbesondere beim visuellen Vergleich der auszugsweise für den mittigen Dübel der Dämmplattenlängskante dargestellten Verformungen (vgl. Abbildung 6-25). Die in Abschnitt 4.3.2 dokumentierten Versuchsbeobachtungen bestätigen sich demnach anhand der Simulationsergebnisse.
- Die im Modell mit Dübelung durch das Gewebe deutlich geringer ausfallenden, im EPS ermittelten Schub-, Zug- und Druckspannungen belegen die deutliche Reduzierung der Dämmplattenbeanspruchung. Insbesondere die im Kontaktbereich zwischen Dübelteller und EPS abgeschwächten Schub- und Druckspannungen bestätigen zudem die in den Bauteilversuchen beobachtete lastverteilende Wirkung des zwischen EPS und Dübelteller liegenden Putzsystems. Dies zeigt sich auch beim direkten Vergleich der visualisierten Druckspannungsverteilungen an den Dämmplattenoberflächen in Abbildung 6-26.

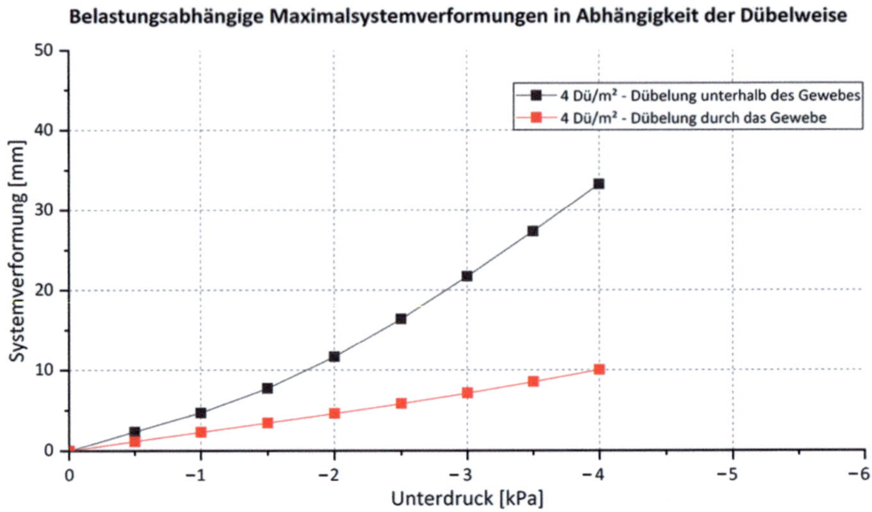


**Abbildung 6-21: Belastungsabhängig berechnete Maximalsystemverformungen an mit 4 Dübeln/m² befestigten Einzeldämmplatten in Abhängigkeit der Dübelung unter- bzw. oberhalb des Armiergewebes**

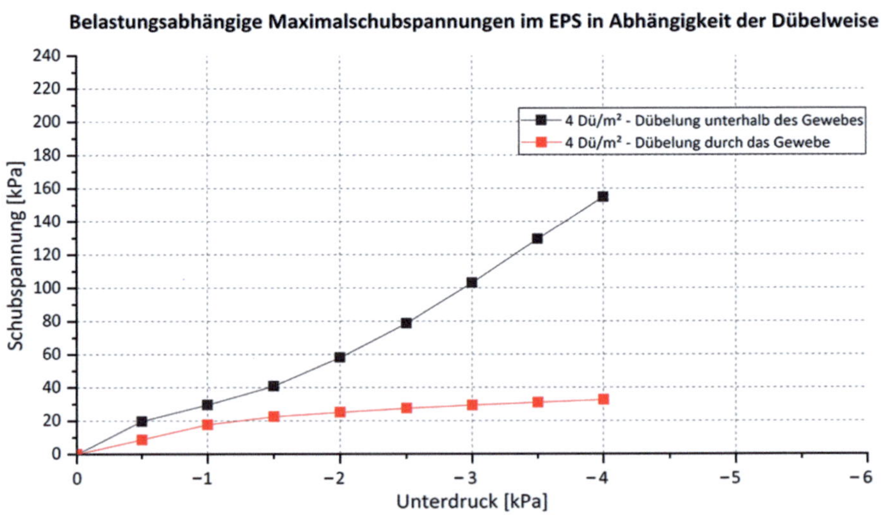


**Abbildung 6-22: Belastungsabhängig berechnete Maximalschubspannungen im EPS an mit 4 Dübeln/m² befestigten Einzeldämmplatten in Abhängigkeit der Dübelung unter- bzw. oberhalb des Armiergewebes**

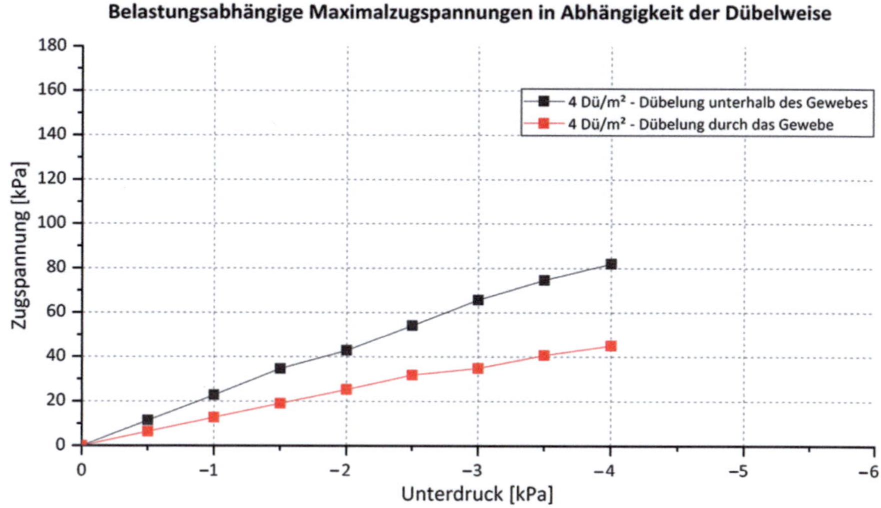


**Abbildung 6-23: Belastungsabhängig berechnete Maximalzugspannungen im EPS an mit 4 Dübeln/m² befestigten Einzeldämmplatten in Abhängigkeit der Dübelung unter- bzw. oberhalb des Armiergewebes**

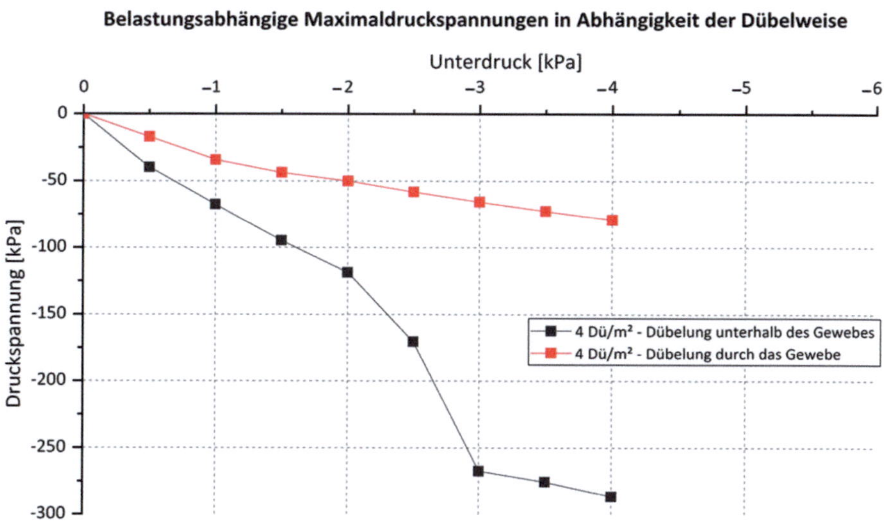


**Abbildung 6-24: Belastungsabhängig berechnete Maximaldruckspannungen im EPS an mit 4 Dübeln/m² befestigten Einzeldämmplatten in Abhängigkeit der Dübelung unter- bzw. oberhalb des Armiergewebes**

**Tabelle 6-3: Ergebnisse der Simulationsrechnungen mit unter- bzw. oberhalb des Gewebes gedübelten Einzeldämmplatten bei einer Belastung von -3,5 kPa**

| **Berechnungsergebnisse bei Belastung von -3,5 kPa an unter- bzw. oberhalb des Gewebes gedübelten Einzeldämmplatten (d= 10 cm)** | | | | | | |
|---|---|---|---|---|---|---|
| | | | errechnete Maxima bei Belastung von **-3,5 kPa** | | | |
| | | | System-verformung | Schubspannung $\tau$ im EPS | Zugspannung $\sigma_t$, plattenunterseitig im EPS | Druckspannung $\sigma_c$ im EPS |
| Befestigungsart | Dübel/m² | Dübelbild | [mm] | [kPa] | [kPa] | [kPa] |
| Dübelung unterhalb des Gewebes, oberflächenbündig mit EPS | 4 |  | 27,3 | 129,4 | 74,7 | -275,4 |
| Dübelung durch das Gewebe | 4 |  | 8,5 | 30,9 | 40,7 | -72,7 |

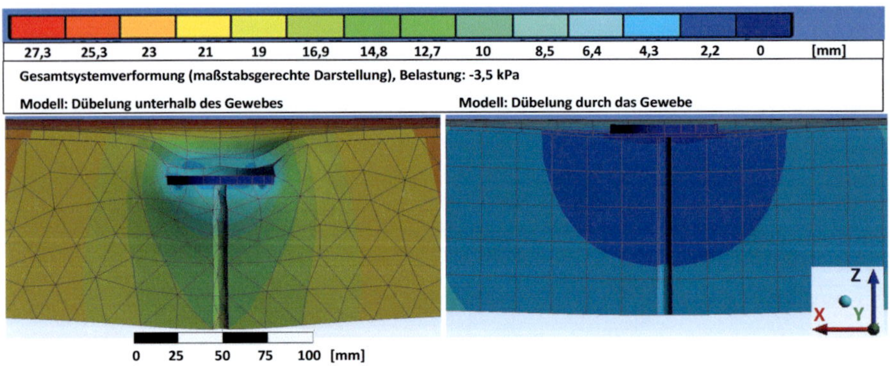


**Abbildung 6-25: Auszugsweise Darstellung des Modellbereichs mit mittig an der Dämmplattenlängskante angeordnetem Dübel. Darstellung der maßstabsgetreuen Systemverformungen bei Belastung von -3,5 kPa, Dübelung unterhalb des Gewebes (links), Dübelung oberhalb des Gewebes (rechts).**

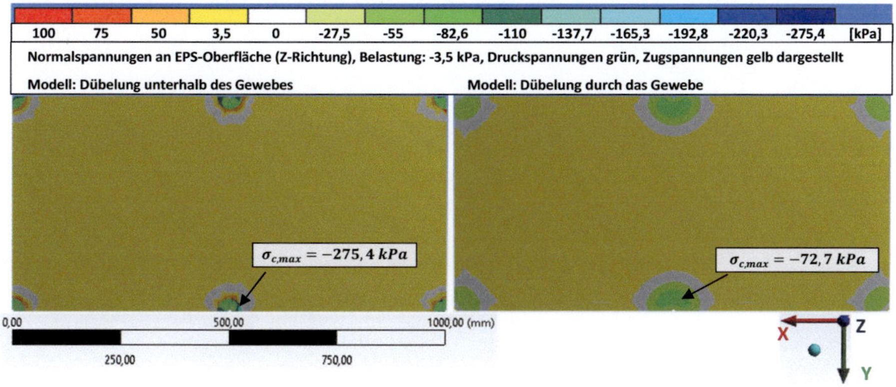


**Abbildung 6-26: Oberseitige Ansichten der Dämmplatten bei Belastung von -3,5 kPa, Dübelteller und Putzsysteme ausgeblendet. Darstellung der Normalspannungen in Richtung der Windsogbelastung (Z-Achse) zur Visualisierung der Druckspannungsbeanspruchung im EPS unterhalb der Dübelteller (Druckbereich grünlich bzw. bläulich dargestellt). Erkennbar ist die flächiger verteilte Druckbeanspruchung durch den vergrößerten Einflussbereich der Dübelteller im Modell mit Dübelung durch das Gewebe (rechts) sowie die wesentlich größere Dämmstoffbeanspruchung bei Dübelung unter dem Gewebe (links).**

#### 6.3.2.2 Teil- und vollflächig verklebt sowie verklebt und gedübelt befestigte Dämmplatten

Bei den mittels Verklebung befestigten WDVS hat sich im Rahmen der Bauteilversuche gezeigt, dass die teilflächige Ausführung nach der Punkt-Wulst-Methode zu deutlich geringeren Windsogwiderständen führt, als in aktuellen Anforderungen festgelegt. Die in der MVV TB [13] und der EAD 040083-00-0404 [32] aktuell geforderte Mindestklebefläche von 40 % bzw. einer horizontalen Lastabtragfähigkeit von 30 kPa beruht auf der Annahme, dass sich die Belastbarkeit in Abhängigkeit des Klebeflächenanteils vollständig proportional zu vollflächig verklebten Systemen verhält. Dieser Annahme widersprechen jedoch die Bauteilversuchsergebnisse (vgl. Abschnitt 4.3.1). Als ursächlich für die überproportional zum Klebeflächenanteil abnehmenden Windsogwiderstandsfähigkeiten der teilflächig verklebten Systeme wird die linien- bzw. punktförmige Lastableitung der Windsogkräfte von der Dämmplatte in die Klebung angenommen. Eine genauere Untersuchung der Auswirkungen verschiedener Klebungsausführungen auf das Tragverhalten soll ergänzend zu den Bauteilversuchsbeobachtungen anhand nachfolgender numerischer Simulationen erfolgen.

Die Untersuchung des Klebeflächeneinflusses erfolgt durch die Nachbildung teilflächiger, im Punkt-Wulst-Verfahren ausgeführter Systeme mit einem variierenden Klebeflächenanteil von 40 %, 60 % bzw. 80 % sowie einem vollflächig verklebten Modell. Zur numerischen Untersuchung der Auswirkungen der zusätzlichen Dübelung wird ein mittels teilflächiger Klebung und Dübelung befestigtes System untersucht.

Die Modellierung der Verklebungsvarianten sowie der dämmplattenoberflächenbündigen Dübelung erfolgt entsprechend der Beschreibung und Darstellungen aus Abschnitt 5.3.4.2 über die Lagerung der geometrisch entsprechend angepassten Dämmplattenrückseiten. Orientierend an den im Rahmen der Bauteilversuche erzielten Windsogwiderstandsfähigkeiten werden die teilflächig verklebten sowie das zusätzlich verklebt und gedübelte System stufenweise bis zu einem Unterdruck von -13 kPa, das vollflächig verklebte System bis -20 kPa belastet. Exemplarisch ist das Modell des im Punkt-Wulst-Verfahren verklebten und zusätzlich gedübelten WDVS in Abbildung 6-27 dargestellt.

Zwecks Beurteilung der Auswirkungen der verschiedenen Klebeausführungen sowie der zusätzlichen Dübelung wird neben der sich einstellenden Systemmaximalverformung die dämmplattenunterseitige Maximalzugspannung ermittelt. Hier ergibt sich infolge des Lastübertrags von der

Dämmplatte auf die Klebung die versuchstechnisch an den teilflächig verklebten, kohäsiv versagenden Dämmplatten beobachtete, kritischste Systembeanspruchung. Vergleichend für die mit einem Flächenanteil von 40 % sowie 100 % verklebten Systeme zeigt Abbildung 6-30 die berechneten plattenunterseitigen Spannungen am Modell.

Die belastungsabhängigen Maximalwerte der Verformungen und plattenunterseitigen Zugspannungen sind grafisch in den Abbildungen 6-28 und 6-29 dargestellt. In Tabelle 6-4 sind zwecks Vergleichbarkeit mit den vorherig untersuchten, rein gedübelt ausgeführten Systemen, die einheitlich bei der Belastung von -3,5 kPa ermittelten Maxima der Verformungen und Zugspannungen enthalten. Ergänzend sind zwecks Vergleichbarkeit mit den rein gedübelt ausgeführten Modellen aus Abschnitt 6.3.2.1 auch die sich einstellenden maximalen Schub- sowie Druckspannungen enthalten.

Anhand der Ergebnisse lässt sich feststellen:

- Analog zu den Bauteilversuchsergebnissen verhalten sich die verklebten Systeme im Vergleich zur reinen Dübelbefestigung deutlich starrer und verformungsarmer (vgl. grafische Darstellungen der Maximalverformungen nach Befestigungsart und Belastung der Abbildungen 6-11 und 6-28; errechnete Maximalwerte nach Befestigungsart bei Belastung von -3,5 kPa der Tabellen 6-2 und 6-4).
- Die Ausführung in vollflächiger Verklebung erweist sich im Vergleich zu teilflächig verklebten Systemen als deutlich vorteilhafter. Dies zeigt sich neben den geringer ausfallenden Systemverformungen insbesondere durch die wesentlich kleineren, an den Plattenkanten auftretenden Maximalzugspannungen sowie dem generell sehr homogenen Lastabtrag mit konstanter Spannungsverteilung über die gesamte Dämmplattenfläche (vgl. Abbildung 6-30, rechts).
- Bei teilflächiger Verklebung ergeben sich infolge der linien- und punktförmigen Lagerung lokal an den Übergängen zwischen verklebten und nicht verklebten Bereichen stark erhöhte Dämmplattenbeanspruchungen. Sie erklären die im Vergleich zur vollflächigen Ausführung im Bauteilversuch beobachtete, überproportional zum Klebeflächenanteil reduzierte Windsogwiderstandsfähigkeit (vgl. Abschnitt 4.3.1). Die auftretenden Maximalzugspannungen übersteigen in allen untersuchten teilflächig simulierten Modellen die Beanspruchungen der vollflächigen Klebung überproportional stark. Dargestellt ist dies

exemplarisch für die Ausführung mit 40 % Klebeflächenanteil im direkten Vergleich zum vollflächigen System in Abbildung 6-30.

- Der Vergleich der belastungsabhängig dargestellten Maximalwerte aller Systeme zeigt, dass sich weder verformungs- noch spannungstechnisch ein proportionaler Zusammenhang nach Gleichung Gl. ( 2.1 ) zwischen dem Klebeflächenanteil und der Beanspruchbarkeit ergibt. Demnach lässt sich analog zu den Bauteilversuchsergebnissen die Widerstandsfähigkeit teilflächig verklebter Systeme entgegen der Annahme in aktuellen Regelungen nicht über die bei vollflächiger Klebung ermittelte Festigkeit berechnen.
- Bei zusätzlich zur Klebung angeordneter Dübelung verhält sich das System entsprechend der auftretenden Maximalspannungen identisch zum rein verklebt ausgeführten System. Analog zu den Bauteilversuchsbeobachtungen wird nur ein marginaler Teil der Windsogbelastung in die Dübelung eingeleitet. Dies belegen die im Vergleich zur reinen Dübelung wesentlich reduzierten Schub- und Druckspannungen im EPS im Bereich unterhalb der Dübelteller (vgl. Tabelle 6-4 mit Tabelle 6-3: $\tau$: 6,35 kPa zu 29,4 kPa bzw. $\sigma_c$ : -4,41 kPa zu -275,4 kPa).
- Bei Verklebung und zusätzlicher Dübelung ergibt sich, bedingt durch die lokal im Bereich der Dübelung entstehende beidseitige Einspannung der Dämmplatte, eine höhere Systemverformung als bei reiner Verklebung (vgl. Abbildung 6-28 bzw. Tabelle 6-4). Aufgrund der sich hierdurch nicht erhöhenden, für das Versagen kritischen plattenunterseitigen Zugspannung scheint dies unbedenklich. In weiterführenden Untersuchungen ließe sich abklären, ob eine zusätzliche Dübelung hier ggf. den Systemwiderstand senkt.

**Abbildung 6-27: Darstellung des teilflächig verklebt und zusätzlich gedübelten Systems: oberseitige Ansicht mit Putzsystem (links), unterseitige Ansicht mit Darstellung der Klebung im Punkt-Wulst-Verfahren (rechts), Dübelanordnung entsprechend des Dübelbildes Fuge/Fläche mit 4 Dübeln/m²**

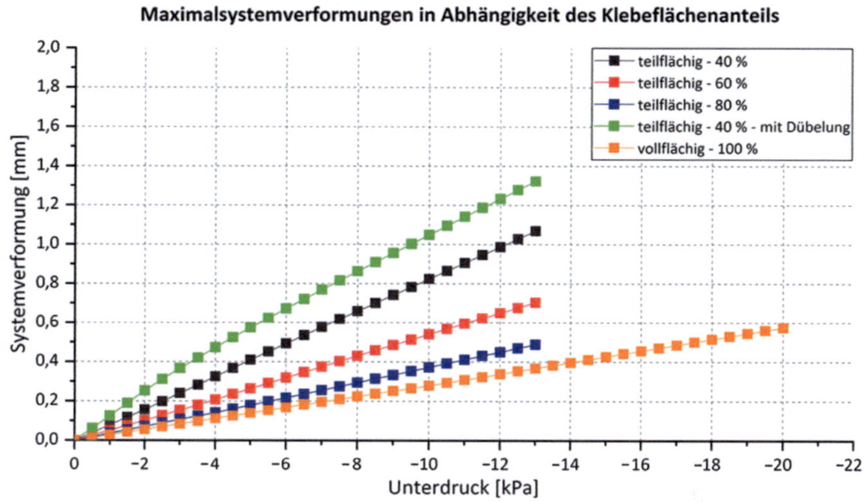


**Abbildung 6-28: Am Modell belastungsabhängig berechnete Maximalsystemverformungen an verklebt bzw. verklebt und gedübelten Einzeldämmplatten**

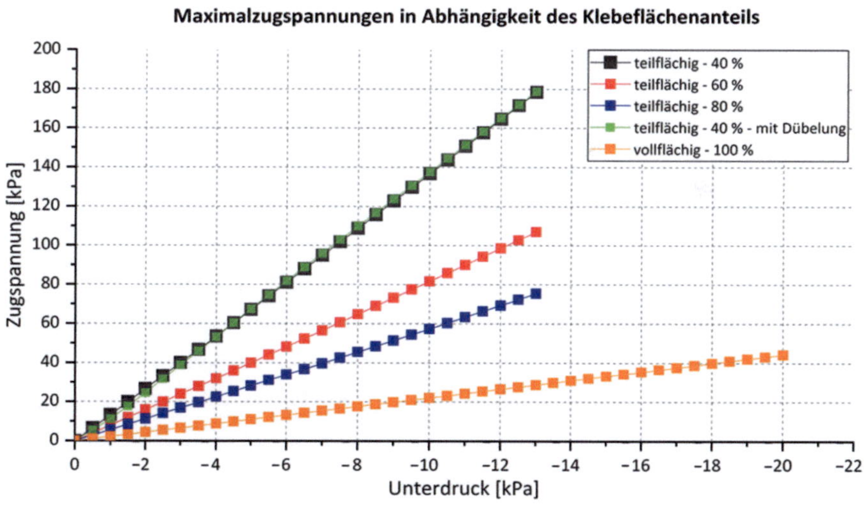


**Abbildung 6-29: Am Modell belastungsabhängig berechnete Maximalzugspannungen im EPS an verklebt bzw. verklebt und gedübelten Einzeldämmplatten**

**Tabelle 6-4: Ergebnisse der Simulationsrechnungen der teil- und vollflächig verklebten sowie teils zusätzlich gedübelten Einzeldämmplatten bei einer Belastung von -3,5 kPa**

| Berechnungsergebnisse bei Belastung von -3,5 kPa an teil- und vollflächig verklebten sowie teils zusätzlich gedübelten Einzeldämmplatten (d= 10 cm) | | | | | | |
|---|---|---|---|---|---|---|
| | | | errechnete Maxima bei Belastung von **-3,5 kPa** | | | |
| | | | System-verformung | Zugspannung $\sigma_t$, plattenunterseitig im EPS | Schubspannung $\tau$ im EPS | Druckspannung $\sigma_c$ im EPS |
| Befestigungsart | Dübel/m² bzw. Klebeflächenanteil in % | Befestigungsbild | [mm] | [kPa] | [kPa] | [kPa] |
| teilflächige Verklebung | 40 | 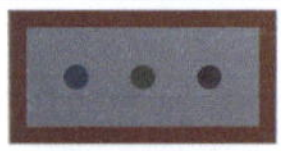 | 0,28 | 46,8 | 14,3 | 0 |
| teilflächige Verklebung | 60 |  | 0,18 | 27,9 | 8,3 | -4,3 |
| teilflächige Verklebung | 80 | 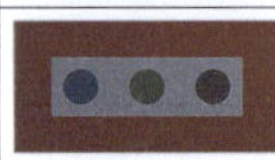 | 0,12 | 19,7 | 5,7 | -0,9 |
| vollflächige Verklebung | 100 |  | 0,1 | 7,7 | 3,2 | 0 |
| Dübelung & teilflächige Verklebung | 4/40 | 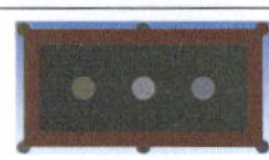 | 0,42 | 46,2 | 6,35 | -4,41 |

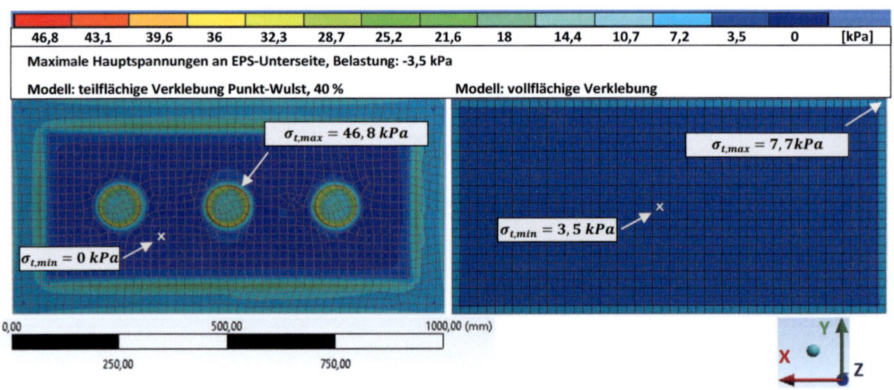


**Abbildung 6-30: Unterseitige Ansicht der Dämmplatten bei Belastung von -3,5 kPa, Darstellung der maximalen Hauptspannungen zur Visualisierung der Zugbeanspruchung an den verklebten Dämmplattenunterseiten. Das teilflächig verklebte System (links) wird im Verhältnis zu seinem 40 % Klebeflächenanteil vergleichend zum vollflächigen System (rechts) überproportional stark beansprucht.**

## 6.4 Untersuchung des Konsoltragmodells

### 6.4.1 Zweck und Ziel

Das Konsoltragmodell beschreibt modellhaft den Lastabtrag von verklebten, statisch relevant gedübelten Systemen im Falle der gerissenen Klebeverbindung. Es wird angenommen, dass die Vertikallasten aus Eigengewicht sowie hygrothermischen Einwirkungen durch die gerissene Klebung über ihre Schubverzahnung mit dem tragfähigen Untergrund abgetragen werden (vgl. Abschnitt 2.1.5). Die im Rahmen der Bauteilversuche festgestellten Verformungen an rein gedübelten Systemen lassen dies jedoch fraglich erscheinen. Dies gilt insbesondere bei den mittels 4 Dübeln/m² WDVS ausgeführten Prüfwänden. Infolge der beobachteten Systemverformungen ergäbe sich speziell bei adhäsiv versagenden Klebeverbindungen ein Kontaktverlust zwischen Klebung und Untergrund, sodass die Dübelung neben dem Windsog auch die Vertikallasten abgetragen müsste, woraus eine Biegebelastung der Schafte entstehen würde (vgl. Abbildung 4-92).

Die Systemreaktionen unter zyklisch einwirkendem Windsog und zusätzlicher Vertikalbelastung wurden bisher noch nicht im Windsogprüfstand untersucht. Ziel der Simulationsrechnungen ist eine erste Einschätzung des Lastabtragverhaltens von verklebt und gedübelten WDVS im Fall einer intakten bzw. versagten Klebung. Es gilt, im Modell in Abhängigkeit der Funktionsfähigkeit der Klebeverbindung (intakt oder gerissen) die sich ergebenden Systemverformungen und Dübelbelastungen bei variierenden Belastungen nachzuvollziehen. Neben der Windlast wird das Modell hierfür auch vertikal sowie durch eine Kombination aus Wind- und Vertikallast beansprucht.

### 6.4.2 Geometrie und Modellrandbedingungen

Die Untersuchungen des Konsoltragmodells erfolgen basierend auf dem Modell aus Abschnitt 5.3.5.2 an einem kleinformatigen Systemausschnitt. Modelliert wird ein rückseitig verklebter EPS-Körper der Abmessungen 30 cm x 30 cm x 10 cm mit Dübelung (vgl. Abbildung 6-31). Infolge der zusätzlichen Vertikallasten und der entsprechend zu erwartenden Biegebelastung wird der Dübel inklusive Dübelschaft modelliert. Die Verklebung wird als eigenständige Komponente modelliert, da sich nur so Kontaktbedingungen zwischen Klebung und Dämmstoff definieren lassen. Der Vertikalschnittdarstellung in Abbildung 6-32 ist der Aufbau des WDVS inklusive der wesentlichen Lagerungs- und Kontaktbedingungen sowie den Belastungsparametern zu entnehmen.

Der Zustand der Verklebung wird über die Kontaktbedingung zwischen den Komponenten EPS und Verklebung berücksichtigt. Der ungerissene Zustand wird mittels der Kontakteigenschaft „Verbund“, der gerissene Zustand über den, bis zum Kontaktverlust lediglich schub- und druckkraftübertragenden Kontakttyp „Rau“ simuliert. Der Dübel wird in allen Modellen fixiert am Ende des Dübelschafts gelagert.

Die Einwirkungen aus stufenweise ansteigendem Windsog bis -3,5 kPa bzw. der konstanten Vertikallasten von 0,18 kPa werden stufenweise an der vorderseitigen Modelloberfläche aufgebracht. Sie sind über den Simulationsverlauf in Abbildung 6-33 dargestellt.

Die aufgebrachte Vertikallast wird für die Analysen auf den Anteil des Eigengewichts vom Putzsystem beschränkt. In [54], [55], [57] und [60] dokumentierte Messungen belegen hygrothermisch bedingte, auf der Putzoberfläche ermittelte Systemverformungen. Aus ihnen wurden teils auch die daraus resultierenden Spannungszustände innerhalb des Putzsystems abgeleitet. Bis dato ungeklärt sind die Fragestellungen, inwieweit und in welcher Höhe hieraus Scherbelastungen für den Dämmstoff bzw. die Verbindungsmittel entstehen. Folglich wird im Rahmen der hier lediglich für qualitative Beurteilungszwecke durchzuführenden Analysen gänzlich auf die Berücksichtigung hygrothermischer Einwirkungen verzichtet.

Die Modelle beider Klebungszustände (intakt bzw. gerissen) werden in drei Serien einzeln mit Windsog oder Vertikallast sowie aus einer Kombination beider Einwirkungen belastet:

- Serie 1: Belastung mittels Windsog und Vertikallast
- Serie 2: Belastung mittels Windsog
- Serie 3: Belastung mittels Vertikallast

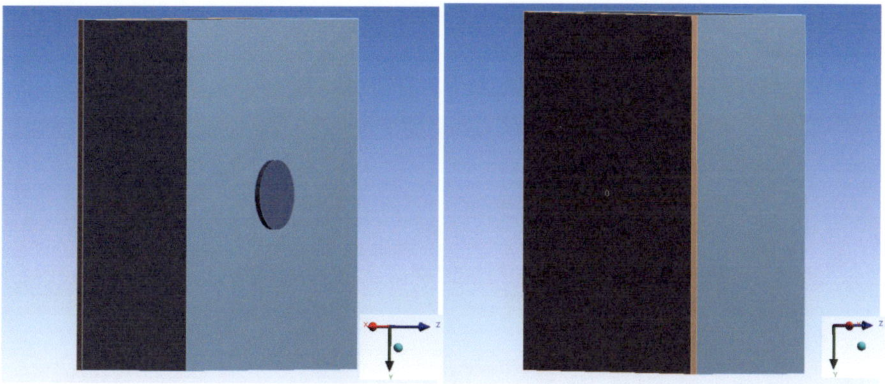

**Abbildung 6-31: Darstellung des numerischen Modell zur Simulation des Konsoltragmodells. Vorderseitige Ansicht mit Klebung, EPS und Dübelteller (links), rückseitige Ansicht mit Klebung, Dübelschaft und EPS (rechts)**

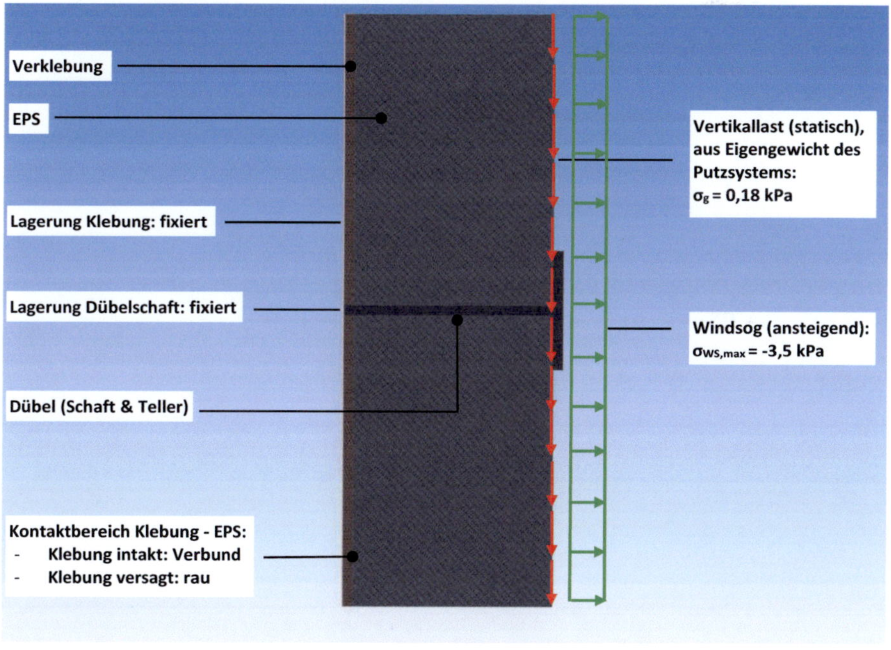


**Abbildung 6-32: Vertikalschnittdarstellung des numerischen Modells zur Simulation des Konsoltragmodells mit eingezeichneten Lagerungs- und Kontaktbedingungen sowie Belastungen**

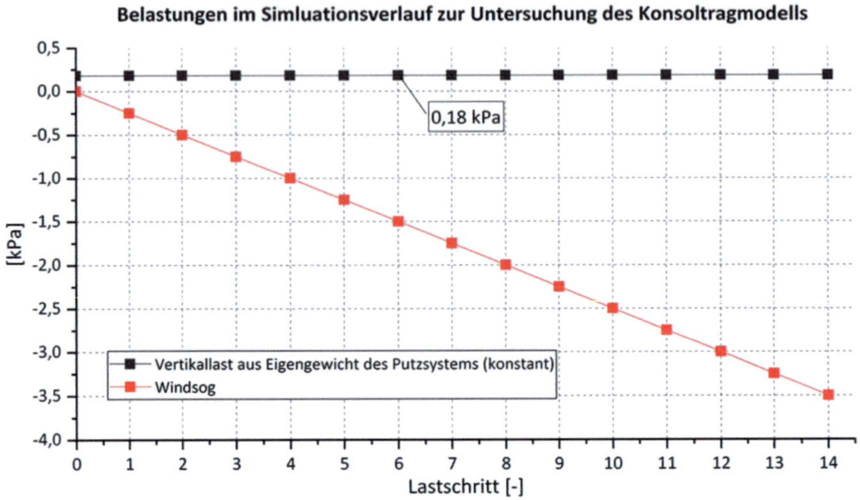


**Abbildung 6-33: Auf die Modelloberfläche einzeln bzw. in Kombination aufgebrachte Windsog- und Vertikalbelastungen zur Untersuchung des Konsoltragmodells**

### 6.4.3 Ergebnisse

Für die unterschiedlich gelagerten und belasteten Modelle werden die Systemverformungen sowie die Beanspruchungen der Dübelung in Form der maximalen, im Dübelschaft auftretenden Zugspannungen ermittelt. Hierdurch lassen sich Rückschlüsse auf den Lastabtrag in Abhängigkeit des Klebezustands sowie der Belastung ziehen. Über den Simulationsverlauf grafisch dargestellt finden sich die Ergebnisse in den Abbildungen 6-34 und 6-35. Tabelle 6-5 enthält die zum Zeitpunkt der Maximalbelastung ermittelten maximalen Systemverformungen und die im Dübelschaft auftretenden Zugspannungen. Die Dübelbelastungen sind in Form des Maximalspannungsverlaufs zusätzlich visuell dargestellt.

Den Ergebnissen ist zu entnehmen:

- Während aller drei Lastfälle ergeben sich im Fall der intakten Klebung nur sehr geringe Verformungen und keine bzw. nur in marginaler Höhe auftretende Dübelbelastungen. Der Abtrag von Windsog und Vertikallast erfolgt somit nahezu vollständig über die Klebung. Die geringsten Beanspruchungen treten am rein vertikal belasteten System auf, Höchstwerte stellen sich erwartungsgemäß bei kombinierter Belastung ein. Wertetechnisch liegen die Ergebnisse allesamt deutlich unterhalb der Modelle mit gerissener Klebung.
- Bei reiner Windsogbelastung findet ein homogener Lastabtrag über den gesamten Dübelschaftquerschnitt statt. Sich lokal an der Schafteinspannung einstellende Maxima treten nicht auf, ebenso ist im Dübel keine Biegebeanspruchung ersichtlich. Festzustellen ist eine deutlich erhöhte Systemverformung bei gerissener Klebung in horizontaler Richtung infolge windsogbedingter Dämmstoffverformungen.
- Innerhalb der Systeme mit gerissener Klebung sind die geringsten Beanspruchungen bei einzeln wirkender Vertikalbelastung festzustellen. Erwartungsgemäß tritt die maximale Dübelbelastung infolge des kragarmartig auf Biegung beanspruchten Dübels lokal an der Einspannstelle auf. Aufgrund des nicht vorhandenen Windsogs treten kaum Systemverformungen auf. Begründet in der nur in geringem Maße festzustellenden Dübelbeanspruchung erfolgt der Vertikallastabtrag zum Großteil über die reibungstechnisch intakte Verbindung zwischen EPS und Klebung (vgl. Abbildung 6-36, links).
- Am kritischsten verhält sich das System mit gerissener Klebung bei kombinierter Vertikal- und Windsogbelastung. Bei Maximalbeanspruchung ist eine Zunahme der Höchstwerte

der im Dübelschaft auftretenden Maximalzugspannung im Vergleich zu den Systemen mit reiner Windsog- bzw. Vertikalbelastung ca. um den Faktor 3 bzw. 7 festzustellen (vgl. $\sigma_{t,max}$ der Serien 1 bis 3 aus Tabelle 6-5: $\sigma_{t,max,S1} = 184\ MPa$; $\sigma_{t,max,S2} = 57{,}7\ MPa$; $\sigma_{t,max,S3} = 25{,}6\ MPa$). Ebenso stellen sich hier die höchsten Systemverformungen ein. Ursächlich ist der windsogbedingte Kontaktverlust der Dämmplatte zur Klebung, sodass folglich die vorher durch die Reibung zwischen EPS und Klebung abgetragenen Vertikallasten auf die Dübelung einwirken (vgl. Abbildung 6-36, rechts).

- Die Darstellung der Maximalspannungsverteilung in Tabelle 6-5 verdeutlicht die stattfindende Biegebeanspruchung des als Kragarm fungierenden Dübels bei den Modellen mit gerissener Klebung. Es ergeben sich an der Schaftoberseite insbesondere im Einspannbereich hohe biegebedingte Zugspannungen.

Die Ergebnisse aus den numerischen Untersuchungen untermauern folglich die aus den Bauteilversuchsbeobachtungen geschlussfolgerte Annahme, dass bei versagter Klebung und windsogbedingten Systemverformungen die Vertikallasten infolge des Verlusts der Schubverzahnung zwischen EPS und Untergrund über die Dübelung abgetragen werden müssen. Dies gilt insbesondere für adhäsiv versagende Verklebungen. Hieraus ergäbe sich eine Biegebeanspruchung der Dübelung, die aktuell in Nachweiskonzepten und der Zulassung von WDVS nicht berücksichtigt wird.

Anzumerken ist, dass die Bauteilversuchsbeobachtungen sowie die numerischen Untersuchungen zum Konsoltragmodell aufgrund fehlender Messwerte zur Modellvalidierung lediglich hinweisenden Charakter aufweisen. Diesbezügliche Versuche wurden bis dato nicht durchgeführt. Das Konsoltragmodell wird im Rahmen der hiesigen Feststellungen nicht wiederlegt, jedoch infrage gestellt. Zur abschließenden Klärung bedarf es weiterführender praktischer Bauteilversuche, in welchen durch geeignete Messtechnik die Biegebelastung der Dübelung bzw. der Vertikallastabtrag bei gerissener Klebung festgestellt werden kann. Diesbezüglich sollte im Vorfeld erörtert werden, in welchem Maß die auf dem Putzsystem entstehenden hygrothermischen Einwirkungen den Dämmstoff und folglich die Verbindungsmittel belasten.

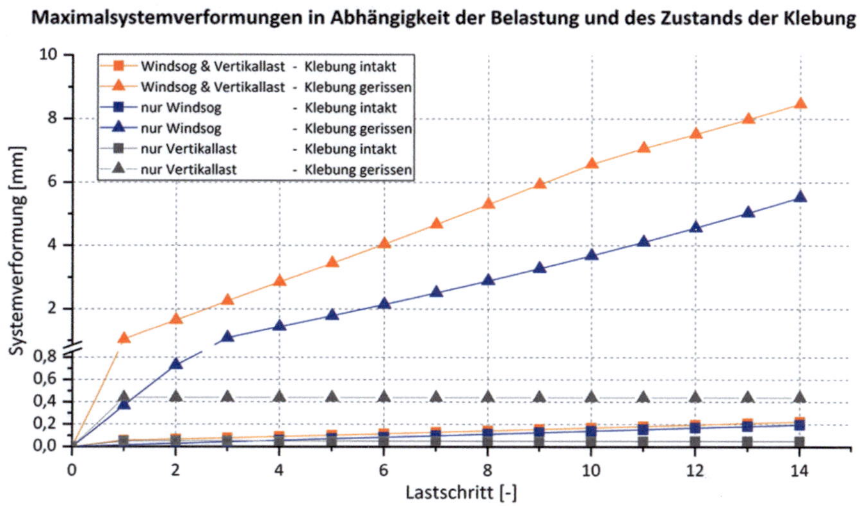


**Abbildung 6-34: Am Modell berechnete Maximalsystemverformungen in Abhängigkeit der Belastung sowie des Zustands der Verklebung**

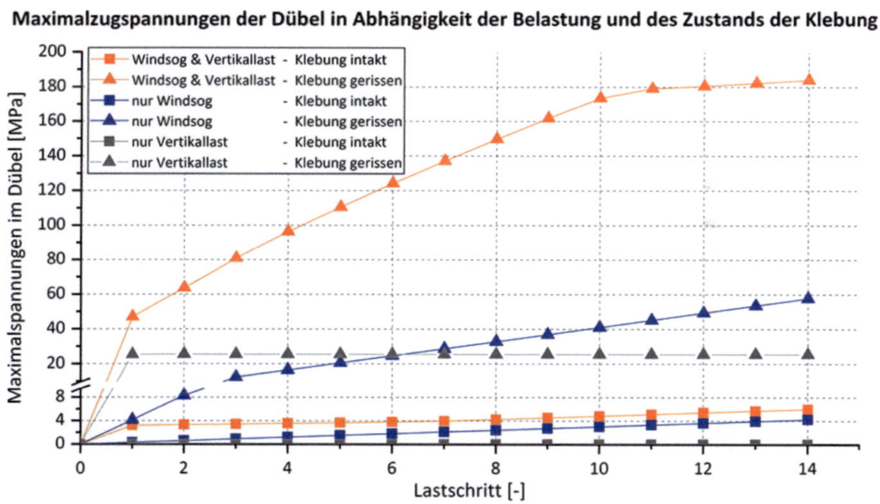


**Abbildung 6-35: Am Modell berechnete Maximalspannungen der Dübel in Abhängigkeit der Belastung sowie des Zustands der Verklebung**

**Tabelle 6-5: Ergebnisse der Untersuchungen zum Konsoltragmodell mit Darstellung der Hauptspannungen im Dübel bei jeweils maximaler Einzel- sowie Kombinationsbelastung aus Windsog bzw. Eigengewicht**

| | **Ergebnisse der Untersuchungen zum Konsoltragmodell bei Maximalbelastung** | | | | | |
|---|---|---|---|---|---|---|
| Serie | Einwirkungen | Zustand der Verklebung | Modellansicht | max. Systemverformung | $\sigma_{t,max}$ im Dübelschaft | Darstellung der Maximalspannungen im Dübel, Maximalbeanspruchung gekennzeichnet |
| | | | | [mm] | [MPa] | [MPa] |
| | | | | | | 184 152 122 90 45 29 0 -32  |
| 1 | Windsog (**-3,5 kPa**) & Vertikallast aus Eigengewicht (**0,18 kPa**) | intakt | 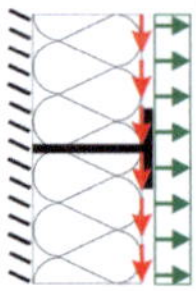 | 0,22 | 6,0 | 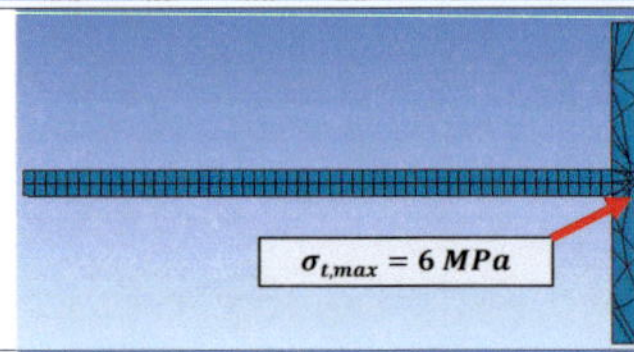 |
| | | gerissen | 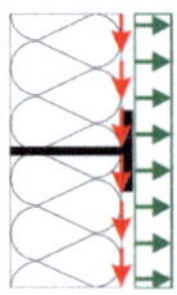 | 8,47 | 184,0 | 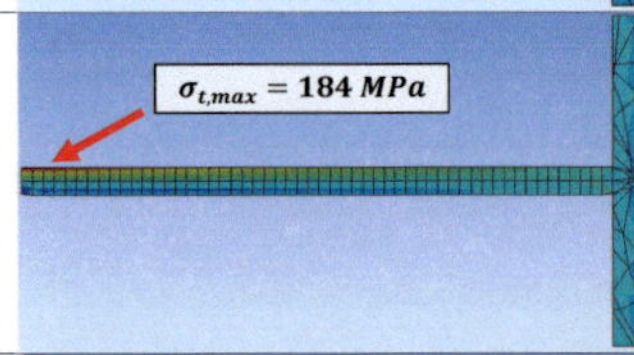 |
| 2 | nur Windsog (**-3,5 kPa**) | intakt | 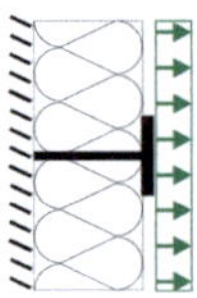 | 0,20 | 4,2 | 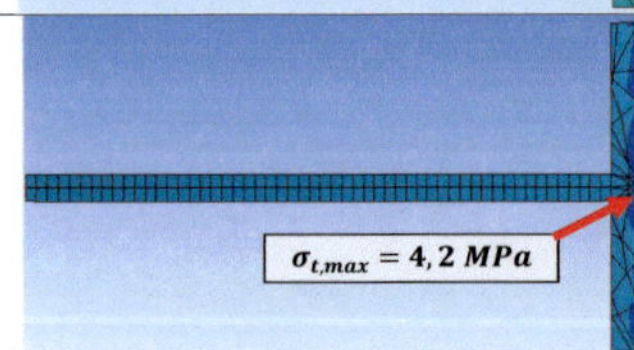 |
| | | gerissen | 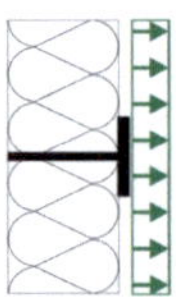 | 5,52 | 57,7 | 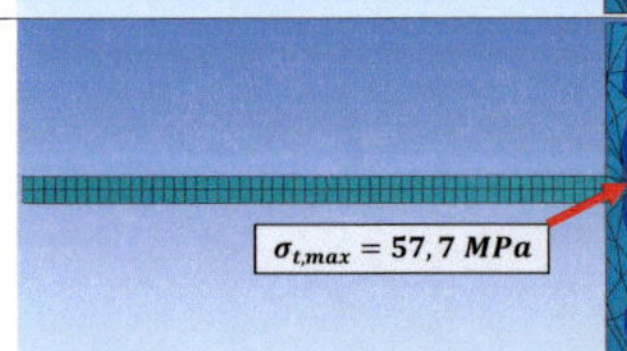 |
| 3 | nur Vertikallast aus Eigengewicht (**0,18 kPa**) | intakt | 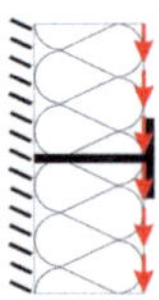 | 0,05 | 0,03 | 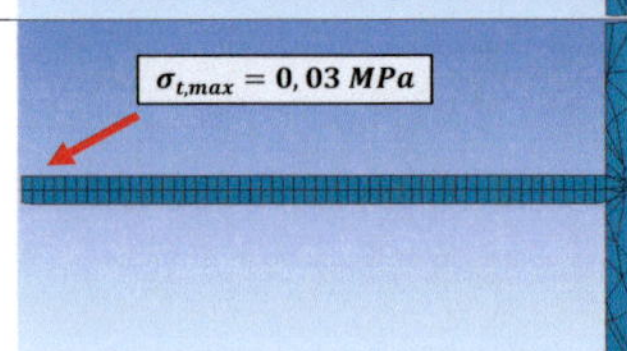 |
| | | gerissen | 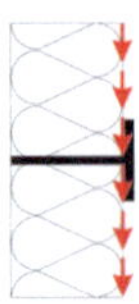 | 0,44 | 25,6 | 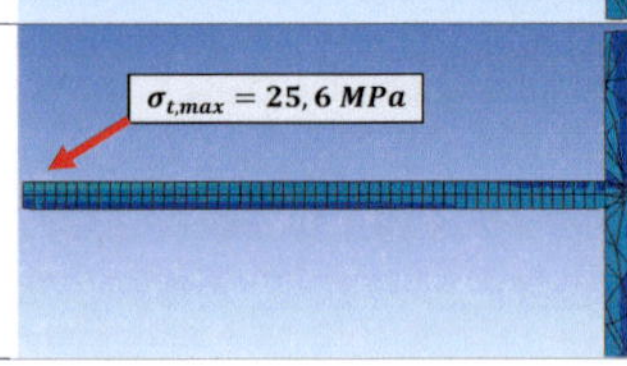 |

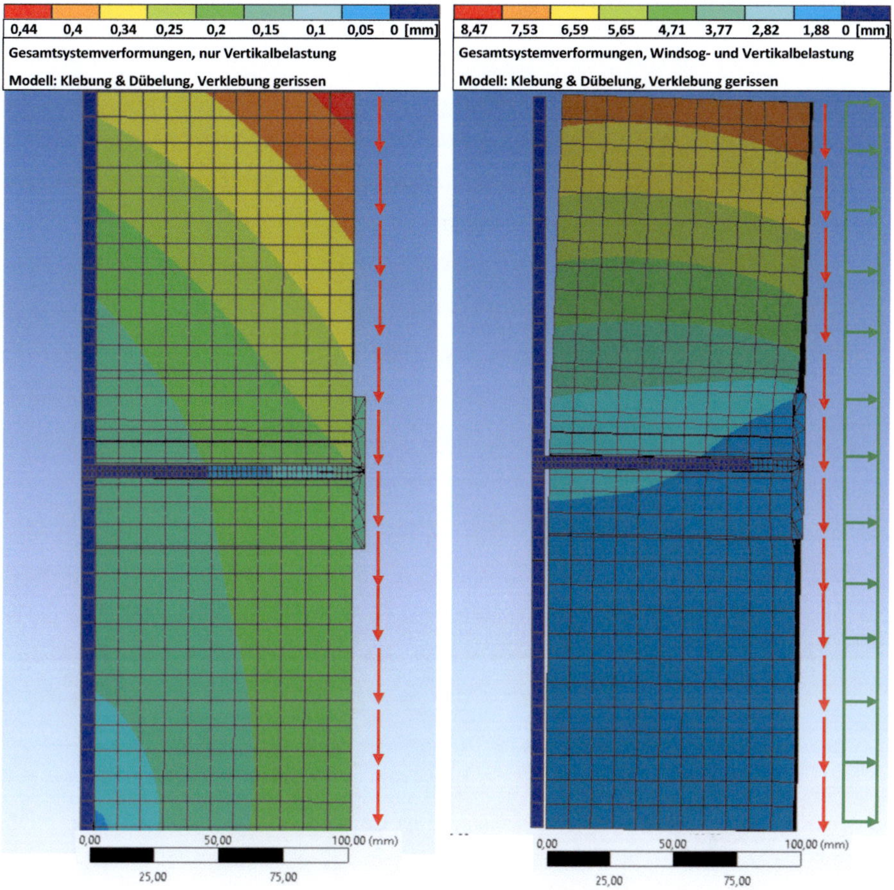


**Abbildung 6-36: Vertikalschnittdarstellung der Gesamtsystemverformungen der gedübelten und mit gerissener Klebung modellierten WDVS (maßstabsgerechte Darstellung der Verformungen). Das ausschließlich vertikal belastete System (links) weist kaum Verformungen auf. Bei zusätzlicher Windsogbelastung (rechts) ist eine Ablösung der Dämmplatte zu erkennen, woraus ein Verlust der Reibkraftübertragung zwischen EPS und Klebung und somit eine übermäßige Dübelbeanspruchung aus der zusätzlich aufzunehmenden Vertikallast resultiert.**

## 6.5 Zusammenfassung

In Kapitel 6 erfolgte die Anwendung des in Kapitel 5 entwickelten numerischen Modells im Hinblick auf das Windsogverhalten der WDVS. Ziel war die Untersuchung des Einflusses der Randandichtung auf das Systemverformungsverhalten, die Plausibilitätsprüfung der bauteilversuchstechnisch in Abhängigkeit zur Befestigungsart geschlussfolgerten Systemverhaltensweisen sowie die Einflussermittlung der im Rahmen der Versuche nicht untersuchten Variation der Dämmplattendicke. Überdies erfolgte eine numerische Abschätzung der Auswirkungen verschiedener Befestigungs- und Belastungsparameter auf das Konsoltragmodell.

Einen wesentlichen Erkenntnisgewinn zum Verformungsverhalten der WDVS-Prüfkörper im Windsogprüfstand liefern die Untersuchungen zum Einfluss der Randandichtung. Hierbei ließ sich numerisch nachweisen, dass in der mit 2,5 m x 2 m ausreichend dimensionierten Sogfensterfläche trotz Randandichtung ein ungestörtes, reales Bauteilverformungsverhalten von verklebt bzw. gedübelten WDVS stattfinden kann.

Durch die numerische Analyse des spannungs- und verformungstechnischen Systemverhaltens verdeutlichte sich zudem der versuchstechnisch beobachtete Versagensprozess für die untersuchten Befestigungsarten. Am Berechnungsmodell konnte bei reiner Dübelbefestigung eine Kombination der windsoginduzierten, im Dämmstoff hervorgerufenen druck,- schub- und biegebedingten Zugbeanspruchungen als versagensursächlich herausgestellt werden. Für die Befestigungsmethode der vollflächigen Klebung zeigte sich im Modell der homogene, über die Systemgesamtfläche erfolgende, spannungsspitzenfreie Lastabtrag. Bei teilflächiger Klebeausführung ließ sich am Spannungsbild eine übermäßig erhöhte Beanspruchung im Übergangsbereich zwischen linien- bzw. punktförmig angeordneter Klebung sowie den unverklebten Dämmplattenbereichen erkennen und als versagensursächlich definieren.

Mittels durchgeführter Parameterstudien wurden die ebenfalls bauteilversuchstechnisch betrachteten sowie darüberhinausgehende Dübelbilder und Klebeflächenanteile untersucht. Bei den gedübelten Modellen bestätigte sich die grundsätzlich mit der Erhöhung der Dübelanzahl einhergehende Verformungsreduzierung und höhere Windsogwiderstandsfähigkeit. Es konnte analog zu den Bauteilversuchen rechnerisch gezeigt werden, dass sich neben der Erhöhung der Dübelanzahl eine gleichmäßige, vorwiegend nach dem Schema Fuge/Fläche zu erfolgende Dübelanordnung verformungsmindernd auswirkt. Im Modell erwies sich die untersuchte Erhöhung der Dämmplattendicke aufgrund einer erhöhten Plattenbiegefestigkeit windsogwiderstandssteigernd. Zudem ließ sich der im Bauteilversuch beobachtete, verformungsverringernde und windsogwiderstandssteigernde Effekt der Dübelung oberhalb des Armiergewebes mittels numerischer Spannungsanalysen bestätigen.

Am verklebten Modell ließ sich mittels berechneter Verformungs- und Spannungsbilder die versuchstechnisch beobachtete, bei teilflächiger Ausführung überproportional zum Klebeflächenanteil abnehmende Windsogwiderstandsfähigkeit nachweisen. Diese ergibt sich aufgrund entstehender Spannungsspitzen an den Übergängen zwischen verklebten und unverklebten Dämmplattenbereichen. Darüber hinaus bestätigte sich am verklebt und gedübelten Modell durch den spannungstechnischen Vergleich mit dem rein gedübelten Modell der ebenso versuchstechnisch beobachtete, nur marginale Anteil des Dübels am Lastabtrag der Windsogbeanspruchung im Fall der kombinierten Befestigung.

Abschließend wurden abschätzende numerische Untersuchungen zum Konsoltragmodell durch Variation von Befestigungs- und Belastungsparametern durchgeführt. Hierbei zeigte sich, dass im Fall einer als versagt simulierten Klebung bei einwirkender Wind- und Vertikalbelastung beide Lastkomponenten durch die Dübelung aufgenommen werden. Es stellt sich folglich eine Biegebelastung im Dübelschaft ein. Eine abschließende Beurteilung, inwieweit sich die Ergebnisse versuchstechnisch validieren lassen, konnte aufgrund bisher fehlender, diesbezüglicher Bauteilversuche nicht durchgeführt werden. Kritisch anzumerken ist, dass Dübelbefestigungen bauaufsichtlich aktuell lediglich für die Aufnahme von Windsogbeanspruchungen zugelassen sind.

# 7 Zusammenfassung und Ausblick

## Zusammenfassung

Die Beurteilung der Widerstandsfähigkeit von WDVS gegenüber Windsog als eine ihrer maßgeblichen Beanspruchungen erfolgt derzeit basierend auf an kleinformatigen Proben ermittelten Prüfergebnissen. In diesen Prüfungen erfolgt die Lastaufbringung entgegen der natürlichen Windeinwirkungsweise quasistatisch sowie über lasteinleitende Hilfsmittel. Zudem werden die Prüfungen isoliert an Einzelkomponenten, für einzelne Verbundebenen der WDVS oder an kleinformatigen Systemauszügen durchgeführt. Die baupraktisch vorhandene Verbandanordnung der Dämmplatten, sich am Gesamtsystem einstellende Systemreaktionen sowie die Auswirkungen zyklischer Windbelastungen sind in diesen Prüfverfahren nicht vollumfänglich erfassbar. Auf ihrer Grundlage können folglich nur bedingt Aussagen zum realitätsnahen Verhalten von WDVS im Lastfall Windsog getroffen werden.

Mittels des im Rahmen dieser Arbeit erstmals an einer Großprüfserie angewandten Windsogversuchs lässt sich das Windsogverhalten von Fassadensystemen realitätsnah mittels zyklisch einwirkender Unterdruckbelastung ermitteln. Die Prüfung erfolgt hierbei am Gesamtsystem mit im vollständigen Verband angeordneten Dämmplatten in einem 5 $m^2$ umfassenden Sogfenster.

Das Ziel dieser Arbeit war daher die Untersuchung des realitätsnahen Windsogverhaltens von WDVS. Durch die Anwendung kleinformatiger Prüfungen sowie des Windsogversuchs sollten bisher nicht erforschte Einflüsse aus zyklischer Belastung, der realitätsnahen Lasteinwirkung mittels Unterdruck sowie der Prüfung am Gesamtsystem auf das Windsogverhalten von WDVS erfasst werden. Exemplarisch wurden die Untersuchungen vorwiegend am baupraktisch relevantesten WDVS mit dem Dämmstoff EPS sowie ergänzend an einigen Systemen mit Mineralwolldämmstoffen durchgeführt.

Zur Ermittlung von Referenzwerten wurden etablierte Prüfungen an kleinformatigen Prüfkörpern durchgeführt. Konkret wurden Zugfestigkeiten senkrecht zur Plattenebene von Dämmplatten aus EPS und Mineralwolle nach DIN EN 1607 [23] sowie Durchzugwiderstände von Dübeln durch EPS nach DIN EN 16382 [24] ermittelt. Erstmalig wurde zudem durch Modifikation der normativ geregelten Belastungsweise auch der Einfluss aus zyklischer Beanspruchung untersucht. Exemplarisch erfolgte dies an einzelnen Serien der Dübeldurchzugversuche. Zwecks Erfassung der Auswirkungen der verschiedenen quasistatischen bzw. zyklischen Belastungsweisen auf die Materialien sowie zur Vergleichbarkeit der Bruchkörper mit den im weiteren Verlauf durchgeführten Windsogversuchen wurde zudem ein geometrisches Verfahren entwickelt. Es basiert auf einer Vermessung der sich einstellenden Bruchkörper. Zusätzlich zur auswertbaren Bruchlast liefert dieses Verfahren über die dort definierten Kennwerte weitere Vergleichskriterien.

Infolge der zyklischen Beanspruchung konnte im Dübeldurchzugversuch eine Bruchlastminderung von 25 % sowie eine hiermit korrelierende Reduzierung der an herausgelösten Bruchkegeln ermittelten Materialstärke des EPS festgestellt werden. Anhand mikroskopischer Analysen der Bruchkegel wurde nachgewiesen, dass die plastischen Verformungen durch eine Komprimierung der EPS-Perlen entstehen, welche mit steigender Lastwiederholungsrate zunehmen und sich in tieferliegende Materialschichten ausdehnen.

Mit dem Ziel, das sich am Gesamtsystem einstellende, realitätsnahe Windsogverhalten von WDVS zu ermitteln, wurden großformatige Untersuchungen am Windsogprüfstand durchgeführt. Die Prüfungen basieren auf dem ursprünglich in der ETAG 004 ([34], [35]) und in aktueller Fassung in der EAD 040083-00-0404 [32] definierten dynamischen Windsogversuch. Zur Erfassung der verschiedenen Systembefestigungsweisen wurden exemplarisch rein verklebte WDVS in voll- und teilflächiger Klebeausführung sowie rein gedübelte, sich in Setzweise, Anzahl und Muster der Dübelung unterscheidende WDVS untersucht. Zudem erfolgte die Prüfung eines kombiniert teilflächig verklebten und gedübelten Systems.

Im Vorfeld der Windsogversuche galt es, im Rahmen dieser Arbeit die Prüfstandmesstechnik sowie die Abstützung der Prüfwand an die Versuchsanlage zu optimieren. Zwecks detaillierterer Erfassung der Prüfkörperreaktionen wurde die Messsensorik zur Dokumentation der Prüfkörperverformungen erweitert sowie ein Messdübel entwickelt. Dieser Messdübel lässt sich in den WDVS-Prüfkörpern verbauen und ermöglicht eine versuchsbegleitende, DMS-basierte Erfassung der über die Dübelung abgetragenen Windsogbelastung. Hierdurch lässt der Messdübel sich auch als Indikator zur Bruchdetektion verwenden.

Im Windsogprüfstand ließen sich charakteristische Windsogwiderstandsfähigkeiten ermitteln. Dabei zeigte sich, dass sich an verklebten WDVS deutlich höhere, teils wesentlich oberhalb ihrer aktuellen Anwendungsgrenzen liegende Windsogwiderstandsfähigkeiten sowie deutlich geringere Systemverformungen bei jedoch schlagartigem Versagen einstellen, als bei rein gedübelten WDVS.

Innerhalb der Versuche an WDVS mit verklebtem EPS zeigte sich bei der teil- im Vergleich zur vollflächigen Klebung sowie den quasistatisch an kleinformatigen Prüfkörpern ermittelten Zugfestigkeiten senkrecht zur Plattenebene eine überproportional zum Klebeflächenanteil abnehmende Widerstandsfähigkeit. Dies widerspricht den in den Richtlinien [13] und [32] enthaltenen Annahmen der sich gleichmäßig zum Klebeflächenanteil verhaltenden Windsogtragfähigkeit. Die im Windsogprüfstand erzielten Windsogwiderstände betrugen teils lediglich ca. die Hälfte der in den Richtlinien vorgegebenen Mindesttragfähigkeit verklebter Systeme von -30 kPa. Zudem zeigte sich exemplarisch an einer putzseitig kohäsiv im EPS versagenden Prüfwand ein tragfähigkeitsmindernder Einfluss infolge der zyklischen Windsogeinwirkung. Die Bruchlast betrug hier - 19 kPa, als Vergleichsgröße wurde unter quasistatischer Belastung im Kleinformatversuch eine Materialfestigkeit von 115 kPa ermittelt.

Für die Systeme mit verklebten Mineralwolldämmplatten ließ sich durch den Vergleich der kleinformatig bzw. im Windsogprüfstand ermittelten Ergebnisse abweichend zu WDVS mit EPS eine zum Klebeflächenanteil überproportional zunehmende Windsogwiderstandsfähigkeit feststellen. Zurückführen ließ sich dies auf die aus den Bruchbildern abgeleitete, aktivierte Tragfähigkeit in Mineralfaserlängsrichtung.

An den gedübelt ausgeführten Prüfwänden bestätigten sich im Windsogversuch die bereits in den Dübeldurchzugversuchen festgestellten, mit zyklischer Belastung zunehmenden plastischen Dämmstoffverformungen. Sie ließen sich anhand der versuchsbegleitenden Wegmessungen sowie mittels des ebenfalls bei den Versuchen an kleinformatigen Prüfkörpern angewandten geometrischen Verfahrens nachweisen. Zudem wurde durch das am Gesamtsystem beobachtbare Verformungsverhalten eine absturzsichernde Membrantragwirkung des Putzsystems festgestellt. Durch einen meist unmittelbar vor dem Prüfungsabbruch erfolgenden Abfall der durch die Messdübel erfassten Dübelbelastung sowie beim Rückbau der Prüfwände konnte festgestellt werden, dass ein Bruch bzw. die Verformungen der Dämmplatten versagensursächlich waren. Durch die Weiterleitung der Verformungen an die Schlussbeschichtung bildeten sich im Putzsystem visuell und anlagentechnisch feststellbare Undichtigkeiten aus. Deutlich tragfähigkeitssteigernd und verformungsmindernd erwies sich die ebenfalls im Windsogprüfstand untersuchte Dübelung oberhalb des Armiergewebes.

Anhand einer verklebten, gedübelten Prüfwand ließ sich mittels der verbauten Messdübel der bisher unbekannte Lastabtrag verklebt und gedübelt befestigter WDVS nachvollziehen. Es zeigte sich, dass erst nach dem Bruch der Klebeverbindung eine Windlastaufnahme durch die Dübelung stattfand, welche sich vorher als marginal erwies.

Bislang wird angenommen, dass bei verklebten, statisch relevant gedübelten Systemen der Vertikallastabtrag über die im Konsoltragmodell auch bei gerissener Klebung als intakt angenommenen Schubverzahnung des Systems mit dem Untergrund erfolgt. Im Windsogversuch festgestellte, sich bereits deutlich vor dem Bruch bei Sogbelastung einstellende Verformungen von dämmplattenoberflächenbündig gedübelten WDVS stellen dieses Lastabtragmodell infrage. Durch einen verformungsbedingten Kontaktverlust der Dämmplatten mit dem Untergrund ergäbe sich insbesondere bei adhäsiv versagenden Klebeverbindungen eine im Rahmen von Zulassungen bisher nicht berücksichtigte Biegebeanspruchung der Dübel.

Mittels des Windsogversuchs lässt sich durch die Kombination mit vorab zu erfolgender hygrothermischer Vorbewitterung der Alterungseinfluss auf die Windsogwiderstandsfähigkeit von WDVS untersuchen. Dies erfolgte exemplarisch für eine gedübelte sowie eine verklebt ausgeführte Prüfwand. Im Vergleich mit baugleichen, nicht vorbewitterten Prüfwänden ließ sich für beide Befestigungsarten kein tragfähigkeitsmindernder Einfluss infolge der Alterung feststellen. Anhand erhöhter, zum Aufbau des Unterdrucks erforderlicher Ventilarbeiten des Versuchsstands sowie mikroskopischer Untersuchungen konnte jedoch eine sich aus der Vorbewitterung ergebende, verstärkte Rissausbildung im Putzsystem nachgewiesen werden.

Eine weitere Erkenntnis lieferten die bei vergleichbarer Prüfwandbeschaffenheit teils deutlich voneinander abweichenden, in unterschiedlichen Verbundebenen auftretenden Versagensformen der am Gesamtsystem untersuchten WDVS. Dies belegt, dass sich im Windsogversuch die für die jeweils untersuchte Prüfwand kritischste Versagensart aufzeigt. In Kombination mit der großflächig aufbringbaren, realitätsnahen Belastung ergibt sich im Vergleich zur Untersuchung an Einzelkomponenten ein höheres Vertrauensniveau der Prüfergebnisse. Zudem ließen sich anhand der versuchsbegleitend einsehbaren Fassadenoberfläche und der Analyse der Messdaten im Windsogprüfstand Systemreaktionen aufzeigen, welche bisher anhand Untersuchungen an kleinformatigen Prüfkörpern nicht feststellbar waren.

Auf den Bauteilversuchen aufbauend ist es gelungen, ein auf ihrer Grundlage validiertes numerisches Modell zu entwickeln. Dies erfolgte exemplarisch für WDVS mit dem vorwiegend untersuchten isotropen Dämmstoff EPS. Das Modell ermöglicht die rechnergestützte Abbildung des

Systemverformungsverhaltens unter Windsogbeanspruchung sowie die Berechnung von sich hieraus in den Einzelkomponenten ergebenden, versuchstechnisch nicht ermittelbaren Spannungszuständen. Durch die Anwendung des Rechenmodells erfolgten Plausibilitätsprüfungen der aus den Bauteilversuchsergebnissen geschlussfolgerten Systemverhaltensweisen. In Parameterstudien wurden überdies bauteilversuchstechnisch nicht erfasste Systemaufbauten und baupraktisch nicht beurteilbare Eigenschaften des Versuchsstands untersucht. Aus den Ergebnissen ließ sich ableiten, dass im Windsogversuchsstand ein von der Randandichtung der Sogkammer ungestörtes, realitätsnahes Bauteilverformungsverhalten der WDVS stattfinden kann.

Zudem ließen sich durch die numerischen Analysen die versuchstechnisch beobachteten Versagensprozesse der unterschiedlich befestigten WDVS verdeutlichen. Für verklebte Systeme bestätigte sich die im Vergleich zum abnehmenden Klebeflächenanteil überproportional stark absinkende Widerstandsfähigkeit teilflächig verklebter Systeme. Es wurde gezeigt, dass sich dies auf die im Übergangsbereich zwischen unverklebten sowie verklebten Dämmplattenbereichen einstellende Spannungsspitzen infolge der linien- und punktförmigen Lasteinleitung zurückführen lässt. Für die windsogbelasteten gedübelten Systeme konnte eine Kombination aus sich im Dämmstoff einstellender druck-, schub- und biegebedingten plattenunterseitigen Zugbeanspruchungen als versagensursächlich herausgestellt werden. Durchgeführte Simulationsrechnungen zum Konsoltragmodell verstärken überdies die Vermutung, dass die am System angreifenden Vertikallasten bei gleichzeitig einwirkendem Windsog bisher im Rahmen von Zulassungen unberücksichtigte Biegebelastungen in der Dübelung erzeugen.

Zusammenfassend konnte in dieser Arbeit dargelegt werden, dass sich das realitätsnahe Windsogverhalten von WDVS unter naturgemäßer zyklischer Prüfkörperbelastung in Kombination mit der Untersuchung am großflächigen Gesamtsystem ermitteln lässt. Der hierfür verwendbare dynamische Windsogversuchsstand wurde anhand umfangreicher Bauteilversuche sowie numerischer Berechnungen validiert.

**Ausblick**

Im Rahmen dieser Arbeit ließ sich nur ein begrenzter Umfang an WDVS untersuchen. Insbesondere im Windsogprüfstand wurden aufgrund des hohen prüftechnischen Aufwands für die verschiedenen untersuchten Systemaufbauten meist nur Einzelprüfungen durchgeführt. Speziell die Ergebnisse der adhäsiv in der Verbundebene Klebstoff-Trägermedium versagten WDVS sollten durch die Windsogprüfung weiterer Prüfwände validiert werden. Zudem bietet es sich an, in künftigen Forschungsvorhaben hier nicht betrachtete Systemaufbauten im realitätsnahen Windsogprüfstand zwecks besserer Prognose ihres Verhaltens im Lastfall Windsog zu untersuchen.

Auf Grundlage der Versuchsbeobachtungen sowie numerischer Berechnungen wurde das Konsoltragmodell infrage gestellt. Wie der Vertikallastabtrag verklebt und gedübelter Systeme bei gerissener Klebung tatsächlich stattfindet, wurde im Rahmen dieser Arbeit nicht abschließend ermittelt. Dies sollte künftig an Bauteilversuchen mit zyklischer Horizontal- sowie zusätzlich einwirkender Vertikalbeanspruchung untersucht werden. Hierbei gilt es, auch eine sich eventuell einstellende Biegebelastung der Dübelung messtechnisch zu erfassen.

Bisher erfolgt die Bemessung der Dübelung von WDVS lediglich auf Grundlage versuchstechnisch unter quasistatischer Belastung ermittelter Windsogwiderstandsfähigkeiten. Aufgrund der an gedübelten WDVS mit EPS festgestellten, windsogbegleitend auftretenden Systemverformungen bedarf es nach Ansicht des Verfassers einer zu definierenden Kenngröße für die Gebrauchstauglichkeit dieser Systeme. Es sollte unter Berücksichtigung zyklischer Lasteinwirkung eine maximal zulässige Systemverformung definiert werden. Zudem sollte künftig der versuchstechnisch nachgewiesene, bisher im Sicherheitskonzept nicht erfasste tragfähigkeitsmindernde Einfluss aus zyklischer Beanspruchung durch die Einführung eines entsprechenden Teilsicherheitsbeiwerts auf der Materialseite berücksichtigt werden. Auf Grundlage der Versuchsergebnisse wurde er für Verbindungen zwischen den hier untersuchten Dämmplatten aus EPS und Dübeln in dieser Arbeit zu $\gamma_{M,zyklisch} = 1{,}25$ vorgeschlagen. Für die verklebten Systeme konnte die Höhe der Tragfähigkeitsminderung durch zyklische Beanspruchung nicht eindeutig quantifiziert werden. Eine exaktere Ermittlung sollte in weiteren Untersuchungen erfolgen.

Es konnte nachgewiesen werden, dass sich durch die Anwendung des realitätsnahen Windsogversuchs die charakteristische Windsogwiderstandsfähigkeit $R_k$ von WDVS bestimmen lässt. Abgesichert durch die in diesem Prüfverfahren gewonnenen Erkenntnisse ließen sich die im Windsogstand erzeugten Ergebnisse künftig im von Drößler und Oberhaus in [31] vorgestellten

Sicherheitskonzept für WDVS berücksichtigen. Eine Überarbeitung des Teilsicherheitsniveaus auf Materialseite wäre beispielsweise infolge der zeitgleichen Untersuchung eines mehrere Dämmplatten umfassenden WDVS-Bereichs, der Abbildbarkeit handwerklicher Fehler sowie des in Kombination mit hygrothermischer Vorbewitterung berücksichtigbaren Alterungseinflusses denkbar. Auf Grundlage der im Rahmen dieser Arbeit erzeugten Ergebnisse verklebter WDVS mit EPS ließen sich zudem bereits jetzt die Anwendungsgrenzen dieser Systeme überarbeiten.

Zudem sollte geprüft werden, wie sich die im Windsogversuch festgestellten Systemreaktionen auf die Dauerhaftigkeit von WDVS auswirken. Beim Auftreten von Windböen sind die sich einstellenden teilelastischen Systemverformungen bzw. Rissaufweitungen der Schlussbeschichtung maximal. Bei in Extremwetterlagen zeitgleich auftretender Schlagregenbeanspruchung hätte dies einen in Abhängigkeit zur Rissbreite erhöhten Feuchteeintrag in die Systeme zur Folge. Bis dato erfolgt die Dauerhaftigkeitsbeurteilung von Fassadenbekleidungen hingegen durch hygrothermische Bewitterung sollgerecht verarbeiteter, vorab unbeanspruchter Musterprüfwände mit ungerissener Schlussbeschichtung. Lösungsansätze ergäben sich durch eine der Prüfung vorausgehende, manuell erzeugte Vorschädigung und einer feuchtetechnischen Vorbelastung der Systeme. Denkbar wäre ebenso, eine Vorbelastung durch vorab durchzuführende Windsogprüfungen zu realisieren.

# 8 Literaturverzeichnis


[1] Anlas, G.; Ozturk, U. E.: Finite element analysis of expanded polystyrene foam under multiple compressive loading and unloading, Materials & Design, Volume 32, Issue 2, S. 773-780, 2011

[2] Ashby, F.; Gibson, L. J.: Cellular solids - Structure and properties, Pergamon Press Ltd, Oxford, 1988

[3] Bäker, M.; Harders, H.; Rösler, J.: Mechanisches Verhalten der Werkstoffe, Springer Vieweg, Wiesbaden, 2019

[4] Berg, O.; Eicke-Hennig, W.; Gradinger, A.; Kirste, V.; Petzold, H.; Rüdiger, H.; Schön, B.: WDVS Atlas - Das Kompendium für die Planung und Ausführung von Fassadendämmung, Caparol Farben Lacke Bautenschutz GmbH, Ober-Ramstadt, 2012

[5] Block, K.; Schäfer, H. G.: Tragfähigkeitsuntersuchungen von putzbeschichteten Fassadenplatten "Sillatherm". Versuchsbericht No. 8509 vom 23.8.1987 und 29.6.1988 (unveröffentlicht)

[6] Bowden, F. P.; Tabor, D.: Reibung und Schmierung fester Körper, Springer-Verlag, Berlin / Göttingen / Heidelberg, 1959

[7] Croop, B.; Lobo, H.: Selecting Material Models for the Simulation of Foams in LS-DYNA, 7th European LS-DYNA Conference, 2009

[8] Cziesielski, E.: Prüfbericht VR 1337 vom 8.10.1987 betreffend Windsogsimulation an WDV-Systemen mit Mineralfaser-Dämmstoffen und mineralischem Putz - Teil II (unveröffentlicht)

[9] Cziesielski, E.; Safarowsky, K.: Wärmedämmverbundsysteme, Mauerwerkkalender, S. 483-497, Ernst & Sohn, Berlin, 1990

[10] Cziesielski, E.; Vogdt, F.U.: Schäden an Wärmedämmverbundsystemen, Fraunhofer IRB Verlag, Stuttgart, 2007

[11] Davenport, A.G.; Stathopoulos, T.; Surry, D.: The assessment of effective wind loads acting on flat roofs in C. Kramer and H.J. Gerhardt (Eds.), Proc. 3rd Coll. Ind. Aerodyn., Aachen, 1978

[12] Davenport, A.G.: The spectrum of horizontal gustiness near the ground in high winds, Quarterly Journal of the Royal Meteorological Society, S. 194-211, 1961

[13] Deutsches Institut für Bautechnik, DIBt: Muster-Verwaltungsvorschrift Technische Baubestimmungen - MVV TB -, Ausgabe 2020/1, Berlin, 2020

[14] Deutsches Institut für Bautechnik, DIBt: Allgemeine bauaufsichtliche Zulassung/Allgemeine Bauartgenehmigung (abZ) Nr. Z-33.43-1194; Zulassungsgegenstand: Wärmedämmverbundsysteme mit angeklebtem und angedübeltem Wärmedämmstoff, Berlin, 2020

[15] Deutsches Institut für Bautechnik, DIBt: Allgemeine bauaufsichtliche Zulassung/Allgemeine Bauartgenehmigung (abZ) Nr. Z-33.41-81 Zulassungsgegenstand: Wärmedämmverbundsysteme mit angeklebten EPS-Platten, Berlin, 2020

[16] Deutsches Institut für Bautechnik, DIBt: Allgemeine bauaufsichtliche Zulassung/Allgemeine Bauartgenehmigung (abZ) Nr. Z-33.43-82; Zulassungsgegenstand: Wärmedämmverbundsysteme mit angeklebten und angedübelten Dämmplatten, Berlin, 2020

[17] Deutsches Institut für Bautechnik, DIBt: Allgemeine bauaufsichtliche Zulassung/Allgemeine Bauartgenehmigung (abZ) Nr. Z-33.43-83; Zulassungsgegenstand: Wärmedämm-Verbundsystem mit angeklebten Mineralwolle-Lamellen, Berlin, 2021

[18] DIN 18164-1: Schaumkunststoffe als Dämmstoffe für das Bauwesen; Dämmstoffe für die Wärmedämmung, 1979

[19] DIN EN 13162: Wärmedämmstoffe für Gebäude – Werkmäßig hergestellte Produkte aus Mineralwolle (MW) – Spezifikation, Beuth Verlag GmbH, Berlin, 2015

[20] DIN EN 13163: Wärmedämmstoffe für Gebäude – Werkmäßig hergestellte Produkte aus expandiertem Polystyrol (EPS) – Spezifikation, Beuth Verlag GmbH, Berlin, 2017

[21] DIN EN 13494: Bestimmung der Haftzugfestigkeit zwischen Klebemasse / Klebemörtel und Wärmedämmstoff sowie zwischen Unterputz und Wärmedämmstoff, Beuth Verlag GmbH, Berlin, 2019

[22] DIN EN 13495: Wärmedämmstoffe für das Bauwesen – Bestimmung der Abreißfestigkeit von außenseitigen Wärmedämm-Verbundsystemen (WDVS) (Schaumblock-Verfahren), Beuth Verlag GmbH, Berlin, 2019

[23] DIN EN 1607: Wärmedämmstoffe für das Bauwesen – Bestimmung der Zugfestigkeit senkrecht zur Plattenebene, Beuth Verlag GmbH, Berlin, 2013

[24] DIN EN 16382: Wärmedämmstoffe für das Bauwesen - Bestimmung des Durchzugwiderstandes von Tellerdübeln durch Wärmedämmstoffe, Beuth Verlag GmbH, Berlin, 2017

[25] DIN EN 17237 (Entwurf): Wärmedämmstoffe für Gebäude – Außenseitige Wärmedämmverbundsysteme mit Putzoberfläche (WDVS) – Spezifikation, Beuth Verlag GmbH, Berlin, 2018

[26] DIN EN 1991-1-4: Einwirkungen auf Tragwerke – Teil 1-4: Allgemeine Einwirkungen – Windlasten, Beuth Verlag GmbH, Berlin, 2010

[27] DIN EN 1991-1-4/NA: Nationaler Anhang – National festgelegte Parameter – Einwirkungen auf Tragwerke – Teil 1-4: Allgemeine Einwirkungen - Windlasten, Beuth Verlag GmbH, Berlin, 2010

[28] DIN 4108: Wärmeschutz im Hochbau, Ausgabe 08/1969

[29] DIN EN 826: Wärmedämmstoffe für das Bauwesen - Bestimmung des Verhaltens bei Druckbeanspruchung, Beuth Verlag GmbH, Berlin, 2013

[30] DIN-Normenausschuss Beschichtungsstoffe und Beschichtungen (NAB): Jahresbericht 2019, Berlin, 2020

[31] Drößler, K.; Oberhaus, H.: Standsicherheit der Wärmedämm-Verbundsysteme (WDVS) - Grundlagen und Strukturen der Nachweisführung, Dortmund, 2017

[32] EOTA: EAD 040083-00-0404 - External Thermal Insulation Composite Systems (ETICS) with Renderings, 2019

[33] EOTA: ETAG 004 - Guideline for European Technical Approval of External Thermal Insulation Composite Systems (ETICS) with Rendering, 2013

[34] EOTA: ETAG 004 - Guideline for European Technical Approval of External Thermal Insulation Composite Systems (ETICS) with Rendering, 2000

[35] EOTA: ETAG 004 - Leitlinie für Europäisch Technische Zulassungen für Außenseitige Wärmedämm-Verbundsysteme mit Putzschicht, 2000

[36] Fouad, H. A.: Experimentelle und numerische Untersuchungen zur Fugenüberbrückungsfähigkeit von Wärmedämm-Verbundsystemen (WDVS), Dissertation, Schriftenreihe des Lehrstuhls für Baukonstruktion, Ingenieurholzbau und Bauphysik der Ruhr-Universität Bochum, Fraunhofer IRB Verlag, Bochum, 1996

[37] Fouad, N.A.; Richter, T.; Vogel, T.: Entwicklung eines neuartigen dynamischen Windsogprüfstandes für Bauteilprüfungen, Bauphysik 36, Heft 6, S. 281-288, Ernst & Sohn, Berlin, 2014

[38] Frössel, F.; Haegele, W.; Oberhaus, H.; Riedel, W.: Wärmedämmverbundsysteme - Von der Thermohaut bis zur transparenten Wärmedämmung, baulino Verlag & Fraunhofer IRB Verlag, Waldshut-Tiengen & Stuttgart, 2007

[39] Gerhardt, H.J.: Windschäden, Fraunhofer IRB Verlag, Stuttgart, 2005

[40] Gerhardt, H.J.: Windeinwirkungen auf Bedachungssysteme, Berichte aus dem Bauwesen, Dissertation, Shaker Verlag, Aachen, 1999

[41] Gerhardt, H.J.; Kramer, C.: WIND LOADING AND FATIGUE BEHAVIOUR OF FIXINGS AND BONDINGS OF ROOF COVERING, Journal of Wind Engineering and Industrial Aerodynamics, 29, S. 109-118, Elsevier Science Publishers, Amsterdam, 1988

[42] Gerhardt, H.J.; Kramer, C.: WIND INDUCED LOADING CYCLE AND FATIGUE TESTING OF LIGHTWEIGHT ROOFING FIXATIONS, Journal of Wind Engineering and Industrial Aerodynamics, 23, S. 237-247, Elsevier Science Publishers, Amsterdam, 1986

[43] Gerhardt, H.J.; Kramer, C.: Windkräfte auf flachen und wenig geneigten Dachflächen, 2. Kolloquium der Industrieaerodynamik, FH Aachen, 1976

[44] Gerhardt, H.J.; Kramer, C.: Bituminöse Dachhaut auf Trapezblechdecken - Schäden an Dachhaut und Lichtkuppeln infolge Fehleinschätzung der Windkräfte, Bauschadensammlung, Band 3, Forum-Verlag, Stuttgart, 1978

[45] Haffelner, R.; Mlekusch, B. A.; Reithofer, P.: Konstruktionsrichtlinien für mechanisch hochbelastbare Verbindungstechniken von Dämmprodukten, Bundesministerium für Verkehr, Innovation und Technologie, Leoben, 2001

[46] Holmes, J. D.: Wind Loading of Structures, CRC Press, Boca Raton, London, New York, 2015

[47] Krause, M.: Ein neues Konzept zum Nachweis der Standsicherheit von Dübelbefestigungen in Wärmedämm-Verbundsystemen (WDVS), Dissertation, Schriftenreihe Betonbau, Heft 3, Technische Universität Dortmund, 2010

[48] Kray, T.; Lieb, R.-D.; Mertens, W: Anwendung von Windgutachten mit DIN EN 1991-1-4:2010-12, Bauingenieur, Band 89, 03/2014, Fachteil der Windtechnologischen Gesellschaft e.V., 2014

[49] Laternser, K.: Erläuterungen "Zum Nachweis der Standsicherheit von Wärmedämmverbundsystemen mit Mineralfaser-Dämmstoffen und mineralischem Putz", Bauphysik 12, Heft 4, S. 126-128, Ernst & Sohn, Berlin, 1990

[50] Maile, K.; Roos, E.; Seidenfuß, M: Werkstoffkunde für Ingenieure, Springer Vieweg, Berlin, 2017

[51] Mitteilungen des IfBt: Kunstharzbeschichtete Wärmedämmverbundsysteme, Heft 4/1980

[52] Mitteilungen des IfBt: Zur Standsicherheit von Wärmedämmverbundsystemen mit Mineralfaser-Dämmstoffen und mineralischem Putz, Heft 6/1984

[53] Mitteilungen des IfBt: Zum Nachweis der Standsicherheit von Wärmedämmverbundsystemen mit Mineralfaser-Dämmstoffen und mineralischem Putz, Heft 4/1990, ebenfalls abgedruckt in Bauphysik 12, Heft 4, S. 123-125, Ernst & Sohn, Berlin, 1990

[54] Oberhaus, H.: Zur Standsicherheit und Gebrauchstauglichkeit mineralischer Wärmedämm-Verbundsysteme, Dissertation, Forschungsbericht aus dem Fachgebiet Betonbau, Förderkreis Dortmunder Modell Bauwesen e.V., Dortmund, 1994

[55] Reyer, E.; Sieder, M.: Zum Trag- und Verformungsverhalten großformatiger geschoßhoher Sanierungs-Dämmelemente unter statischer Mitwirkung der außenseitigen Putzdeckschicht, Bauphysik 26, Heft 1, S. 14-24, Ernst & Sohn, Berlin, 2004

[56] Ruscheweyh, H.: Dynamische Windwirkungen an Bauwerken, Bauverlag GmbH, Wiesbaden / Berlin, 1982

[57] Schäfer, G.: Zum Standsicherheitsnachweis von Wärmedämmverbundsystemen mit Klebung und Verdübelung, Bauphysik 12, Heft 4, S. 97-103, Ernst & Sohn, Berlin, 1990

[58] Schäffer, M.; Stimpfle, B.: Membrantragwerke, Stahlbau-Kalender 2015, S. 519-566, Ernst & Sohn, Berlin, 2015

[59] Shah, Q. H.; Topa, A.: Modelling Large Deformation and Failure of Expanded Polystyrene Crushable Foam Using LS-DYNA, Hindawi Publishing Corporation, 2014

[60] Sieder, M.: Zur Nutzung bewehrter Putzschichten als tragender Bestandteil von Sandwich-Dämmelementen im Fassadenbau, Dissertation, Bochum, 2003

[61] Wypych, G.: Handbook of Polymers, ChemTec Publishing, Toronto, 2016

# Anhang

# A Grundlagen zur Windlastentstehung

## A.1 Meteorologie

Wind wird in der Meteorologie als Bewegung von Luftmassen bezeichnet, die sich maßgeblich infolge atmosphärischer Luftdruckdifferenzen und je nach Äquatorentfernung der Corioliskraft ergeben. Luftdruckdifferenzen entstehen aufgrund thermischer Einflüsse, die sich hauptsächlich durch die unterschiedliche Sonneneinstrahlung und lokal unterschiedliche Wärmespeichervermögen der Erdoberfläche bilden. Der Großteil der die Erde umgebenden Luft befindet sich in der Troposphäre, ihre höhentechnische Ausdehnung beträgt an den Polen etwa 8 km, am Äquator etwa das Doppelte. Innerhalb der Schicht spielen sich Wettergeschehen und somit auch das Windklima der Erde maßgeblich ab. Abhängig von der Oberflächenstruktur liegen ab einigen hundert Höhenmetern von der Erdoberfläche unbeeinflusste Gradientwinde vor. Ihre lokale Ausdehnung umfasst abhängig von der Großwetterlage ein geografisch großräumiges Gebiet, welches sich über mehrere hunderte, teilweise tausende Kilometer erstreckt.

## A.2 Einfluss der Geländerauigkeit

Im erdoberflächennahen Bereich findet infolge der Geländestruktur eine reibungsbedingte Beeinflussung der Luftströmung statt, die wie in Abbildung A-1 gezeigt, über Scherkräfte $\tau$ der Luftteilchen in höhere Luftschichten weitergeleitet wird. Die Beeinflussung durch das Geländeprofil nimmt über die Höhe stetig ab, bis die Grenzschichtströmung in die vom Geländeprofil unbeeinflusste Gradientwindströmung übergeht.

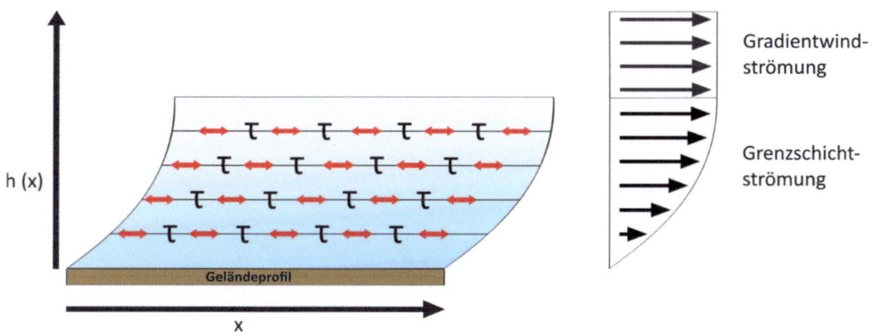


**Abbildung A-1: Qualitative Darstellung der Scherkraftübertragung der Grenzschichtabbremsung**

Beschrieben wird die lokal veränderliche und räumlich abgegrenzte Rauigkeit der Geländestruktur durch die Gesamtwirkung von Bewuchs, kantigen Geländeformationen, Schnee-, Eis bzw. Wasserflächen und anthropologischen Einflüssen wie der Bebauung. Je nach Intensität der Oberflächenrauigkeit erfolgt eine Beeinflussung der bewegten Luftmassen. Dies wiederum führt zu Geschwindigkeitsänderungen bzw. Ablösung der Luftströmung sowie zur Entstehung von Böen und Turbulenzen. Dieser turbulente, eine Höhe von mehreren hundert Metern umfassende Bereich wird als atmosphärische oder turbulente Grenzschicht bezeichnet, welche im Regelfall den maßgebenden Bereich bei der Windlastbemessung von Bauwerken darstellt. Die Grenzschichtausdehnung wird von der Oberflächenstruktur bestimmt. Mit steigender Rauigkeit nehmen Abbremsung der Luftströmung und gleichzeitig die zwischen den Luftteilchen anliegenden Scherkräfte zu, was zu einem Transport der Oberflächeneinflüsse in größere Höhen führt.

Klassifiziert wird die Rauigkeit in der Literatur mit Rauigkeitsbeiwerten bzw. dem Profilexponenten $\alpha$, der maßgeblich den Verlauf des Grenzschichtprofils festlegt. Bestimmt werden die Exponentenwerte in Feldstudien bzw. Versuchen. Davenport schlug bereits Anfang der 1960er Jahre in [12] für drei Geländekategorien die in Tabelle A-1 angegebenen Rauigkeitsbeiwerte vor, welche im Laufe der nachfolgenden Jahrzehnte durch weitere Untersuchungen ergänzt und verfeinert wurden. Sie lieferten die Basis für die heutigen Angaben in den gängigen Normungen.

Zudem sind Tabelle A-1 die Ausdehnungen der für das Bauwesen relevanten turbulenten Grenzschichtdicke für unterschiedliche Profilexponenten zu entnehmen. Die Literaturangaben zur Grenzschichtdicke variieren. Die gängigsten Werte liefert Davenport. Demnach reicht sie von ca. 300 Metern über offenem Gelände bis hin zu ca. 500 Metern in Städten mit dichter Hochhausbebauung. [12]

**Tabelle A-1: Angabe des Profilexponenten α in Abhängigkeit der Oberflächenbeschaffenheit nach Davenport [12]**

| Oberflächenbeschaffenheit | Profilexponent | Höhe der Grenzschicht (ca. in m) |
|---|---|---|
| Innenstadt mit teils hoher, dichter Bebauung | $\alpha_a = 0{,}43$ | 500 |
| ländliches Gelände mit Bewuchs bzw. Bebauung < 10 m Höhe | $\alpha_b = 0{,}27\text{-}0{,}31$ | 400 |
| offenes, flaches Gelände | $\alpha_c = 0{,}15$ | 300 |

Der qualitative Verlauf von Grenzschicht- bzw. Gradientwindströmung in Abhängigkeit der Profilexponenten $\alpha_{a\text{-}c}$ sowie die zugehörigen Grenzschichtausdehnungen $h_{G,a\text{-}c}$ sind grafisch in Abbildung A-2 dargestellt.

Gängige Normungen (z.B. [26], [27]) verwenden zur Berechnung der höhenabhängigen Strömungsgeschwindigkeit Basis- bzw. Referenzgeschwindigkeiten (vgl. Abbildung A-2, $v_{Ref,a\text{-}c}$), welche in Abhängigkeit des Geländeprofils für eine bestimmte Referenzhöhe $h_{Ref}$ angegeben sind.

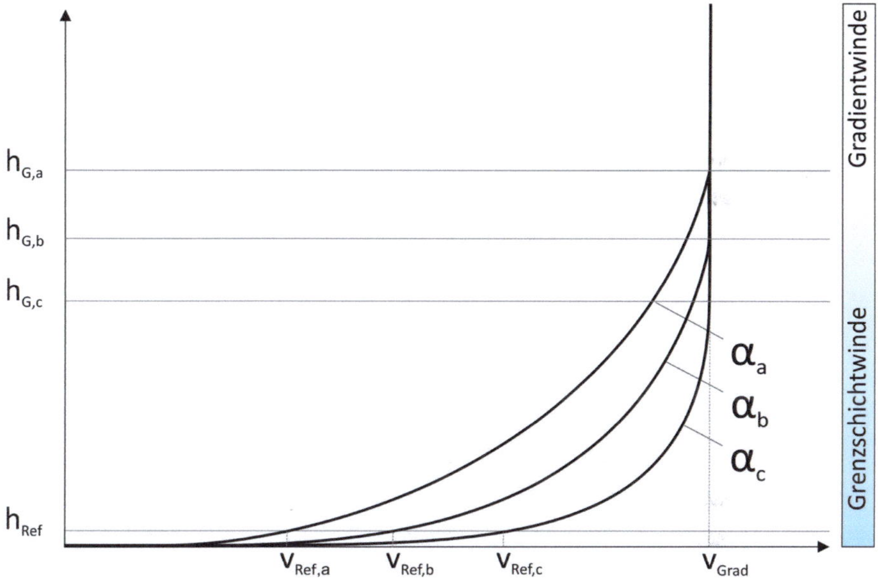


**Abbildung A-2: Qualitativer Verlauf von Grenzschicht- bzw. Gradientwindströmung unter Angabe der Referenzgeschwindigkeit in Abhängigkeit des Profilexponenten α**

## A.3 Einfluss der Bauwerksaerodynamik

Die Aerodynamik eines Gebäudes ist neben der Strömungsgeschwindigkeit des Windes die maßgebende Einflussgröße bei der Windlastermittlung. Der Verdrängungseffekt des Bauwerkes sorgt lokal begrenzt für eine Änderung des Strömungsfeldes des Windes in unmittelbarer Bauwerksnähe, die Belastungen ergeben sich aus den strömungsbedingt entstehenden Druck- bzw. Unterdruckfeldern an Fassaden- und Dachoberflächen.

Abbildung A-3 zeigt exemplarisch qualitativ für ein scheibenförmiges Gebäude das Windströmungsfeld in der Draufsicht. Dargestellt ist hier die in Bezug auf die entstehenden Unterdrücke kritischere Queranströmung. Der Wind strömt dabei von links nach rechts, die Bereiche a und c kennzeichnen den unbeeinflussten Vor- und Nachlauf, in Bereich b liegt eine Strömungsbeeinflussung durch das Bauwerk vor. Im rot markierten, luvseitigen Bereich des Bauwerks findet ein Aufstau der Windströmung statt, als Folge stellen sich Überdrücke an der Fassade ein, welche von der Mitte nach außen zu den Gebäudekanten hin abnehmen. An den Bauwerkskanten erfährt die Strömung eine Beschleunigung, erkennbar durch verengt verlaufende Stromlinien. Im Regelfall findet an den luvseitigen Bauwerkskanten eine Strömungsablösung statt, der zur Bildung lokal begrenzter Unterdruckfelder führt (vgl. blau markierter Bereich in Abbildung A-3).

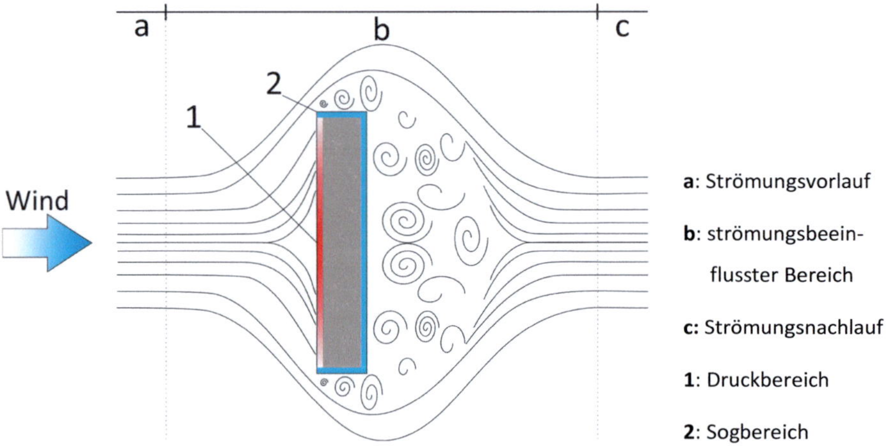


**Abbildung A-3: Qualitative Darstellung des Windströmungsfeldes um ein scheibenförmiges Gebäude**

Die Luft wird in diesen Bereichen reibungsbedingt von der umlaufenden Windströmung beschleunigt. Es bilden sich Verwirbelungen aus, welche walzenartig angeordnet zu Rückströmungen des Windes entgegengesetzt der Hauptströmungsrichtung führen. Die entstehenden Verwirbelungen verlaufen dabei teils gegenläufig. Im Eckbereich nahe des Ablösepunktes ist die Rotationsgeschwindigkeit der Verwirbelungen am größten, dort treten die höchsten Unterdrücke auf. Zudem können ganze Verwirbelungsballen von der Hauptströmung mitgerissen werden, was die Entstehung von Sogspitzen zur Folge hat, die lokal und zeitlich stark begrenzt auftreten. Vergrößert dargestellt ist der Eckbereich des in Abbildung A-3 gezeigten Beispiels inklusive der gegenläufig verlaufenden, walzenartigen Wirbel in Abbildung A-4, die Strömungsrichtung ist dabei den pfeilförmigen Markierungen zu entnehmen. [48] [56]

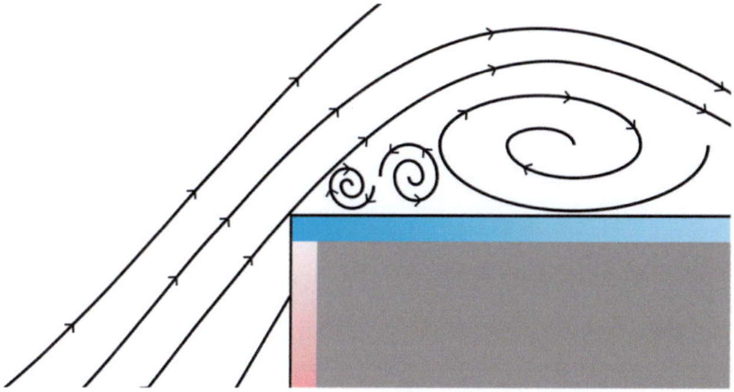

**Abbildung A-4: Qualitative Darstellung walzenartiger Wirbel im Eckbereich**

Der Einfluss der Bauwerksaerodynamik wird bei der Windlastermittlung rechnerisch über den in Windkanalversuchen bestimmten, dimensionslosen Form- bzw. aerodynamischen Beiwert $c_p$ berücksichtigt. Er hängt direkt mit der Gebäudeform sowie der Anströmrichtung zusammen. Der aerodynamische Beiwert lässt sich bei bekannten Anströmbedingungen und gleichzeitiger lokaler Druckmessung am Gebäudemodell über die auftretende Druckdifferenz ermitteln. Entsprechend sind bei anliegenden Überdrücken die Werte für $c_p$ positiv, in Unterdruckbereichen negativ.

Rechnergestützte Verfahren zur Ermittlung von aerodynamischen Beiwerten mittels CFD Verfahren (Computational Fluid Dynamics) existieren zwar, bieten jedoch aufgrund der stochastisch unvorhersagbaren Strömungsbedingungen innerhalb der turbulenten Grenzschicht keine ausreichende Genauigkeit, um Windkanalversuche zu ersetzen. [39]

Empfehlungen für Druckbeiwerte liefern Regelwerke (z.B. [26], [27]). Zur entsprechenden Bemessung von kleinformatigen Bauteilen mit einer Lasteinleitungsfläche von maximal 1 m² werden lokale Druckbeiwerte $c_{p,1}$ angegeben. Für Bauwerksflächen größer als 10 m² werden die Druckbeiwerte $c_{p,10}$ verwendet. Gängige Beiwerte für vertikale Wände an rechteckigen Bauwerken liegen je nach betrachteter Wandfläche in den Bereichen von -1,4 bis +1,0 für $c_{p,1}$ bzw. von -1,2 bis +0,8 für $c_{p,10}$ (vgl. Tabelle 7.1 in [26]), im Nationalen Anhang reichen die Werte bis hin zu -1,7 (vgl. Tabelle NA.1 in [27]).

# B Vorstellung des dynamischen Windsogversuchsstands

## B.1 Einführung

Der dynamische Windsogversuchsstand wurde im Jahr 2012 am Institut für Bauphysik der Leibniz Universität Hannover speziell für die Durchführung zyklischer Unterdruckprüfungen an Fassadenaufbauten entwickelt. Ein spezielles Augenmerk wurde dabei auf die Durchführung des dynamischen Windsogversuchs entsprechend der Vorgaben seiner, in der ETAG 004 ([34], [35]) definierten Ursprungsversion gelegt. Mittlerweile wurde die ETAG 004 durch die EAD 040083-00-0404 [32] ersetzt. Die Definition des Versuchs ist bis auf veränderte Angaben zum Trägermedium jedoch identisch. In den Jahren 2013 und 2014 fanden erste orientierende Versuche am Prüfstand statt, zudem wurde ein Wärmedämmverbundsystem erfolgreich nach ETAG 004 getestet. Diesbezügliche Ergebnisse sind in [37] veröffentlicht.

Dieses Kapitel erläutert den Aufbau und die Funktionsweise des in Abbildung B-1 dargestellten Großprüfstands. Die technischen Daten sowie die im Rahmen dieser Arbeit erweiterte und teils entwickelte Messtechnik in Form von Druck- und Wegmesssensoren sowie eines Messdübels werden vorgestellt. Überdies erfolgt die Dokumentation der im Rahmen dieser Arbeit durchgeführten Optimierung der Prüfstandabstützung, welche auf die versuchstechnische Abbildung möglichst realgetreuer Systemverformungsverhalten abzielt.

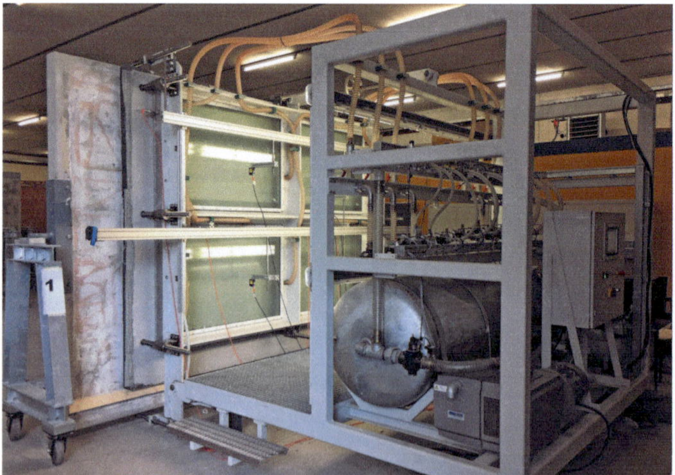


**Abbildung B-1: Windsogversuchsstand mit eingebauter Prüfwand, Gesamtansicht**

# B.2 Prüfstand

## B.2.1 Aufbau und Funktionsweise

Zwecks Erläuterung des technischen Funktionsprinzips des Windsogprüfstands sind seine wesentlichen Bestandteile in der Gesamtansicht farblich markiert. Sie ist zusammen mit dem Funktionsschema der zugehörigen technischen Komponenten in Abbildung B-2 dargestellt.

Im Wesentlichen besteht der Prüfstand aus einer Kontrolleinheit, dem als Puffer dienenden, über die Vakuumpumpe gespeisten Vorratstank sowie der Sogkammer, innerhalb welcher die durch Sog- und Belüftungsventile kontrollierte Be- und Entlastung der Prüfwände erfolgt.

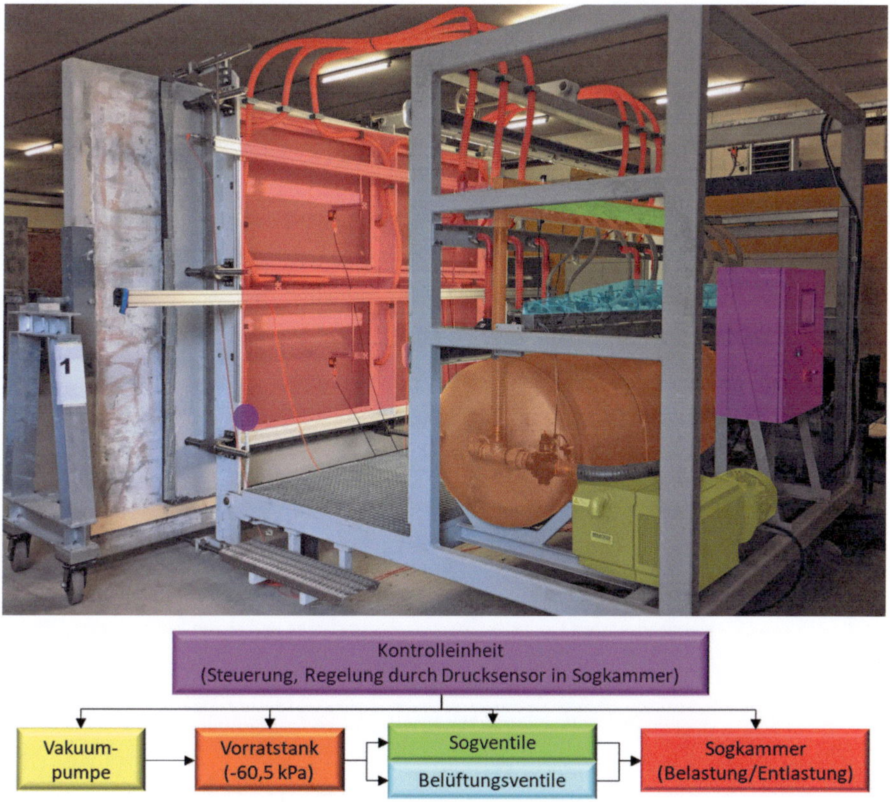


**Abbildung B-2: Windsogversuchsstand mit farblicher Kennzeichnung und Funktionsschema der technischen Komponenten**

Die Anlagenprogrammierung erfolgt über den in der Kontrolleinheit integrierten Rechner. Über die schaltbaren Modi lässt sich die Anlage im Manuell- bzw. Automatikmodus steuern. Im manuellen Betrieb lassen sich gezielt Ventile ansteuern sowie festzulegende Unterdrücke erzeugen, der Nutzer kann selbstständig über die Be- bzw. Entlastungsfunktion die Haltedauer des Unterdrucks auf den Prüfling im Rahmen seiner Belastungsgrenzen bestimmen. Der Automatikmodus eignet sich zur Durchführung von Prüfungen mit zyklisch wiederkehrenden Belastungen. Hier lassen sich Prüfabläufe inklusive der Anzahl von zu durchlaufenden Unterdruckstößen, zugehörigen Be- und Entlastungszeiten sowie Laststeigerungen programmieren, welche vollautomatisch durch die Anlage abgefahren werden. Im Automatikmodus lässt sich entsprechend das in den Versionen der ETAG 004 ([33], [34], [35]) bzw. der EAD 040083-00-0404 [32] im Rahmen des dynamischen Windsogversuchs definierte Versuchsprogramm abfahren.

Bei zyklischer Belastung lassen sich aktuell Unterdrücke von maximal -20 kPa innerhalb des Sogfensters erzeugen. Dies entspricht auf der Gesamtfläche von 5 $m^2$ einer äquivalenten Gewichtskraft von 10 t. Im manuellen Betriebsmodus sind je nach Wandaufbau auch deutlich höhere Unterdrücke von bis zu ca. -40 kPa erreichbar.

Die Be- bzw. Entlastung funktioniert bei allen Steuerungsarten einheitlich. Der Vorratstank fungiert als Unterdruckpuffer, mittels einer Vakuumpumpe wird im Tank ein Unterdruck von -60,5 kPa erzeugt, der während des Prüfbetriebs durch Nachregelung aufrechterhalten wird. Über einen Schlauch ist der Tank mit dem oberen Druckbalken verbunden, an welchem ebenfalls die -60,5 kPa anliegen. Von dort wird über zehn druckluftgesteuerte Sogventile der definierte Unterdruck dosiert in die Sogkammer eingeleitet. Sie sind entsprechend ihres Durchlassquerschnittes in aufsteigender Reihenfolge angeordnet, die Empfindlichkeit jedes Einzelventils ist manuell regelbar, um je nach den Prüfgegebenheiten eine über alle Unterdruckstufen hinweg flüssige Prüfkörperbelastung zu erzielen. Am unteren Balken befinden sich zehn Entlüftungsventile, über welche analog zu den Druckventilen in umgekehrter Weise ein kontrolliertes Entlüften der Sogkammer und somit die Entlastung des Prüflings stattfindet.

Die Sogkammer ist mit Sicherheitsglas abgeschirmt, sodass die Oberfläche des Prüfkörpers während der gesamten Prüfung beobachtet werden kann.

Die technischen Daten der Ventile inklusive der zu empfehlenden Standardempfindlichkeitseinstellungen in kPa sind nachfolgend in Tabelle B-1 aufgeführt. Die Empfindlichkeit ist bedarfsweise entsprechend der Prüfwandoberfläche und der jeweiligen Drucklaststufe zu justieren.

**Tabelle B-1: Technische Daten der Sog-/Belüftungsventile**

| Ventil | 10 | 9 | 8 | 7 | 6 | 5 | 4 | 3 | 2 | 1 |
|---|---|---|---|---|---|---|---|---|---|---|
| empfohlene Empfindlich-keitseinstellung [kPa] | 0,05 | 0,1 | 0,15 | 0,2 | 0,3 | 0,4 | 3 | 5 | 6 | 10 |
| Schlauchdurchmesser [mm] | 6 | 16 | 20 | 20 | 26 | 34 | 35 | 35 | 35 | 35 |
| Schlauchquerschnitt [mm²] | 28,3 | 201 | 314 | 531 | 908 | 962 | 962 | 962 | 962 | 962 |

### B.2.2 Prüffenster

**Standardmäßige Prüffenstergröße**

Die standardmäßige und gleichzeitig nach derzeitigem Stand maximale Prüffenstergröße der Sogkammer entspricht mit Abmessungen von 2,0 m x 2,5 m x 0,1 m (Höhe x Breite x Tiefe) den Prüfungsvorgaben. Die Dicke der Randandichtung beträgt ca. 3 cm, der Abstand des Prüffensters zum Boden weist ein Maß von 70 cm auf. Dargestellt ist das Windsogfenster mit den Standardabmessungen in nachfolgender Abbildung B-3.

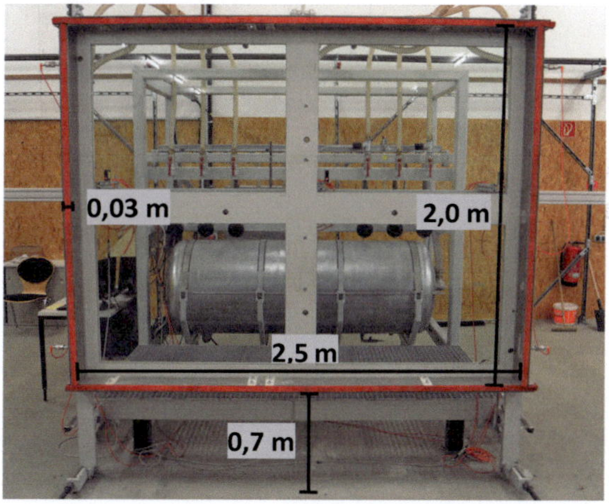


**Abbildung B-3: Standardmäßige Abmessungen der Windsogkammer**

**Alternative Prüffenstergrößen**

Die Randandichtung lässt sich in einem vorgegebenen Raster variabel verschieben, sodass die Prüffenstergröße auf weitere Abmessungen verkleinert werden kann. Die realisierbaren Fenstergrößen sind in Abbildung B-4 dargestellt.

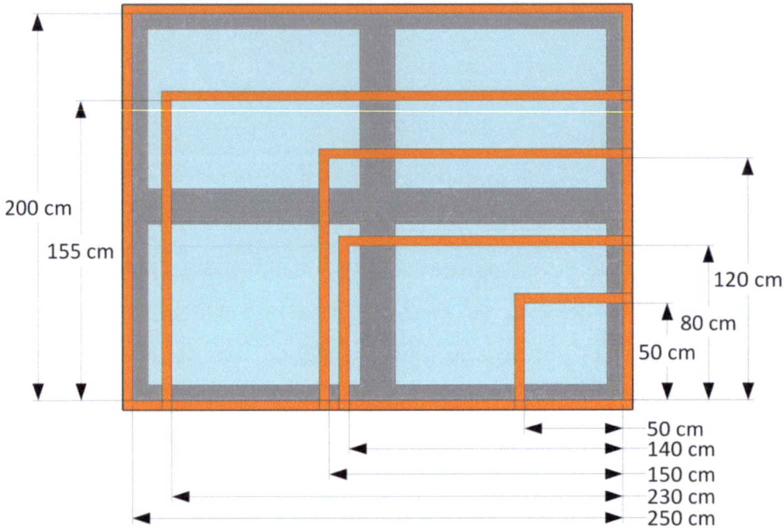


**Abbildung B-4: Realisierbare Prüffenstergrößen am Windsogversuchsstand**

### B.2.3 Prüfkörper und Unterkonstruktion

**Anforderungen an die Prüfkörperbeschaffenheit**

Hinsichtlich der Prüfbarkeit im Windsogversuchsstand ist eine ausreichende Winddichtigkeit der Prüfkörperoberfläche im gesamten windsogbeanspruchten Bereich erforderlich. Geeignete Oberflächen von Fassadenaufbauten sind beispielsweise Putzsysteme, verklebte Riemchen oder winddichte, geschlossene Vorhangpaneelen. Nicht prüfbar sind aufgrund der nicht gegebenen Winddichtheit offene Vorhangsysteme.

Neben der Winddichtheit ist die Ebenheit der Wandoberfläche Grundvoraussetzung für die Prüfbarkeit. Kleinere Fertigungstoleranzen von Putzoberflächen bzw. raue Oberflächensysteme mit Höhenunterschieden im Bereich einiger Millimeter lassen sich über die Randandichtung ausgleichen.

**Unterkonstruktion**

Als Unterkonstruktion dienen analog der Anforderungen der im März 2000 veröffentlichten Fassung der ETAG 004 ([34], [35]) Betonfertigteilwände mit den Abmessungen von 3,9 m x 2,75 m, welche bereits bei gängigen Prüfverfahren wie hygrothermischen Untersuchungen von Fassadenaufbauten eingesetzt werden. In die Unterkonstruktion wird im Prüfbereich entsprechend der Anforderungen der ETAG 004 je $m^2$ Wandfläche im Bereich der Dämmplattenstöße ein 15 $mm^2$ großes Loch gebohrt.

In der im Januar 2019 veröffentlichten EAD 040083-00-0404 [32] ist für den dynamischen Windsogversuch als Unterkonstruktion eine Wand aus Hochlochziegeln vorgesehen. Aufgrund der Praktikabilität, speziell hinsichtlich Ausführbarkeit und Reproduzierbarkeit von gedübelten Systemen, wird für die Prüfungsdurchführung auf Betonwände zurückgegriffen. Zudem werden aufgrund der im Vergleich zu Mauerwerkswänden glatten, unstrukturierten Oberfläche der Betonfertigteilwände für verklebte Systeme Ergebnisse auf der sicheren Seite liegend erzielt. Die Unterkonstruktion lässt sich dabei nach dem Systemrückbau inklusive der mechanischen Entfernung von Altklebresten für weitere Prüfungen wiederverwenden. Bedarfsweise sind nachfolgende Systemaufbauten auf der Wand zu verschieben, sodass ein einwandfreies Setzen der Dübel gewährleistet wird. Eine aufbereitete, als Unterkonstruktion verwendete Betonfertigteilwand im fahrbaren Tragrahmen ist in Abbildung B-5 dargestellt.

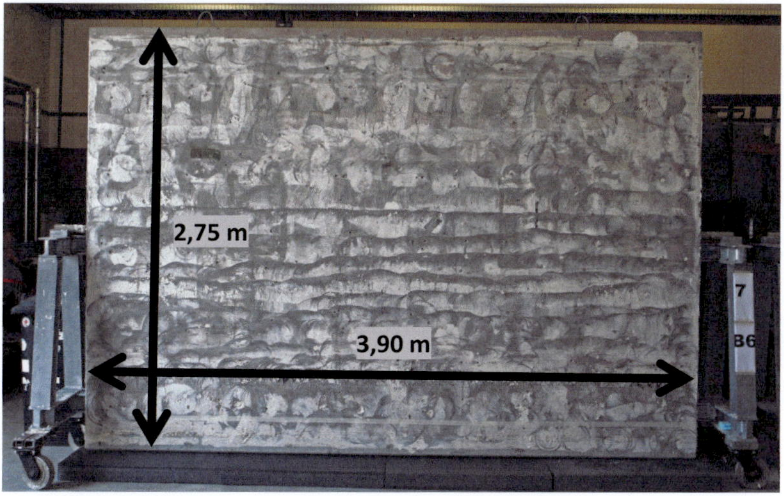


**Abbildung B-5: Betonfertigteilwand als Unterkonstruktion für die Windsogversuche**

### B.2.4 Prüfkörpereinbau, Randandichtung und Prüfablauf

Der Prüfablauf inklusive des Einbaus und der Andichtung des Prüfkörpers gliedert sich im Wesentlichen durch die nachfolgenden Punkte:

- Vorbereitung des Prüfkörpers inklusive Herstellung der Kernbohrung bis auf die Unterkonstruktion zwecks Distanzhaltung (vgl. Kapitel B.3)
- Heranfahren der Prüfwand, passgenaues Platzieren vor dem Windsogprüffenster
- Heranziehen und gleichzeitiges Andichten des Prüfkörpers mittels rückseitiger Klauen, sodass die Luftdichtheit zwischen Sogkammer und Prüfkörperoberfläche hergestellt wird, die Dichtfunktion übernehmen Kompribänder und Dichtlippen (vgl. Abbildung B-6)
- Montage der Distanzhalter (vgl. Abbildung B-8)
- Installation und Kontrolle der externen Messtechnik
- Start von Messaufzeichnung und Windsogprüfung
- Beendigung der Prüfung durch Prüfkörperversagen bzw. Erreichen der Maximallast
- Ausbau des Prüfkörpers
- Rückbau und Dokumentation des Prüfkörpers

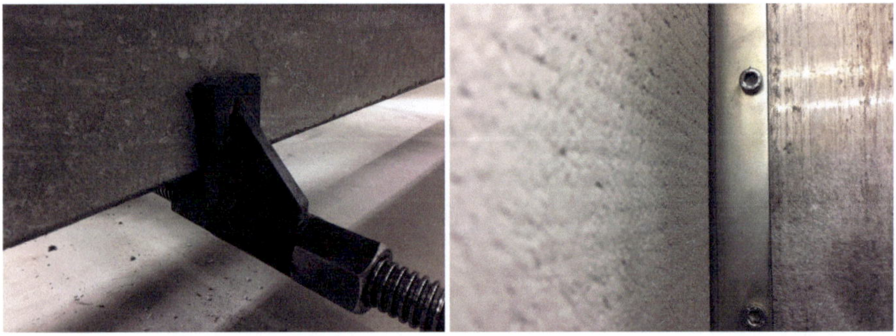

**Abbildung B-6: Rückseitige Klaue zwecks Andichtung des Prüfkörpers an Prüffenster (links) und hergestellte Luftdichtheit zwischen Prüfkörperoberfläche und Sogkammer (rechts)**

## B.3 Optimierung des Lastabtrags im Windsogversuchsstand mittels Distanzhalter

Der Lastangriff im Versuchsstand erfolgt innerhalb der Sogkammer auf der Prüfkörperoberfläche. Von dort werden die Lasten durch das System hindurch in die Trägerwand eingeleitet. Beim „Heranziehen“ der Prüfwand während der Sogbelastung erfolgte die Abstützung der Gesamtprüfwand versuchstechnisch bedingt ursprünglich direkt über den Kontaktbereich von der Fassadenoberfläche und der Randandichtung. Die sich hieraus ergebende Druckbeanspruchung des Prüfkörpers galt es demnach durch eine im Rahmen dieser Arbeit durchgeführte Prüfstandmodifikation zu optimieren, sodass sich eine natürlichere Lagerung des WDVS im Prüfstand ergibt.

Um ein Abstützen des Fassadenaufbaus an die Randandichtung des Prüffensters zu verhindern, sind daher an der Anlage umlaufend acht Distanzhalter in Form massiver Gewindestangen installiert worden. Die innerhalb der Sogkammer wirkenden Flächenlasten werden punktuell von den Distanzhaltern abgefangen. Sie leiten diese durch das Fassadensystem hindurch auf die Unterkonstruktion ab. Folglich wird die Zwangsrandeinspannung des darauf installierten Fassadenaufbaus bei Unterdruckbelastung sowie die horizontale Bewegung der Unterkonstruktion auf ein mögliches Minimum reduziert. Abbildung B-7 zeigt den Kraftfluss bei installierten Distanzhaltern. Die Unterdruckbelastung des Prüflings im Prüffenster ist durch gelbe Pfeile, der Lastabtrag bis auf die Betonunterkonstruktion über die Distanzhalter mittels roter Pfeile gekennzeichnet.

**Abbildung B-7: Darstellung des Windsoglastabtrags über Distanzhalter, Abstützung auf Betonwandoberfläche**

**Installation der Distanzhalter bei Fassadenaufbauten**

Die Installation der Distanzhalter erfolgt über acht, im Prüfkörper vor Versuchsbeginn anzuordnenden Kernbohrungen bis auf die Betonträgerwand (vgl. Abbildung B-8). Die Luftdichtheit der Prüffläche wird hierdurch nicht beeinflusst, da die Bohrungen außerhalb des sogbelasteten Bereichs liegen.

**Abbildung B-8: Montage eines Distanzhalters durch einen WDVS-Fassadenaufbau hindurch, im Vorfeld sind Kernbohrungen im WDVS zu setzen**

**Funktionsnachweis im Windsogversuch**

Zwecks Funktionsprüfung der Distanzhalterfunktion werden bei laufendem Versuchsbetrieb Messungen an einer Betonwand durchgeführt. Ziel ist es, die Verformungsbegrenzung der Unterkonstruktion im Windsogprüfstand bei Unterdruckbeaufschlagung und damit den Funktionsnachweis der Distanzhalter zu erbringen.

Diesbezüglich werden bei fünf verschiedenen Unterdrucklaststufen von -2 kPa bis -20 kPa Verformungsmessungen auf der Betonwandoberfläche im Bereich der Sogkammer durchgeführt. Es werden zwei Versuchsreihen durchgeführt: Versuchsreihe 1 mit aktiven bzw. montierten Distanzhaltern, Versuchsreihe 2 mit passiven bzw. ohne Distanzhalter (vgl. Abbildung B-9).

Die Andichtung der Betonwand an die Prüfkammer mittels Anziehens der rückseitigen Klauen erfolgt für beide Versuchsreihen identisch. Sie werden bis zum vollflächigen Kontakt zwischen Wandoberfläche und Gummidichtlippe durch Komprimierung des orangen Dichtbands an der Sogkammer installiert.

**Abbildung B-9: Versuchsreihe 1 - Distanzhalter passiv (links), Versuchsreihe 2 - Distanzhalter aktiv (rechts)**

Die Verformung der Unterkonstruktion wird dabei für beide Versuchsreihen identisch an insgesamt drei Stellen links, mittig bzw. rechts innerhalb der Sogkammer gemessen (vgl. Abbildung B-10). Das Wandverformungsverhalten beider Versuchsreihen zeigt Abbildung B-11.

Es ist über alle Drucklaststufen hinweg eine eindeutige Reduktion der Wandverformungen bei aktiven Distanzhaltern zu erkennen. Ein Heranziehen des gesamten Prüfwandaufbaus inklusive der Unterkonstruktion an die Sogkammer wird nahezu vollständig verhindert. Selbst bei der Belastungsstufe von -20 kPa treten im Randbereich links und rechts der Sogkammer Wege deutlich unterhalb von 1 mm auf, die sich beim derzeitigen Prüfstandaufbau jedoch aufgrund der Durchbiegung der Betonwand infolge der Unterdruckbelastung nicht weiter reduzieren lassen. Die dargestellten Wege in der Wandmitte sind aufgrund der größten Distanz zu den Distanzhaltern und somit dort vorherrschenden maximalen Biegebeanspruchung mit knapp 2 mm am größten.

Im Vergleich stellen sich bei passiven Distanzhaltern deutlich größere Wandverformungen durch das sogbedingte Heranziehen der Prüfwand ein. Hier betragen die Wege bereits bei der kleinsten Drucklaststufe von -2 kPa über 2 mm, sie steigern sich auf bis zu 5 bzw. 6 mm in Feldmitte bei - 20 kPa.

Folglich sollten Versuchsaufbauten entsprechend ausschließlich mit installierten Distanzhaltern geprüft werden. Dies gilt speziell für druckempfindlichere Prüfkörper. Sämtliche im Rahmen dieser Arbeit durchgeführte Versuchsreihen sind mit installierten und aktivierten Distanzhaltern durchgeführt.

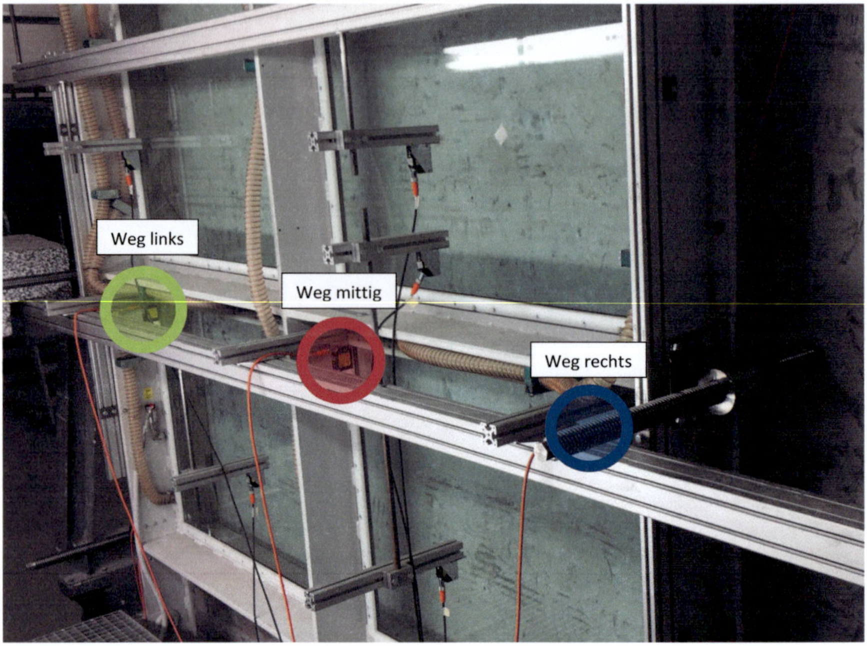


**Abbildung B-10: Lage der zum Nachweis der Distanzhalterfunktion verwendeten Weg- bzw. Distanzsensoren**

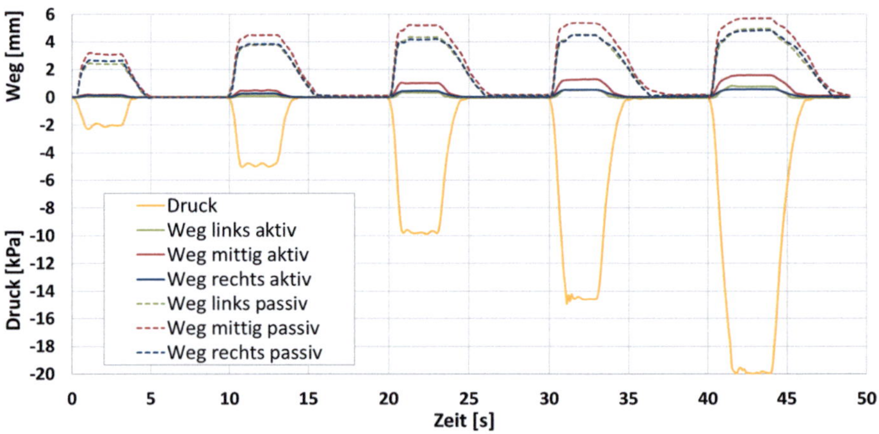


**Abbildung B-11: Darstellung der auf der Betonwandoberfläche entstehenden Wege bei passivem bzw. aktivem Distanzhalter an den Drucklaststufen -2, -5, -10, -15 und -20 kPa**

## B.4 Messtechnik

Der Prüfstand ist mit zwei voneinander unabhängig fungierenden und separat speichernden Messsystemen ausgestattet. Die anlageninterne Sensorik sorgt wie in Kapitel B.2.1 beschrieben für die Steuerung und Regelung des Windsogprüfstands. Zu Kontrollzwecken der anlageninternen Messtechnik, der gleichmäßigen Druckverteilung innerhalb der Sogkammer sowie zur detaillierten Messdatenaufzeichnung dient das zweite, standardmäßig aus Druck- und Distanzsensoren bestehende externe Messsystem. Dies wurde im Rahmen dieser Arbeit durch die Aufstockung der Wegmesssensoren von ursprünglich drei auf zehn Stück sowie durch einen zu entwickelnden Messdübel erweitert.

### B.4.1 Anlageninterne Messtechnik

<u>**Druckmessung**</u>

Zur Steuerung der Anlage sowie zwecks Kontrollmessung des Unterdrucks innerhalb der Sogkammer ist der in Abbildung B-12 dargestellte Sensor am Prüfstand installiert. Der zur Prüfanlagensteuerung verwandte Drucksensor ermittelt das innerhalb der Sogkammer vorhandene Druckniveau. Entsprechend des dort erfassten Messwerts regelt die Anlage über die Vakuum- bzw. Entlüftungsventile das Druckniveau innerhalb der Sogkammer.

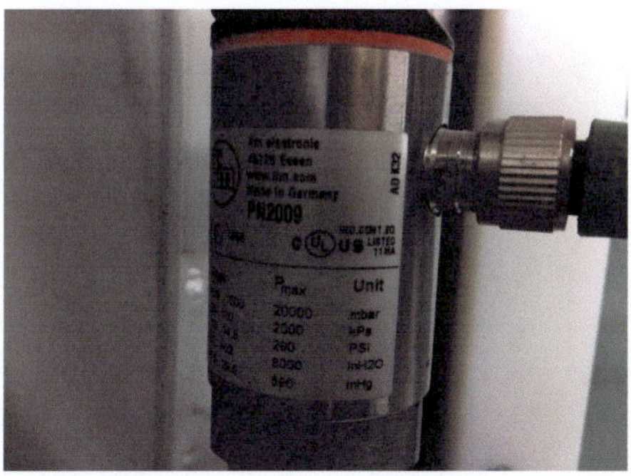


**Abbildung B-12: Drucksensor zur Messung innerhalb der Sogkammer**

**Messung der Ventilarbeit**

Die für den Unterdruckaufbau benötigte Durchsatzmenge an Luftströmen wird durch die Sogventile kontrolliert dosiert und schlagartig in die Sogkammer geleitet. Die dabei erforderliche Ventilarbeit bzw. das durch sie hindurchströmende Luftvolumen $V_{ges}$ wird nach Gleichung Gl. (B.1) für jeden Belastungsvorgang anlagenintern über alle 10 Einzelsogventile $V_n$ aufsummiert und für den jeweiligen Unterdruckstoß im Anlagenkontrollfenster dimensionslos ausgegeben. Die zur Entlastung erforderlichen Ströme der Entlüftungsventile werden nicht ermittelt.

$$V_{ges} = \sum_{n=1}^{10} V_n \qquad \text{Gl. (B.1)}$$

Dabei ist:

| | | |
|---|---|---|
| $V_{ges}$ | Summe der Einzelventilarbeiten eines Einzeldruckstoßes | [-] |
| $V_n$ | Ventilarbeit eines Einzelventils | [-] |
| $n$ | Anzahl der Ventile | [-] |

Die Sogventile sind in nachfolgender Abbildung B-13 links dargestellt, rechts ist ein Auszug des Anlagenfensters abgebildet, die Luftvolumenstromanzeige $V_{ges}$ eines Einzeldruckstoßes ist rot hervorgehoben.

**Abbildung B-13: Sogventile (links), Luftvolumenstromanzeige (rechts, rot markiert)**

### B.4.2 Anlagenexterne Messtechnik

Die anlagenexterne Messtechnik funktioniert autark gegenüber der Windsoganlagentechnik. Ebenso erfolgt die Messdatenaufzeichnung auf einem separaten Datenspeicher. Die standardmäßige Abtastrate zur Messdatenaufzeichnung beträgt 10 Hz, lässt sich jedoch bedarfsweise variieren. Das Messsystem ist für 24 Messkanäle ausgelegt.

Der standardmäßige Aufbau besteht aus vier Drucksensoren sowie bis zu zehn Laser-Distanzsensoren zur Wegmessung der Prüfwandoberfläche, weitere Sensorik lässt sich im Bedarfsfall installieren. Die standardmäßige Lage der anlagenexternen Messtechnik am Prüfstand ist in Abbildung B-14 gekennzeichnet, zur besseren Übersicht ist die Darstellung ohne Prüfling gewählt. Die in der Abbildung blau markierten Drucksensoren sind umlaufend der Sogkammer an den Schienen der Randandichtung befestigt. Acht Laser-Distanzsensoren messen durch die Glasscheibe hindurch die vorderseitige Prüfkörperverformung innerhalb der Sogkammer (grün markiert). Zwei weitere, vom Messpunkt her identisch zu den beiden mittels Rechteck markierten, jedoch rückseitig angeordneten und bei verbautem Prüfkörper an der Betonwandrückseite messende Sensoren sind violett gekennzeichnet.

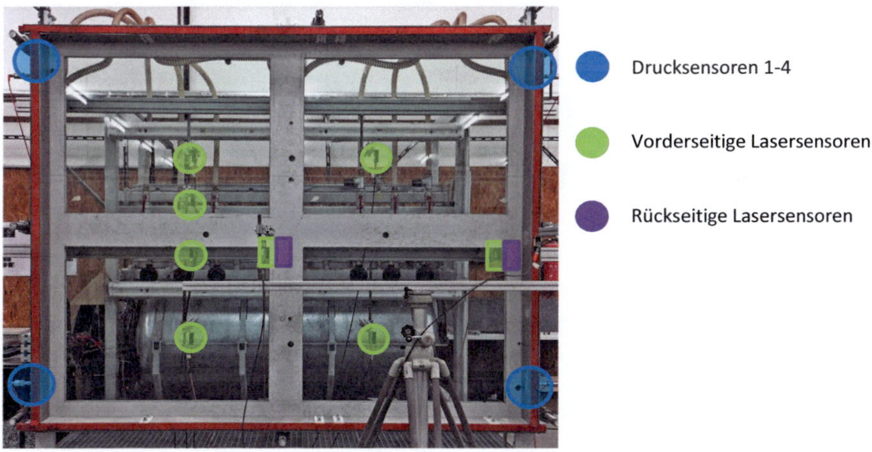


**Abbildung B-14: Lage der anlagenexternen Messtechnik**

Mithilfe der vier gegengleich messenden vorder- bzw. rückseitig angeordneten Sensoren lassen sich eventuelle Verformungen der Betonwand als Unterkonstruktion herausrechnen, sodass im Bedarfsfall die reine Prüfkörper- bzw. Fassadenaufbauverformung betrachtet werden kann.

**Wegmessung**

Die Wegmessung erfolgt mittels Laser-Distanzsensoren vorderseitig durch die Glasscheiben hindurch direkt auf der Putzfläche bzw. rückseitig zu Kontrollzwecken der reinen Betonwandverformung auf der Betonoberfläche. Sie lassen sich aufgrund der Installation auf einem Schienensystem variabel über die gesamte Prüffensterfläche anordnen, zudem sind zur Vermeidung von Sensorbewegungen sämtliche Befestigungen starr verschraubt bzw. mit der Prüfanlage verankert.

Die Wegmessung erfolgt direkt auf der Prüfkörperoberfläche (vgl. Abbildung B-15), der Messbereich der Sensoren beträgt 50 - 300 mm bei einer minimalen Auflösung von 0,01 mm.

**Abbildung B-15: Laser-Distanzsensor zur Messung der oberflächigen Prüfwandbewegungen in der Sogkammer**

Exemplarisch zeigt Abbildung B-16 die vorder- und rückseitige Wandverformung, gemessen an einer blanken Betonwand bei einem Druckstoß über -15 kPa sowie die aus beiden Messkanälen errechnete Differenz der Wege. Sie bewegt sich aufgrund der quasi identischen vorder- und rückseitigen Wandverformung der einschaligen Betonkonstruktion auf der Nulllinie. Die Berechnung simuliert das Vorgehen zur späteren Bestimmung reiner Verformungen eines Aufbaus durch Herausrechnen der Betonwandbewegungen. Zudem belegen die identischen Messwerte an der Vorderseite (Messung durch Glasscheibe) sowie der Rückseite (Messung ungestört) der Betonwand die Messfähigkeit der Sensorik durch Glas.

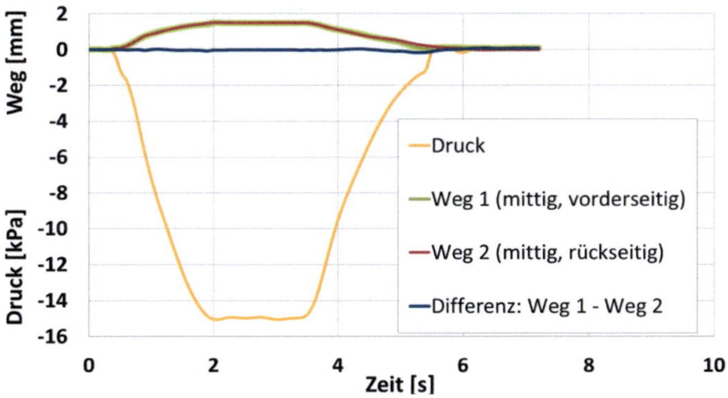


**Abbildung B-16: Vorder- und rückseitige Wegmessung an der Betonwandoberfläche sowie die Anzeige der Differenzberechnung beider Wege bei einem Druckstoß von -15 kPa**

<u>Druckmessung</u>

Die Druckmessung erfolgt ebenfalls losgelöst zur anlageninternen Sensorik an insgesamt vier, umlaufend der Randandichtung angeordneten Druckmesssensoren. Ihre Lage ist Abbildung B-14 zu entnehmen. Anhand ihrer Messwerte erfolgt zudem der Nachweis der konstanten Druckverteilung innerhalb des Sogfensters, dokumentiert ist dies in Abschnitt B.5.

### B.4.3 Entwicklung eines Messdübels zur Ermittlung der Dübelkräfte

Im Windsogprüfstand ist infolge der Untersuchung des WDVS am verputzten Gesamtsystem die Dübel-Dämmstoff-Verbindung nicht einsehbar. Aufgrund der hohen plastischen Dämmstoffdeformationen gedübelter EPS-Platten ist eine Beurteilung des Systemtragverhaltens anhand von Systemverformungen nicht möglich. Hierfür ist im System geeignete Messtechnik zu verbauen, welche das Systemverhalten nicht beeinflusst, dennoch Aussagen zur Beanspruchbarkeit der Verbindung zwischen Dämmstoff und Dübelung ermöglicht. Herkömmliche Kraftmessdosen zur Detektion der Belastung bzw. des Auftretens von Defekten lassen sich im WDVS nicht verbauen. Daher ist im Rahmen dieser Arbeit der in Abbildung B-17 dargestellte Messdübel zur prüfbegleitenden Erfassung von windinduzierten Dübelbelastungen im WDVS entwickelt und konstruiert worden.

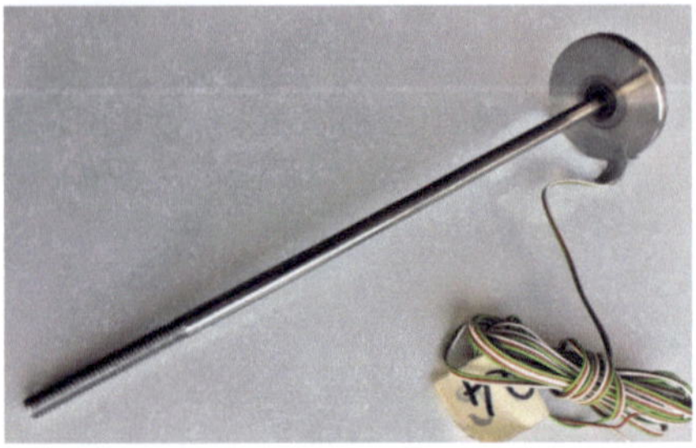

**Abbildung B-17: Kabelgebundener Messdübel mit integriertem DMS zur Ermittlung der Dübelschaftkräfte**

## Entwicklung und Konstruktion

Der Messdübel basiert auf dem Referenzdübel aus der DIN EN 17237 [25]. Er ist aus Stahl gefertigt, besteht aus einem kreisrunden Schaft (Ø 8 mm) sowie einem Dübelteller (Ø 60 mm). Die Tellerdicke ist im Vergleich zur normativen Vorgabe leicht reduziert (5 mm anstatt 6 mm) ausgeführt (vgl. Abbildung B-18). sodass sich in Kombination mit der Verkabelung der DMS-Technik eine endgültige Tellerdicke von 6 mm ergibt.

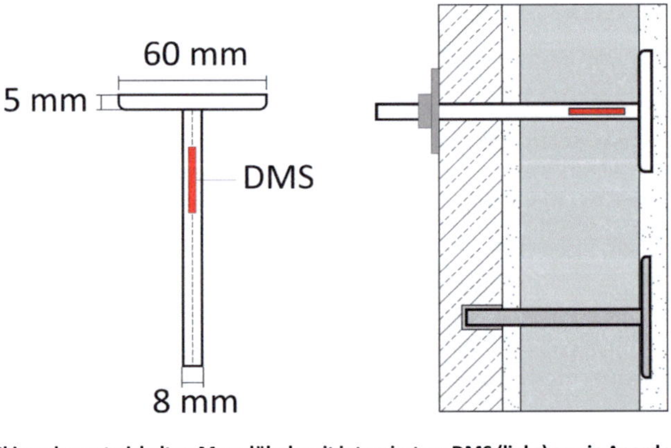


**Abbildung B-18: Skizze des entwickelten Messdübels mit integriertem DMS (links) sowie Anordnung im WDVS mit rückseitiger Verspannung an der Trägerwand (rechts) im Vergleich zum in der Trägerwand verankerten Systemdübel**

Die Messung der Belastung soll durch die Anordnung von Dehnungsmesstreifen (DMS) am bzw. im Dübel erfolgen. Bei der Positionierung der DMS im Dübel ist zu berücksichtigen, dass sie bei der Installation der Dübel schadensfrei bleiben. Die Messung der vom Dübel abgetragenen Windsogbelastung soll zudem ungestört von sich an den Schaftenden ggf. einstellenden Beeinflussungen durch den Dübelteller bzw. die Dübelfixierung erfolgen. Daher werden die DMS axial im Dübelschaft vier Zentimeter unterhalb des Dübeltellers angeordnet (vgl. Abbildung B-18, links).

Installiert werden die für die Anwendung in der Bolzenlängsachse konstruierten DMS durch das Einlassen und Verkleben in einer im Schaft anzuordnenden Bohrung. Die Messdatenübertragung erfolgt kabelgebunden. Zwecks Wiederverwendbarkeit und zur materialschonenden Montage ist der Messdübel so konstruiert, dass er rückseitig an der Trägerwand verspannt wird und nicht durch Einschrauben bzw. Einschlagen im Untergrund fixiert werden muss (vgl. Abbildung B-18, rechts).

**Kalibrierung**

Die Kalibrierung erfolgt für jeden Messdübel einzeln durch axiale Belastung in Dübelschaftrichtung im Zugprüfstand durch gezieltes Abfahren einer Messkurve mit Maximalbelastung von 5 kN sowie der gleichzeitigen Datenerfassung der installierten DMS. Die ermittelten Kennlinien werden zudem händisch durch die Belastung mittels Gewichtsscheiben kontrolliert. Sind die Dübel im WDVS verbaut, kann anhand der übermittelten Messwerte auf die zugehörige Belastung rückgeschlossen werden. Die in Abbildung B-19 dargestellten, im Dübeldurchzugversuch aufgezeichneten Kraftverläufe von Messdübel- bzw. der prüfstandinternen Kraftmessdose weisen die Funktionsfähigkeit der Messdübel zur Erfassung der Dübelbelastung in Schaftrichtung nach.

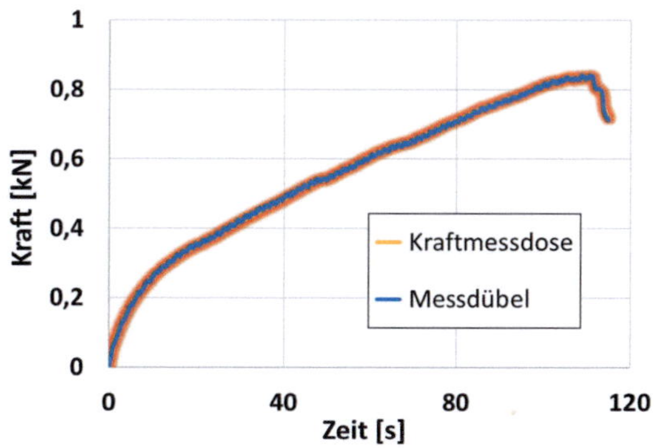


**Abbildung B-19: Darstellung der anlagenintern und vom Messdübel erfassten Messwerte eines Zugversuchs**

**Gleichwertigkeitsnachweis zu herkömmlichen Systemdübeln**

Standardmäßig sind im Windsogversuchsstand die systeminternen Dübel zur Befestigung der Dämmplatten zu verwenden. In [47] ist durch Krause nachgewiesen, dass die EPS-Tragfähigkeit nicht von dem verwendeten Dübel abhängig sei, sofern eine Mindestdübeltellersteifigkeit vorhanden ist. Ebenso kann nach der Entwurfsnorm DIN EN 17237 [25] die Ermittlung von Durchzugwiderständen ausdrücklich unter Verwendung des normativ definierten Referenzdübels erfolgen.

Dennoch erfolgt ein Nachweis der Gleichwertigkeit hinsichtlich identisch erzielbarer Bruchlasten über die im Abschnitt 3.3 dokumentierten Dübeldurchzugversuche. In Tabelle 3-4 sind die mittleren Bruchlasten der mittels Referenz- bzw. Systemdübeln durchgeführten Versuche festgehalten. Die erzielten Bruchlasten sind demnach unabhängig vom verwendeten Dübeltyp.

**Einfluss der Temperatur auf die Messdübeldaten**

Im Nachgang an die Versuchsdurchführung zeigte sich während der Datenauswertung, dass die im Messdübel verbauten Dehnungsmessstreifen empfindlich auf äußere Temperaturschwankungen reagieren. Bei der Anfertigung der Messdübel wurde aufgrund der geschützten Lage der DMS unterhalb des Putzsystems im WDVS sowie aus Platzgründen bewusst auf eine Erweiterung der verbauten Viertelbrücke mittels Temperaturkompensation verzichtet. Sie sollte bei einer eventuellen weiteren Messdübelserie jedoch ergänzt werden.

Die Korrelation der Messwertschwankungen mit der Temperatur lassen sich mit den Messwerten der nachfolgend dokumentierten, im Anschluss an die Bauteilversuche durchgeführten Untersuchung belegen. Es wurden die Daten dreier unbelasteter, horizontal gelagerter Messdübel parallel mit der Temperatur über einen Zeitraum von sieben Tagen aufgezeichnet. Zwei Dübel sind entsprechend der Anordnung im WDVS in einem EPS-Block angeordnet, der dritte ist unmittelbar von Raumluft umgeben. Der Aufbau ist in Abbildung B-20 dargestellt, die Messergebnisse zeigen nachfolgende Abbildungen B-21 und B-22. Bei vergleichender Betrachtung ist die eindeutige Korrelation der Messdübeldaten mit den Temperaturschwankungen zu entnehmen, die Schwankungsintensität wird durch die Installation im EPS bzw. WDVS lediglich reduziert.

Die temperaturinduzierten Schwankungen der Messdübeldaten sind im Rahmen der Auswertung der Großformatversuche in Kapitel 4 herausgerechnet.

**Abbildung B-20: Aufbau zur Ermittlung des Temperatureinflusses auf die Messdübel**

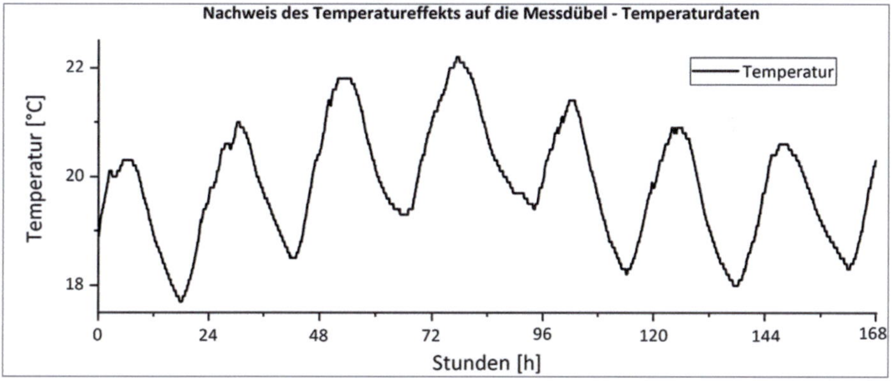


**Abbildung B-21: Temperaturmessdaten zwecks Nachweises des Temperatureinflusses auf die Messdübeldaten**

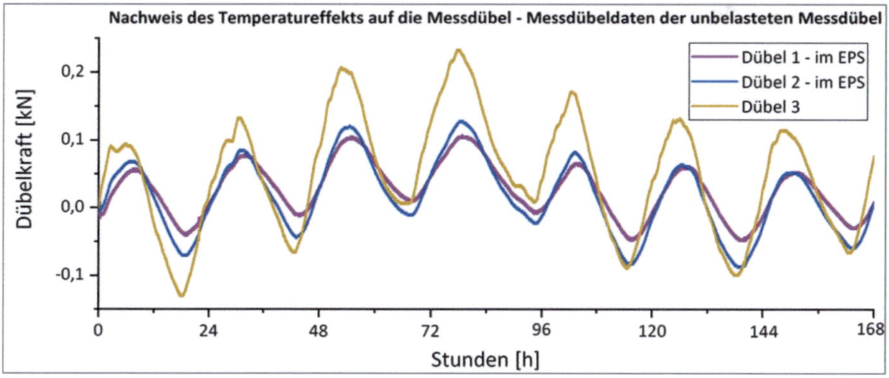


**Abbildung B-22: Messdübeldaten zwecks Nachweises des Temperatureinflusses auf die Messdübeldaten, Messdübel während der gesamten Datenaufzeichnung unbelastet**

## B.5 Nachweis der Druckbeaufschlagung

Die Prüfung von Fassadenaufbauten unter realitätsnaher Windsogbelastung erfordert eine gleichmäßig über den Prüfbereich aufzubauende sowie reproduzierbare Sogbeanspruchung nach den Richtlinienvorgaben. Die diesbezüglichen, im Rahmen dieser Arbeit an einer Betonwand im Windsogprüfstand durchgeführten Referenzmessungen als Nachweis für die Realisierbarkeit der Prüfungsanforderungen sind nachfolgend dokumentiert.

### B.5.1 Druckverlaufsprofil von Einzelstößen

Die Anforderungen an das Druckverlaufsprofil eines Laststoßes im Windsogversuch (vgl. Abbildung 2-14) sind unverändert in den Versionen der ETAG 004 ([33], [34], [35]) bzw. der EAD 040083-00-0404 [32] definiert.

Der Druckverlauf der Windsoganlage lässt sich durch die Ventilempfindlichkeitseinstellung sowie die optionale Deaktivierung einzelner Ventile anpassen, Druckhalte- bzw. Entlastungszeiten sind programmierbar (vgl. Kapitel B.2.1 ). Exemplarisch sind für vier Laststufen die im Prüfstand realisierten Druckverläufe eines Einzeldruckstoßes in Abbildung B-23 dargestellt.

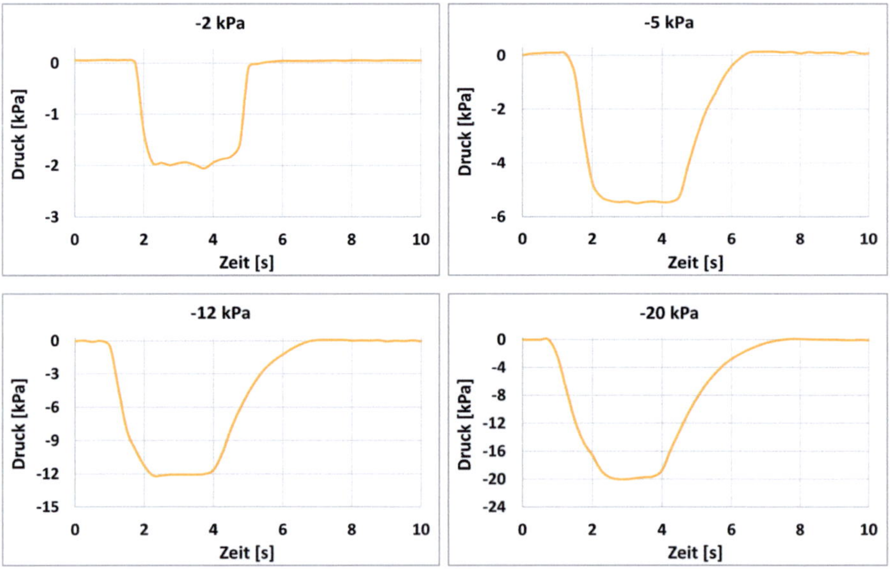


**Abbildung B-23: Profil des Druckverlaufs, Darstellung von 4 Einzeldruckstößen über -2, -5, -12 und -20 kPa**

### B.5.2 Druckverlaufsprofil von Einzelzyklen und einer Gesamtprüfung

Die Prüfzyklen bestehen entsprechend der Prüfungsvorgaben zum dynamischen Windsogversuch aus einer sich zyklisch wiederholenden Abfolge der in Abbildung B-23 beschriebenen Einzeldruckstöße. Der geforderte Verlauf eines 1415 Druckstöße umfassenden Einzelzyklus ist in Abbildung 2-15 dargestellt. Die Gesamtprüfung besteht aus einer Aneinanderreihung dieser Einzelzyklen unter Steigerung der Maximallast.

Nachfolgend dargestellt sind die aufgezeichneten Messdaten einer Referenzprüfung. Abbildung B-24 enthält exemplarisch den Druckverlauf von Zyklus 28 ($W_{100\%}$ = -13 kPa), Abbildung B-25 zeigt den Verlauf der Gesamtprüfung bis -20 kPa.

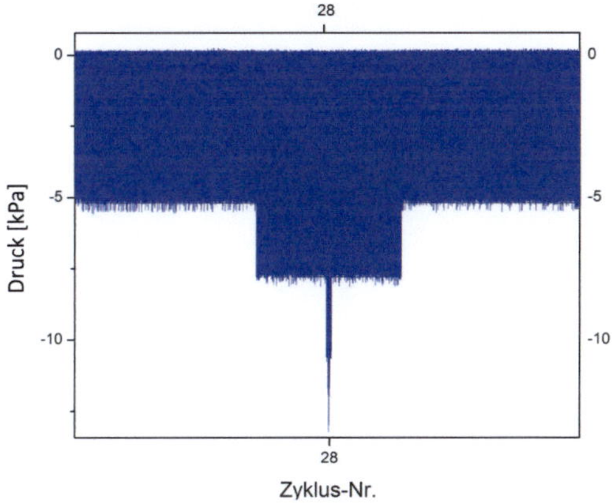


**Abbildung B-24: Darstellung des Druckverlaufs eines Einzelzyklus aus 1415 Druckstößen mit $W_{100\%}$ = -13,5 kPa**

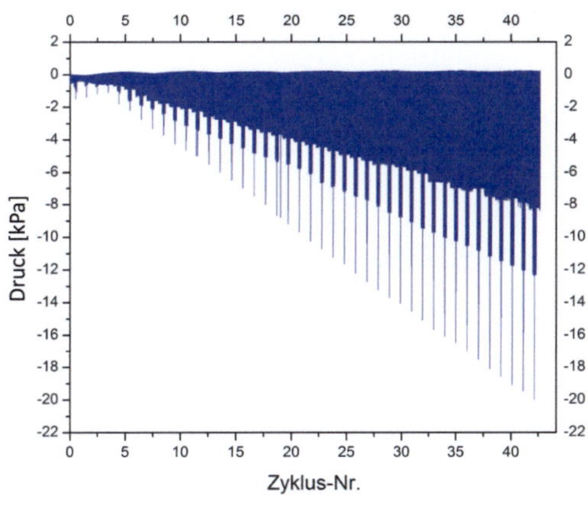


**Abbildung B-25: Darstellung des Druckverlaufs einer aus 42 Zyklen bestehenden Gesamtprüfung**

### B.5.3 Druckverteilung und Haltedauer

Zwecks gleichmäßiger Prüfkörperbelastung ist eine homogene Unterdruckverteilung über den gesamten Sogkammerbereich zu gewährleisten. Diesbezüglich befinden sich neben dem anlageninternen Sensor vier weitere, extern aufzeichnende Druckmesser (vgl. Abbildung B-14).

Zum Nachweis der gleichmäßigen Unterdruckverteilung sind die Messergebnisse der vier Drucksensoren bei drei verschiedenen Drucklaststufen in Abbildung B-26 dargestellt. Den Diagrammen sind die Sensordaten der vier externen Druckmesser sowie der Solldruck zu entnehmen. Über die Unterdruckhaltezeit von jeweils 20 Sekunden wird zudem nachgewiesen, dass sich Unterdrücke bei entsprechender Fassadendichtheit auch für einen längeren als in den Prüfungsanforderungen definierten Zeitraum aufrechterhalten lassen.

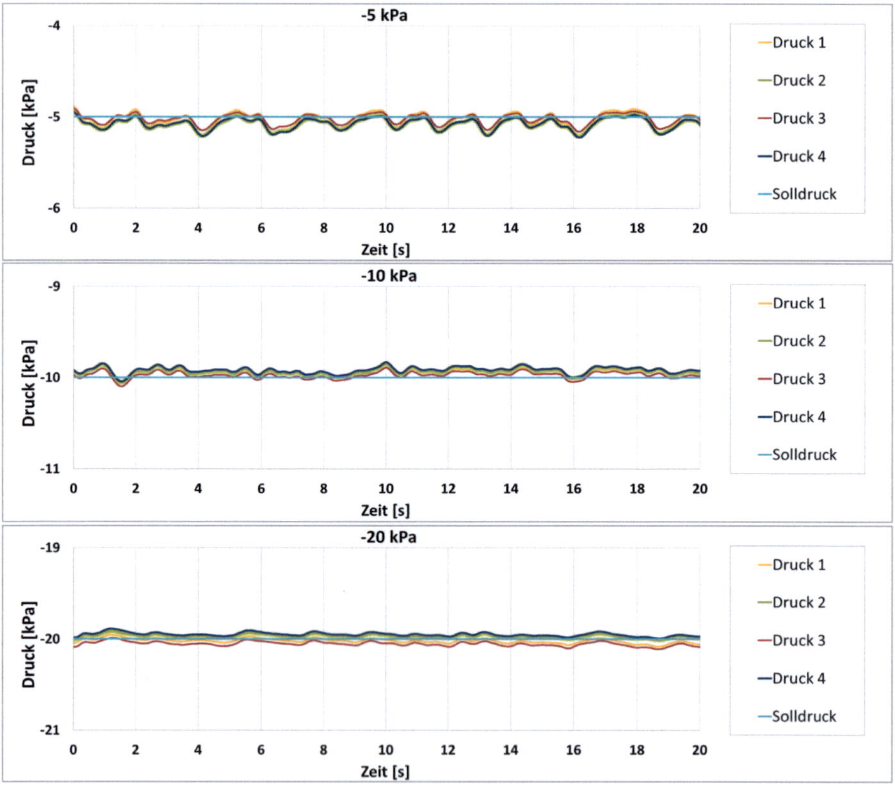


**Abbildung B-26: Darstellung der Druckverteilung an den drei Drucklaststufen -5, -10 und -20 kPa, Haltezeit 20 Sek.**

## B.6 Kontrollfunktion und Prüfungsabbruch

Prüfkörperreaktionen lassen sich anhand der Wegmess- und Messdübeldaten sowie visuell versuchsbegleitend verfolgen. Dadurch ist ein Prüfkörperversagen detektierbar. Überdies ist im Versuchsstand eine Kontrollfunktion zur Detektion von Prüfwandleckagen integriert. Hierüber ist ein vollautomatischer Prüfungsabbruch im Versagensfall möglich, eine permanente personelle Begleitung der Prüfung ist daher nicht erforderlich. Diese Funktion ist nachfolgend beschrieben.

### Volumenstrom als Abbruchindikator

Der vollautomatische Prüfungsabbruch basiert auf der Detektion einer Prüfkörperundichtigkeit als Bruchindikator. Undichtigkeiten lassen sich aus einem Vergleich der zum Unterdruckaufbau erforderlichen, anlagenintern ermittelten und vergleichbaren Volumenströme ableiten.

Im Rahmen der standardmäßigen Windsogprüfung werden je Zyklus neun verschiedene Messreihen bzw. Laststufen abgefahren. Für jeden Einzeldruckstoß wird der durch die Sogventile umgesetzte und für die Belastung notwendige Volumenstrom erfasst (vgl. Abschnitt B.4.1 - Messung der Ventilarbeit).

Abbildung B-27 hebt die Messreihen 1, 2, 8 und 9 hervor. Bei ihnen wird aus den jeweils ersten zehn Unterdruckstößen der durchschnittliche Volumenstrom $DS$ nach Gleichung Gl. (B.2) gebildet. Für alle weiteren Ventilströme der Unterdruckstöße $V_{ges}$ wird die Änderungsrate im Vergleich zu $DS$ errechnet (vgl. Gl. (B.3)).

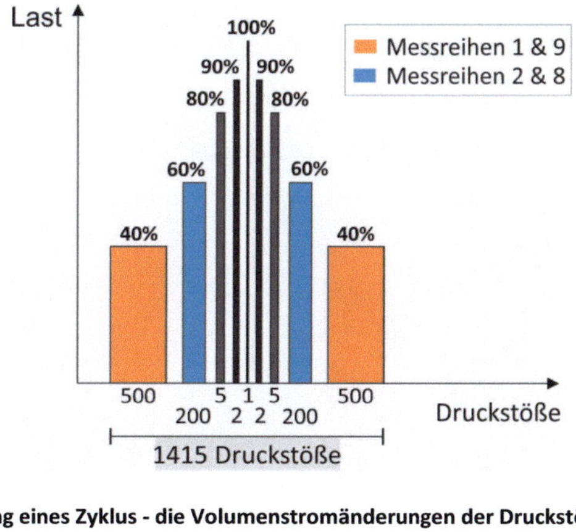


**Abbildung B-27: Darstellung eines Zyklus - die Volumenstromänderungen der Druckstöße der Messreihen 1 und 9 bzw. 2 und 8 dienen als Abbruchkriterium für die Prüfung**

Ermittlung des durchschnittlichen Volumenstroms $DS$

$$DS_i = \frac{1}{10} * \sum_{n=1}^{10} V_{ges,n} \qquad \text{Gl. (B.2)}$$

Änderungsrate eines Einzeldruckstoßes innerhalb einer Messreihe:

$$Anstieg\ [\%] = \left(\frac{V_{ges,n}}{DS_i} * 100\right) - 100 \qquad \text{Gl. (B.3)}$$

Dabei ist:

$DS_i$ durchschnittlicher Volumenstrom der ersten 10 Druckstöße [-]

$V_{ges}$ Volumenstrom eines Einzeldruckstoßes nach Gl. (B.1) [-]

Liegt die Änderungsrate des aktuellen Druckstoßes oberhalb eines zu definierenden Grenzwerts, pausiert die Prüfanlage den Windsogversuch. Zusätzlich erfolgt ein Vergleich der Mittelwerte $DS_1$ und $DS_9$ der Zyklen 1 und 9 sowie $DS_2$ und $DS_8$ der Zyklen 2 und 8, auch hier erfolgt ein Pausieren bei Überschreitung des Grenzwertes.

Die Funktion verhindert ein weiteres Belasten von defekten Prüfwänden. Sollte der Schutzmechanismus fehlerhaft ausgelöst haben, kann die Prüfung nach Begutachtung des Prüfkörpers fortgesetzt werden.

Erfahrungsgemäß liegen Änderungsraten bei erfolgtem Prüfkörperbruch oberhalb von 50 %.

Exemplarisch zeigt Abbildung B-28 die ermittelten Daten der Messreihen 1, 2, 8 und 9 aus dem Versagenszyklus 10 eines Windsogversuchs. Hier erfolgt ein Abbruch der Prüfung aufgrund des deutlichen Anstiegs des durchschnittlichen Volumenstroms zwischen Messreihe 2 und 8.

**Abbildung B-28: Übersichtsfenster mit Darstellung der durchschnittlichen Volumenströme und Änderungsraten**

# C Untersuchungen zur Ermittlung des Durchzug-widerstands

## C.1 Versuchsverläufe der zyklischen Prüfreihen

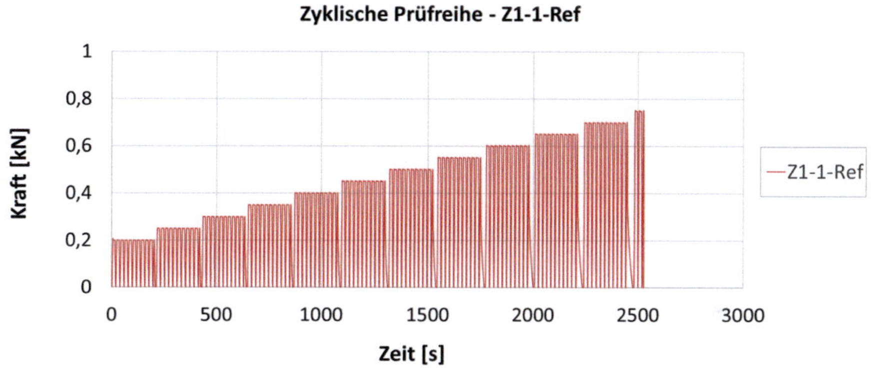


**Abbildung C-1: Kraft-Zeit-Verlauf des Gesamtversuchs Z1-1-Ref**

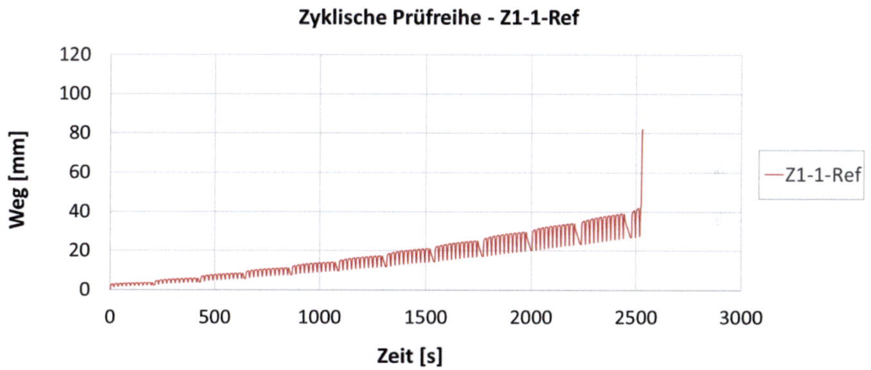


**Abbildung C-2: Weg-Zeit-Verlauf des Gesamtversuchs Z1-1-Ref**

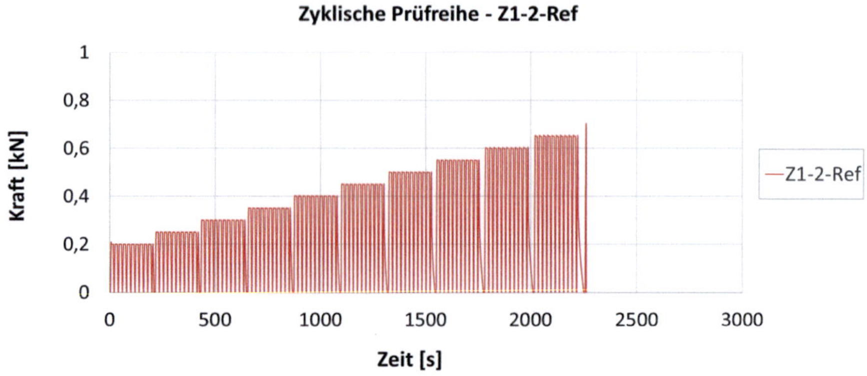


**Abbildung C-3: Kraft-Zeit-Verlauf des Gesamtversuchs Z1-2-Ref**

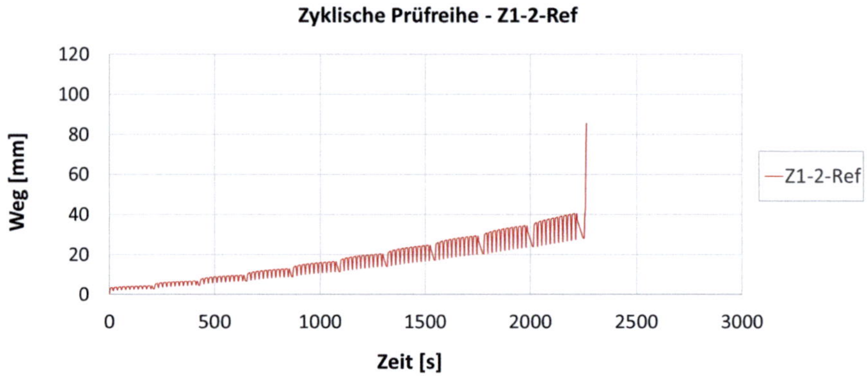


**Abbildung C-4: Weg-Zeit-Verlauf des Gesamtversuchs Z1-2-Ref**

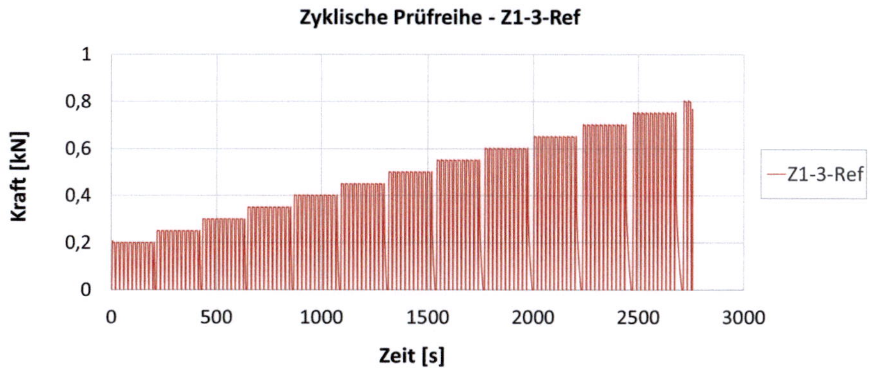


**Abbildung C-5: Kraft-Zeit-Verlauf des Gesamtversuchs Z1-3-Ref**

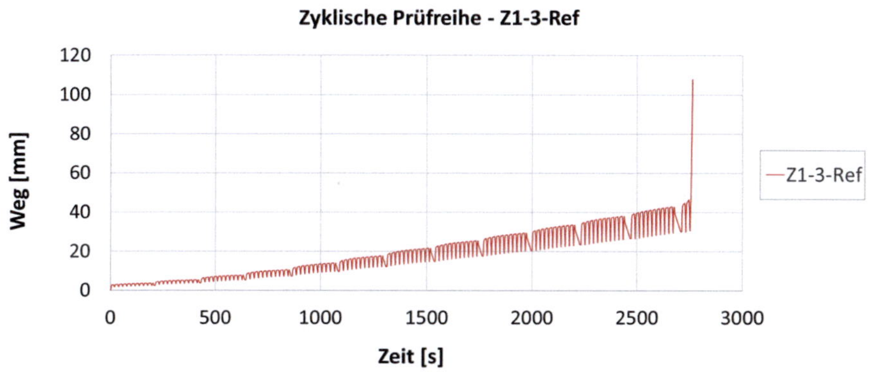


**Abbildung C-6: Weg-Zeit-Verlauf des Gesamtversuchs Z1-3-Ref**

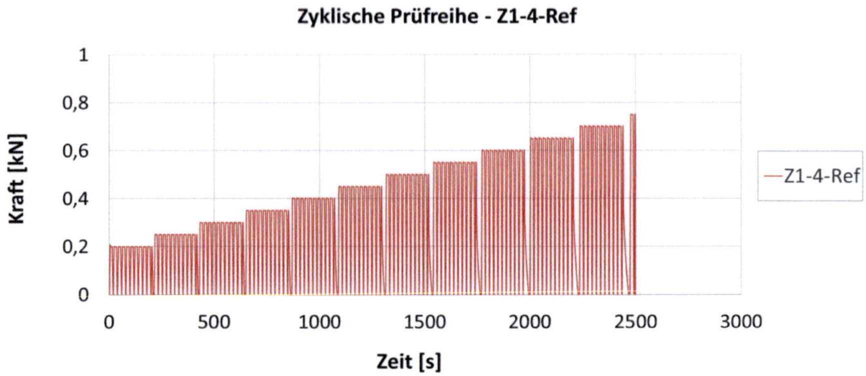


**Abbildung C-7: Kraft-Zeit-Verlauf des Gesamtversuchs Z1-4-Ref**

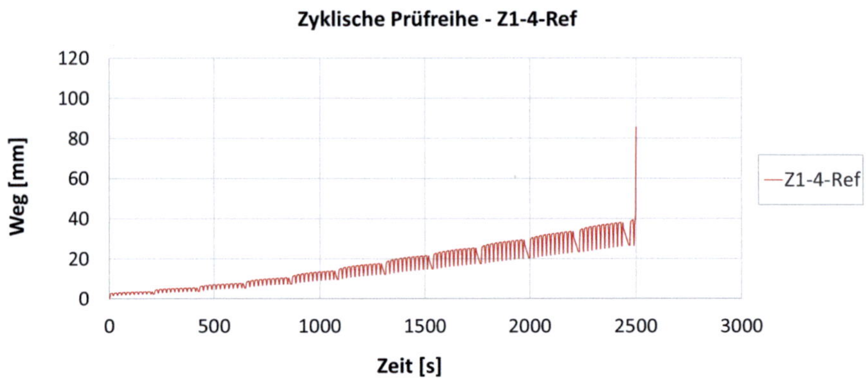


**Abbildung C-8: Weg-Zeit-Verlauf des Gesamtversuchs Z1-4-Ref**

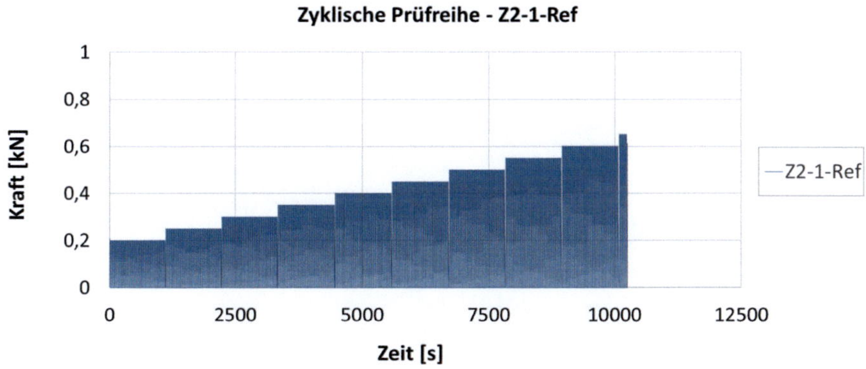


**Abbildung C-9: Kraft-Zeit-Verlauf des Gesamtversuchs Z2-1-Ref**

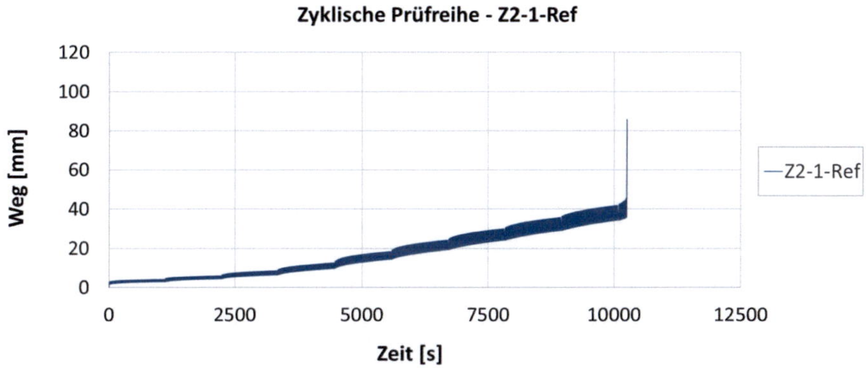


**Abbildung C-10: Weg-Zeit-Verlauf des Gesamtversuchs Z2-1-Ref**

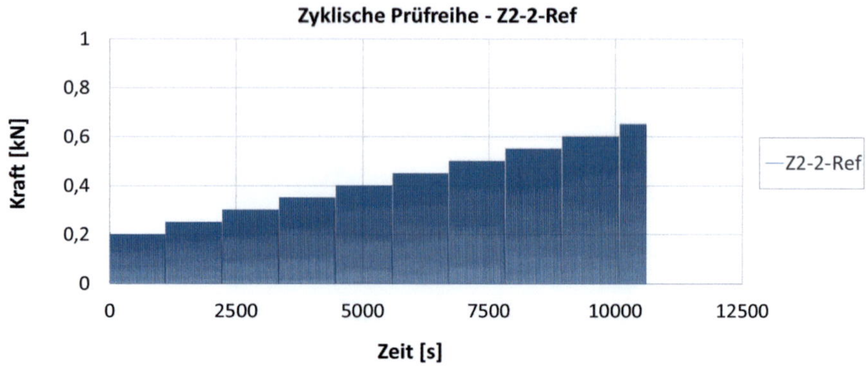


**Abbildung C-11: Kraft-Zeit-Verlauf des Gesamtversuchs Z2-2-Ref**

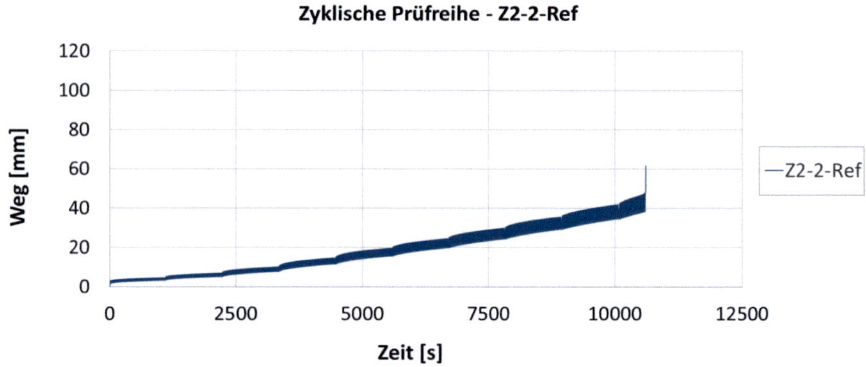


**Abbildung C-12: Weg-Zeit-Verlauf des Gesamtversuchs Z2-2-Ref**

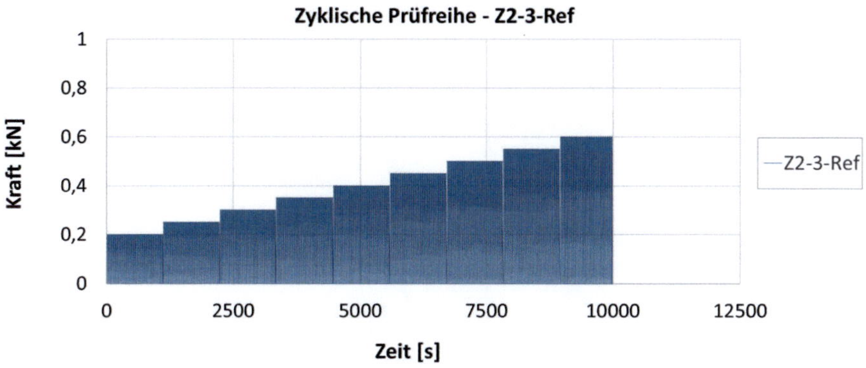


**Abbildung C-13: Kraft-Zeit-Verlauf des Gesamtversuchs Z2-3-Ref**

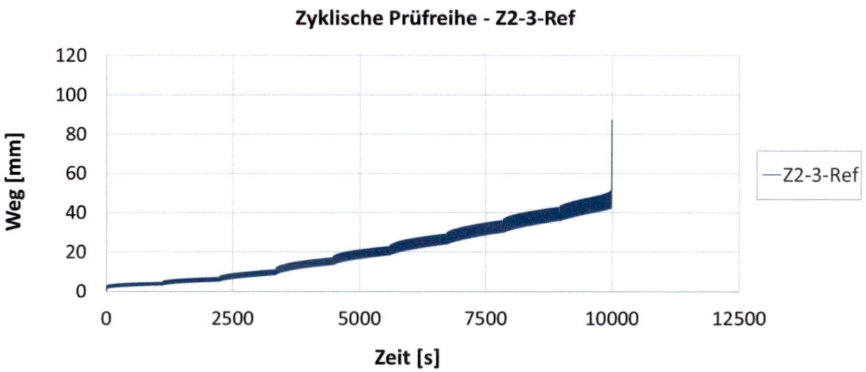


**Abbildung C-14: Weg-Zeit-Verlauf des Gesamtversuchs Z2-3-Ref**

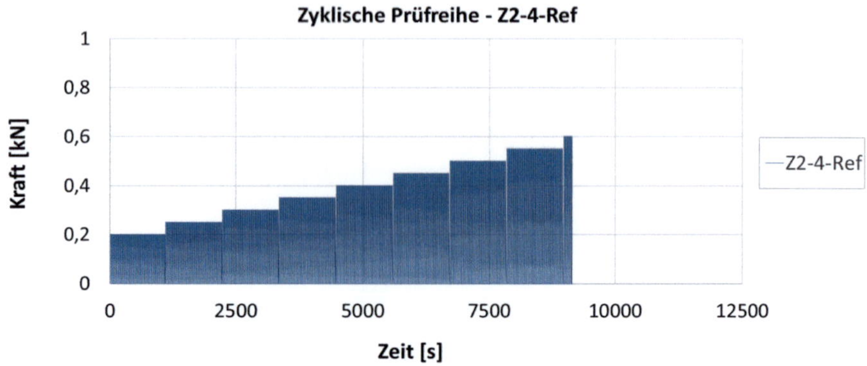


**Abbildung C-15: Kraft-Zeit-Verlauf des Gesamtversuchs Z2-4-Ref**

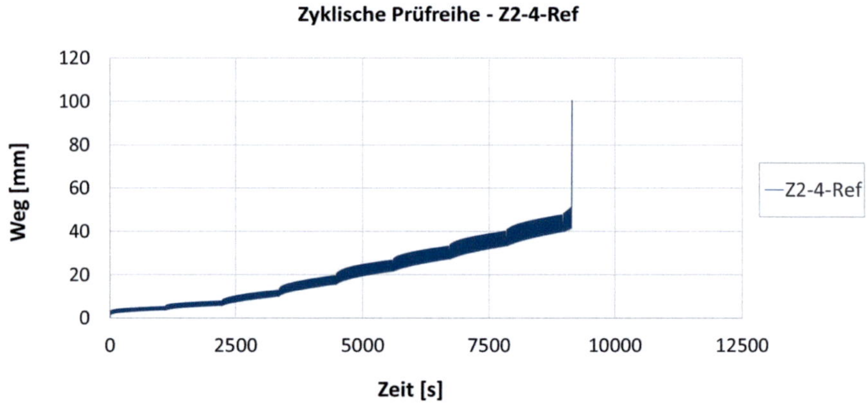


**Abbildung C-16: Weg-Zeit-Verlauf des Gesamtversuchs Z2-4-Ref**

## C.2 Dokumentation der Bruchbilder

**Tabelle C-1: Bruchkegeldarstellung der quasistatisch belasteten Prüfreihe S1-n-Ref mit Referenzdübel**

| quasistatische Prüfreihe mit Referenzdübel | |
|---|---|
|   |  |
|   |  |
|   |  |
|   |  |
|   | 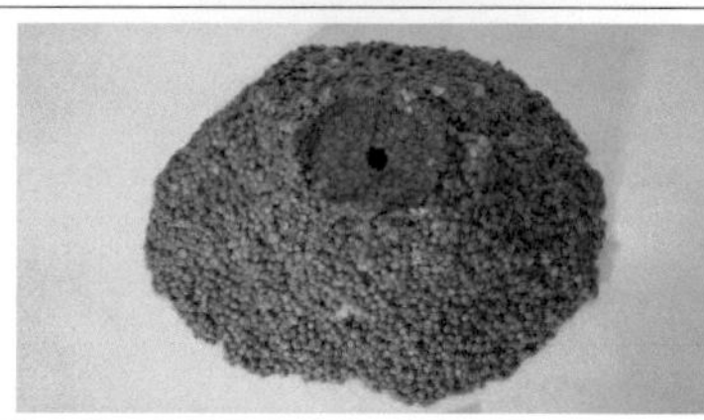 |

**Tabelle C-2: Bruchkegeldarstellung der quasistatisch belasteten Prüfreihe S2-n-Sys mit Systemdübel**

| quasistatische Prüfreihe mit Systemdübel | |
|---|---|
|   | 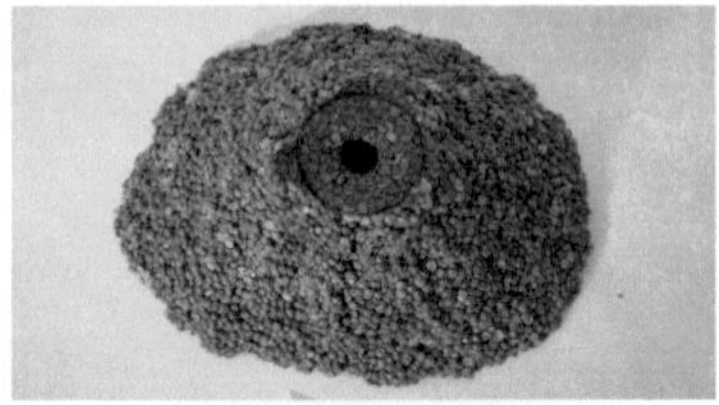 |
|   |  |
|   | 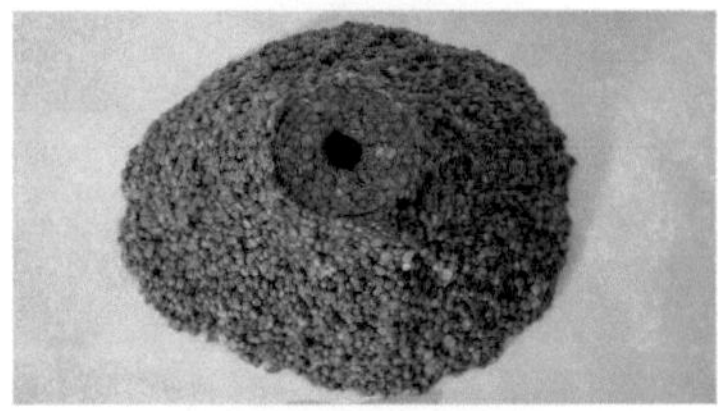 |
|   |  |
|   | 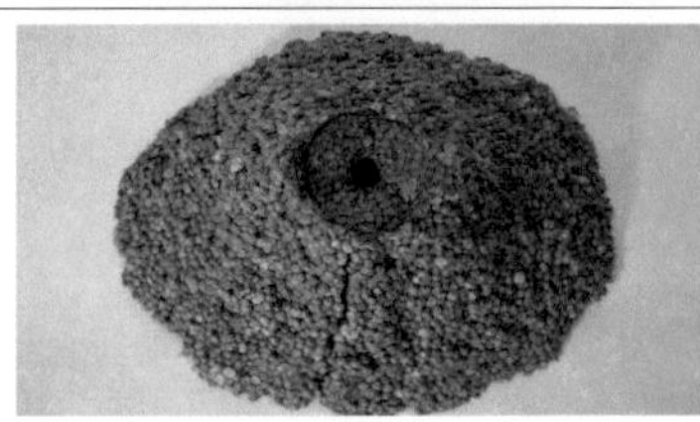 |

**Tabelle C-3: Bruchkegeldarstellung der zyklisch belasteten Prüfreihe Z1-n-Ref mit Referenzdübel**

<table>
<tr><th colspan="2">zyklische Prüfreihe mit Referenzdübel</th></tr>
<tr><td>
</td><td>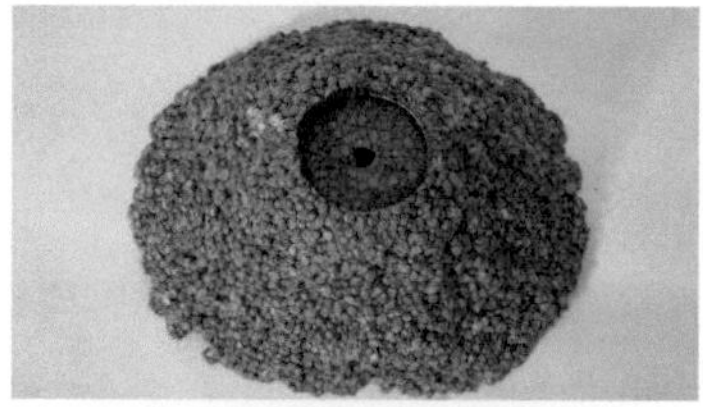</td></tr>
<tr><td>
</td><td>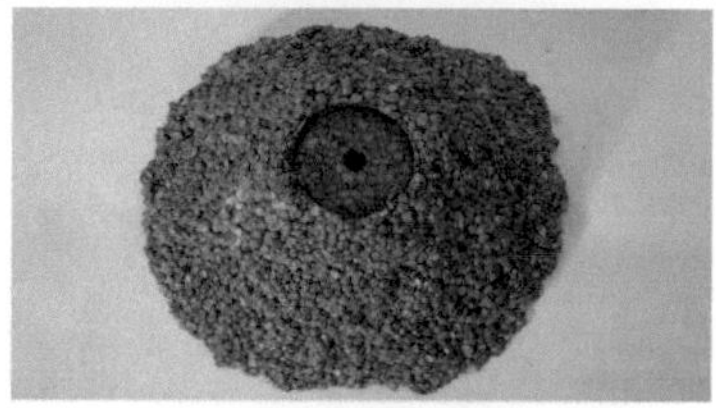</td></tr>
<tr><td>
</td><td></td></tr>
<tr><td>
</td><td></td></tr>
</table>

**Tabelle C-4: Bruchkegeldarstellung der zyklisch belasteten Prüfreihe Z2-n-Ref mit Referenzdübel**

| zyklische Prüfreihe mit Referenzdübel | |
|---|---|
|   | 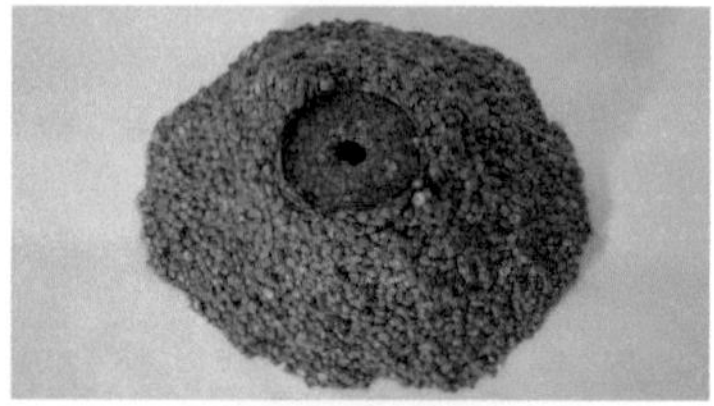 |
|   | 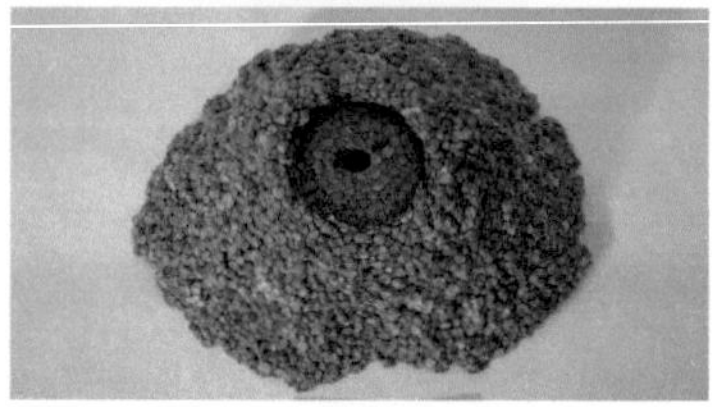 |
|   |  |
|   | 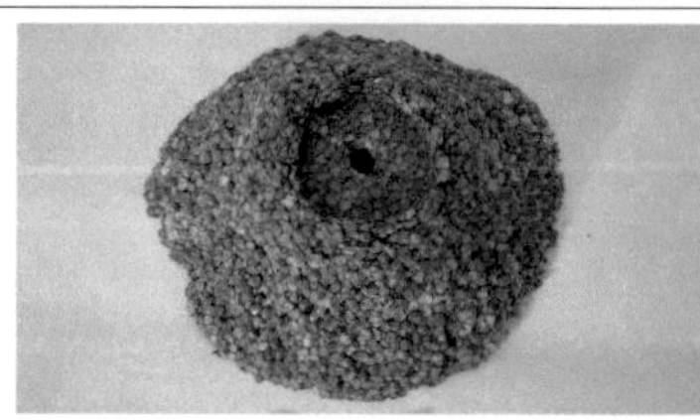 |

**Tabelle C-5: Zusammenfassende Bruchkegeldarstellung aller vier Prüfreihen**

S1-n-Ref

S2-n-Sys

Z1-n-Ref

Z2-n-Ref

## C.3 Versuchsergebnisse und geometrische Vermessung der Bruchkörper

**Tabelle C-6: Versuchsergebnisse sowie Messwerte der Bruchkegelgeometrie der Prüfreihen zur Ermittlung des Durchzugwiderstands**

| | | | | | Geometrische Auswertung | | | | | | | | | |
|---|---|---|---|---|---|---|---|---|---|---|---|---|---|---|
| | Rohdichte | | Durchzugskraft bei Versagen | | Höhe des Bruchkegels | | Einzelradien | | | | | | | |
| | Einzelprüfung | Mittelwert | Einzelprüfung | Mittelwert | Einzelprüfung | Mittelwert | | | | | | | | |
| | $\rho$ | | $F$ | | $h_b$ | | r1 | r2 | r3 | r4 | r5 | r6 | r7 | r8 |
| Bezeichnung | [kg/m³] | | [kN] | [kN] | [cm] | | [cm] | | | | | | | |
| **quasistatische Prüfreihen** | | | | | | | | | | | | | | |
| S1-1-Ref | 14,41 | | 0,82 | | 9,1 | | 13,7 | 12,0 | 9,9 | 11,6 | 12,6 | 12,9 | 12,2 | 11,9 |
| S1-2-Ref | 14,48 | | 0,84 | | 9,1 | | 14,2 | 11,2 | 10,2 | 13,1 | 13,5 | 13,9 | 12,2 | 13,0 |
| S1-3-Ref | 14,74 | 14,56 | 0,83 | 0,83 | 9,1 | 9,12 | 15,0 | 13,6 | 11,3 | 11,7 | 13,9 | 13,7 | 12,4 | 13,9 |
| S1-4-Ref | 14,52 | | 0,86 | | 9,1 | | 14,5 | 14,0 | 11,4 | 9,8 | 12,2 | 13,4 | 13,6 | 12,6 |
| S1-5-Ref | 14,66 | | 0,78 | | 9,2 | | 14,6 | 13,8 | 11,6 | 10,1 | 11,9 | 13,4 | 11,5 | 12,8 |
| S2-1-Sys | 14,42 | | 0,82 | | 8,8 | | 14,6 | 12,3 | 11,6 | 13,9 | 13,5 | 11,0 | 9,9 | 12,9 |
| S2-2-Sys | 14,66 | | 0,79 | | 8,8 | | 14,4 | 12,4 | 10,0 | 11,5 | 12,9 | 13,2 | 12,0 | 12,3 |
| S2-3-Sys | 14,39 | 14,56 | 0,82 | 0,82 | 8,8 | 8,72 | 13,3 | 11,0 | 9,5 | 10,5 | 12,1 | 10,0 | 10,8 | 12,1 |
| S2-4-Sys | 14,83 | | 0,82 | | 8,7 | | 14,8 | 13,5 | 9,6 | 9,9 | 12,3 | 14,0 | 13,0 | 13,3 |
| S2-5-Sys | 14,5 | | 0,85 | | 8,5 | | 15,2 | 12,6 | 12,8 | 13,8 | 13,6 | 10,4 | 10,4 | 12,9 |
| **zyklische Prüfreihen** | | | | | | | | | | | | | | |
| Z1-1 | 14,44 | | 0,8 | | 7,9 | | 13,1 | 11,5 | 13,0 | 12,5 | 11,3 | 9,7 | 11,5 | 12,9 |
| Z1-2 | 13,87 | 14,23 | 0,7 | 0,75 | 8,0 | 7,93 | 13,1 | 12,4 | 12,4 | 11,6 | 11,8 | 9,9 | 9,7 | 12,4 |
| Z1-3 | 14,63 | | 0,8 | | 7,7 | | 13,1 | 10,3 | 9,7 | 11,6 | 12,3 | 11,6 | 12,6 | 11,7 |
| Z1-4 | 13,98 | | 0,8 | | 8,1 | | 13,8 | 12,9 | 10,3 | 9,1 | 11,1 | 12,6 | 12,1 | 11,5 |
| Z2-1 | 14,675 | | 0,7 | | 7,2 | | 12,2 | 10,7 | 10,0 | 11,3 | 11,2 | 10,3 | 9,6 | 10,0 |
| Z2-2 | 14,514 | 14,56 | 0,7 | 0,63 | 7,0 | 6,90 | 12,5 | 10,0 | 9,3 | 9,0 | 10,6 | 11,6 | 10,8 | 10,2 |
| Z2-3 | 14,497 | | 0,6 | | 6,6 | | 11,5 | 10,3 | 9,4 | 9,3 | 9,4 | 10,9 | 9,9 | 10,7 |
| Z2-4 | 14,552 | | 0,6 | | 6,8 | | 11,2 | 9,0 | 8,9 | 10,2 | 9,5 | 10,4 | 10,5 | 10,4 |

| | Geometrische Auswertung | | | | | | | | | |
|---|---|---|---|---|---|---|---|---|---|---|
| | maximaler Radius | | mittlerer Radius | | Rundheit | | Winkel, Bezugshöhe: $h_b$ | | Winkel, Bezugshöhe: 10 cm | |
| | Probekörper | Mittelwert | Probekörper | Mittelwert | Probekörper | Mittelwert | Probekörper | Mittelwert | Probekörper | Mittelwert |
| | $r_{max}$ | | $r_m$ | | $R$ | | $\alpha_{hb}$ | | $\alpha_{10}$ | |
| Bezeichnung | [cm] | | [cm] | | [-] | | [°] | | [°] | |
| **quasistatische Prüfreihen** | | | | | | | | | | |
| S1-1-Ref | 13,7 | | 12,1 | | 2,93 | | 45,0 | | 47,7 | |
| S1-2-Ref | 14,2 | | 12,7 | | 3,65 | | 43,3 | | 46,0 | |
| S1-3-Ref | 15,0 | 14,4 | 13,2 | 12,6 | 3,34 | 3,57 | 41,8 | 41,9 | 44,5 | 46,1 |
| S1-4-Ref | 14,5 | | 12,7 | | 4,07 | | 43,2 | | 45,9 | |
| S1-5-Ref | 14,6 | | 12,5 | | 3,86 | | 36,4 | | 46,6 | |
| S2-1-Sys | 14,6 | | 12,5 | | 4,17 | | 42,9 | | 46,6 | |
| S2-2-Sys | 14,4 | | 12,3 | | 3,41 | | 43,3 | | 47,0 | |
| S2-3-Sys | 13,3 | 14,5 | 11,2 | 12,2 | 3,32 | 4,04 | 47,2 | 43,4 | 50,8 | 47,3 |
| S2-4-Sys | 14,8 | | 12,6 | | 4,96 | | 42,3 | | 46,3 | |
| S2-5-Sys | 15,2 | | 12,7 | | 4,35 | | 41,2 | | 45,8 | |
| **zyklischePrüfreihen** | | | | | | | | | | |
| Z1-1 | 13,1 | | 11,9 | | 3,09 | | 41,5 | | 48,2 | |
| Z1-2 | 13,1 | 13,3 | 11,7 | 11,7 | 3,27 | 3,34 | 42,7 | 42,3 | 49,1 | 48,9 |
| Z1-3 | 13,1 | | 11,6 | | 3,01 | | 41,8 | | 49,3 | |
| Z1-4 | 13,8 | | 11,7 | | 3,99 | | 43,0 | | 49,1 | |
| Z2-1 | 12,2 | | 10,7 | | 2,28 | | 43,2 | | 52,5 | |
| Z2-2 | 12,5 | 11,9 | 10,5 | 10,3 | 3,06 | 2,40 | 43,0 | 43,2 | 53,1 | 53,7 |
| Z2-3 | 11,5 | | 10,2 | | 2,15 | | 42,6 | | 54,3 | |
| Z2-4 | 11,2 | | 10,0 | | 2,12 | | 44,1 | | 55,0 | |

# D Untersuchungen im Windsogprüfstand

## D.1 Modelldarstellungen

**Tabelle D-1: Modelldarstellung der verklebt ausgeführten EPS-Systeme mit Kennzeichnung des Befestigungsbildes und Randandichtungslage**

| | |
|---|---|
| EPS, Verklebung | Flächenanteil: 40 % - Punkt-Wulst-Verfahren |
| Prüfwand: 1.1_K40_ETAG | ● Klebefläche |
| 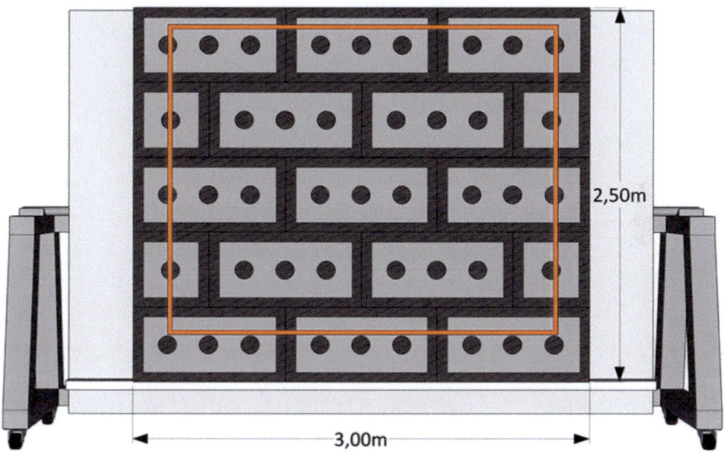 | |
| EPS, Verklebung | Flächenanteil: 100 % - vollflächig |
| Prüfwände: 2.1_K100_ETAG, 2.2_K100_ETAG_bew, 2.3_K100_alt ● Klebefläche | |
| 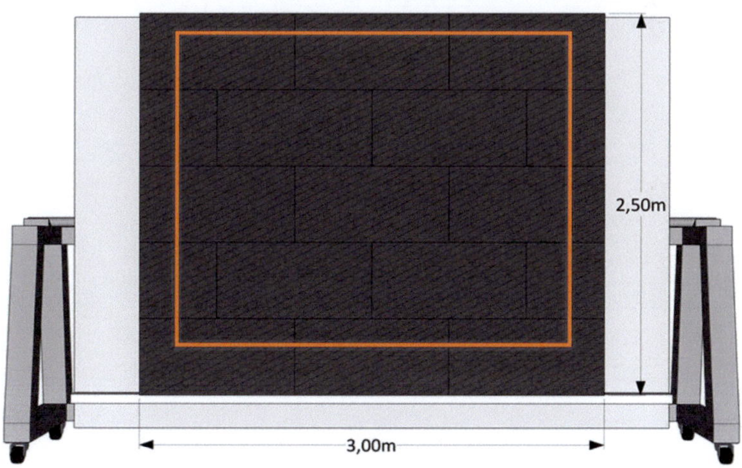 | |

**Tabelle D-2: Modelldarstellung der gedübelt ausgeführten EPS-Systeme mit Kennzeichnung des Befestigungsbildes sowie der Messdübel- und Randandichtungslage**

| | |
|---|---|
| EPS, Dübelanzahl pro m²: 2 | Dübelschema: Fuge/Fläche |
| Prüfwand: - | ● Systemdübel ○ Messdübel |
| nicht verfügbar, da Schema nicht ausführbar | |
| EPS, Dübelanzahl pro m²: 2 | Dübelschema: Fläche |
| Prüfwand: 3.1_D2A_ETAG | ●Systemdübel ○ Messdübel (intakt) ○ Messdübel (defekt) |
| 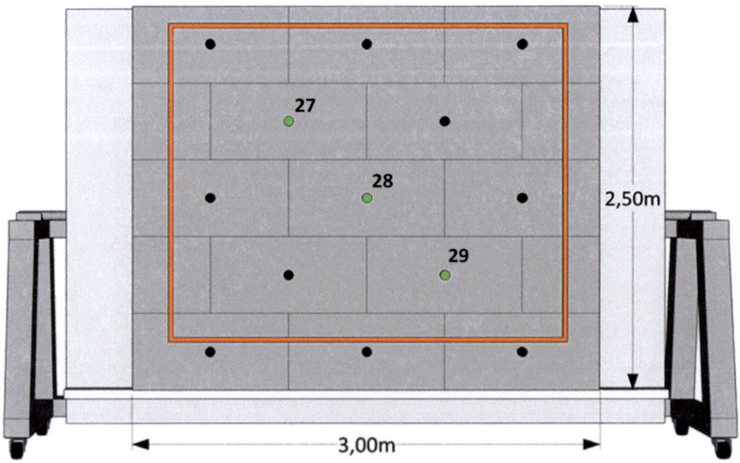  | |

**Tabelle D-3: Modelldarstellung der gedübelt ausgeführten EPS-Systeme mit Kennzeichnung des Befestigungsbildes sowie der Messdübel- und Randandichtungslage**

| | |
|---|---|
| EPS, Dübelanzahl pro m²: 4 | Dübelschema: Fuge/Fläche |
| Prüfwand: 4.1_D4_ETAG | ● Systemdübel ● Messdübel (intakt) ○ Messdübel (defekt) |

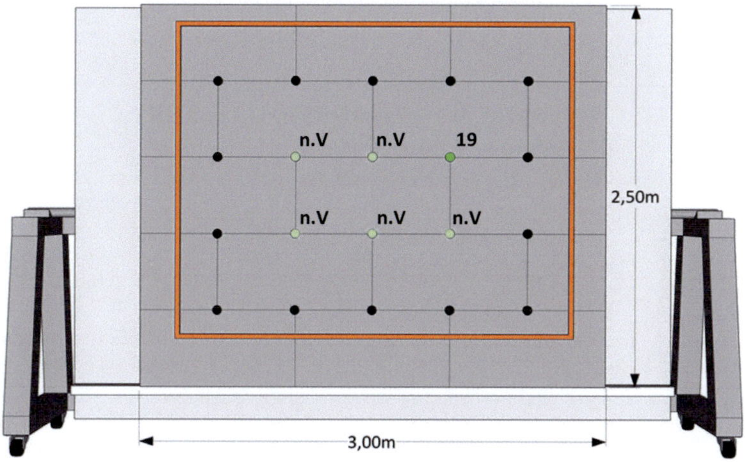


| | |
|---|---|
| EPS, Dübelanzahl pro m²: 4 | Dübelschema: Fuge/Fläche |
| Prüfwand: 4.2_D4_ETAG_bew | ● Systemdübel ● Messdübel (intakt) ○ Messdübel (defekt) |

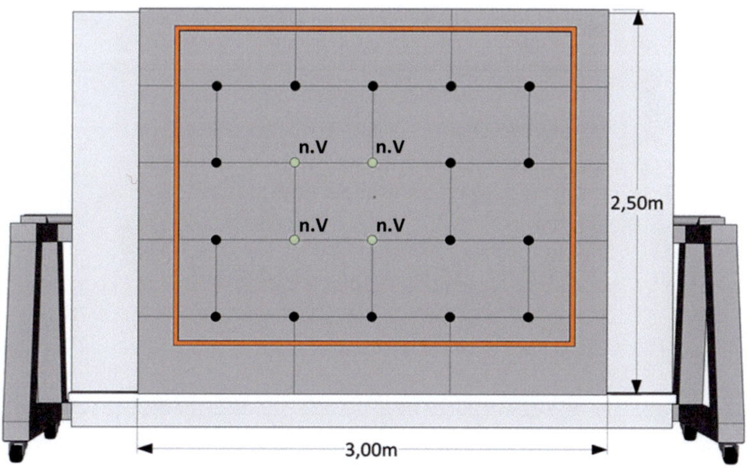

**Tabelle D-4: Modelldarstellung der gedübelt ausgeführten EPS-Systeme mit Kennzeichnung des Befestigungsbildes sowie der Messdübel- und Randandichtungslage**

| | |
|---|---|
| EPS, Dübelanzahl pro m²: 4 | Dübelschema: Fuge/Fläche |
| Prüfwand: 4.3_D4_alt | ●Systemdübel ● Messdübel (intakt) ○ Messdübel (defekt) |

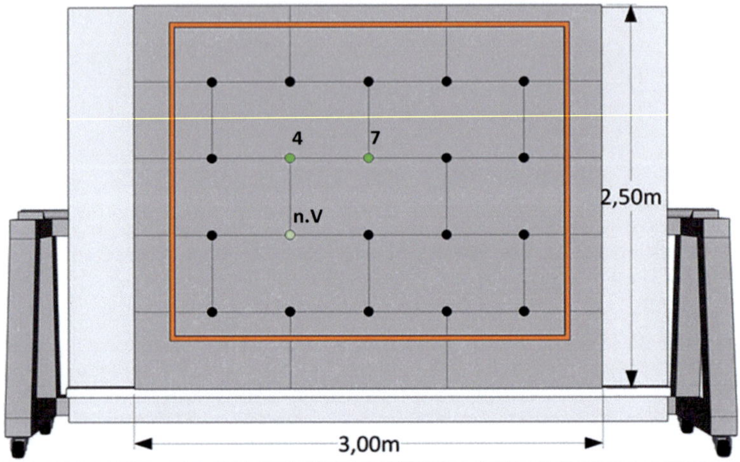


| | |
|---|---|
| EPS, Dübelanzahl pro m²: 4 | Dübelschema: Fläche |
| Prüfwand: 4.4_D4A_ETAG | ●Systemdübel ● Messdübel (intakt) ○ Messdübel (defekt) |

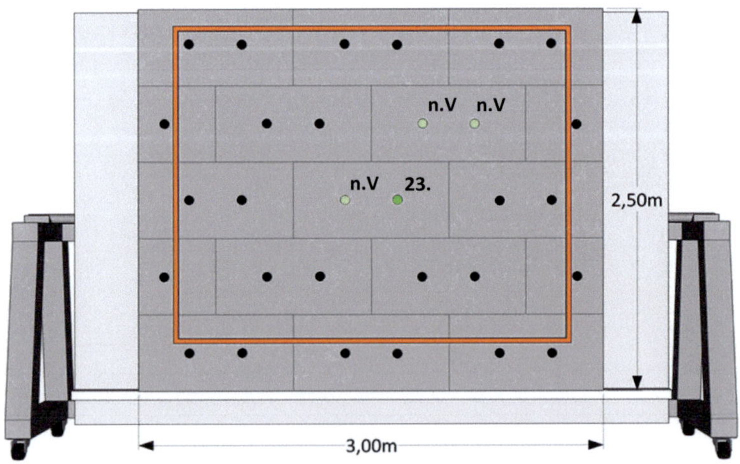

**Tabelle D-5: Modelldarstellung der gedübelt ausgeführten EPS-Systeme mit Kennzeichnung des Befestigungsbildes sowie der Messdübel- und Randandichtungslage**

| | |
|---|---|
| EPS, Dübelanzahl pro m²: 6 | Dübelschema: Fuge/Fläche |
| Prüfwand: 5.1_D6_ETAG | ● Systemdübel ● Messdübel (intakt) ○ Messdübel (defekt) |

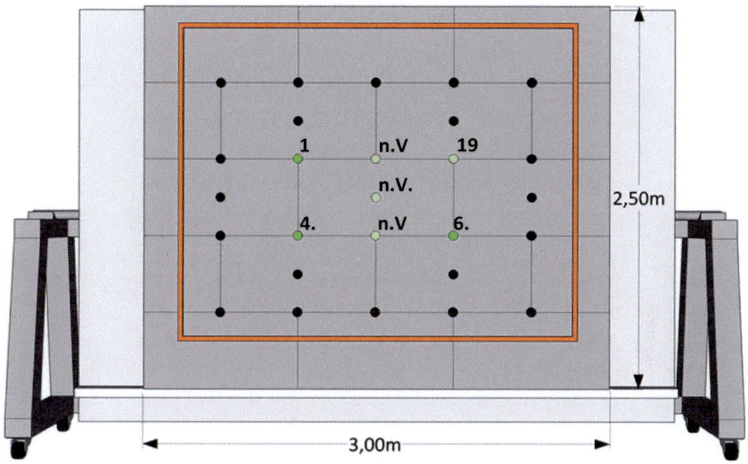


| | |
|---|---|
| EPS, Dübelanzahl pro m²: 6 | Dübelschema: Fläche |
| Prüfwand: 5.2_D6A_ETAG | ● Systemdübel ● Messdübel (intakt) ○ Messdübel (defekt) |

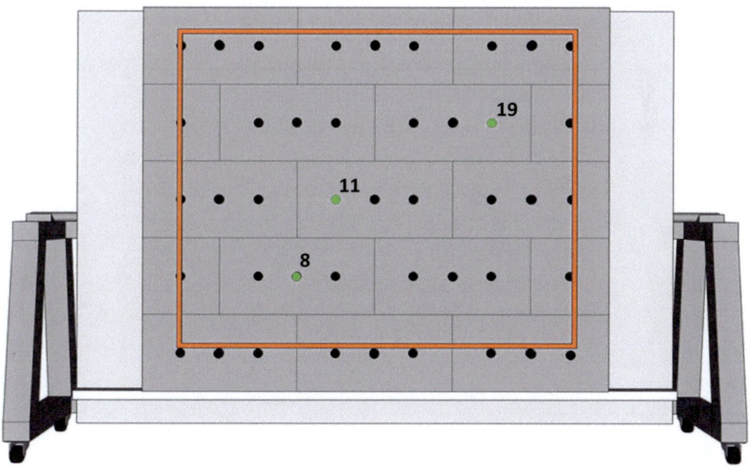

**Tabelle D-6: Modelldarstellung der gedübelt ausgeführten EPS-Systeme mit Kennzeichnung des Befestigungsbildes sowie der Messdübel- und Randandichtungslage**

| | |
|---|---|
| EPS, Dübelanzahl pro m²: 8 | Dübelschema: Fuge/Fläche |
| Prüfwand: 6.1_D8_ETAG | ●Systemdübel ● Messdübel (intakt) ○ Messdübel (defekt) |
| 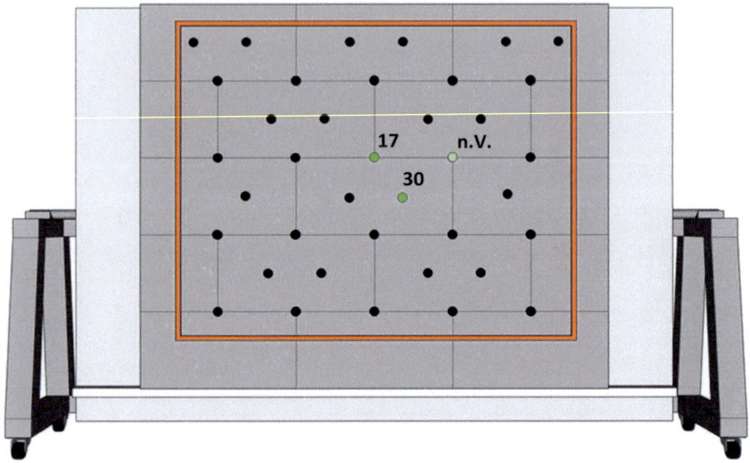 | |
| EPS, Dübelanzahl pro m²: 8 | Dübelschema: Fläche |
| Prüfwand: 6.2_D8A_ETAG | ●Systemdübel ● Messdübel (intakt) ○ Messdübel (defekt) |
| 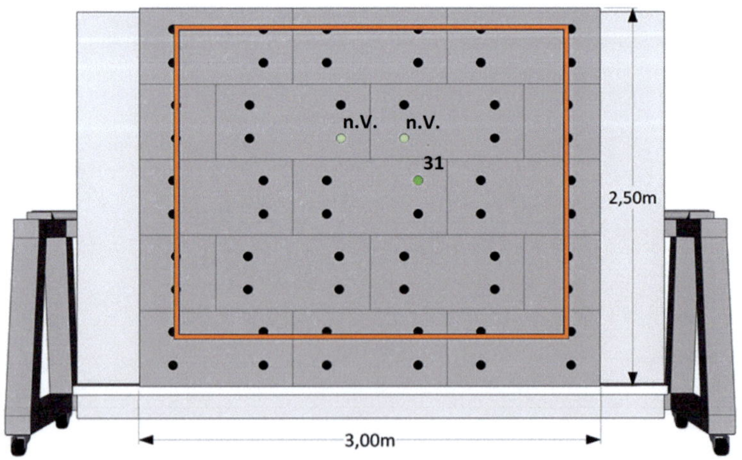 | |

**Tabelle D-7: Modelldarstellung der gedübelt ausgeführten EPS-Systeme mit Kennzeichnung des Befestigungsbildes sowie der Messdübel- und Randandichtungslage**

| | |
|---|---|
| EPS, Dübelanzahl pro m²: 4 | Dübelschema: Fuge/Fläche, Dübelung durch das Gewebe |
| Prüfwand: 7.1_D4Gew_ETAG | ●Systemdübel ● Messdübel (intakt) ○ Messdübel (defekt) |

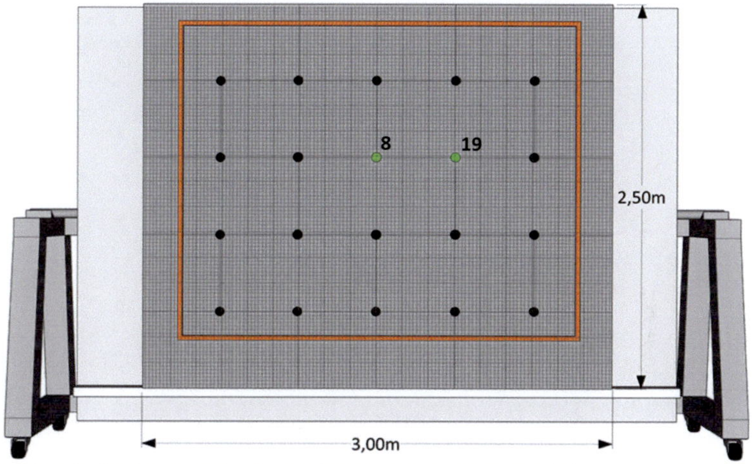

**Tabelle D-8: Modelldarstellung der kombiniert gedübelt und verklebt ausgeführten EPS-Systeme mit Kennzeichnung des Befestigungsbildes sowie der Messdübel- und Randandichtungslage**

| | |
|---|---|
| EPS: Dübelanzahl pro m²: 4, Verklebung | Dübelschema: Fuge/Fläche<br>Flächenanteil: 40 % - Punkt-Wulst-Verfahren |
| Prüfwand: 8.1_D4K40_ETAG | ● Systemdübel ● Messdübel (intakt) ○ Messdübel (defekt) |

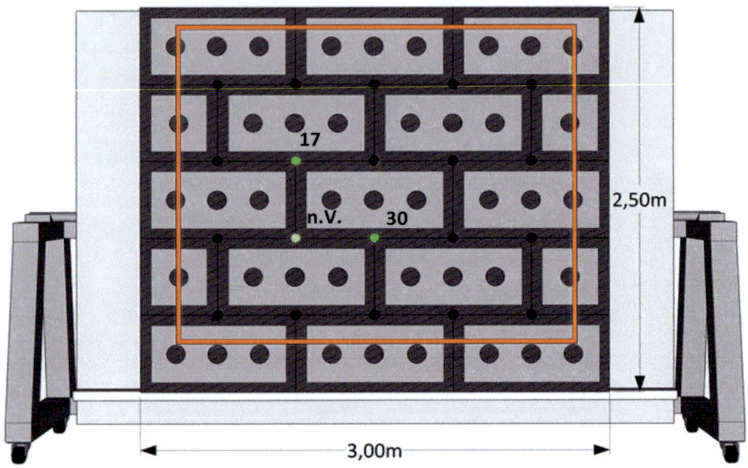


| | |
|---|---|
| EPS: Dübelanzahl pro m²: 4, Verklebung | Dübelschema: Fuge/Fläche<br>Flächenanteil: > 40 % - Punkt-Wulst-Verfahren |
| Prüfwand: 8.2_D4K>40_ETAG | ● Systemdübel ● Messdübel (intakt) ○ Messdübel (defekt) |

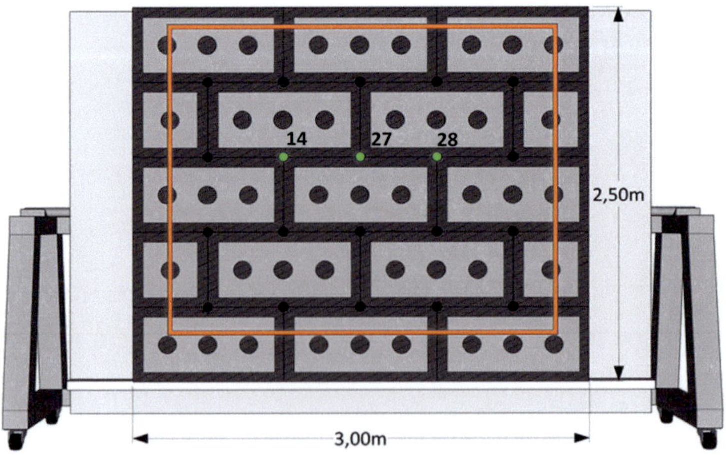

**Tabelle D-9: Modelldarstellung der verklebt ausgeführten MiWo-Systeme mit Kennzeichnung des Befestigungsbildes und der Randandichtungslage**

| | |
|---|---|
| MiWo-Lamellen, Verklebung | Flächenanteil: 40 % - Randwulst-Verfahren |
| Prüfwand:9.1_MiWo_LA_ETAG | ● Klebefläche |
| 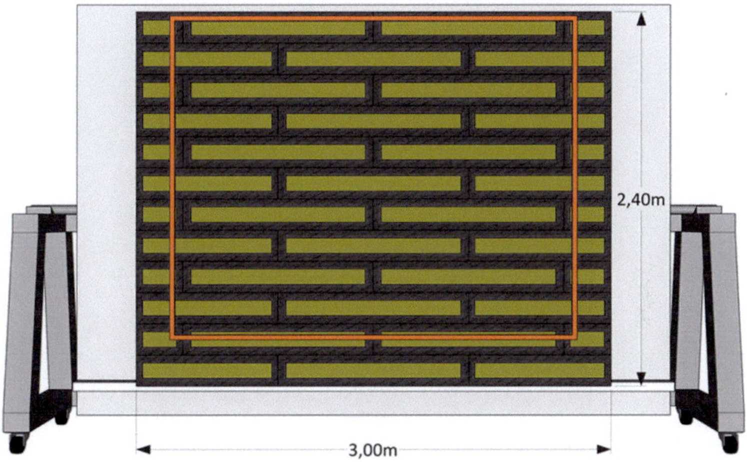 | |
| MiWo-Platten, Verklebung | Flächenanteil: 40 % - Wulst-Verfahren |
| Prüfwände: 9.2_MiWo_PL_ETAG, 9.3_MiWo_PL_ETAG, 9.4_MiWo_PL_ETAG | ● Klebefläche |
| 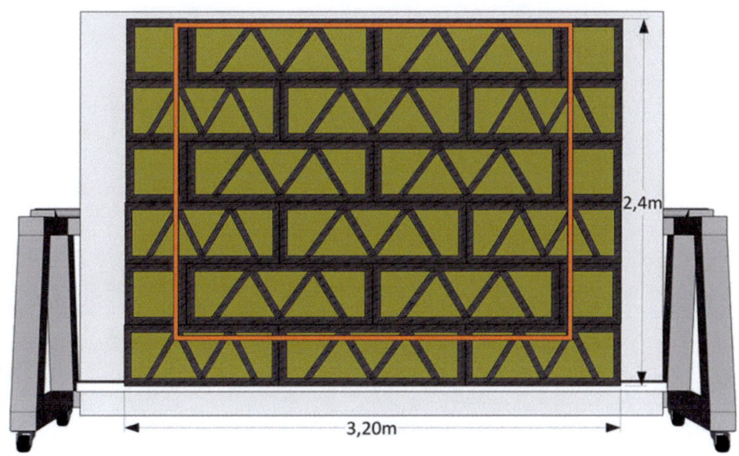 | |

# D.2 Dokumentation der Bruchbilder und Bruchkegel gedübelter Systeme

**Tabelle D-10: Mittig im Windsogfenster angeordnete EPS-Platten der im Dübelschema Fuge/Fläche ausgeführten Reihe nach Rückbau der Versuchswand, Wände 8.1 und 8.2 mit zusätzlich teilflächiger Verklebung**

| nach Dübelschema Fuge/Fläche ausgeführte Versuchsreihe | |
|---|---|
| 4.1_D4_ETAG | |
| 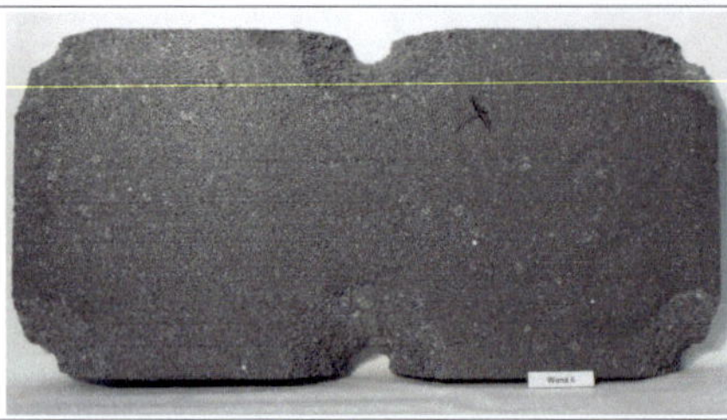 |  |
| 4.2_D4_ETAG_bew | |
|  |  |
| 4.3_D4_alt | |
|  |  |
| 5.1_D6_ETAG | |
| 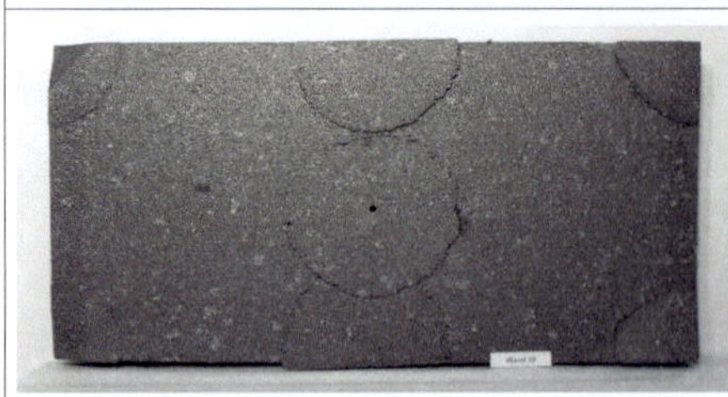 | 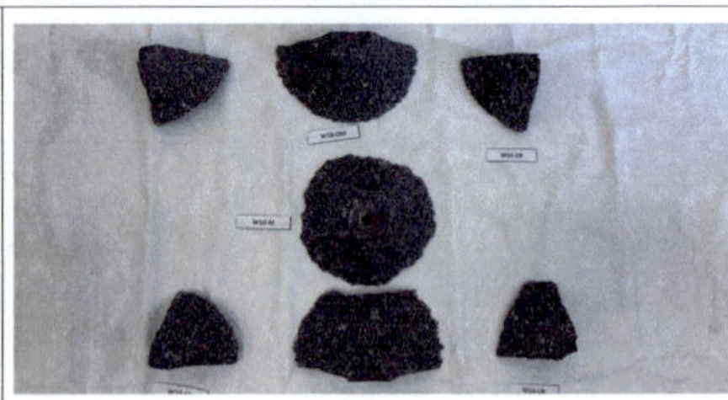 |

6.1_D8_ETAG (kein Bruchkegel, Anriss des EPS unterhalb der Dübelteller)

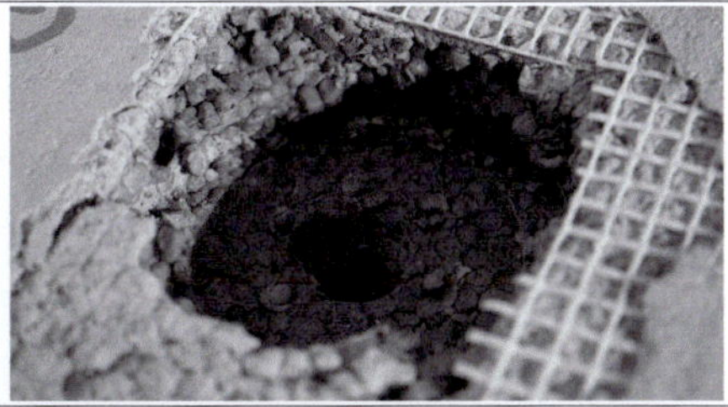

7.1_D4Gew_ETAG (kein Bruchkegel, erweiterter Dübeltellereinflussbereich)

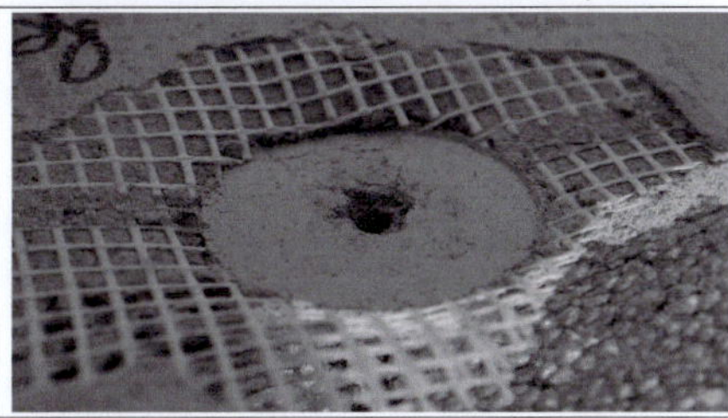

8.1_D4K40_ETAG (kein Bruchkegel, rückseitiges Dämmplattenversagen, leichte Dämmstoffkomprimierung unterhalb der Dübelteller)

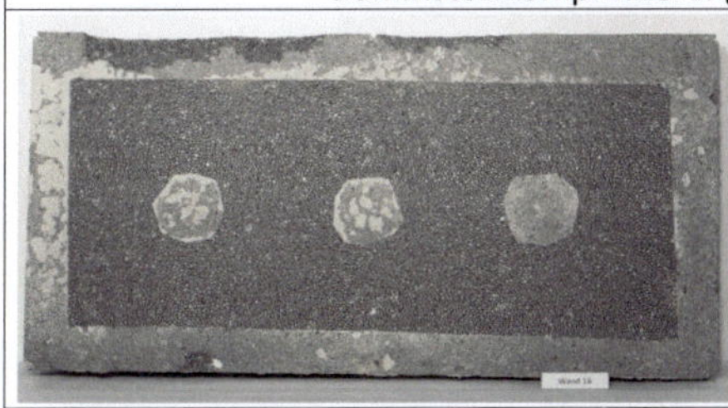

8.2_D4K>40_ETAG
(keine Bruchkegel, kein rückseitiges Dämmplattenversagen, Ansicht Dämmplatte während Rückbau, vorderseitige Ansicht mit kohäsiv im Dämmstoff gelöster Putzschicht (links) ohne nennenswerte Dämmstoffkomprimierung unterhalb der Dübelteller (rechts))

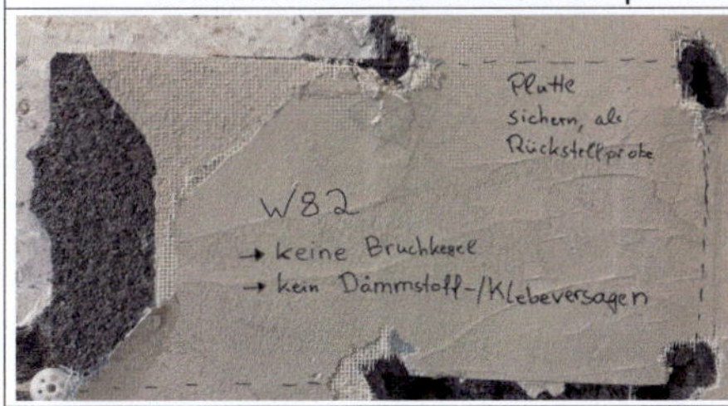

**Tabelle D-11: Mittig im Windsogfenster angeordnete EPS-Platten der im Dübelschema Fläche ausgeführten Reihe nach Rückbau der Versuchswand**

| nach Dübelschema Fläche ausgeführte Versuchsreihe | |
|---|---|
| 3.1_D2A-ETAG | |
| 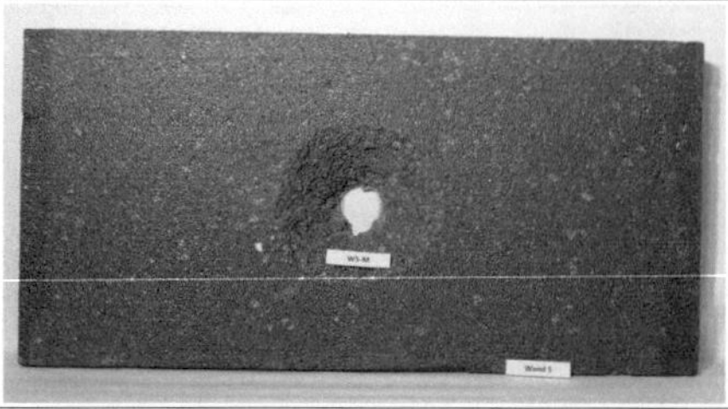 | 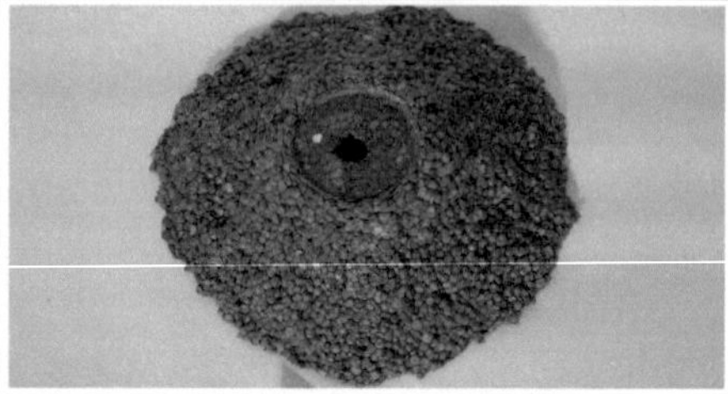 |
| 4.4_D4A_ETAG | |
| 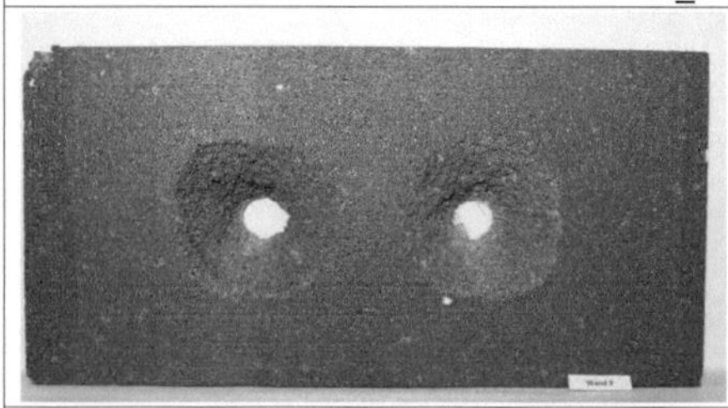 | 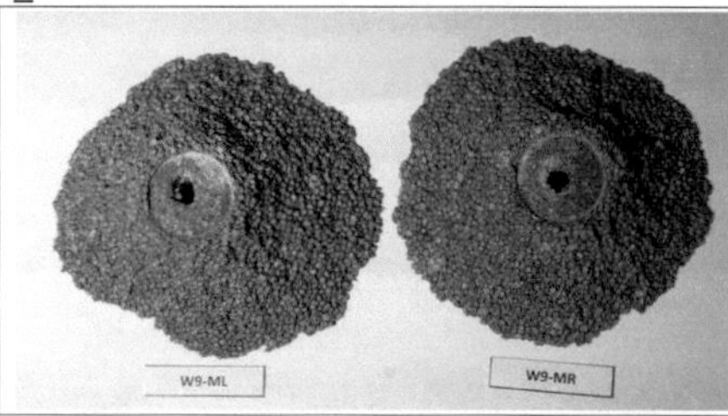  |
| 5.2_D6A_ETAG | |
| 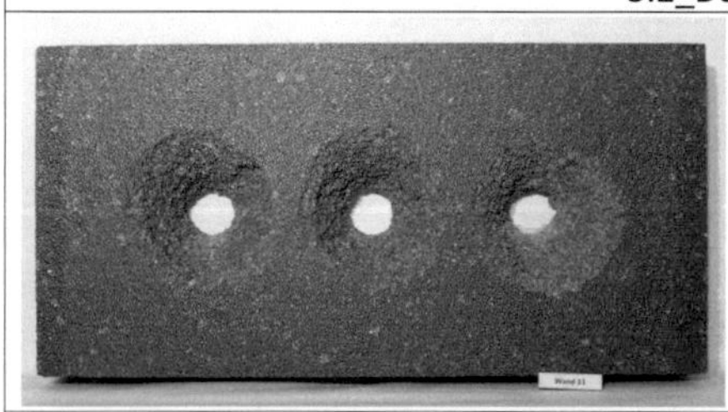 |   |
| 6.2_D8A_ETAG (kein Bruchkegel, Anriss des EPS unterhalb der Dübelteller) | |
|  | 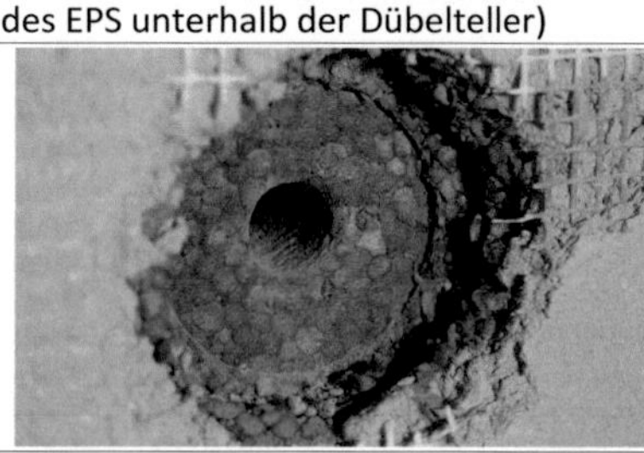 |

# D.3 Geometrische Vermessung der Bruchkörper

**Tabelle D-12: Messwerte der Bruchkegelgeometrie der Windsogversuche**

| Prüfkörper | Lagebezeichnung | Geometrische Auswertung | | | | | | | | | | | |
|---|---|---|---|---|---|---|---|---|---|---|---|---|---|
| | | Bruckegelhöhe | | maximaler Radius | | mittlerer Radius | | Rundheit R | | Winkel, Bezugshöhe: $h_b$ | | Winkel, Bezugshöhe: 10 cm | |
| | | Bruchkegel | Mittelwert Platte | Bruchkegel | Mittelwert Platte | Bruchkegel | Mittelwert Platte | Bruchkegel | Mittelwert Platte | Bruchkegel | Mittelwert Platte | Bruchkegel | Mittelwert Platte |
| | | $h_b$ | | $r_{max}$ | | $r_m$ | | $R$ | | $\alpha_{hb}$ | | $\alpha_{10}$ | |
| | | [cm] | | [cm] | | [cm] | | [-] | | [°] | | [°] | |
| 1.1_K40_ETAG | | nicht verfügbar, da rein verklebt befestigt | | | | | | | | | | | |
| 2.1_K100_ETAG | | | | | | | | | | | | | |
| 2.2_K100_ETAG_bew | | | | | | | | | | | | | |
| 2.3_K100_alt | | | | | | | | | | | | | |
| 3.1_D2A-ETAG | W5-M | 7,1 | 7,1 | 13,1 | 13,1 | 12,1 | 12,1 | 2,11 | 2,11 | 37,9 | 37,9 | 47,6 | 47,6 |
| | W6-OL | 7,6 | | 11,2 | | 11,0 | | 0,22 | | 43,4 | | 51,2 | |
| | W6-OM | 7,3 | | 12,8 | | 11,8 | | 1,87 | | 39,7 | | 48,7 | |
| 4.1_D4_ETAG | W6-OR | 7,3 | 7,3 | 11,3 | 12,2 | 10,8 | 11,5 | 0,80 | 1,29 | 43,0 | | 51,9 | 49,8 |
| | W6-UL | 7 | | 12,1 | | 11,7 | | 0,75 | | 38,8 | 40,9 | 49,0 | |
| | W6-UM | 7,2 | | 13,1 | | 11,9 | | 2,40 | | 38,9 | | 48,3 | |
| | W6-UR | 7,6 | | 12,6 | | 11,5 | | 1,73 | | 41,7 | | 49,5 | |
| | W7-OL | 7,1 | | n.V. | | n.V. | | n.V. | | n.V. | | n.V. | |
| | W7-OM | 6 | | 11,5 | | 10,9 | | 0,85 | | 37,1 | | 51,6 | |
| 4.2_D4_ETAG_bew | W7-OR | 6,5 | 6,8 | 11,5 | 11,7 | 11,5 | 11,2 | 0 | 0,76 | 37,4 | 38,3 | 49,6 | 50,7 |
| | W7-UL | 7 | | n.V. | | n.V. | | n.V. | | n.V. | | n.V. | |
| | W7-UM | 6,9 | | 12,0 | | 11,1 | | 1,43 | | 40,3 | | 50,9 | |
| | W7-UR | 7 | | n.V. | | n.V. | | n.V. | | n.V. | | n.V. | |
| | W8-OL | 8,4 | | n.V. | | n.V. | | n.V. | | n.V. | | n.V. | |
| | W8-OM | 8,5 | | 14,3 | | 13,0 | | 2,61 | | 40,3 | | 44,9 | |
| 4.3_D4_alt | W8-OR | 9,2 | 8,7 | 14,0 | 14,3 | 12,9 | 13,2 | 1,82 | 1,99 | 42,8 | 41,5 | 45,2 | 44,5 |
| | W8-UL | 8 | | n.V. | | n.V. | | n.V. | | n.V. | | n.V. | |
| | W8-UM | 9 | | 14,5 | | 12,5 | | 3,23 | | 43,3 | | 46,3 | |
| | W8-UR | 9,3 | | 14,4 | | 14,2 | | 0,29 | | 39,6 | | 41,7 | |
| 4.4_D4A_ETAG | W9-ML | 7,5 | 7,5 | 13,3 | 13,2 | 12,0 | 12,0 | 2,28 | 1,99 | 39,7 | 39,6 | 47,9 | 48,0 |
| | W9-MR | 7,4 | | 13,0 | | 12,0 | | 1,70 | | 39,5 | | 48,1 | |
| | W10-OL | 7 | | 12,4 | | 11,8 | | 0,73 | | 38,5 | | 48,7 | |
| | W10-OM | 8,5 | | 14,0 | | 13,2 | | 1,14 | | 39,9 | | 44,5 | |
| | W10-OR | 8 | | 13,0 | | 12,7 | | 0,59 | | 39,6 | | 46,0 | |
| 5.1_D6_ETAG | W10-M | 8,6 | 7,8 | 13,8 | 13,2 | 12,7 | 12,5 | 1,91 | 0,96 | 41,5 | 39,2 | 45,8 | 47,0 |
| | W10-UL | 6,6 | | 12,0 | | 11,7 | | 0,82 | | 37,3 | | 49,1 | |
| | W10-UM | 8,7 | | 15,0 | | 13,6 | | n.V. | | n.V. | | n.V. | |
| | W10-UR | 7,2 | | 12,5 | | 12,1 | | 0,57 | | 38,5 | | 47,8 | |
| | W11-ML | 6,8 | | 12,4 | | 11,4 | | 1,67 | | 38,9 | | 49,8 | |
| 5.2_D6A_ETAG | W11-MM | 7,1 | 7,0 | 12,0 | 12,3 | 11,2 | 11,2 | 1,62 | 1,73 | 41,1 | 40,4 | 50,8 | 50,7 |
| | W11-MR | 7 | | 12,4 | | 11,0 | | 1,89 | | 41,2 | | 51,4 | |

**Tabelle D-13: Fortsetzung von Tabelle D-12**

| Prüfkörper | Lagebezeichnung | Geometrische Auswertung | | | | | | | | | | | |
|---|---|---|---|---|---|---|---|---|---|---|---|---|---|
| | | Bruckegelhöhe | | maximaler Radius | | mittlerer Radius | | Rundheit R | | Winkel, Bezugshöhe: $h_b$ | | Winkel, Bezugshöhe: 10 cm | |
| | | Bruchkegel | Mittelwert Platte | Bruchkegel | Mittelwert Platte | Bruchkegel | Mittelwert Platte | Bruchkegel | Mittelwert Platte | Bruchkegel | Mittelwert Platte | Bruchkegel | Mittelwert Platte |
| | | $h_b$ | | $r_{max}$ | | $r_m$ | | $R$ | | $\alpha_{hb}$ | | $\alpha_{10}$ | |
| | | [cm] | | [cm] | | [cm] | | [-] | | [°] | | [°] | |
| 6.1_D8_ETAG | W12-OL | 7,5 | 7,2 | n.V., da keine Bruchkegelausbildung - aber EPS-Höhe unterhalb der Dübelteller bestimmbar | | | | | | | | | |
| | W12-OM | 7 | | | | | | | | | | | |
| | W12-OR | 7,1 | | | | | | | | | | | |
| | W12-ML | 7,1 | | | | | | | | | | | |
| | W12-MR | 7,1 | | | | | | | | | | | |
| | W12-UL | 7,4 | | | | | | | | | | | |
| | W12-UM | 7,2 | | | | | | | | | | | |
| | W12-UR | 7,5 | | | | | | | | | | | |
| 6.2_D8A_ETAG | W13-MOL | 7,3 | 7,3 | n.V., da keine Bruchkegelausbildung - aber EPS-Höhe unterhalb der Dübelteller bestimmbar | | | | | | | | | |
| | W13-MOR | 7,4 | | | | | | | | | | | |
| | W13-MUL | 7,3 | | | | | | | | | | | |
| | W13-MUR | 7,3 | | | | | | | | | | | |
| 7.1_D4Gew_ETAG | W14-OL | 9,2 | 9,2 | n.V., da keine Bruchkegelausbildung - aber EPS-Höhe unterhalb der Dübelteller bestimmbar | | | | | | | | | |
| | W14-OM | 9,2 | | | | | | | | | | | |
| | W14-OR | 9,1 | | | | | | | | | | | |
| | W14-UL | 9,5 | | | | | | | | | | | |
| | W14-UM | 8,6 | | | | | | | | | | | |
| | W14-UR | 9,5 | | | | | | | | | | | |
| 8.1_D4K40_ETAG | W16-OL | 9,3 | 9,1 | n.V., da keine Bruchkegelausbildung - aber EPS-Höhe unterhalb der Dübelteller bestimmbar | | | | | | | | | |
| | W16-OM | 9 | | | | | | | | | | | |
| | W16-OR | 9,1 | | | | | | | | | | | |
| | W16-UL | 9,1 | | | | | | | | | | | |
| | W16-UM | 9,1 | | | | | | | | | | | |
| | W16-UR | 9,2 | | | | | | | | | | | |
| 8.2_D4K>40_ETAG | W17-OL | 9,4 | 9,4 | n.V., da keine Bruchkegelausbildung - aber EPS-Höhe unterhalb der Dübelteller bestimmbar | | | | | | | | | |
| | W17-OM | 9,3 | | | | | | | | | | | |
| | W17-OR | 9,4 | | | | | | | | | | | |
| | W17-UL | 9,2 | | | | | | | | | | | |
| | W17-UM | 9,5 | | | | | | | | | | | |
| | W17-UR | 9,6 | | | | | | | | | | | |
| 9.1_MiWo_LA_ETAG | **nicht verfügbar, da rein verklebt befestigt** | | | | | | | | | | | | |
| 9.2_MiWo_PL_ETAG | | | | | | | | | | | | | |
| 9.3_MiWo_PL_ETAG | | | | | | | | | | | | | |
| 9.4_MiWo_PL_ETAG | | | | | | | | | | | | | |

**Tabelle D-14: Messwerte der Bruchkegelgeometrie der Windsogversuche: Einzelradien der Bruchkegel**

| Prüfkörper | gemessene Radien | | | | | | | |
|---|---|---|---|---|---|---|---|---|
| | r1 | r2 | r3 | r4 | r5 | r6 | r7 | r8 |
| | [cm] | | | | | | | |
| 1.1_K40_ETAG | n.V., da rein verklebt befestigt | | | | | | | |
| 2.1_K100_ETAG | | | | | | | | |
| 2.2_K100_ETAG_bew | | | | | | | | |
| 2.3_K100_alt | | | | | | | | |
| 3.1_D2A-ETAG | 13,1 | 11 | 11,4 | 11,2 | 12,6 | 12,7 | 12,4 | 12,6 |
| 4.1_D4_ETAG | 11,2 | 10,9 | 11 | n.V. | n.V. | n.V. | n.V. | n.V. |
| | 11,5 | 12,6 | 12,8 | 11,5 | 10,5 | n.V. | n.V. | n.V. |
| | 11 | 10,2 | 11,3 | n.V. | n.V. | n.V. | n.V. | n.V. |
| | 11,1 | 11,9 | 12,1 | n.V. | n.V. | n.V. | n.V. | n.V. |
| | 10,9 | 12,4 | 13,1 | 12,8 | 10,4 | n.V. | n.V. | n.V. |
| | 11,8 | 10,2 | 12,6 | n.V. | n.V. | n.V. | n.V. | n.V. |
| 4.2_D4_ETAG_bew | kein Bruchkegel | | | | | | | |
| | 11,1 | 10,5 | 11,5 | 10,5 | 11 | n.V. | n.V. | n.V. |
| | 11,5 | 11,5 | 11,5 | n.V. | n.V. | n.V. | n.V. | n.V. |
| | kein Bruchkegel | | | | | | | |
| | 10,5 | 10,9 | 11,8 | 12 | 10,5 | n.V. | n.V. | n.V. |
| | kein Bruchkegel | | | | | | | |
| 4.3_D4_alt | kein Bruchkegel | | | | | | | |
| | 11,3 | 13,5 | 14 | 14,3 | 12 | n.V. | n.V. | n.V. |
| | 13,3 | 14 | 11,5 | n.V. | n.V. | n.V. | n.V. | n.V. |
| | kein Bruchkegel | | | | | | | |
| | 11,5 | 13,7 | 14,5 | 12,5 | 10,5 | n.V. | n.V. | n.V. |
| | 14,3 | 14 | 14,4 | n.V. | n.V. | n.V. | n.V. | n.V. |

| Prüfkörper | gemessene Radien | | | | | | | |
|---|---|---|---|---|---|---|---|---|
| | r1 | r2 | r3 | r4 | r5 | r6 | r7 | r8 |
| | [cm] | | | | | | | |
| 4.4_D4A_ETAG | 13,3 | 13 | 11,5 | 12 | 11 | 12,5 | 11 | 12 |
| | 13 | 11,3 | 12,1 | 11,7 | 11,2 | 12,5 | 12,4 | 11,5 |
| 5.1_D6_ETAG | 11,5 | 11,5 | 12,4 | n.V. | n.V. | n.V. | n.V. | n.V. |
| | 12,5 | 13,3 | 14 | 13,3 | 12,8 | n.V. | n.V. | n.V. |
| | 12,8 | 12,2 | 13 | n.V. | n.V. | n.V. | n.V. | n.V. |
| | 13,8 | 11,8 | 12 | 13,4 | 12,6 | 12,1 | 12,9 | 13,2 |
| | 11 | 12 | 12 | n.V. | n.V. | n.V. | n.V. | n.V. |
| | 13 | 15 | n.V. | 14 | 12,5 | n.V. | n.V. | n.V. |
| | 12,5 | 12 | 11,7 | n.V. | n.V. | n.V. | n.V. | n.V. |
| 5.2_D6A_ETAG | 12,4 | 11,7 | 10,5 | 11,5 | 11,9 | 11,4 | 10,6 | 11,5 |
| | 12 | 11,7 | 10,2 | 11,4 | 11,5 | 10,5 | 10,9 | 11 |
| | 12,4 | 11,2 | 10,6 | 10,2 | 10,6 | 10,4 | 11 | 11,5 |
| 6.1_D8_ETAG | n.V. | | | | | | | |
| 6.2_D8A_ETAG | n.V. | | | | | | | |
| 7.1_D4Gew_ETAG | n.V. | | | | | | | |
| 8.1_D4K40_ETAG | n.V. | | | | | | | |
| 8.2_D4K>40_ETAG | n.V. | | | | | | | |
| 9.1_MiWo_LA_ETAG | n.V., da rein verklebt befestigt | | | | | | | |
| 9.2_MiWo_PL_ETAG | | | | | | | | |
| 9.3_MiWo_PL_ETAG | | | | | | | | |
| 9.4_MiWo_PL_ETAG | | | | | | | | |

# E Numerische Simulation

## E.1 Ergebnisse der Parameterstudie zur Dämmplattendicke

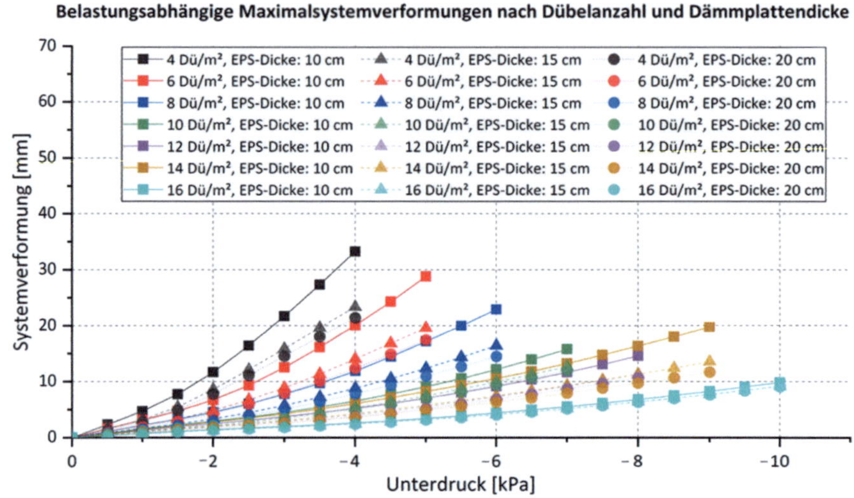


**Abbildung E-1: Am Modell berechnete belastungsabhängige, maximale Systemverformungen an modellierten Einzeldämmplatten der Dicken 10 cm, 15 cm und 20 cm**

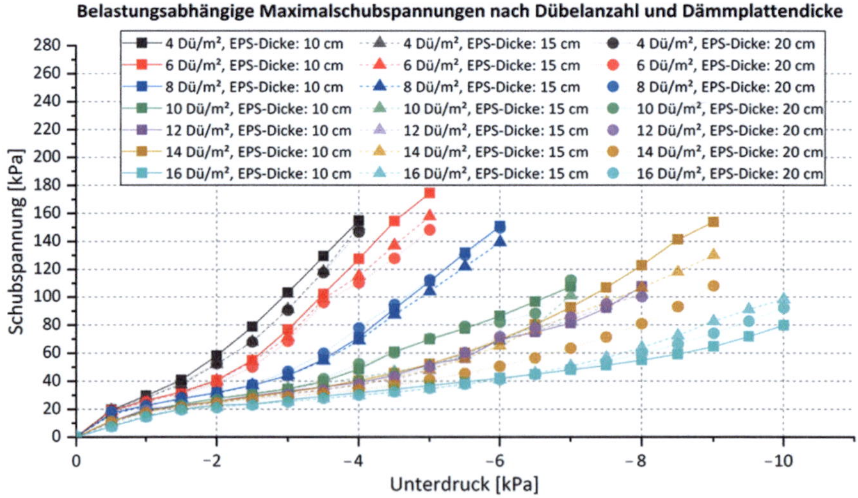


**Abbildung E-2: Am Modell berechnete belastungsabhängige, maximale Schubspannungen an modellierten Einzeldämmplatten der Dicken 10 cm, 15 cm und 20 cm**

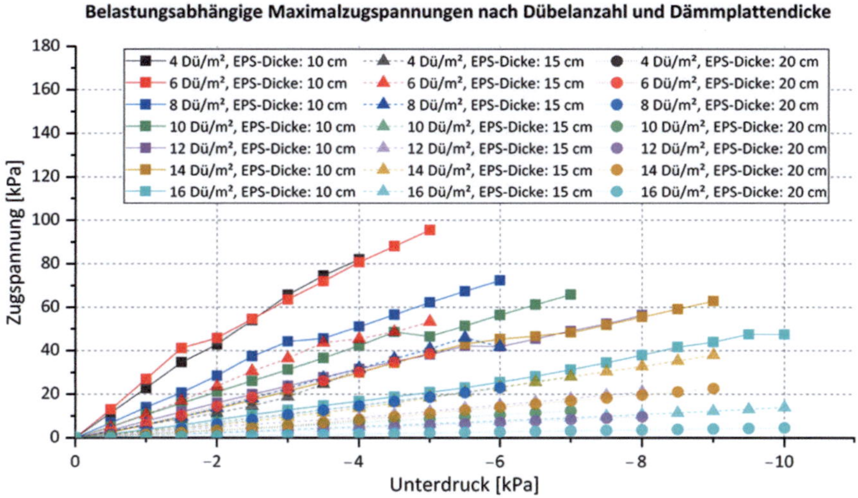


**Abbildung E-3: Am Modell berechnete belastungsabhängige, maximale Zugspannung an der Dämmplattenunterseite an modellierten Einzeldämmplatten der Dicken 10 cm, 15 cm und 20 cm**

# F Lebenslauf und Eidesstattliche Versicherung

## Lebenslauf

**Persönliche Daten**

| | |
|---|---|
| Name: | Tobias Vogel |
| Geburtsdatum: | 22.06.1989 |
| Geburtsort: | Hannover |
| Nationalität: | deutsch |

**Ausbildung**

| | |
|---|---|
| 2001-2008: | Gymnasium u. Gymnasiale Oberstufe, Erich Kästner Gymnasium, Laatzen, Abschluss: Abitur |
| 2008-2014: | Studium des Bauingenieurwesens an der Leibniz Universität Hannover, Fachrichtung: Bauwerksplanung und -konstruktion<br>Abschluss: Diplomingenieur |
| 2010-2011: | Auslandssemester über das Erasmus-Programm am University College London |

**Beruf**

| | |
|---|---|
| seit 2014: | Wissenschaftlicher Mitarbeiter am Institut für Bauphysik der Leibniz Universität Hannover |

## Eidesstattliche Versicherung

Ich erkläre, die Regeln der geltenden Promotionsordnung zu kennen und habe sie eingehalten. Mit einer Prüfung nach den Bestimmungen der Promotionsordnung bin ich einverstanden. Ich habe die Dissertation selbst verfasst, keine Textabschnitte von Dritten oder eigenen Prüfungsarbeiten ohne Kennzeichnung übernommen und alle von mir benutzten Hilfsmittel und Quellen in meiner Arbeit angegeben.

Ich habe Dritten weder unmittelbar noch mittelbar geldwerte Leistungen für Vermittlungstätigkeiten oder für die inhaltliche Ausarbeitung der Dissertation erbracht.

Die Dissertation habe ich noch nicht als Prüfungsarbeit für eine staatliche oder andere wissenschaftliche Prüfung eingereicht. Ich habe keine gleiche oder eine in wesentlichen Teilen ähnliche Arbeit bei einer anderen Hochschule als Dissertation eingereicht. Es wurde von mir keine andere Abhandlung als Dissertation eingereicht.

Hannover, 26.04.2021

Tobias Vogel